GUIDE TO SOFTWARE TEST ARCHITECT

测试架构师修炼之道

从测试工程师到测试架构师

第2版

刘琛梅 ◎著

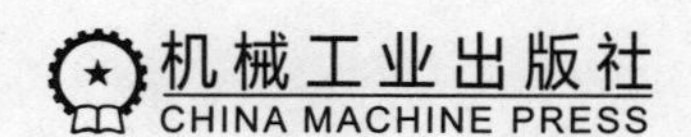

图书在版编目（CIP）数据

测试架构师修炼之道：从测试工程师到测试架构师 / 刘琛梅著 . --2 版 . -- 北京：机械工业出版社，2021.12（2024.4 重印）
ISBN 978-7-111-69744-2

Ⅰ. ①测… Ⅱ. ①刘… Ⅲ. ①软件 - 测试 Ⅳ. ① TP311.5

中国版本图书馆 CIP 数据核字（2021）第 246442 号

测试架构师修炼之道
从测试工程师到测试架构师　第 2 版

出版发行：机械工业出版社（北京市西城区百万庄大街 22 号　邮政编码：100037）
责任编辑：陈　洁　　责任校对：马荣敏
印　　刷：河北宝昌佳彩印刷有限公司　　版　　次：2024 年 4 月第 2 版第 3 次印刷
开　　本：186mm × 240mm　1/16　　印　　张：24.75
书　　号：ISBN 978-7-111-69744-2　　定　　价：109.00 元

客服电话：（010）88361066　68326294

Preface 前　言

为什么要写第 2 版

一转眼，《测试架构师修炼之道》的第 1 版已经出版 5 年了，并且重印超过 10 次，我也因此认识了很多读者朋友。非常感谢大家对我的肯定和支持。

在这些年里，我发现无论是公开的演讲、小型的讨论会，还是私下的沟通交流，“测试的价值”“测试人员该如何发展”“如何才能真正做好测试”依然是大家讨论最多且最让人困惑的话题。对于这些问题，第 1 版就给出了我的核心观点：要想做好测试，就要理解测试的核心。测试的核心不是产品业务，不是测试方法，不是工具、自动化，也不是测试管理，而是**测试策略**，即**“测什么”**和**“怎么测”**。这 6 个字又可以进一步表达为关于软件测试的 6 个问题：

- ❑ 测试的对象和范围是什么？
- ❑ 测试的目标是什么？
- ❑ 测试的重点和难点是什么？
- ❑ 测试的深度和广度是什么？
- ❑ 如何安排测试活动？
- ❑ 如何评估测试的效果？

按照这个思路，我在第 1 版中提出了“四步测试策略制定法”“产品质量评估模型”“测试方法车轮图”“风险分析检测清单”“组合缺陷分析法”等方法或模型，以求帮助大家制定最适合当前产研状况的测试策略，进行“刚刚好”的测试。

在第 1 版出版后不久，我自己的工作角色也发生了变化。我做了一段时间的产品经理，随后又做了 4 年的研发经理，负责了多款产品的研发工作。在这段时间里，我学会了组建研发团队，以及与产品、支持、售前、销售等不同角色合作，完成用户交付的任务或解决用户反馈的问题。我负责的产品有创新型产品、发展型产品和成熟维护型产品，在此过程中我掌握了实践迭代、DevOps 等。虽然这几年我没有工作在测试一线，但测试依然是我工作中的一个重要环节，而且**工作角色的变化，让我有幸可以“站在测试之外来看测试”，对测试有了更加系统和全面的认识。**

- **我切身体会到作为产品研发团队的负责人，对测试的期望到底是什么；**
- **厘清了在整个研发过程中哪些测试工作是高价值的，会对整个产研有特别大的贡献和作用；**
- **体会到在不断发展的研发体系下，测试人员该如何调整职业方向和向前发展。**

在这段时间里，我多次参加公司的任职资格标准制定和评选工作，体会到公司高级管理者对高级测试人员的期望：**除了完成日常测试工作外，还能站在更高的层面进行系统思考，形成测试体系，从根本上提升整个组织的测试水平。**测试体系不是通过积累工作经验就可以形成的，这常常让测试人员陷入“测试技术和能力都很强，但是离测试专家的水准总是差那么一点”的窘境，而且测试人员又往往不知道应该如何获得这样的能力。

在上述背景下，我萌发了出版第 2 版的想法——我想把这几年在不同角色中对测试的理解和思考写下来，尤其是团队其他重要角色是如何看待测试的，对测试的期望是什么，在他们眼中，测试的核心价值是什么，以及测试人员在不断变化的新形势下应如何调整职业方向和向前发展，如何逐渐建立自己的测试体系等。这个想法也得到了机械工业出版社华章分社杨福川和孙海亮的肯定。在他们的支持和鼓励下，本书的撰写工作正式开始了。

我原以为撰写本书的工作量不会太大，但真正开始写才发现我错了。为了能在书中突出“测试的体系”，我对每一个知识点都力图从源头去讲，以清楚呈现知识背后的逻辑和脉络，所以最后本书相较于第 1 版几乎是全部重构——整体修改量超过 70%，新增内容超过 30%。一方面，我参考读者的反馈并结合这几年测试工作中遇到的比较多的问题，系统梳理了第 1 版中的内容，去掉了书中使用率不高的内容，然后结合敏捷开发模式、DevOps 更新了书中的方法、模型和案例；另一方面，本书从与测试相关的商业视角、产品视角、开发视角、架构视角、管理视角对测试进行了讨论，这些内容在其他测试类图书中少有涉及。这些内容虽然在测试之外，但和测试息息相关，理解这些内容有助于我们扩展视野，加强对测试系统性的理解，提升制定测试策略和解决实际测试问题的能力。

本书会是一本独特的测试书。你若能不局限于测试，而是站在系统的角度去看待和解决测试问题，我相信你处理问题的方式会发生一些变化，而这些变化有助于你形成系统性思维和个人影响力。我希望本书能够帮助你建立测试体系，并让你成长为测试架构师。

本书的主要修改

在整体结构上，本书力求和第1版保持一致，依然分为三部分：

- 瓶颈：测试工程师该如何进行职业规划。
- 突破：向测试架构师的目标迈进。
- 修炼：测试架构师的核心技能。

相较于第1版，本书的主要修改如下。

第1章 更新了软件测试发展简史，新增了对敏捷开发模式下软件测试特点的介绍，新增了对测试人员面临的机遇和挑战的介绍，深度分析了测试在敏捷开发模式下的价值和机遇，讨论了当代软件测试的各种困境和迷局，讨论了测试人员如何适应从质量守护者到产品赋能者的定位转变。

第2章 在测试技术发展方面，增加了对测试开发及其技术栈的介绍；增加了测试人员在研发工程效能领域发展的内容；在测试工程师职业发展建议方面，着重增加了对提升测试影响力的讨论。

第3章 精简了文字，力求为大家更加清晰地描述测试架构师的定位和应有的能力。

第4章 这是全书修改最多的一章，从第1版的6节内容，增加到15节。本章从测试架构师必备的6个关键能力开始，提出测试架构师需要具备的测试技术知识体系，这也是贯穿全书的主线。

本章更新了性能测试方法，新增了安全测试方法，这些测试方法都是非常重要的专项测试方法。

基于场景的测试也是新增的内容。基于场景的测试是指测试人员围绕产品是否符合当前用户的使用场景展开测试工作。尽管基于场景的测试没有办法像基于质量的测试那样面面俱到，但是其更加关注产品被用户使用的情况，更符合当前版本迭代、快速交付的市场需要。

熟练运用场景测试能帮助大家在测试中把握测试重点，使得测试环境更有针对性。书中特别提出“场景测试模型”，帮助大家理解基于场景的测试需要考虑的维度，提升进行基于场景的测试的能力。

本章还特别新增了对“如何澄清和确认需求”和“如何提出有价值的可测试性需求”的讨论。这些内容可以帮助测试团队从源头上减少测试设计返工，提升测试效率。

自动化测试也是本章更新的一个重点，第2版从自动化测试策略的角度，增加了对自动化测试中一些典型经验和教训的介绍，增加了自动化测试分层、自动化测试框架和自动化成熟度模型等相关内容，帮助大家在实际项目中有效开展自动化测试，最大化自动化收益。

第5章 主要新增了对如何组织和管理测试用例以及如何获得持续学习和探索能力的介绍。

第6章 这也是修改量较大的一章。本章不仅对基于产品质量的测试策略进行了更新和修订，使其可以更好地适应敏捷开发模式和DevOps开发模式，还提出了基于产品特性价值的测试策略，讨论了如何理解产品的价值，如何根据产品价值来安排测试重点。这种测试策略的优势是能够聚焦测试重点，使测试在敏捷开发模式下变得特别高效。同时这套测试策略也能让测试人员真正理解业务，具备商业和产品视角，从而获得认可，建立影响力。

本章还更新了产品质量评估模型，提出了缺陷预判技术。这项技术能够将缺陷分析从“事后分析”（即只能对测试执行发现的缺陷进行分析评估）发展为“测试前可用于制定质量目标”“测试中可分析测试目标达成情况并更新策略”“测试后可对产品质量进行全面评估”的全流程质量评估，从而解决产品质量评估难题。

在测试分层方面，本章更新了敏捷、DevOps开发模式下的典型测试分层。由于很多公司处于敏捷转型下，故新增对敏捷转型过程中测试分层的详细分解，以帮助测试者从整体上理解当前的研发模式，合理安排测试活动。

第7章 对第1版中制定总体测试策略的过程进行了精简，将重点集中在“如何确定质量目标”“如何对项目整体进行风险控制”“如何确定测试优先级”“如何确定测试深度和广度”“如何确定研发模式和测试分层”“如何确定关键测试活动的出入口准则”和“如何预判产品缺陷趋势”这7个方面。在测试设计策略方面，重点增加了“如何划分测试用例的等级”和“如何进行有效的测试设计评审”等内容。

第 8 章 围绕如何进行产品质量评估进行描述，把内容聚焦到测试过程中经常遇到但又不容易解决的问题上，给出解决问题的思路和参考方案。本章主要的修改点包括：

- 如何确认提测版本和实际版本的偏差，出现偏差后应该怎么处理；
- 如何在测试过程中选择测试用例，例如接收测试用例该如何选择，不同测试阶段的测试用例该如何选择，回归测试用例该如何选择；
- 如何进行测试过程跟踪，如何安排测试执行的顺序；
- 如何确定缺陷的修复优先级，如何处理非必现的缺陷；
- 如何使用缺陷预判方法来评估产品过程质量并调整测试策略；
- 如何进行产品质量评估，包括质量指标的分析、建立特性质量档案、非测试用例发现缺陷原因分析和遗留缺陷分析。

第 9 章 这一章是新增的，主要围绕基于价值的测试策略案例展开。主要内容包括：

- 再谈测试策略。对测试策略再次进行分析，再谈对测试核心的理解——**任何测试都不能穷尽所有的情况；掌握测试技术，拓展测试视野，做出最适当的测试选择，才是测试的核心能力所在。**
- 不同产品阶段下的测试策略。分析产品在探索阶段、扩张阶段、稳定阶段测试策略的差异。
- 探索式测试策略。介绍如何根据产品特性，选择合适的探索式测试方法。
- 自动化持续测试策略。介绍如何建设以自动化持续测试为中心的、分层的自动化测试策略。

勘误和支持

我由衷热爱自己所从事的行业——安全，我在安全行业的职业生涯已经超过 15 年。我热爱与此相关的测试、产品、研发等工作，并愿意为之再奋斗 20 年、30 年……我写书的目的很简单，就是想结合自己的亲身经历，分享我的思考和总结。但由于水平有限，编写时间仓促，书中难免会出现一些错误，恳请各位读者批评指正。当然，如果读者在阅读本书时有任何问题，也欢迎提出来，我将尽力为读者提供最满意的解答。

我的常用邮箱：76994738@qq.com。

我的微信：meizi0103。

致谢

感谢我工作中的第一位导师赵金明先生，感谢赵先生将我带上了测试这条路。

感谢我的第二位导师王猛先生，感谢王先生将我的视野扩大到产品领域。王先生与我共同讨论产品规划、研发模式、测试策略，我们亦师亦友，他帮我真正实现了从不同角度去理解测试，让我在认知上有了前所未有的提高。

感谢我在测试之路上有幸遇见的那些前辈和专家，感谢你们对我的悉心指导。更要感谢每一位朋友、同事、读者对我的支持和帮助。

当然，本书可以完成，还需要特别感谢我的爱人胥先生和我的妈妈。我没有想到自己会在第 1 版的基础上进行大范围重写，以至于第 2 版的工作量远超预期，是他们的陪伴和鼓励让我敢于做这样的决定。感谢他们对我因为写作而无法陪伴他们的理解。

感谢机械工业出版社的编辑杨福川和孙海亮。从第 1 版开始，他们就提供了非常专业的建议，在我写作陷入困境时给我悉心指导，帮我渡过难关，如今又指导我完成第 2 版。我唯有回馈努力、感恩和祝福！

Contents 目 录

第三部分 修炼：测试架构师的核心技能

第一部分 Part 1

瓶颈：测试工程师该如何进行职业规划

- 第 1 章　测试工程师的“三年之痒”
- 第 2 章　测试工程师的职业规划

软件测试在中国是一个比较年轻的行业，但发展却十分迅速，测试技术层出不穷，测试工程师数量与日俱增。测试人员在开发项目中扮演着重要的角色。

但很多测试工程师在工作两三年后就会发现，似乎该掌握的业务知识已经掌握了，该熟悉的测试技术也已经熟悉了，就是不知道该如何进一步深入，工作变得缺乏挑战和成就感。我们姑且称这种情况为“三年之痒”。

本来在职业发展的过程中，遇到瓶颈是一件很正常的事，但测试工程师在遇到瓶颈后似乎更难突破。

各种测试群、技术论坛和博客上不乏“测试无技术”“测试无前途”的论调，测试似乎成了一个没有发展方向和前途的行业。如果一直无法打破，只能靠惯性前行，“痒”就变成了“坎”。很多优秀的测试人员在这个时候选择了离开。

这是一个很奇怪的现象：一方面是测试的队伍迅速壮大，高歌猛进；另一方面在测试面前又似乎横亘着一个迈不过去的坎。我想这背后有一个重要原因，就是测试技术在中国的发展过于迅速，反而导致从事测试工作的人们对测试的理解存在偏差，即使是测试工程师，对测试的优势和劣势的认识也不足。测试工程师在遇到职业发展瓶颈后很难取得有效突破。

本书的第一部分将和大家一起深入聊聊软件测试，探索测试的优势和劣势，厘清测试的发展方向，对测试工程师该如何进行职业规划提出建议。

第 1 章 Chapter 1

测试工程师的“三年之痒”

1.1 软件测试发展简史

其实软件开发出现时就有软件测试了。不过最初的软件测试一般是由开发人员自己完成的，投入极少，那时的测试叫“调试”更为恰当，还称不上真正的软件测试。

随着软件行业的发展，混乱无序的软件开发过程已经不能适应软件功能日益复杂的现状，“软件危机”[⊖]爆发。1968 年秋季，北约召集了近 50 名一流的编程人员、计算机科学家和工业界巨头，讨论和制定摆脱软件危机的对策。在那次会议上提出了“**软件工程**”的理念。随着软件工程的发展，软件测试也开始逐步发展起来，图 1-1 总结了软件测试发展进程。

图 1-1 软件测试简史

1975 年，两位软件测试先驱 John Good Enough 和 Susan Cerhart 在 IEEE 上发表了《软件数据选择的原理》一文，将软件测试确定为一种研究方向。此时软件测试普遍被定义为

⊖ 1968 年，北大西洋公约组织（简称北约）的计算机科学家在德国召开的国际学术会议上第一次提出“软件危机”。概括说来，软件危机包括两方面的问题：如何开发软件，以满足不断增长、日趋复杂的需求；如何维护数量不断膨胀的软件产品。

“证明软件工作正确的活动”，这个理念被简称为**“证实”**。

1979 年，Glenford J. Myers 撰写的《软件测试的艺术》一书出版（该书到现在已经出版到第 3 版，依然被大多数软件测试人员奉为经典）。该书结合测试心理学，对测试重新进行了定义，认为测试是为了**“发现错误而进行的活动”**，这个理念又被称为**“证伪”**。“证实”和“证伪”至今依然是软件测试领域重要的理念，对测试工程师有着深远的影响。

1983 年，另一本软件测试的重量级著作《软件测试完全指南》（由 Bill Hetzel 撰写）横空出世。这本书指出：**“测试是以评价一个程序或者系统属性为目标的任何活动，测试是对软件质量的度量。”**至此，人们开始意识到，软件测试不应该仅在事后用来证明软件是对的或是不对的，而应该走向前端，进行**缺陷预防**。

20 世纪 90 年代，软件测试开始迅猛发展。自动化测试技术开始盛行，软件测试开始向体系化发展，测试成熟度模型（TMM）、测试能力成熟度模型（TCMM）等开始出现。**软件测试体系**日益成熟、完善。

2002 年，Rick 和 Stefan 在《系统的软件测试》一书中对软件测试做了进一步定义：**“测试是为了度量和提高被测软件的质量，对测试软件进行工程设计、实施和维护的整个生命周期过程。”**这进一步丰富了软件测试的内容，扩展了软件测试的外延，测试进入**“全生命周期测试”**时代。

1.2 敏捷开发模式下的软件测试

就在软件测试日益成熟的同时，市场对软件产品又提出了新的要求：既要质量高，又要交付快，还要适应不断变化的用户需求。瀑布开发模式变得很难适应，常常让项目陷入困境，第二次软件危机爆发。敏捷开发模式应运而生，逐渐成为流行的研发模式。

敏捷开发模式的发展

2001 年，17 位敏捷运动发起者在美国犹他州签署了《敏捷软件开发宣言》(简称《敏捷宣言》)。随后二十年的时间里，敏捷开发模式在全球范围内发展，迭代、持续集成 / 交付、DevOps 等逐渐成了新的工程标准，不断提升研发效能。

在《敏捷宣言》发布的同年，中国的敏捷先行者就开始尝试将敏捷开发模式引入中国。2008 年，几个通信大厂（诺基亚、爱立信、华为、中兴）开始进行敏捷开发模式转型，互联网行业巨头 BAT 也开始推行敏捷实践，敏捷开发模式在中国开始快速传播。

敏捷开发模式对测试产生了深远的影响。

在瀑布开发模式下，很多公司都有独立的测试部门，到了测试阶段，开发人员会把集成了所有功能的版本一股脑儿提交给测试人员来测试。当然提交过程也不会那么顺利，开发人员把提交版本给测试人员，测试人员测试不通过，会把版本再次退给开发人员，来来回回“拉锯”好几轮，测试人员才能正式开始测试。那时普遍认为测试人员要对产品质量负责，好质量是测出来的，所以开发人员调通基本功能后，就会等着测试发现缺陷，通过缺陷来驱动代码的优化和重构。到了发布的时候，测试人员对“产品是否可以发布”有一票否决权，测试人员和开发人员经常为了缺陷的处理方式争吵，彼此就像隔着一道墙。而敏捷开发模式推翻了这道墙。

Lisa Crispin 和 Janet Gregory 在《敏捷软件测试：测试人员与敏捷团队的实践指南》一书中是这样定义敏捷测试人员的：

专业的测试人员，适应变化，与技术人员和业务人员展开良好协作，并理解利用测试记录需求和驱动开发的思想。他们具有优秀的技术能力，知道如何与他人合作以实现自动化测试，同时也擅长探索式测试。他们还希望了解用户在做什么，以更好地理解用户的软件需求。

在敏捷开发模式里，质量也不再是测试的事情，每个角色都要为自己那部分质量负责，每个开发人员都要自己去测试来确保自己的提交不会破坏系统，自己想办法去优化重构。开发人员和测试人员的关系，也从对立变成了合作，进而融合，测试、开发人员的比例从 1∶2 降到了 1∶10，有些团队甚至不再设置专职测试工程师。

在瀑布开发模式下，产品发布周期通常是“大几个月”或是“年”，而敏捷开发模式要求“几周”就要发一个版本，这种增量式、小步快跑的版本发布节奏，让自动化测试变得非常重要，甚至成了影响敏捷开发模式成败的几个关键因素之一。

如果说敏捷开发模式推翻了开发和测试之间的墙，那么 DevOps（开发即运维）又进一步打通了开发、测试和运维环节，通过持续集成（CI）、持续交付（CD）的自动化流水线，再次缩短了产品发布周期，可以做到每日发布或者每日多次发布。

在 DevOps 开发模式下，自动化测试也进一步发展为持续测试，这使得**缺陷在产生的时候就会立即被发现**。测试也从瀑布开发模式下的后端验证，发展为全流程下无所不在的测试，如图 1-2 所示。

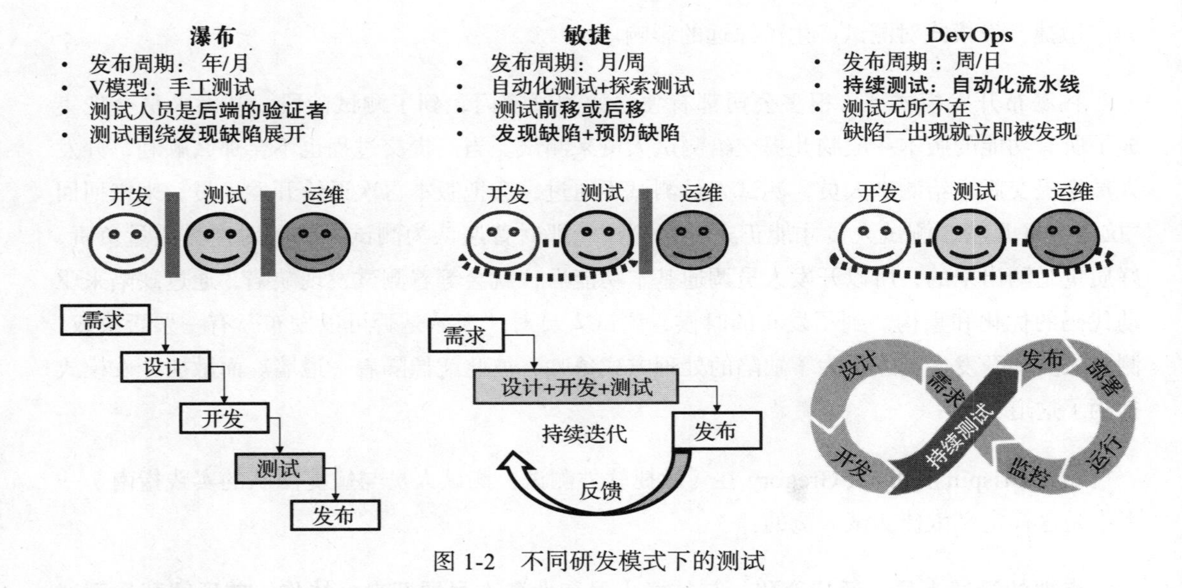

图 1-2 不同研发模式下的测试

敏捷开发模式聚焦为用户创造价值（Lean），希望践行者们具有如下价值观（Scrum）：**承诺、专注、开放、尊重和勇气。**

这使得敏捷团队中的测试人员，只要有想法、有能力就可做任何有利于用户或团队的事情，而不用担心测试的身份：

- 测试人员可以直接和产品人员沟通交流，参与产品规划；
- 测试人员可以直接和用户交流，收集需求，澄清问题；
- 测试人员可以像开发人员一样去编码；
- 测试人员可以做工具，做自动化；
- 测试人员可以做流程，做质量改进；

……

这并非不务正业，测试本身就是一个需要系统思维和判断力的行业，局限在后端是做不好测试的。敏捷开发模式帮助测试人员打破了限制测试视野和发展的约束，但也给测试人员带来了新的问题和挑战。

1.3 测试人员面临的机遇和挑战

在 2011 年的 GTAC 大会上，Alberto Savoia 在其中一场名为“Opening Keynote Address”的分会场中，以死神形象出场，抛出“Test is dead（测试已死）”的观点，如图 1-3 所示。

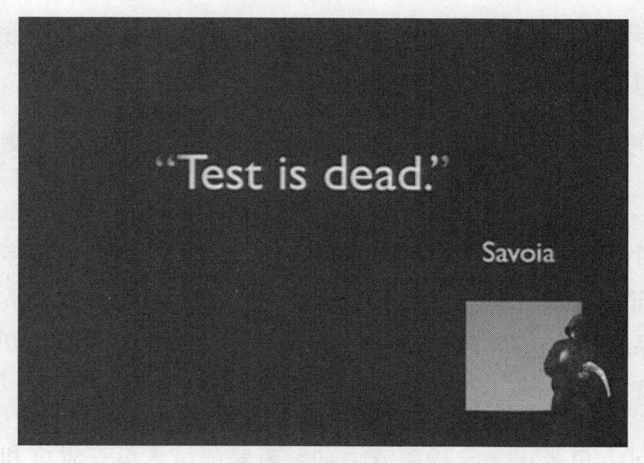

图 1-3　Savoia 在 GTAC 2011 中提出的观点

这个观点就像在测试行业投下了一颗重磅炸弹，使得那些因敏捷测试转变带来的迷茫迅速迸发出来，引起了大家的广泛讨论：

- 测试是不是无用了？
- 测试人员是不是要被淘汰了？
- 测试行业是不是要消失了？
- 测试人员的路在何方？

……

1.3.1　究竟是无用的测试，还是全能的测试

在敏捷开发模式下，测试不再是只有测试人员才能进行的工作，测试的独特价值被削弱，话语权变低。

敏捷开发模式希望测试人员对业务能有非常深入的了解，可以聚焦并创造价值，尽管很多瀑布开发模式下的测试人员也对业务有所了解，但是在深度上还远远不能达到敏捷开发模式的要求。

敏捷开发模式希望测试人员对产品设计能够有深入的理解，要求测试人员可以阅读代码，能进行单元测试或者接口测试，对于很多瀑布开发模式下的测试人员来说这些能力根本不用关心。

敏捷开发模式比瀑布开发模式更加依赖工具和自动化，其要求测试人员可以进行规模化的自动化测试，这对很多瀑布开发模式下的测试人员来说都是短板。

对于瀑布开发模式下测试人员积累的那些经验，敏捷开发模式的管理者希望测试人员可以将其“赋能”给团队其他角色。

测试独特价值的消失和敏捷开发模式下新的要求，应该是这场“测试无用论”危机出现的根源吧。

与此同时，每个团队中多多少少都会有一些没有人干的杂事，很多敏捷团队都希望测试人员可以承担这部分工作。我们常常看到敏捷开发模式中的测试人员同时操心着项目经理、研发经理、产品经理、运维经理等的工作，以一种“全能”的姿态出现，好像什么都在管，又好像什么都管不了。

敏捷开发对测试人员来说是一场解放运动，需要测试人员在思维和能力方面做出相应的改变。项目、产品、研发、运维，每一项都有其自身的专业性，如果测试人员仅凭敏捷的旗号，却不去学习和理解这些领域的内容，不去思考测试视角在这些领域能够起到哪些作用，就去涉足相关工作，那确实就是“打杂”了，这对测试人员本身和团队来说都是损失。

1.3.2 测试的困境和迷局

敏捷开发给测试带来了新的问题，而且没有解决那些测试中的“历史问题”。

1. 新生测试力量缺乏对测试行业的正确理解

目前中国依然有很多高校没有提供专门的软件测试课程，在缺乏正确引导的情况下，学生们对软件测试的理解非常容易片面化。他们会认为软件测试是一个重复且缺少创造性的行业。这个行业对技术要求低，从事这个行业的人员没有软件开发人员那么辛苦。

于是软件测试成了很多初出茅庐的同学“退而求其次”的选择：

- 我的编程能力不咋样，先找份测试工作凑合干着；
- 我成绩不太好，可能得不到好的开发职位，干脆投测试吧；
- 我是女生，不想那么累，投测试吧；

……

因为工作原因，我几乎每年都会去做校园招聘，我发现这些年主动投测试岗位的同学，包括那些名校，几乎清一色都是女生。面试时问同学们为什么要选择测试，几乎所有同学的答案里都有“我细心”“我性格好”“我能够做好重复性的工作”这些元素。

也有一些公司对校园招聘采取统一“分配”岗位的政策，那些被分到测试岗的同学，常常会十分沮丧，有的还会为此毁约。

还有很多新生测试力量会通过“测试培训机构”来加入软件测试行业，他们里面很多人都是因为专业不对口或者是学历问题才做此选择的，其中不少人将软件测试作为过渡，先入 IT 行业，再转别的岗位。

我们很少看到新生测试力量是因为了解测试、喜欢测试或希望成为优秀的测试人员才选择测试工作的。这必然会对中国的软件测试行业造成不利的影响。

2. 管理者对测试缺乏正确认识

那些同时管理开发人员和测试人员的管理者，常常会在绩效上更认可开发人员的工作，在资源上更偏向开发人员，例如开发人员容易比测试人员获得更高的薪水和奖金；如果增加团队人数，开发团队会增加得更多；如果减少则往往是先拿测试团队开刀；开发人员还会比测试人员有更多的晋升机会。即便是独立管理的测试团队，测试整体情况也常常不如开发，“重开发，轻测试”在软件行业中依然比较普遍。这是因为还是有很多管理者根深蒂固地认为：“只有开发才能创造价值，测试不仅不能创造价值，还是一种开销。”当开发和测试被放在一起评价时，管理者会认为开发的贡献更大。

还有很多管理者虽然会认为“好质量是测试出来的，测试的价值就是找缺陷，缺陷发现得越多产品质量就越高”，但在实际项目中，“测试进入时间晚”“留给测试人员进行分析和准备的时间少”“测试资源不足”等情况比比皆是，使得测试效果远远达不到管理者的预期，给管理者留下测试能力水平有问题的偏见。

在敏捷开发模式下的实例化需求、开发者测试、自动化测试、重构、持续集成等实践可有效预防缺陷，提升代码内建质量，降低测试开发比，但也会进一步强化一些管理者对测试人员的偏见，那些管理者会认为“没有测试，项目不也好好的”“测试的价值确实不明显”“测试人员的能力水平确实不行”……我曾和一位管理者聊 DevOps 转型的事情，他的观点是“DevOps 转型就是从取消测试开始”。

3. 不合时宜的要求

还有一些瀑布或是伪敏捷的团队，在文化、组织、能力、资源没有任何变化的情况下，开始按照敏捷开发的要求对测试团队进行调整：

- 追求低测试开发，盲目减少测试人数，使得测试团队长期处于缺人的状态，正常的测试工作都不能有效开展；
- 过分看重测试编码能力，否定测试其他能力；
- 追求自动化率，但设计、流程跟不上，接口、UI 频繁变化；
- 要求普通测试人员都能掌控那些非常专业的测试，比如安全性测试。

类似这样的不合时宜的要求还有很多，压得测试人员喘不过气来。

4. 低门槛和测试外包

单从“入门”来看，软件测试确实比较容易，只通过点、点、点的操作也能验证系统。但要想成为测试高手，就必须对用户、系统、设计实现等均有深入了解，还要努力培养自己的测试思维，如系统思维、批判性思维、逆向思维和解决问题的思维。测试者的综合素质要求很高，所谓“入门容易，深入难”。

但是现实中，测试“深入难”的特点往往被忽视，“入门容易，门槛低”的特点却被放大——“门槛低”的另一层意思就是“技术含量不高，谁都能做”，这使得在软件行业中测试外包非常普遍。

托马斯·弗里德曼在其名著《世界是平的》一书中将外包归为21世纪铲平世界的十大动力之一。站在企业运营的角度来说，外包的好处是显而易见的，可以让企业更加关注核心业务，建立弹性的人力资源体系。

测试外包有助于企业聚焦核心业务，但这暗示着很多公司并没有将测试作为核心去建设和发展。对正式员工而言，这也意味着企业可能会削弱在软件测试方面的投入，减少对测试员工的培训，没有考虑其职业发展。

对测试外包人员来说，频繁地更换测试产品，导致其无法了解产品核心设计，缺乏归属感，容易一直处于一种低水平的测试状态，自身能力难于提升和进一步发展。这对软件测试行业的整体发展来说势必造成负面影响。

5. 缺少发展和规划

国内某知名软件测试网站发布的《中国软件测试从业人员调查报告》中的调查数据显示：52%的公司对测试人员的职业规划不明确，26%的公司对测试人员没有职业规划，只有22%的公司对软件测试人员有明确的职业规划。

对那些工作了两三年的测试工程师来说，他们对产品和测试技术都有了基本的认识，足以胜任日常工作，他们很自然会开始寻找新的发展方向和目标。

一个发展方向是软件测试管理。但即便在瀑布开发模式下，软件测试的管理岗也不多，更别提在敏捷开发模式下测试和开发不断融合、测试开发比不断降低的情况下，管理岗位就更少了。所以测试工程师要想在测试管理方面有所发展，不仅需要能力，还需要机遇。

当测试工程师进入测试职业发展的平台期时，就会变得迷茫、困惑，看不清自己未来的发展方向，需要指引，但又得不到帮助，这会是一件非常痛苦的事情。我的一位同事曾经拿“布朗运动”来形容他自己在平台期的状态和感觉，我觉得这个比喻非常贴切。正如《奥德赛》中描述的一样，还有什么比徘徊不前更让人感到难受的呢？

职业发展遇到瓶颈本来也很正常，但是如果总是得不到改善，就是致命的。在我身边，有很多测试 3 年左右的同事离职或者转岗。《中国软件测试从业人员调查报告》也指出，中国软件测试行业有超过 7 成的从业者的工作年限是 0 ～ 3 年，只有 18% 的人是 3 ～ 5 年。需要注意的是，这个比值从 2009 年开始就没有发生过变化，这说明中国软件测试人员在工作经验的分布上并不合理，缺乏持续性。我们正在丢失工作 3 年左右最有潜质的那些测试人员，如果这种情况一直持续下去，很难说中国的软件测试行业会不会出现“青黄不接”的情况。

所以我想，对中国的软件测试行业来说，先进的测试技术、深入的产品知识、完美的测试流程，可能都不是最重要的，最重要的是能帮他们直面问题，能拿出具体发展的办法，在测试工程师“三年之痒”的时候，为他们答疑解惑，帮助他们向更高的目标迈进。

1.3.3　从质量守护者到产品赋能者

敏捷开发给测试带来的是挑战，更是机遇。

VUCA

VUCA 即易变（Volatility）、不定（Uncertainty）、复杂（Complexity）和模糊（Ambiguity），中文音译为乌卡。2010 年，宝洁的 CEO Robert McDonald 用 VUCA 来描述当下新的商业格局。

不管我们是否承认，当下我们已经进入了 VUCA 时代。和工业时代重视专业化分工不同，VUCA 时代复杂多变，模糊不确定，没有固定的套路可言，需要我们能够跳出局部，通过系统性思考综合各领域的知识来解决问题，这符合敏捷开发的理念，也符合敏捷开发模式下对测试的定义：**专业、综合、适应变化**。

尽管 Savoia 提出了耸人听闻的“测试已死”的论调，但 Savoia 也在演讲的后面提及：**“真正死去的，是那些传统模式下重复的、低效的、堆人的测试，取而代之的是那些更加专业的测试，这些测试不仅不会死，还会成为抢手资源。”**

那些烦琐的接口测试，基本的功能验证，都可以用自动化测试来完成。即便是自动化脚本，测试人员也没有必要每一个都去亲力亲为。测试人员可以做好自动化测试策略，搭建好自动化测试框架，和开发人员沟通好测试目标并一起构建好自动化测试分层，这样就建立了自动化的质量防护网。这样测试人员就有更多的精力去做专业性更强、更有价值的测试，比如：

- 场景测试，聚焦如何模拟用户的实际使用场景，如何还原用户的操作，紧扣用户的关注点来进行测试。
- 性能测试，聚焦如何测出系统的短板和瓶颈，如何确保系统性能满足用户的真实使用场景。
- 更高效的探索式测试。
- 更有效的测试策略，从根本上提升测试效率和质量。

……

很难想象具备这些能力的测试人员在团队里会不火。

和开发相比，测试更具有系统和全局的视角。这和工作场景息息相关。瀑布开发模式下，系统被细分为足够小的模块，然后由开发人员实现，这种割裂式的工作模式让开发容易陷入“只见树木不见森林”的状态。即便是敏捷开发模式下，我们可以使用“用户故事地图”等满足可视化需求，让团队可以看到需求全貌，但是工作内容还会导致开发人员容易陷入实现细节中。现实中，无论是瀑布开发模式还是敏捷开发模式，不知道用户会如何用这些功能的，不知道为什么要做这些功能的开发工程师比比皆是。

相比而言，测试人员比开发人员更具有“大局观”。测试人员不容易陷入实现细节中，更关注用户的使用，关注用户显性和隐性的需求，更具备全局性系统思考的条件。**遇到问题后，测试人员比开发人员更容易跳出局部，看到问题的根本原因，从而更有效地解决问题。**这种能力在 VUCA 时代变得更加重要。

VUCA 时代具有的混沌不定性，导致即便是用户提的需求，可能用户自己也没有完全想明白，对于同一个功能不同的用户可能会有截然相反的意见。这使得在产品开发中很多设计都没有标准答案，“测试预言”（判断测试是否通过的标准）往往成了解决问题的关键。**一个专业的测试人员可以基于“对行业的理解”“对用户行为的剖析”“对使用场景的分析”“对友商和竞争对手的了解”等对测试是否通过做出判断**，其就像一位优秀的法官，可以明辨是非。正因为如此，很多企业会让测试人员去做产品研发的接口人，和一线售前人员一起做方案、和用户沟通、处理售后问题等，这看起来虽然有点“不务正业”，但是从企业经营的角度来说，是帮组织解决了大问题，这些工作更容易被管理者看到，进而获得新的发展机会。

敏捷开发模式的开放性使得团队中的测试人员只要有想法、有能力，就可以做任何有利于用户或团队的事情，而不用担心测试的身份。这使得测试人员有机会“轮岗”，了解别的职位，找到更适合自己的发展方向。除此之外，测试人员对产品和系统理解的“宽度”，也为测试人员转行奠定了良好的基础：一名测试工程师如果想转行，那么他无论转行做售前、售后、销售、产品、支持等，做测试时打下的那些对产品功能全面深入理解的基础，都可以帮助他快速上手，在新的领域赢得认可。这也让测试人员在 VUCA 时代更具有竞争力——能够有更多的选择适应变化，这本身就是一种能力。

在瀑布开发模式横行的时代，我们希望测试人员是质量守护者，是产品质量的最后一道防线，尽管组织对测试人员寄予厚望，但结果往往不能令人满意。敏捷开发模式下，那个“守护者”慢慢死掉了，涅槃重生的是更加专业的测试人员，他们是具有更多综合能力的测试人员，具有更强的适应性，可以有更多选择。他们把测试的独特视角带入各个岗位角色中，在跨界中碰撞出新的火花，赢得认可和尊重，成为产品的赋能者。

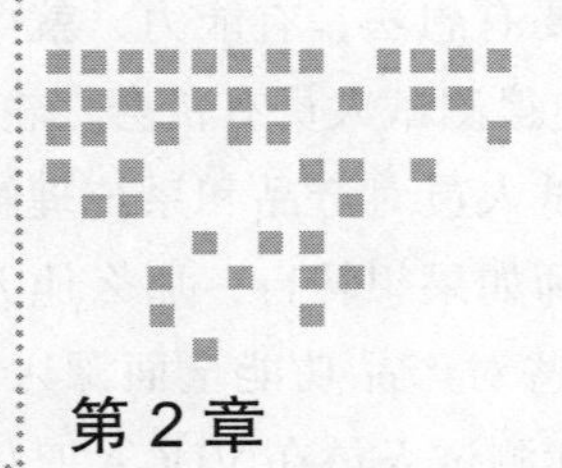

Chapter 2 第2章

测试工程师的职业规划

我的一位同事曾经很认真地和我讨论过职业规划问题。他说他已经做了4年多测试了，但是他不知道现在的工作和自己在工作3年时有什么不同，也不知道即将到来的第5年测试生涯会有什么变化。后来他在工作到第5年的时候转行了。

后来陆陆续续还有很多测试朋友和我讨论这个问题。我发现这个问题越来越具备普遍性。我开始思考，软件测试是一个缺乏发展空间、做到一定阶段后只能通过“转行”来寻找发展的职业吗？

肯定不是。

Martin Pol是业界公认的测试大佬，1998年欧洲第一届杰出测试贡献奖获得者，并被授予英国骑士勋章。Martin在测试领域深耕几十年，名利双收。而且，据说他的大女儿和小女儿都在做测试，这是名副其实的“测试世家”。

作为“精神领袖”，Martin让我们看到了测试的前景，给了我们信心和希望。但Martin的“个例”并不能解决“软件测试本身有哪些职业发展方向”的问题，这就需要我们结合测试行业的特点和时代背景来进行分析和讨论。

2.1 测试人员的职业发展方向

管理和技术是测试人员的主要发展方向。敏捷开发模式下开发和测试融合，扁平化管理等趋势使得专注于测试技术的人员也有了更多的职业发展选择。

2.1.1　测试人员在管理上的发展

管理是大家比较熟悉的软件测试职业发展路线。我们可以根据职级将其分为 3 个等级：基层测试管理者、中层测试管理者和高层测试管理者。图 2-1 从职位、经验要求、管理规模、负责对象和工作内容层面对这三个等级进行了总结对比，帮助我们更好地理解这几个职位是如何发展的。

定位	基层测试管理者	中层测试管理者	高层测试管理者
职位	测试组长	测试经理	测试总监
经验要求	2 ～ 3 年	3 ～ 8 年	5 ～ 10 年
管理规模	2 ～ 5 人	10 到几十人	几十到上百人
负责对象	版本，项目	产品	产品线
工作内容	安排小组工作 提升小组成员测试能力 负责重要测试工作	团队管理 团队能力提升 产品测试管理	团队管理 效能提升 组织能力建设

图 2-1　软件测试在管理上的发展

1. 基层测试管理者：测试组长

基层测试管理者一般有 2 ～ 3 年的工作经验，带领一个小团队（2 ～ 5 人）来一起完成测试任务，比如负责一个版本的测试或者一个项目交付的测试等。

基层测试管理者的代表职位是测试组长，除了负责安排小组工作外，他们通常还会承担小组中最重要、最复杂的测试工作，是团队的中坚力量，所以有时我们也称他们为技术负责人。

2. 中层测试管理者：测试经理

中层测试管理者一般有 3 ～ 8 年的工作经验，带领中型团队（10 到几十人规格），负责一个或多个产品的测试。

中层测试管理者的代表职位是测试经理，他们需要对产品测试全流程负责，他们需要和不同角色（如产品、开发、维护、市场、服务人员）沟通协作，完成产品目标。管理方面，他们要负责测试团队的“选育用留”；技术方面，他们要能解决团队测试中遇到的困难、难题，不断提升团队的测试能力。对中层测试管理者来说，既需要管理的格局和视野，也需要技术上有足够的深度和广度。

3. 高层测试管理者：测试总监

高层测试管理者一般有 5 ～ 10 年的工作经验，带领大型团队（几十到上百人规格），负责一条或多条产品线。

高层测试管理者的代表职位是测试总监。和其他高层一样，高层测试管理者也要对公司的商业成功负责。他们的工作会更多集中在战略、发展和规划上，如测试团队的组织架构、绩效标准制定、人才选拔和培养（如任职资格）、效能提升等，对测试团队健康、良性发展负责。

尽管高层测试管理者一般不会再从事具体的测试工作了，但也需要关注各种新的测试技术，保持在技术上的敏感度和先进性。

2.1.2 测试人员在技术上的发展

测试人员在技术上的发展方向可以分为3类：产品测试专家、测试技术专家、测试开发人员。

1. 产品测试专家：测试架构师

测试架构师是测试技术方面的一个发展方向，是产品测试技术专家，**其主要职责是对不同的组织、产品、研发模式做出最适合当前状况的选择，进行刚刚好的测试，**为产品成功保驾护航，提供支撑。

很多公司都有系统架构师，相对来说，大家对系统架构师这个职位比较熟悉，但是并非所有公司都有测试架构师这样的职位。其实测试架构师和系统架构师在职责上有很多类似的地方，我们可以借助系统架构师来理解测试架构师的作用，如图2-2所示。

<table>
<tr><th>系统架构师</th><th>测试架构师</th></tr>
<tr><td>负责产品开发的整体架构设计
负责需求向实现的转换
负责开发技术重点的预研和攻关
产品开发的“灵魂”</td><td>负责产品测试的整体架构设计
负责需求和实现向测试的转换
负责测试技术重点的预研和攻关
产品测试的“灵魂”</td></tr>
<tr><td colspan="2">共同点：“4个能力”
● 技术规划能力
● 业务建模能力
● 数据分析处理能力
● 面向产品生命周期的质量保证和持续改进能力</td></tr>
</table>

图2-2 系统架构师和测试架构师对比

2. 测试技术专家

我们还可以专注于某一个测试技术领域，发展成为这个领域的测试技术专家。

软件测试发展至今，早已形成了健全的测试体系，每一项测试活动（如测试分析设计、测试执行、测试评估、测试流程等）都有丰富的内涵，都值得深入研究，相对应的测试人员可发展成为相关领域的专家，如测试分析设计专家、测试流程专家、探索式测试专家等，如表2-1所示。

表2-1 测试技术类发展方向

测试活动名称	发展方向举例	测试活动名称	发展方向举例
测试分析设计	测试分析设计专家	测试评估	测试质量评估专家 缺陷分析专家
测试执行	探索式测试专家 自动化测试专家	测试流程	测试流程专家

除此之外，每个产品质量属性（如性能、可靠性、安全等）都有自身专业的测试方法和工具，也有非常大的空间，值得不断深耕，相对应的测试人员可发展为相关领域的专家，如安全性测试专家、易用性/用户体验测试专家、性能测试专家等，如表2-2所示。

表2-2 质量属性类发展方向

质量属性名称	发展方向举例	质量属性名称	发展方向举例
功能性	安全性测试专家	易用性	易用性/用户体验测试专家
效率	性能测试专家	可靠性	稳定性测试专家 可靠性测试专家

3. 测试开发人员

测试开发是近年来非常流行的测试职位，总体来说测试开发主要可分为3类：

- 偏向于自动化测试架构的测试开发工程师；
- 偏向于效能、工具链的测试开发工程师；
- 可以和开发结对的测试开发工程师。

图2-3总结了测试开发工程师的通用技术栈。其中“开发能力”和“基础”是所有测试开发人员都需要关注的领域。自动化测试架构相关的测试开发工程师还需要重点关注“自动化测试”和“测试类型”，效能和工具链相关的测试开发工程师需要重点关注“测试类型”和“研发效能”。

2.1.3 角色和段位

让我们回到本章开头的那个问题——测试人员工作3年和工作5年应该有什么不同？前面我们讨论了测试人员的职业发展，是不是只有头衔发生了变化，工作3年升组长、5年升经理、8 年升总监才叫有发展？是不是我们要不断地轮岗，今年做测试架构师、明年做测试开发才叫有不同？

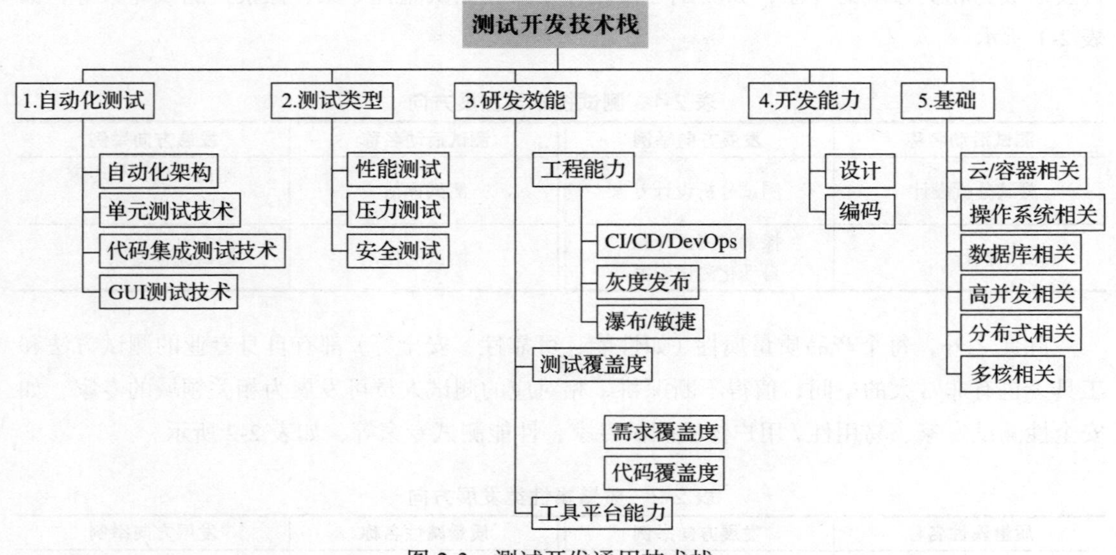

图 2-3 测试开发通用技术栈

我们先来看一个“秘书九段”[1]的故事。

“秘书九段”的故事

总经理要求秘书安排次日上午 9 点开一个会议。这件事需要通知所有参会人员，秘书自己也要在会议中做服务工作。这是“任务”，但我们想要的结果是什么呢？下面是一段至九段秘书的不同做法。

一段秘书的做法：发通知。用电子邮件或在黑板上发个会议通知，然后准备相关会议用品，并参加会议。

二段秘书的做法：抓落实。发通知之后，再打一通电话与参会的人确认，确保每个人被及时通知到。

三段秘书的做法：重检查。发通知，落实到人后，第二天在会前 30 分钟提醒与会者参会，确定有没有变动，对临时有急事不能参加会议的人，立即汇报给总经理，保证总经理在会前知悉缺席情况，也给总经理确定缺席的人是否必须参加会议留出时间。

[1] 参见姜汝祥所著的《请给我结果》。

四段秘书的做法：勤准备。发通知，落实到人，会前通知后，去测试可能用到的投影仪、电脑等工具是否工作正常，并在会议室门上贴上小条“此会议室明天 × 点到 × 点有会议”。确认会场桌椅数量是否够用，音响、空调是否正常，白板、笔、纸、本是否充分，确保物品和环境可满足开会的需求。

五段秘书的做法：细准备。发通知，落实到人，会前通知，测试设备，了解这个会议的性质是什么，议题是什么，议程怎么安排。然后给参会者发与这个议题相关的资料，供他们参考，目的是让参会者有备而来，以便开会时提高效率。

六段秘书的做法：做记录。发通知，落实到人，会前通知，测试设备，提供相关会议资料，在会议过程中详细做好会议记录（在得到允许的情况下，做一个录音备份）。

七段秘书的做法：发记录。会后整理好会议记录（录音）给总经理，然后请示总经理会议内容是否发给参加会议的人员或者其他人员，要求他们按照会上的内容执行。

八段秘书的做法：定责任。将会议上确定的各项任务一对一落实到相关责任人，然后经当事人确认后，形成书面备忘录，交给总经理与当事人一人一份，以纪要为执行文件，监督、检查执行人的过程结果和最终结果，定期跟踪各项任务的完成情况，并及时汇报给总经理。

九段秘书的做法：做流程。把上述过程做成标准化的会议流程，让任何一个秘书都可以根据这个流程进行复制，把会议服务的结果做到九段，形成不依赖于任何人的会议服务体系。

秘书九段的故事为我们指出，除了“头衔”和“轮岗”之外，还有另外一种“发展”——**段位。段位提升，也叫变化，也叫发展**。

我这里总结了一个“测试六段”，仅供大家参考。

- **测试一段：能执行**。能按照测试用例执行测试，会使用基本的测试工具，能发现产品的缺陷，能清晰、准确地记录缺陷，并能和开发者进行有效沟通。
- **测试二段：能设计**。理解用户需求和产品实现，能够分析、设计测试用例，发现 bug 后能够有效定位，有自动化测试的能力。
- **测试三段：能深入**。深入理解用户需求和产品实现，注重测试设计、执行的有效性，掌握各种专项测试技能，能对自动化架构进行优化。
- **测试四段：能带队**。能带领一个小团队完成测试任务，能有效评估产品质量，给出建议。

- **测试五段：能固化**。能将测试方法标准化，并固化为测试工具和流程，关注测试过程改进，有能力管理中 / 大型团队。
- **测试六段：能引领**。有眼界和影响力，在某些领域是行业的标杆。

当然段位发展本来没有标准答案，也欢迎大家写出自己的测试六段、测试八段……我想下次如果我们再遇到这样的问题，会有一个新的答案了：**测试人员工作 3 年和工作 5 年应该段位不同。**

2.1.4 测试人员在质量领域的发展

在软件测试工作中常常要对产品质量进行评估，这使得测试人员也适合向质量管理领域发展。当然，这里的质量管理不是仅指产品的质量管理，而是指整个企业的质量管理，如交付质量管理、经营质量管理，运营质量管理等。

1. 企业流程建设

质量管理领域的一个重要发展方向就是流程建设。由于测试常常会和不同角色沟通，平时工作中和流程关系也比较紧密，所以很适合转型做流程。我身边就有很多资深测试工程师成功转型为流程设计师。

图 2-4 和图 2-5 所示为当前比较流行的流程框架。图 2-4 所示是大名鼎鼎的集成产品开发（Integrated Product Develop，IPD）流程框架，图 2-5 所示是当前非常流行的规模化敏捷流程（SAFe 5）框架。

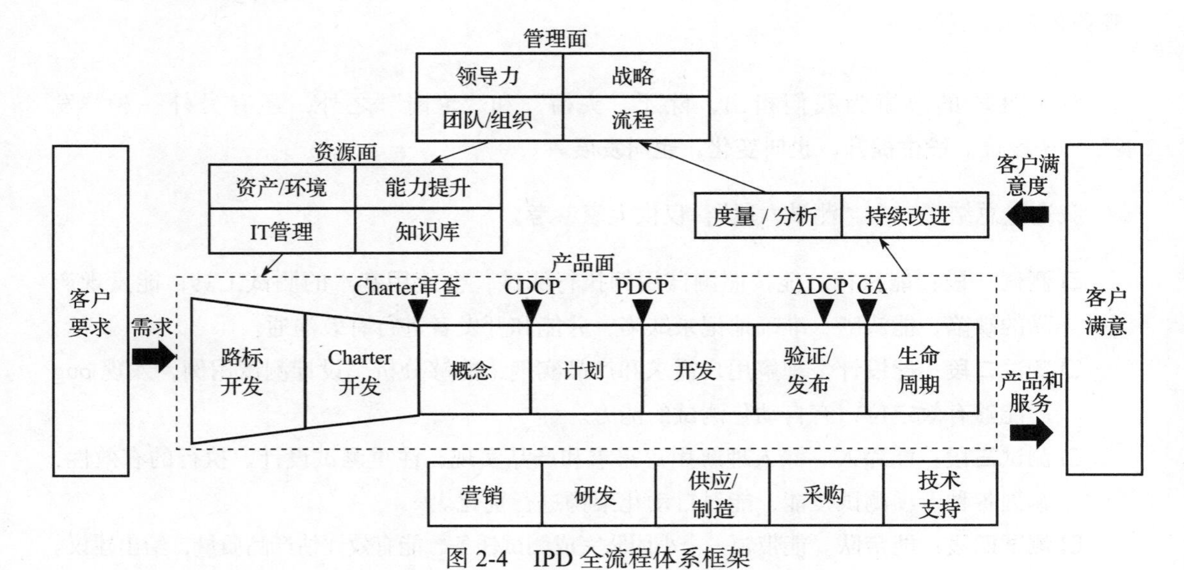

图 2-4 IPD 全流程体系框架

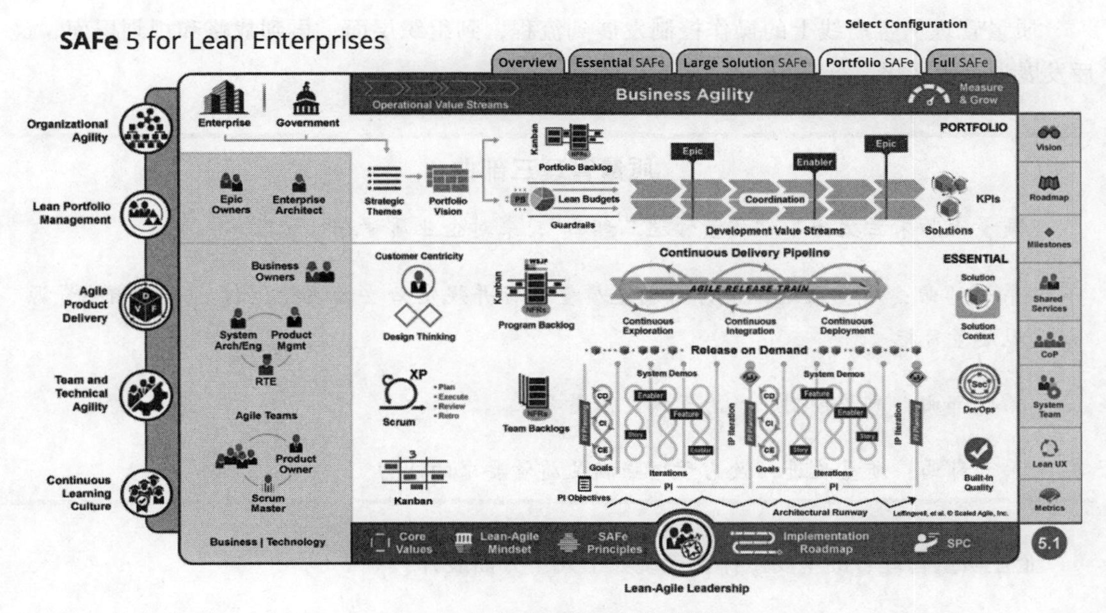

图 2-5 规模化敏捷流程体系框架

流程建设者的主要工作就是根据企业的需要，选择适合的流程体系框架，逐一建设企业的市场、产品、开发、交付等流程模块（如指南、规范、流程说明、交付件模板等），从用户需求到产品，再到服务和用户满意度，形成闭环，并通过度量分析、持续改进，不断提升企业的竞争力。

2. 企业质量管理者

成为专业的企业质量管理者也是测试者在质量管理领域的一个发展方向。其实在软件测试发展史上，很多测试部又叫质量部，测试也叫 QA（质量保证工程师），日常测试活动也叫质量保证活动。质量就是满足需求、一次性把事情做对、零缺陷、缺陷预防等很多对测试影响深远的理念都是源于质量领域。

但企业质量管理比测试质量管理的范围大得多。质量管理理论最早由泰勒提出，早在工业革命时代就诞生了，随后质量经历了几个发展阶段，如图 2-6 所示。

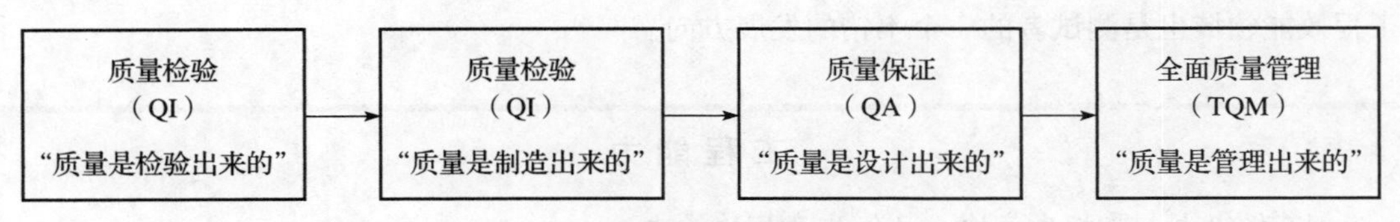

图 2-6 质量发展阶段

质量管理从生产线上的操作控制发展到流程，到组织层面，再到战略和规划层面，最后发展为企业文化、行为和价值观。

质量管理三部曲

质量大师朱兰提出了“质量管理三部曲”，来对企业质量进行管理。

第一部曲：质量策划，致力于制定质量目标并规定必要的运行过程、准备相关资源以实现质量目标。

第二部曲：质量控制，致力于满足质量要求。

第三部曲：质量改进，致力于增强满足质量要求的能力。

企业质量管理者的主要工作会围绕如下几个方面展开：

- 根据企业状况建立质量管理体系。
- 明确体系内各过程的相互依赖关系，使其相互协调。
- 控制并协调质量管理体系各过程的运行，关注其中的关键过程，规定关键活动的运作方法和模式。
- 理解为实现共同目标所必需起到的作用和承担的责任，减少职责不明导致的障碍。
- 在行动前确定所需资源。
- 设定系统目标以及各个过程的分目标，通过实现分目标，确保实现预期的总目标。
- 通过监控和评估，持续改进质量管理体系，不断提高组织的业绩。

2.1.5 测试人员在研发工程效能领域的发展

随着敏捷开发的发展，自动化从测试领域逐渐走到了全流程，通过自动化流水线打通设计、开发、测试、运维等，这也构成了 DevOps 的基础。当然，自动化流水线也大大提升了研发效率，使得以天甚至以小时发布产品成为可能。目前，很多自动化测试团队、工具开发团队、测试技术研究团队都逐渐转型为工程效能团队，专注于组织工程能力的提升。研发工程效能领域也是测试者的一个不错的发展方向。

工程能力

工程能力，是指生产均一且优质产品的能力。

图 2-7 是一个典型的研发工程效能建设框架图，代表了目前产研效能领域的主要工作内容。

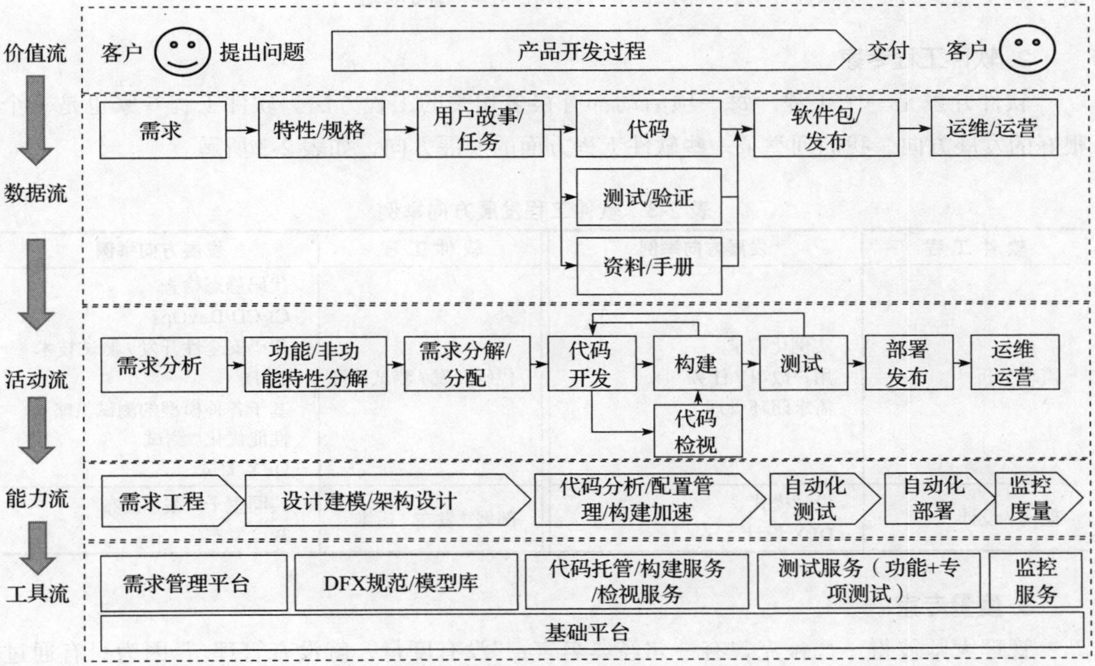

图 2-7　研发工程效能建设框架示意图

图 2-7 所示框架包含了 5 个基本流：

- **价值流**，从用户需求到产品开发，最后交付给用户产生价值的过程。
- **数据流**，从交付件（比如需求文档、特性列表、规格类表、代码、软件包）角度描述的在不同活动下的输出。
- **活动流**，研发过程中的各种活动，如需求分析活动、开发活动、测试活动等。
- **能力流**，主要包括软件需求分析的能力、软件建模的能力、架构设计能力、编码中对代码进行静态分析和检查的能力、对系统进行配置管理的能力、快速构建的能力、自动化测试的能力、自动化部署的能力、监控当前产品过程数据的能力、进行度量分析的能力等。
- **工具流**，通过工具 / 平台提供管理、规范 / 知识库以及各种能力。

这个框架也给我们指出了在研发工程效能领域的一些发展方向。

1. 自动化工具 / 平台建设专家

自动化工具 / 平台建设专家负责自动化测试架构的设计、选型和搭建，确保自动化测试体系可落地。负责相关的工具选型和开发（包括开源工具的二次开发），负责和测试自动化上下游环境联动，形成流水线，保证团队自动化测试的高效进行。

2. 软件工程专家

软件开发是一个工程，每一项活动都有很多相关的工程方法。软件工程专家也是一个很好的发展方向。我们列举了一些软件工程方面的发展方向，如表 2-3 所示。

表 2-3 软件工程发展方向举例

软件工程	发展方向举例	软件工程	发展方向举例
需求分析	实例化需求 用户故事 / 任务 需求闭环管理	代码开发 / 测试验证	代码静态检查 CI/CD/DevOps 代码安全性开发 / 测试技术 TDD 基于各种模型的测试策略 性能优化 / 测试 DFX 测试
架构 / 设计	设计模式 DFX 设计	部署 / 发布 / 运维	共同主干开发 / 发布 灰度发布

3. 度量专家

管理大师彼得·德鲁克曾有一句经典名言："没有度量，就没有管理。"因为只有通过度量，我们才能知道当前的情况是怎样的，改进的目标是什么，改进是否有效。

其实软件测试评估质量的时候，也会用到很多测试度量项。表 2-4 所示是 Tricentis 公司总结的 DevOps 下主要测试度量项。

表 2-4 测试度量项参考

构建	功能测试	集成测试	端到端测试
按风险划分优先级的自动化测试数量 代码构建的成功率 单元测试成功 / 失败率 总缺陷数量 代码覆盖率	测试的需求覆盖度 严重缺陷 测试用例执行成功 / 失败率 缺陷密度 风险覆盖情况	测试的需求覆盖度 非功能缺陷数量 缺陷密度 测试用例执行成功 / 失败率 代码覆盖 / 风险覆盖情况	端到端自动化测试用例数量 测试的需求覆盖率 总缺陷数量 测试用例执行数量 测试用例覆盖率

我们在做测试的时候接触的度量都在使用层面，专职度量专家的工作是：

- 为团队或组织设立适合的度量项。
- 设定团队或组织能力基线。
- 在项目过程中通过度量数据量化分析预测风险，提升整个研发过程的控制能力。

4. 工具开发专家

从工程效能的角度来说，工具开发主要包含如下几项。

- 项目管理工具的开发：如需求管理系统、测试用例管理系统、缺陷管理系统等的开发。
- 知识管理工具的开发：如 WiKi、规范库、模式库、知识库等的开发。
- 开发工具的开发：如代码检视工具、代码安全性工具等。

随着云化的流行，工具也开始往云化发展，这给工具带来了新的模式——服务化，特别是研发工作场景中的工具服务，把工具按照研发工作场景归类，这些工具以流水线的方式自动运行，无缝集成，协同工作，可最大化研发效能。

2.2　测试工程师职业规划建议

上一节我们讨论了软件测试工程师的职业发展方向，讨论了“段位”，本节我们就几个大家在职业发展规划中可能会比较关心的问题展开讨论。

2.2.1　做管理还是做技术

《论语 · 子张》中有一句名言——“学而优则仕”。对这句名言，我们通常的理解是“学习好了就应该去做官”。事实上，孔子这句话里的“优”，不是指“优秀”，而是指“富余”，这句的前面半句是“士而优则学”。这两句话真正的意思是：“做官有余力应该去做学问；学习有余力，就去做官（进一步推行仁义）。”

这句话非常适合我们当前讨论的这个主题：**“对做管理还是做技术来说，做技术有余力，有心得，就可以去做管理，去进一步推行自己的心得；反过来，当管理有余力，就应该再去做技术。”**测试者应能在技术和管理两方面游刃有余，互相转换，如图 2-8 所示。

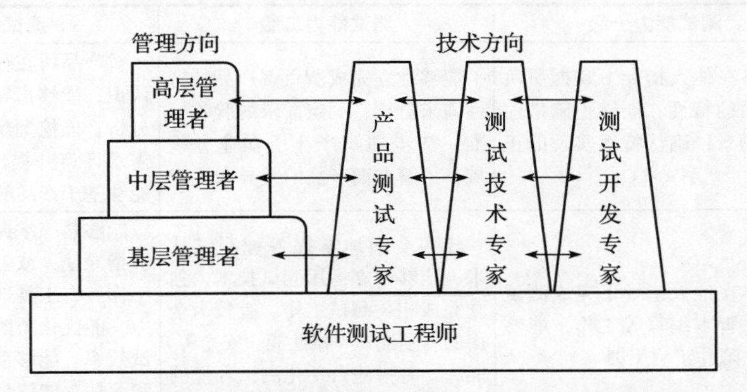

图 2-8　测试人员在管理方向和技术方向上可以相互转换

我建议测试管理者，特别是基层和中层测试管理者，一定不要过早放弃技术，把自己完全陷入各种管理会议、沟通协调中。软件测试是一个构建于实践之上的学科，没有绝对的技术和绝对的管理。一位优秀的测试管理者一定也是一位优秀的产品测试专家，很难想象一个测试技术不过关的管理者能够带好测试团队，也很难想象那些完全没有管理思维的测试者能够成为把策略、技术和工具落地的专家。另一方面，敏捷开发模式下行业更迭越来越快，测试高级管理职位变得越来越少，多元化发展才是顺应这个时代的选择。

一个理想的测试团队，应该有测试经理和测试架构师两个角色，测试经理负责管理，测试架构师负责技术。但这并不等于测试经理只管管理、只懂管理，测试架构师只管技术、只懂技术。测试经理和测试架构师要熟悉彼此领域的关键活动，能够评审彼此领域关键的交付件，为彼此提供决策参考，既分工合作，又彼此备份。

要做到“技术和管理都游刃有余”，测试者的能力也不能只是一个维度，就像图 2-9 所示的那样，“业务”“技术”和“管理”围成的三角才代表测试者真正的能力。

对图 2-9 所示内容解释如下。

- **业务能力**：理解用户的需求和使用场景，理解产品的核心价值，能够提供有竞争力的产品改进建议。
- **技术能力**：指各种测试技术的掌控能力，包括测试分析和设计能力、测试方法和测试执行能力、自动化测试能力、质量分析和评估能力等。
- **管理能力**：包括项目管理能力和团队管理能力。

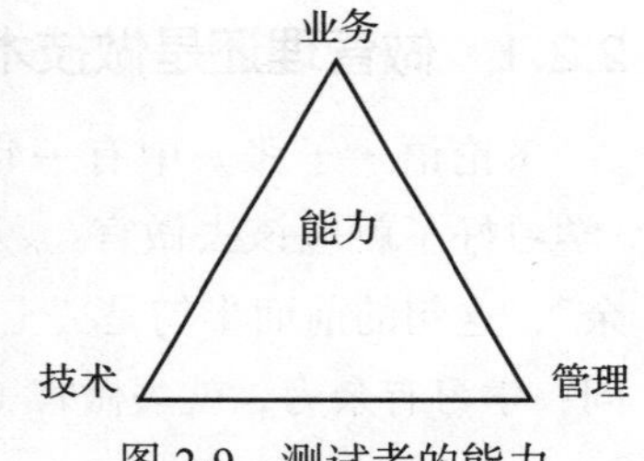

图 2-9 测试者的能力

仿照“秘书九段”，我也总结了一张“测试能力九宫格”，如表 2-5 所示。

表 2-5 测试能力九宫格

能力分类	测试能力一级	测试能力二级	测试能力三级
业务能力	能够在他人指导下掌握所负责产品的特性，能够正确搭建测试场景，确认特性实现的正确性	能够独立完成所负责产品的特性需求分析，确定需求的验收标准，初步理解产业所在业务领域，了解友商产品的差异和优劣	对产品所在行业有全面的理解和认识，能够指导他人完成特性需求分析，能挖掘用户的隐含需求，有需求评审并提出价值意见的能力，能够基于产品的价值制定测试策略
技术能力	能够在他人指导下完成测试执行、脚本编写等工作，能够发现缺陷并正确反馈	较为全面地掌握各种测试技术，能够独立运用测试技术，独立完成相关测试工作。有较为全面的专项测试（如性能、安全等）能力，有搭建自动化测试环境的能力，有基本的质量评估能力	能够熟练掌握各种测试技术，能够指导他人或者带领团队开展测试工作。有工具选型、二次开发的能力，能优化团队测试方法，提升测试效率。能够系统地进行质量分析和评估，能够量化、预测风险，调整测试策略

（续）

能力分类	测试能力一级	测试能力二级	测试能力三级
管理能力	能够根据计划完成测试工作，能够识别自身测试工作中的风险	有一定的项目管理能力，能够独立负责产品或某一特性的测试工作，保证交付。有一定的流程建设能力	拥有系统视角，有全流程设计和改进的能力

2.2.2 关于跳槽

我们常说“100个人心中有100个哈姆雷特”，对跳槽来说，“100个人心中也有100个想跳槽的理由”，但归结起来无非是几类：薪资问题、做得不开心和发展问题。

1. 薪资问题

跳槽带来的薪资涨幅，确实可能高于公司内部按部就班的涨幅。短期来说，让员工在一家单位工作确实不公，但公司一般都会有调薪机制去解决这样的问题，只要你选择的是一个健康发展的公司，长期来说都是公平的，可能还会超出预期。

其实从收益角度来说，当前的薪资或福利始终还是属于短期收益，我们除了看短期收益之外，还要看中长期的发展。行业、公司发展都是需要考虑的因素，如果公司正处于发展的快车道，或者公司的平台足够大，个人也会有更多的发展机会。

2. 做得不开心

如果是因为做得不开心想换工作，我的建议是“理性、慎重地考虑一下”。没有一个完美的公司，加班、考评不公，包括一些人事方面的问题，很难通过跳槽来彻底解决。更好的方式还是主动想办法去解决遇到的问题，比如增强自身的“钝感力”，实在解决不了再离职，而不是轻易离职。

钝 感 力

“钝感力”缘于渡边淳一的同名著作《钝感力》，意为“迟钝的力量”，即从容面对生活中的挫折和伤痛，坚定地朝着自己预定的方向前进，它是“赢得美好生活的手段和智慧”。

3. 发展问题

如果新公司从事更好的行业且平台足够大，个人有更多的发展机会，跳槽完全没有问题。但是很多时候，我们想要一个“新岗位”的动机，可能仅是因为我们对手上的工作熟悉了，不知道如何深入，想换一个新的环境。

如果是因为这样的问题要跳槽，我的建议是**想办法提高段位**，而不是急着离职。

“模仿”是一个提高段位的有效途径。你想要提高什么，就去找一个身边做得好的作为榜样，看看他是怎么做的，琢磨他解决问题的方法和思路，找到自己的差距，补齐，然后再实践，看看自己是否有提升，问题是否有改善。

如果想做的事情团队暂时没有机会给你去做，那么与其被动等待、自怨自艾，还不如**找一些相近的事情去做**。例如你想尝试带测试团队，但目前公司暂时没有合适的测试团队可以给你带，那么你去组织技术分享活动、去指导新员工或成立专项小组进行工作改进等，对你来说都是很好的见习机会。这类工作可以切实提升你在管理方面的段位，当机会真的来临的时候，你才能稳稳抓住。

测试是一个对“广度”要求很高的职业，“测试产品的持续性”也应该是考虑的一个因素，尤其是对那些经验丰富的测试者来说，换了一个新行业后，所有的产品经验都清零了，一切都要从头开始，这是一件特别“掉价”的事情，因此大家更应该考虑“测试的持续性”。如果可以，我建议大家尽量在同行业或相似的行业间跳动。相似的行业，不同的公司，相似的产品，不同的理解，这些因素聚在一起，往往能迸发出新的火花，加深你对行业的理解，让你在做测试时更加游刃有余，当然这也会带来更高的收益。

2.2.3 不断提升影响力

无论我们怎么规划自己的发展，核心都是不断提升自己的影响力。

我想大家身边有很多这样的同事：非常精通业务，熟悉产品实现，包括很多开发实现的细节，精通各种测试方法和测试工具。出现问题的时候，无论是产品版本测试中的问题，还是用户反馈的问题，大家都会来找他们商量，按照他们的方法也总能解决问题。

这就是影响力——在出现问题时，能解决这个问题，然后久而久之，大家就会自发地找他们去解决问题。所以**不是谁资深谁就有影响力，而是谁能解决问题谁就有影响力**。

敏捷开发模式下，很多测试者和开发者都向同一个领导汇报，很多测试者也会抱怨在这样的组织结构下，测试根本无法和开发者竞争，发展不好。也许现实中确实存在这样的情况，但是我想无论是哪个管理者，在考虑晋升的时候，一定会把机会给最能帮他扛事情，最能解决问题，也最被团队认可的那位。所以测试者完全没有必要妄自菲薄，大家应该主动承担，做一些有挑战的事情，敢于为团队解决问题，不断提升自己的影响力，这样一定会有脱颖而出的机会。

第二部分 Part 2

突破：向测试架构师的目标迈进

- 第 3 章　测试架构师应该做和不应该做的事情
- 第 4 章　测试架构师的知识能力模型
- 第 5 章　测试架构师的软能力修炼

测试工程师是产品的第一个用户，通过测试，对产品质量进行评估，为决策者提供参考。不要小觑测试工程师的工作，因为测试结论不仅会影响产品的命运（是继续研发下去、发布，还是终止项目），还会影响整个团队的士气，总也测不完的缺陷和总也改不完的缺陷，对任何一个团队来说都不是一件愉快的事情，所以软件测试并不是一项简单的技术工作，而是一门需要结合产品、管理、心理学和经济学的技艺。Glenford J. Myers 在经典著作《软件测试的艺术》中将软件测试称为一门"艺术"，也许只有"艺术"这个词才能真正形容软件测试。

对一个艺术团体来说，有位出色的团长固然重要，但技艺精湛的"台柱子"更是不可或缺的，他就像团队的"灵魂"一样，用对艺术深刻的理解、创新，赋予团队特有的生命力。既然软件测试也是一门艺术，那么在软件测试中，谁（指角色）是这个团队的灵魂呢？

第 2 章介绍测试工程师有哪些职业发展方向时谈到了测试架构师。测试架构师是产品测试专家，只懂测试或者只懂产品都无法成为卓越的测试架构师。测试架构师要**能够对不同的组织、产品、研发模式做出最适合当前状况的选择并进行刚刚好的测试。**"最合适"和"刚刚好"本身就有很强的选择和辩证意味。

举例来说，平台型产品（不会直接发布给用户）和要发布给用户的产品的测试策略是不一样的；快速开发的产品和战略型产品的测试策略是不一样的；继承型产品和全新开发的产品的测试策略也是不一样的。我们需要根据产品的特点，去选择最合适的测试方式，以"刚刚好"满足发布的要求。

"最合适"意味着还有更合适，永远都有可提升的空间，测试团队应该不断改进，持续改进。

写到这里，关于"谁是团队灵魂"的答案已经跃然于纸上了：**"测试架构师"是测试团队的灵魂。**

那么大家需要如何去做，才能一步步向测试架构师的目标迈进呢？第二部分将和大家深入探讨测试架构师需要关注的主要内容和必备的关键技术能力。

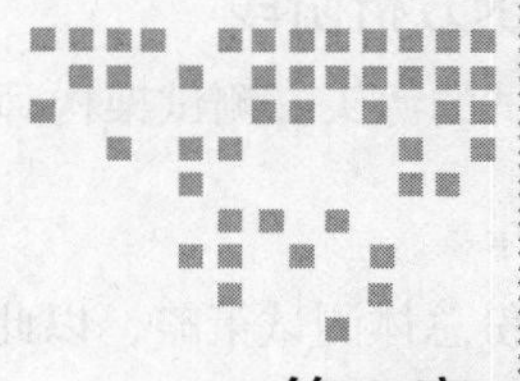

第3章 Chapter 3

测试架构师应该做和不应该做的事情

测试架构师是产品测试专家，是测试团队的灵魂人物，也是测试工程师在软件测试技术上的一个重要发展方向。那么测试架构师在产品测试中具体要做什么？哪些是他们需要关心的事情？本章将给大家提供一份详细的测试架构师工作指南。

3.1 测试架构师需要关注和不需要关注的事情

对产品测试来说，无论开发模式是瀑布型、敏捷式还是DevOps，测试活动都可以概括为“测试需求分析”“测试分析和设计”“测试执行”和“测试质量评估”这几个部分。无论在哪种开发模式下，产品测试都不应该是产品开发末端的活动，而应该是“端到端”的：在产品的需求阶段，测试者就需要投入精力。

和“好的产品是设计出来的”一样，测试分析不仅能够帮助测试者更好地认识产品，还能反过来帮助开发者确认需求，确认产品在非功能属性（如性能、可靠性、易用性等）方面的设计是否可行。测试的意义，不仅在于通过测试发现缺陷，为产品发布提供信心，还在于缺陷预防，切实提升产品质量。

作为测试团队的技术领头人，测试架构师在整个端到端的测试过程中需要重点关注哪些事情呢？接下来我们就为大家一一描述。

3.1.1 在需求分析阶段

需求是测试的源头。测试架构师在需求阶段的重点工作包括：

- ❑ 理解需求。
- ❑ 制定一份总体测试策略，以此来确定测什么和怎么测。

测试架构师应该在项目启动时就参与进来，和产品人员、系统架构师一起理解用户的需求。但问题是，如何才算“理解需求”呢？是不是只要参与每一场需求的讨论会，熟读每一条需求规格就够了呢？**要想真正对需求有透彻理解，理解所测产品的商业目标、核心价值和用户的使用场景是第一步，也是测试策略的源头。**

1. 理解产品的商业目标和核心价值

Dave Hendricksen 在他的著作《软件架构师的 12 项修炼》中提出：“系统架构师在考虑软件架构的真正价值时，不能只关注系统构造的技术，更要对客户价值和商务价值——你能帮助客户真正解决怎样的问题、你怎样帮助公司赚钱——有深刻的认识。”原因在于，即便产品使用的是最先进的开发技术，只要不能满足用户的需求，就没有价值，这样的产品就是无用的产品，不能称为成功的产品。这一点对于测试架构师来说同样适用：**测试架构师在制定测试策略时，也需要基于特性的价值来分类，来设置优先级、测试的重点，以及不同的测试深度和广度，以此来保证测试资源的最优分配和投入方案。**

如何理解产品的商业目标和价值呢？ Dave Hendricksen 用一个气泡图形象地概括了商务知识和软件架构的交错关系，如图 3-1 所示。

认识我们所在的领域，了解我们的公司、客户及商务，这是我们能做出最合适的测试策略的前提和基础。下面这些问题可以帮助测试架构师获得答案。

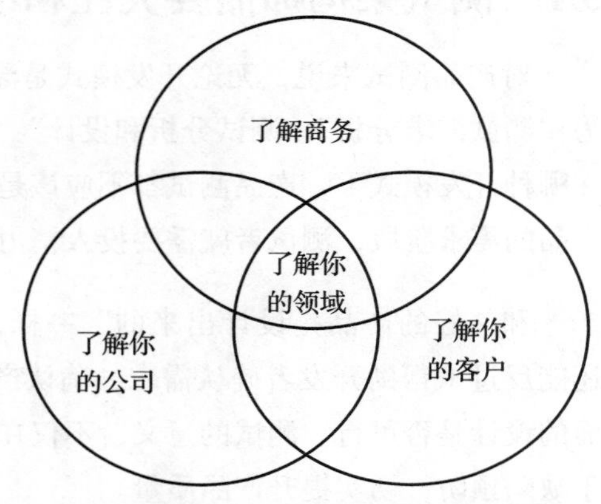

图 3-1 Dave Hendricksen 的气泡图

- ❑ 公司中的营销人员和销售人员如何细分客户？
- ❑ 每个细分市场的关键价值主张是什么？
- ❑ 公司试图增长哪些细分市场？如何增长？
- ❑ 每个市场是谁做出购买决策的？
- ❑ 每个细分市场的主要竞争对手是谁？
- ❑ 公司对此产品的策略主张是什么？产品是如何融入这一战略的？

测试架构师要能围绕下述内容展开测试活动。

- 如何验证待测试的产品正确体现了市场价值？
- 所做的测试策略是否和公司的财务、销售、营销目标一致？

当测试架构师对这些内容进行深入思考，并通过沟通交流和决策者、系统架构师、市场人员等角色达成一致、统一的目标时，测试就能很自然地融入其中，成为公司的伙伴，而不是成为阻碍软件按时发布的“拦路虎”。这样测试也能更容易获得决策者和产品开发人员的认可，测试的深度、广度会更透明，从而利于测试者更好地把握测试进度。这样也可通过压缩测试时间来换取项目进度。（很多时候都会存在压缩测试时间来保证项目进度的问题，出现这样的问题，很大一部分原因是决策者根本不认可测试的内容和方法，认为测试过度或者冗余过多，没有准确评估测试真正的工作量。）

2. 梳理用户的使用场景

梳理用户的使用场景是测试架构师需要重点关注的另外一项内容。

所谓“用户的使用场景”，简单来说就是用户将会如何使用这个产品。用户场景将直接体现产品的价值。因此，在测试之前，了解你的用户至关重要。

- 产品有多少种用户？这些用户的业务是什么？他们如何从你的产品中获得价值（比如通过你的产品赚钱或获得某种资源）？
- 产品的竞争对手为用户提供了哪些有价值的解决方案？你们之间的差异是什么？
- 产品所在领域有哪些基本的规范和要求？行业背景有哪些？用户的习惯是什么（如完成各种活动的顺序、对活动完成的判断标准和可能的重要决定等）？

测试架构师还需要把梳理得到的用户使用场景归纳为测试场景，具体如下。

- 针对不同类型的用户，分别确定这些用户的行为习惯和关注点。
- 逐一分析这些用户会如何使用产品，根据分析结果建立产品的拓扑模型、配置模型、流量模型等，抽象出典型场景。
- 确定各个典型场景下的输入和输出（包括正常输入和异常输入、攻击，还需要考虑模拟测试的时间长短等）。

3. 输出产品总体测试策略

产品总体测试策略是测试架构师的重要输出之一，**它就好像测试的总纲，帮助整个测试团队明确测试的范围、目标，测试的重点和难点，测试的深度和广度，以及如何安排各种**

测试活动（及测试分层）。

注意，测试重点和测试难点是完全不同的两个概念。测试重点是通过产品价值、质量目标、产品实现（新写代码、开源代码或是继承代码）、历史情况（主要针对继承类产品）和风险等多个因素确定测试的优先级；测试难点是从测试技术的角度对产品测试验证难易程度进行分析。

测试深度和测试广度也是不同的。测试广度是从所能覆盖的测试类型的角度对产品测试进行的描述；而测试深度是从测试方法（如单运行测试、多运行测试、边界值或错误输入等）的角度对测试进行的描述。

测试分层让我们把一个复杂的测试分成多个不同的阶段，每一个阶段都有自己的测试目标和出入口条件，我们可据此来安排测试活动，让测试过程变得有序、可控。

除此之外，我们还可以使用缺陷趋势预判技术，得到当前的缺陷趋势预判图，通过量化评估的方式为我们后续调整测试策略提供依据。

上述内容构成了测试的整体框架，如图 3-2 所示，对此更详细的描述可参见第 6 章和第 7 章。**如果把测试需求分析、测试分析设计、测试执行、测试质量评估等测试活动比做珍珠，测试策略就是那根穿珍珠的线。**

3.1.2 在测试分析和设计阶段

测试架构师作为测试团队的技术带头人，肯定是测试分析设计的好手，但测试架构师不应该让自己陷入具体的测试分析和设计中去。对他们来说，更重要的工作是根据总体测试策略来指导测试设计——**测试架构师和测试设计负责人一起沟通确定"测试设计大纲"，以此来保证测试设计中测试的覆盖度（深度和广度）"刚刚好"。**

方法上，测试架构师可以使用"测试分析设计表"或在 MM 图中使用车轮图，来保证测试设计符合测试策略。关于这部分的内容，请参见第 4 章和第 7 章。

通常我们会安排有经验的测试工程师来进行测试设计，即便如此，让团队掌握"好测试设计的味道"依然很重要。我们将在第 4 章和第 5 章对这个问题展开讨论。

除此之外，测试架构师还需要给测试用例划分等级（可参见 7.3.2 节），以此来保证测试执行时可以更有效地选择测试用例，确定自动化和回归测试策略。掌握有效的测试用例评审手段，可从整体上保证团队测试设计的质量。

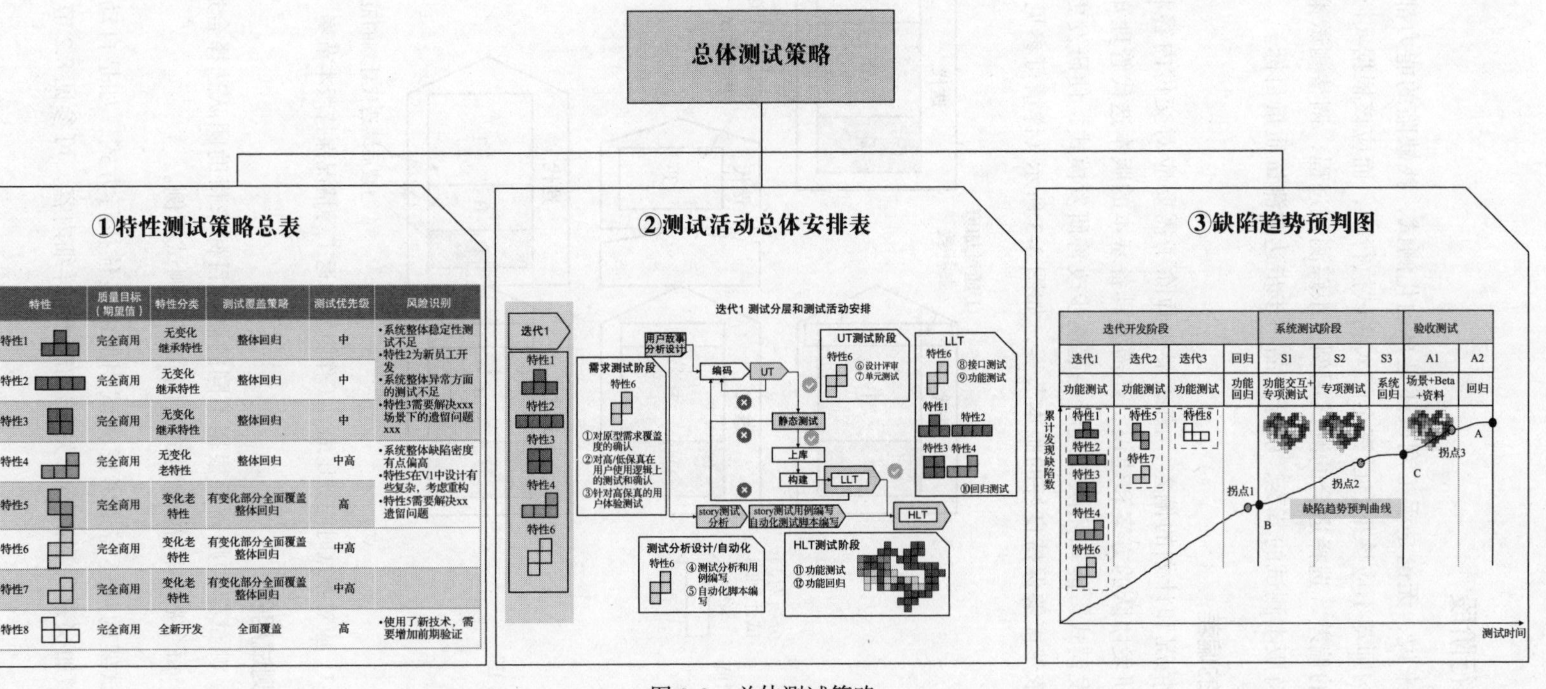
总体测试策略
①特性测试策略总表
特性
质量目标（期望值）
特性分类
测试覆盖策略
测试优先级
风险识别
特性1
完全商用
无变化继承特性
整体回归
中
•系统整体稳定性测试不足
•特性2为新员工开发
•系统整体异常方面的测试不足
•特性3需要解决xxx场景下的遗留问题xxx
特性2
完全商用
无变化继承特性
整体回归
中
特性3
完全商用
无变化继承特性
整体回归
中
特性4
完全商用
无变化老特性
整体回归
中高
•系统整体缺陷密度有点偏高
•特性5在V1中设计有些复杂，考虑重构
•特性5需要解决xx遗留问题
特性5
完全商用
变化老特性
有变化部分全面覆盖整体回归
高
特性6
完全商用
变化老特性
有变化部分全面覆盖整体回归
中高
特性7
完全商用
变化老特性
有变化部分全面覆盖整体回归
中高
特性8
完全商用
全新开发
全面覆盖
高
•使用了新技术，需要增加前期验证
②测试活动总体安排表
迭代1
特性1
特性2
特性3
特性4
特性6
迭代1 测试分层和测试活动安排
用户故事分析设计
需求测试阶段
特性6
①对原型需求覆盖度的确认
②对高/低保真在用户使用逻辑上的测试和确认
③针对高保真的用户体验测试
编码
UT
静态测试
上库
构建
LLT
story测试分析
story测试用例编写
自动化测试脚本编写
HLT
UT测试阶段
特性6
⑥设计评审
⑦单元测试
LLT
特性6
⑧接口测试
⑨功能测试
特性1
特性2
特性3
特性4
⑩回归测试
测试分析设计/自动化
特性6
④测试分析和用例编写
⑤自动化脚本编写
HLT测试阶段
⑪功能测试
⑫功能回归
③缺陷趋势预判图
迭代开发阶段
系统测试阶段
验收测试
迭代1
迭代2
迭代3
回归
S1
S2
S3
A1
A2
功能测试
功能测试
功能测试
功能回归
功能交互+专项测试
专项测试
系统回归
场景+Beta+资料
回归
累计发现缺陷数
特性1
特性2
特性3
特性4
特性6
特性5
特性7
特性8
拐点1
拐点2
拐点3
A
B
C
缺陷趋势预判曲线
测试时间

图 3-2　总体测试策略

3.1.3 在测试执行阶段

对测试架构师来说，无论是手工测试还是自动化测试，找缺陷的能力都一定是出类拔萃的，但是测试架构师却不应该把自己完全陷入测试执行中，而应该根据实际情况，分析当前测试项目和计划的偏差，选择适合的测试用例，跟踪测试过程，调整测试策略，在适应变化的情况下依然保持版本测试的节奏，引导产品一步步达成测试质量目标。

1. 确认和计划的偏差

确认项目实际情况和计划的偏差，测试架构师除了需要应对交付内容和计划的偏差，给出最适合测试和研发团队的方案和建议，还需要具备基本的版本迭代管理知识，能够识别那些变形的迭代研发模式，能和团队管理者一起逐步改善研发模式，使研发更加高效，在各种变化的情况下，依然能够保持良好的版本节奏，如图 3-3 所示（详情可参见 8.1 节）。

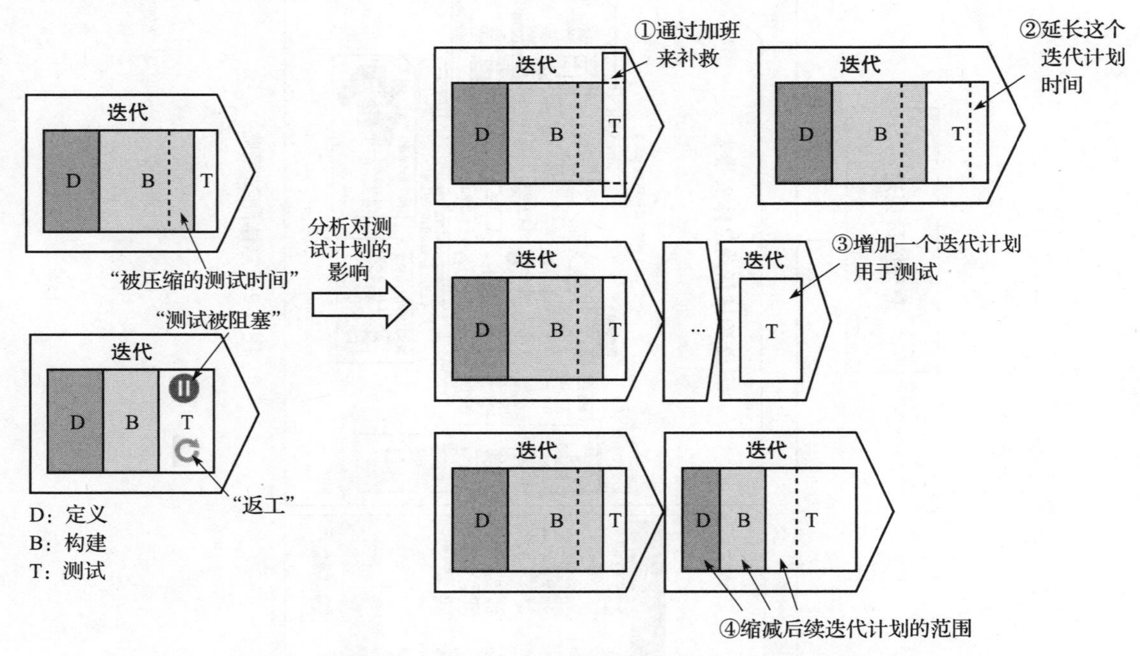

图 3-3 应对测试时间被压缩、工作阻塞和返工等情况保持版本节奏

2. 选择合适的测试用例

在测试执行中，测试架构师需要根据不同的测试目标来帮助团队选择合适的测试用例，包括接收测试用例、每个版本的执行测试用例和回归测试用例。

除此之外，测试架构师还需要考虑测试用例的最佳执行方式，如是自动化测试还是手工测试、是否需要增加探索式测试等。关于这部分的详细内容，可参见 8.2 节。

3. 跟踪测试过程

测试架构师需要考虑测试执行的顺序和一些策略覆盖的内容，以提高测试执行效率和发现问题的概率。除此之外，测试架构师还需要确定缺陷修复的优先级，确定哪些缺陷是当前要解决的，让测试阻塞的部分可以尽快被执行，失败的部分可以尽快通过，保证测试执行的效率，如图 3-4 所示。

是否阻塞测试	分值
会	10~20
不会	0

缺陷修改影响	分值
修改复杂	10~20
需求修改	10~20
设计修改	10~20
改动一般	5~10
少量改动	0

缺陷严重程度	分值
致命	5
严重	3
一般	1
提示	0

缺陷列表	是否阻塞测试	缺陷修改影响	严重程度	修复优先级
缺陷1	会（15）	改动一般（5）	一般（1）	高（21）
缺陷2	不会（0）	改动一般（5）	致命（5）	中高（10）
缺陷3	会（15）	改动一般（5）	一般（1）	高（21）
缺陷4	会（15）	修改复杂（15）	严重（3）	最高（33）
缺陷5	不会（0）	改动一般（5）	致命（5）	中高（10）
缺陷6	不会（0）	修改复杂（15）	致命（5）	高（20）
缺陷7	不会（0）	改动一般（1）	严重（3）	中（4）
缺陷8	不会（0）	修改复杂（15）	严重（3）	高（18）
缺陷9	不会（0）	设计修改（20）	严重（3）	高（23）
缺陷10	不会（0）	改动一般（5）	一般（1）	中（6）
…	…	…	…	…

图 3-4　确定缺陷修复优先级

对那些非必现（非必然重现）的缺陷，测试架构师要制定有效的处理机制，如图 3-5 所示。

与此同时，测试架构师还应该实时关注产品缺陷趋势，分析实际的缺陷趋势和预判的缺陷趋势的差异，以此来调整测试策略，让被测系统一步一步达到期望的质量要求。对这部分内容的详细描述，请参见 8.3 节。

3.1.4　在测试质量评估阶段

测试架构师的另一项重要工作就是进行质量评估。

尽管我们常说的质量评估都是指测试末期的产品质量评估，但此处我们讨论的是在全流程中进行质量评估，这也是本书的主要思想之一，如图 3-6 所示。

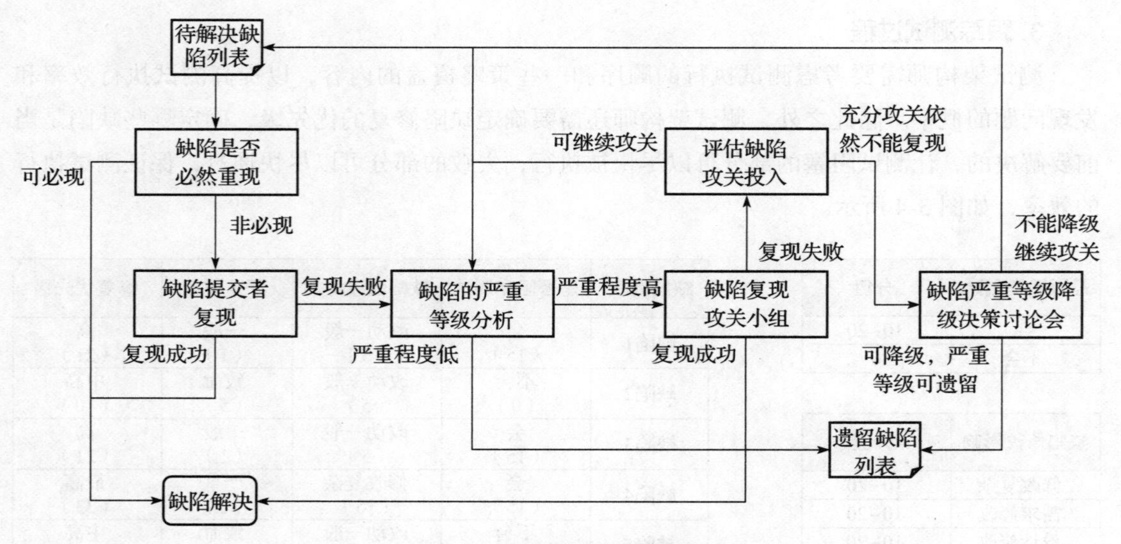

图 3-5 非必现缺陷处理流程

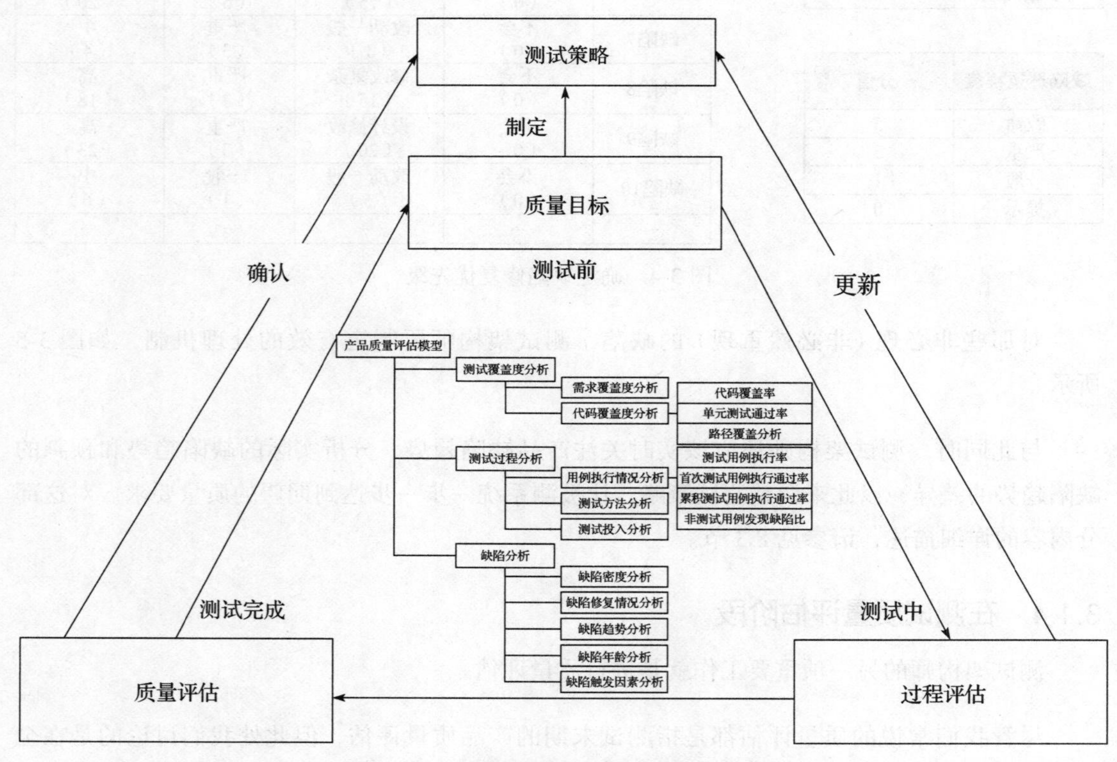

图 3-6 在测试全流程中进行质量评估

我们使用产品质量评估模型来进行质量评估：

- ❑ 测试前，我们将产品质量评估模型中的内容作为测试目标，以达到测试目标为目的来进行各种测试活动。
- ❑ 测试中，我们不断确认质量目标的完成情况（可使用缺陷预判技术），以此来更新或调整测试策略。
- ❑ 测试完成后，我们可以使用产品质量评估模型来确认质量目标的达成情况，并将确认的结果作为产品是否可以交付的判断准则。

对这部分内容的详细描述请参见 6.3 节、6.4 节、第 7 章和第 8 章。

3.2　像测试架构师一样思考

有些公司可能并没有设置测试架构师这样的职位，许多读者可能也是第一次听说测试架构师。事实上，是否有“测试架构师”这样的职位并不重要，重要的是在测试团队中有人能够像测试架构师那样，**从被测对象的实际情况出发，系统思考，抓住本次测试的核心，通盘考虑测试策略**。无论你测试经验如何，角色是什么，在拿到一个测试任务的时候，都应像测试架构师这样思考：

- ❑ 本次测试的目标是什么？
- ❑ 本次测试的范围是什么？
- ❑ 本次测试的深度和广度是什么？
- ❑ 本次测试的重点和难点是什么？
- ❑ 如何安排测试（先测什么，再测什么）？
- ❑ 如何评估测试结果？

只要我们认真去思考这些问题，就算只有思考过程，都胜过拿一份前人的方案、测试用例或者报告模板小修小改一番来匆匆完成测试。

也许对一个测试团队来说，最好的情况是人人都是测试架构师。

3.3　测试管理者可以替代测试架构师吗

在测试团队中，测试管理者的主要职责是通过制定 / 执行测试计划来保证测试交付。对测试管理者来说，项目管理方面的知识是核心，包括各种沟通与协调方法，输出是测试计划。

而测试架构师的工作主要是制定产品的测试策略，故其需要熟练掌握产品技术和测试技术，并有能力找到其中的平衡点。

测试策略解决的是“测什么”和“怎么测”的问题，然后由测试计划来解决由“谁”在“何时”花费多长时间来执行测试。在这个过程中还需要测试架构师通过各种过程评估方法（如缺陷分析）来调整测试策略，进而调整测试计划。简而言之，测试架构师的工作是保证测试的正确性，而测试管理者的工作是保证落地和交付。

可以由测试管理者来制定测试策略吗？当然可以。但我们也要认识到，制定测试策略和测试管理是两种不同的活动。即便没有专职的测试架构师，制定测试策略的活动也不应该减少。所以测试管理者可以兼职但并不能替代测试架构师，两个角色之间最合适的关系是合作。

3.4 系统架构师可以替代测试架构师吗

很多公司都设有系统架构师这个职位，大家对系统架构师也很熟悉。第 2 章我们给大家介绍测试架构师时，也是拿系统架构师进行对比的。事实上，测试架构师和系统架构师确实有很多相通的地方，他们都需要：

- 对产品价值有深刻的理解。
- 对用户的使用场景有深刻的理解。
- 对产品的体系、架构、交互关系有深刻的理解。

但这并不代表系统架构师可以替代测试架构师。

- 系统架构师服务的对象是产品开发，测试架构师服务的对象是测试。
- 系统架构师理解产品的价值，是为了正确创造并实现出产品；而测试架构师理解产品的价值，是为了验证产品是否真的实现了应有的价值，其中是否存在错误。
- 系统架构师理解用户场景，是为了分析出产品的特性和功能，为产品实现做准备；测试架构师理解用户场景，是为了验证产品是否满足用户在该场景中的使用需要，在该场景下产品是否存在质量缺陷。
- 系统架构师建立产品的系统框架，是为了最终能够顺利实现产品；测试架构师理解产品的系统框架，是为了测试设计和测试执行能够更有效，验证产品实现是否和架构的设计是一致的，是否存在问题。

- 系统架构师和测试架构师最合适的关系是协作。
- 系统架构师可以和测试架构师一起对产品价值进行讨论，对齐理解。
- 系统架构师需要和测试架构师一起整理用户使用场景，测试架构师对用户的潜在需求的理解，对友商同类产品的使用经验以及曾经和用户沟通接触的经历都可以帮助系统架构师更好地确定用户使用场景，确定产品需求。
- 系统架构师还需要和测试架构师就产品的系统设计进行交流，其实测试架构师对产品的实现理解得越深、越透，越能准确把握测试的重点，减少无效的测试设计，而系统设计正是对产品实现理解的第一步。而测试架构师也可以根据产品的失效规律，为系统架构师在产品架构设计上提供参考，进行缺陷预防。

所以，系统架构师和测试架构师应该成为产品研发中的挚友。

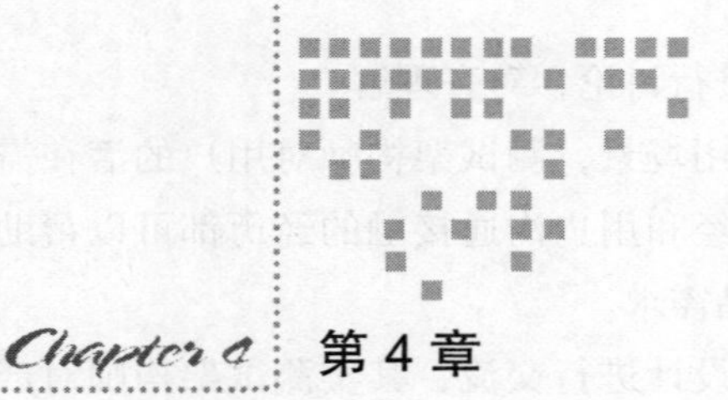

Chapter 4 第 4 章

测试架构师的知识能力模型

通过对第 3 章的学习，我们已经对测试架构师有了一个初步的认识，了解了测试架构师在测试活动过程中需要做什么、不需要做什么。接下来我们将详细讨论测试架构师需要具备的核心能力和知识体系，以及相关的测试技术。

4.1 测试架构师必备的能力和知识体系

我们应该认识到，无论当下产品研发模式（经典瀑布、敏捷迭代、CI/CD/DevOps、AI）有怎样的发展，都无法解决长久以来一直存在的各种短板：

- 需求质量问题，如烂需求、伪需求、不清晰的需求……
- 开发质量问题，如架构能力、设计能力、编码能力并没有随着研发模式变化出现本质的提升。
- 管理问题，如管理水平低，多团队协作混乱，各种推诿扯皮……

在新的产品研发模式下，测试追求赋能、工具、自动化，但这些并不能解决长久以来一直存在的“测试痼疾”：对产品缺乏理解，测试盲目低下，难于理解的测试用例，无法有效评估产品质量……

作为测试架构师，在顺应时代潮流的同时，更需要培养自己解决“测试短板”的能力。

4.1.1 测试架构师必备的 6 个关键能力

无论研发模式是什么，测试架构师都应该练好 6 个关键能力，如图 4-1 所示。

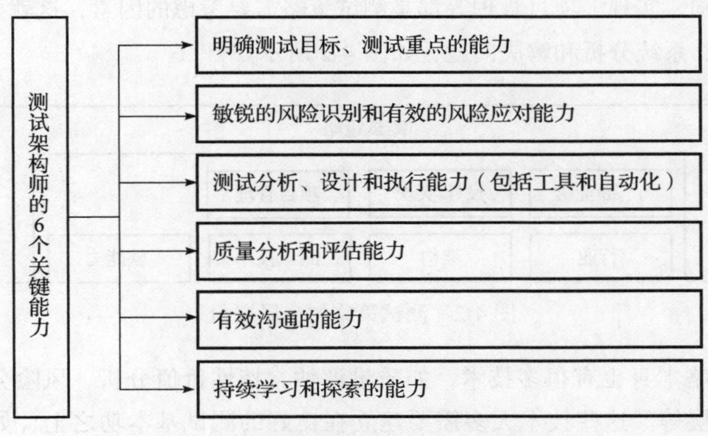

图 4-1 测试架构师必备的 6 个关键能力

（1）**明确测试目标、测试重点的能力。**不仅从测试或者开发设计实现本身来明确测试目标，还要能够从产品价值、质量目标的角度来明确测试目标，圈定测试重点，保证通过有限的资源可以完成“刚刚好”的测试。

（2）**敏锐的风险识别和有效的风险应对能力。**能够对产品当前的风险进行多维度的分析，找到有效应对风险的方法，实现基于风险的测试。

（3）**测试分析、设计和执行能力（包括工具和自动化）。**知道好的测试是怎样的，能够对被测对象系统、深入地进行分析，精于测试用例设计，能用简洁无歧义的语言描述测试用例、缺陷，能不断总结优化测试方法，能把烦琐的工作用自动化的方式完成，能使用、开发测试工具来帮助测试者更好地进行工作。

（4）**质量分析和评估能力。**能够通过过程分析、缺陷分析来评估当前产品 / 特性的质量，并给出下一步建议（更新测试策略，进入下一测试阶段或者进行发布）供决策者参考，能用简洁无歧义的语言撰写测试报告和各种评估分析报告。

（5）**有效沟通的能力。**能够通过沟通获取和交换有用信息，并在不同角色之间达成一致。

（6）**持续学习和探索的能力。**包括总结、持续探索、持续改进、引入新技术或新方法以不断提升测试效能的能力。

上述 6 个关键能力，**归结来说，都是针对不同的组织、产品和研发模式做出最适合当前情况的选择的能力，也就是制定测试策略的能力。**

4.1.2　测试架构师的知识体系

要想针对当前的产研情况做出最恰当的测试选择，除了对测试的把控能力之外，行业、产品、业务、架构、实现、项目管理等都是测试策略需要考虑的因素，这就要求测试架构师能用全局的视角，系统分析和解决问题，如图 4-2 所示。

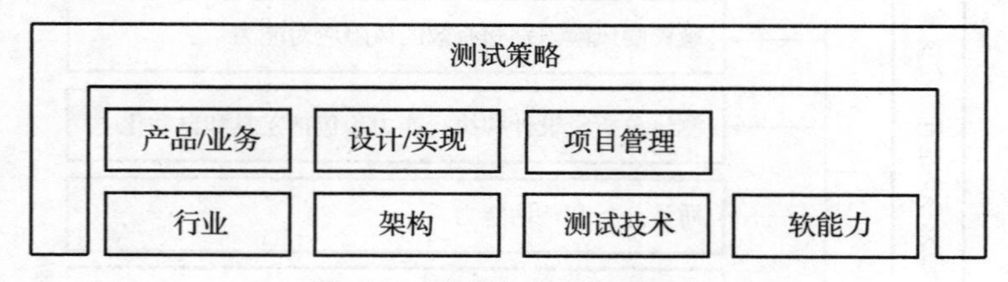

图 4-2　测试策略的全局视角

制定测试策略本身也有很多技术，如质量评估、特性价值分析、风险分析和应对、缺陷分析、测试分层等。这些技术大多需要建立在良好的测试基本功之上，如果脱离测试技术，测试策略就是空中楼阁。

图 4-3 从测试领域的角度，总结了测试架构师需要具备的测试技术 / 知识体系。

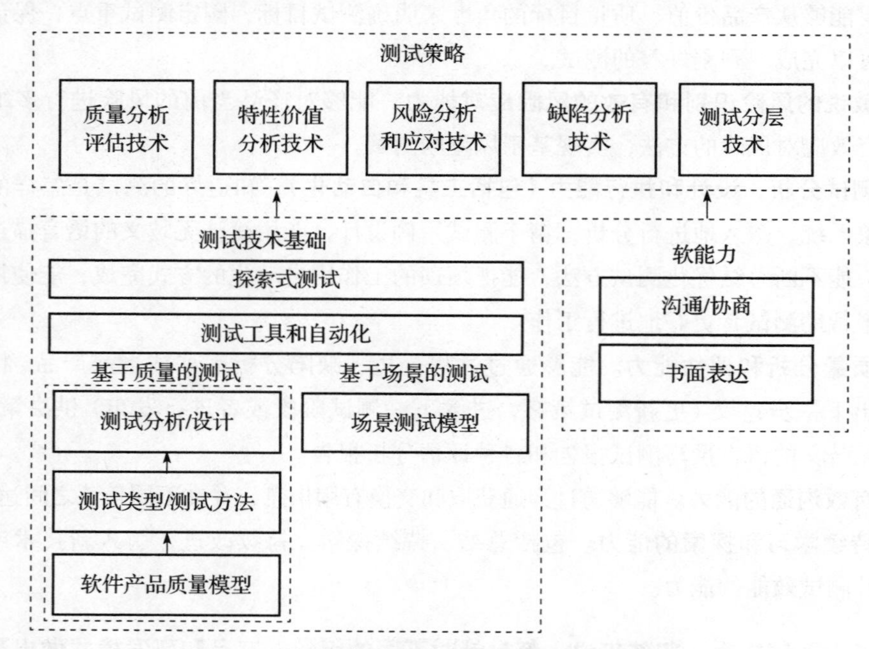

图 4-3　测试架构师具备的测试技术 / 知识体系

本章将围绕测试技术展开，覆盖测试基本面，以提升测试分析、设计和执行能力（包括工具和自动化测试）为主要目的，如图 4-4 中灰色部分所示。

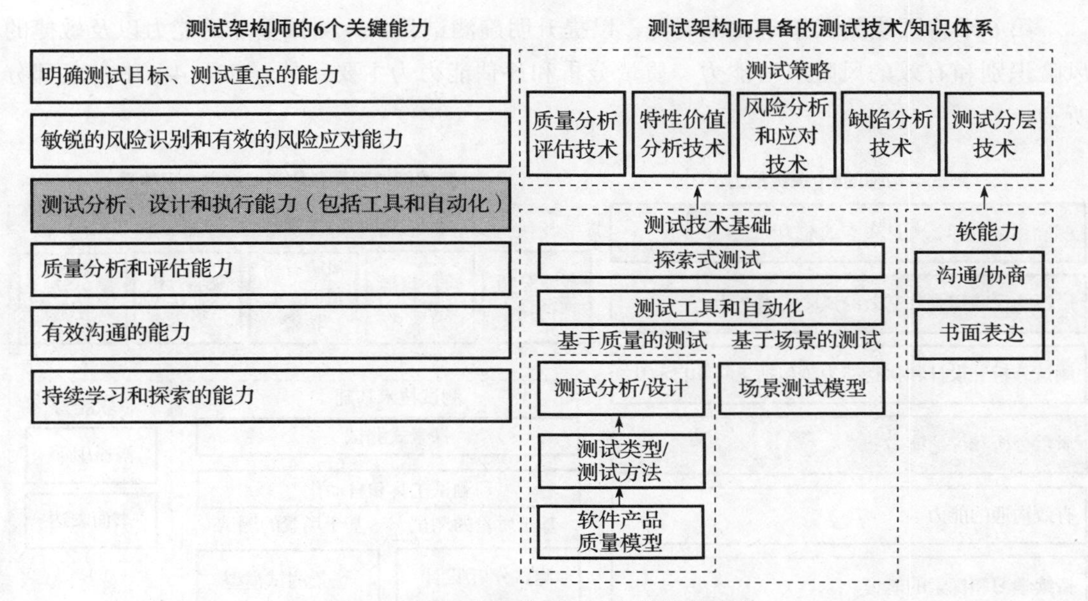

图 4-4　测试技术基础和对应的关键能力

第 5 章将讨论软能力，包括沟通协商、书面表达，同时也会讨论一些持续学习和探索方面的内容，以提升有效沟通的能力和持续学习探索的能力为主要目的，增加测试架构师在乌卡时代的竞争力，如图 4-5 中灰色部分所示。

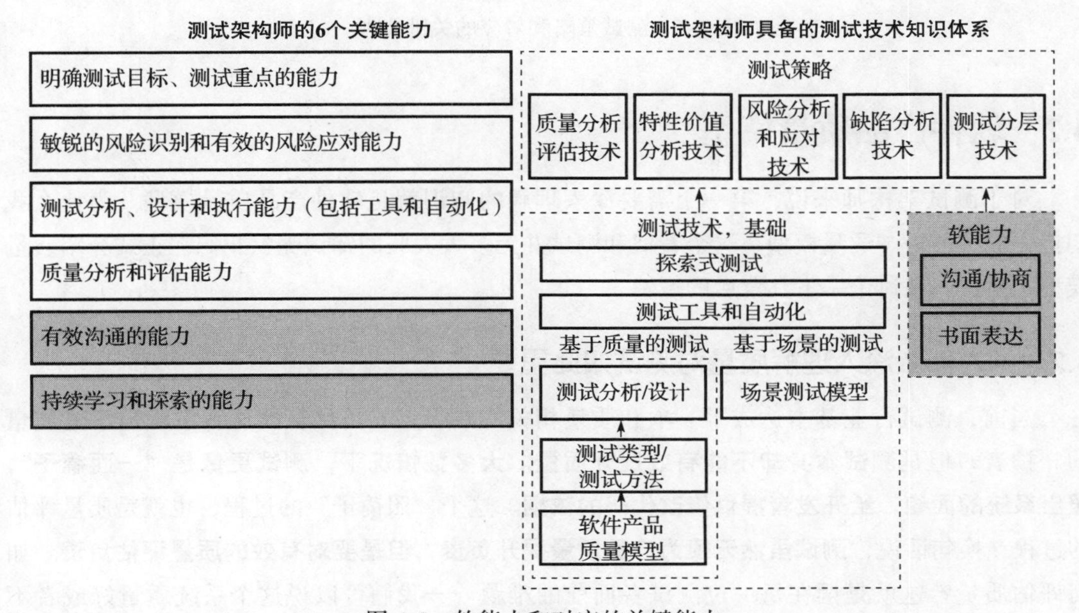

图 4-5　软能力和对应的关键能力

第 6 章将围绕测试策略技术展开，以提升明确测试目标、测试重点的能力以及敏捷的风险识别和有效的风险应对能力、质量分析和评估能力为主要目的，如图 4-6 中灰色部分所示。

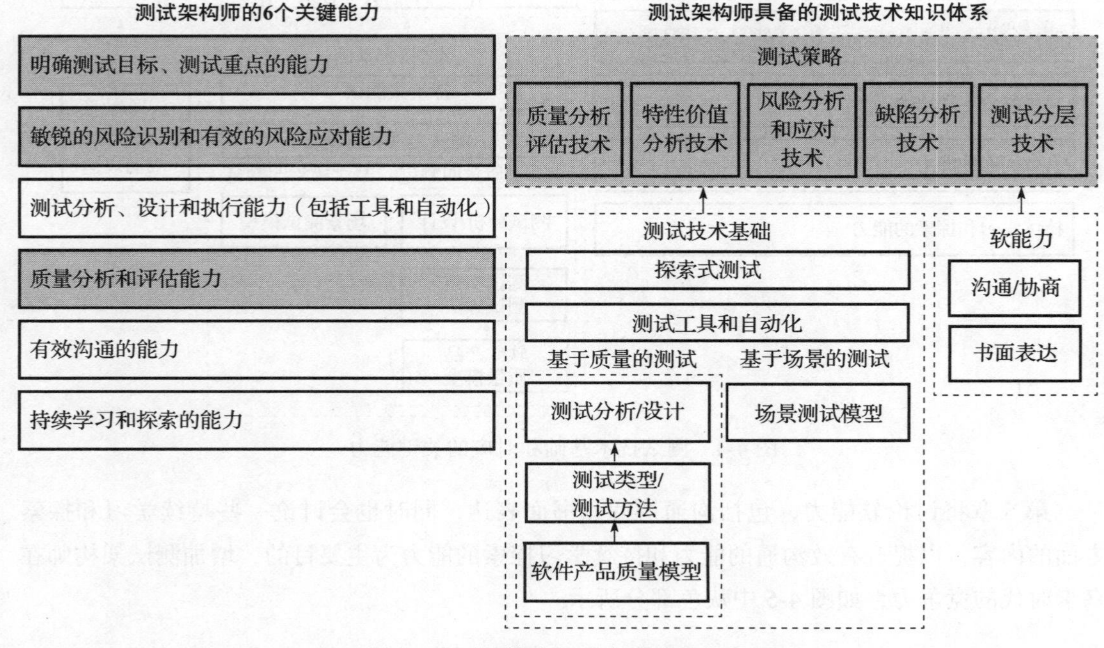

图 4-6 测试策略和对应的关键能力

4.2 软件产品质量模型

对于测试架构师来说，第一个需要深入理解的知识就是软件产品质量模型。为什么我们首先讨论的是“质量模型”这个看似和测试并无多大关联的知识呢？我们在正式介绍质量模型之前，先来讨论一下其背后的逻辑。

4.2.1 为什么深入理解质量对测试如此重要

当前，测试行业基本达成了一项和质量相关的共识，就是尽管测试者常说自己是质量的守护者，但是**测试本身却不能有效提升质量。大多数情况下，测试更像是“一面镜子”，照出系统的面貌，给开发者提供修改代码的依据**。这个“照镜子”的过程，也就是质量评估的过程，换句话说，**测试虽然无须为产品质量提升负责，但是要对有效的质量评估负责**。如何评估质量？这就是摆在每一位测试者面前的难题——我们可以说这个系统质量好或者不好，这个评估是否是主观的？有没有标准或者可供分析的维度？

这就需要我们去探索质量的本质——产品质量是什么？根据 IEEE 24765—2010 的定义，产品质量是指“在特定的使用条件下，产品满足明示的和隐含的需求的固有特性”，简言之，**质量就是满足需求**。

也就是说，测试进行质量评估，评估的内容其实就是产品是否满足了用户的需求。

但是理解用户需求并不是一件容易的事情，我们从市场或者产品处拿到的用户需求，往往只是一句描述功能性需求的话，很少有非功能方面的描述。而且很多时候用户和我们所处的行业背景不同，他们提出的需求我们不一定理解，还有很多需求是行业的规范、约定俗成的要求或者用户的使用习惯，这些都犹如冰山下隐藏的庞大山体。这时我们就需要借助模型来进行系统分析，识别那些隐藏的需求，预防缺陷，提升产品质量。这个模型，就是接下来我们要讨论的软件产品质量模型。

4.2.2 软件产品质量的 8 个属性

软件产品质量模型将一个软件产品需要满足的质量要求总结为 8 个属性（功能性、兼容性、安全性、可靠性、易用性、效率、可维护性和可移植性），每个属性又可细分出了很多子属性，如图 4-7 所示。

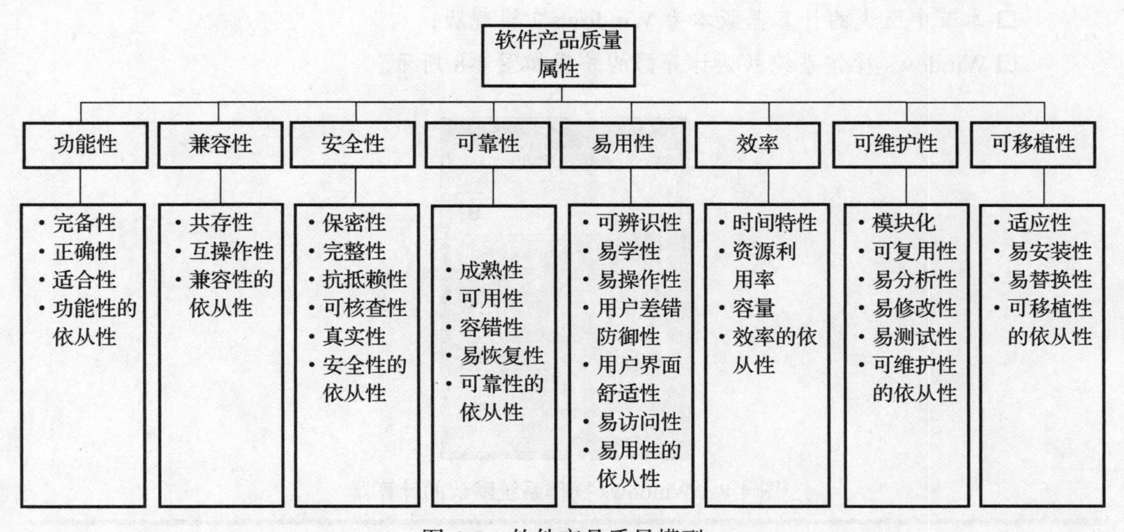

图 4-7　软件产品质量模型

软件产品质量模型对产品设计时需要考虑的地方进行了高度概括。一个高质量的产品，一定是一个在质量的 8 个属性上都设计得很出色的产品；如果一个产品的设计在质量的 8 个属性上存在缺失，这个产品的质量一定不会太高。

虽然测试架构师的职责不是设计产品，但是掌握了软件产品质量模型，知道了高质量的产品该具备怎样的特质，也就等于拿到了如何验证产品、评价产品质量的“金钥匙”。因此测试架构师需要吃准、吃透软件产品质量模型中的内容。

说明 本节介绍的软件产品质量模型参考的是 GB/T 25000.10—2016[㊀]。该国标对应的国际标准为 ISO/IEC 25010—2011。旧版标准是 ISO/IEC 9126，俗称软件产品质量模型六属性模型。与 ISO/IEC 25010—2011 和 ISO/IEC 9126 相比，ISO/IEC 25010—2011 将质量模型从原来的 6 个属性增加到了 8 个属性，新增加的内容是“安全性”和“兼容性”，另外还对功能性、易用性和可维护性进行了修改。

从图 4-7 所示中我们已经了解到，软件产品质量模型包含了几十个概念。为了让大家能够更好地理解这些概念，我将以“ Windows 操作系统默认的计算器”为例来分析软件产品的质量属性是如何在这款计算器中表现出来的。

举例 Windows 操作系统默认的计算器

- 本节中所说的计算器版本为 Windows 7 旗舰版；
- Windows 操作系统默认计算器的外观如图 4-8 所示。

图 4-8 Windows 操作系统默认的计算器

4.2.3 功能性

软件产品质量属性中的功能性是指**软件产品在指定条件下使用时，提供满足明示和隐**

㊀ 参见 http://www.doc88.com/p-8169600182658.html。

含要求的功能的能力。

从功能性的定义来看，产品的功能并不像表面上看起来那么简单——除了满足“明示”的要求，还有更深一层的“隐含”的要求。“明示”+“隐含”才构成了用户对产品的真正完整的功能要求。

功能性又被划分成 4 个“子属性”，这些“子属性”给了我们分析“明示”+“隐含”需求的思考方向，如表 4-1 所示。

表 4-1　功能性子属性

子　属　性	子属性描述
完备性	功能集对指定任务和用户目标的覆盖程度
正确性	产品或系统提供具有所需精度的正确结果
适合性	功能促使指定的任务和目标实现的程度
功能性的依从性	产品或系统遵循与该功能相关的标准、约定或法规以及类似规定的程度

直接理解上面的定义可能会比较枯燥，我们不妨来看看 Windows 的计算器中，这些子属性分别是如何体现的。

Windows 计算器如何体现功能性

1）功能性——完备性

对 Windows 计算器来说，为用户提供的所有功能符合用户对计算器的需求预期，这就是功能性中的完备性。如计算器中提供了“标准型计算器”“科学型计算器”程序员型计算器”“统计信息型计算器”等，我们只需在计算器左上方的菜单中，选择“查看”，就可以找到这些功能。

除了这些“明示”的功能之外（读者可以先理解为不用“转弯”，“直接”就能想到的功能）。Windows 计算器还包含了一些用户要在特定场景下才可能想到、用到的功能，如“查看历史记录”“数字分组”“单位转换”“日期计算”等。同样在“查看”菜单中能够找到这些功能。“查看”菜单如图 4-9 所示。

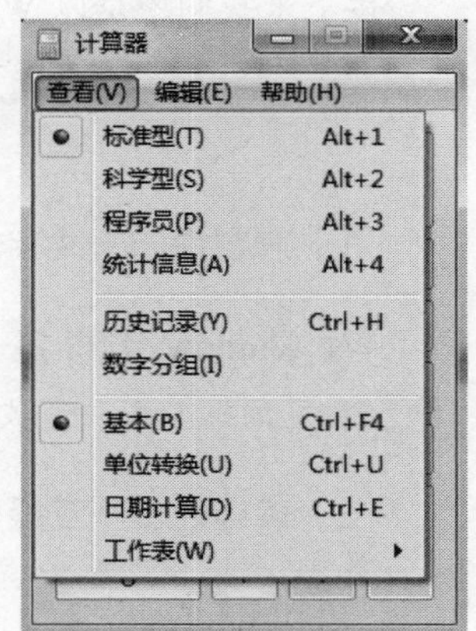

图 4-9　“查看”菜单

2）功能性——正确性

对 Windows 计算器来说，计算结果的正确性是其在正确性方面的一个表现。例如“1+1”，结果应该是“2”，而不是“3”。再如“1 / 3”，结果“0.3333…”是一个无限循环小数，那么这个结果需要保留到小数点后几位，以及末位是否需要四舍五入等也影响正确性。

3）功能性——适合性

功能性中的适合性可以理解为“只需要用户提供必要的步骤就可以完成任务”，而不含任何不必要的步骤。对 Windows 计算器来说，适合性可以理解为，用户若想执行一个加法操作（如需要计算“1+1”），直接按键“1”“+”“1”即可，而不用额外的操作步骤，若操作之前要先看个广告，看完广告后才能进行计算，这就是额外操作了。

4.2.4 兼容性

软件产品质量属性中的兼容性是指**软件产品在共享软件或者硬件的条件下，产品、系统或者组件能够与其他产品、系统或组件交换信息，实现所需功能的能力。**

兼容性又被细分为 3 个子属性，如表 4-2 所示。

表 4-2 兼容性子属性

子 属 性	子属性描述
共存性	在与其他产品共享通用的环境和资源的条件下，产品能够有效执行其所需的功能并且不会对其他产品造成负面影响
互操作性	两个或多个系统、产品或组件能够交换信息并使用已交换的信息
兼容性的依从性	产品或系统遵循和该功能相关的标准、约定或法规以及类似规定的程度

接下来我们还是以 Windows 计算器为例，进一步说明兼容性是如何在产品中体现的。

Windows 计算器如何体现兼容性

1）兼容性——共存性

对 Windows 计算器来说，共存性可以表现为计算器可以和系统中其他应用（比如闹钟、天气预报）共存，彼此不会互相影响。

2）兼容性——互操作性

对 Windows 计算器来说，不同功能、特性之间是否能够正确地相互配合是计算器在互操作性方面的一个表现。例如“普通计算”和“日期计算”可能需要以图 4-10 所示的方式一起展示；当“普通计算”和“日期计算”同时在界面上存在时，“普通计算”和“日期计算”的计算结果也需要分别正确。

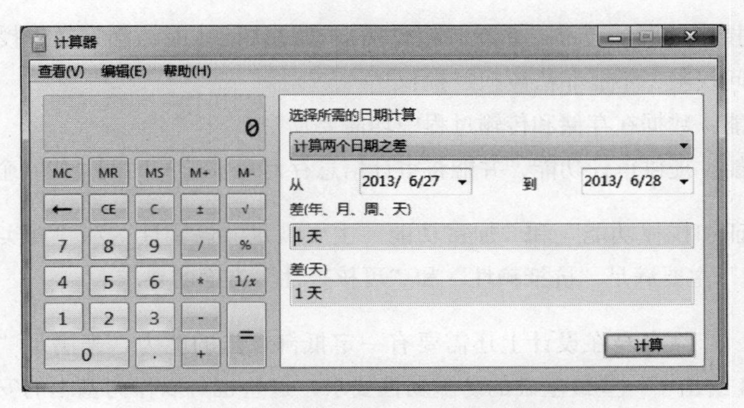

图 4-10　“普通计算”和“日期计算”同时显示

此外，对不同操作系统的支持，如对 Windows 7 不同版本（包括不同的补丁版本）的支持，对不同工作模式（如安全模式、带网络连接的安全模式）的支持也是互操作性的体现。

4.2.5　安全性

软件产品质量属性中的安全性是指**软件产品或系统保护信息和数据的程度，其可使用户、产品或系统具有与其授权类型、授权级别一致的数据访问程度**。

对于一个应用或服务来说，安全性不仅需要考虑这个应用或服务本身，还需要考虑这个应用或服务承载的系统或者平台。对于 C/S 或者 B/S 架构的产品来说，不仅要考虑“端点”（Client、Browser 和 Server）本身的安全性，还要考虑数据在网络传输过程中的安全性。对于云架构的产品，还要考虑云端的安全性，从“云”-“管”-“端”整体去考虑。

安全性又被细分为 6 个子属性，如表 4-3 所示。

表 4-3　安全性子属性

子　属　性	子属性描述
保密性	产品或系统确保数据只有在被授权时才能被访问
完整性	系统、产品或组件防止未授权访问、篡改计算机程序或数据的程度
抗抵赖性	活动或事件发生后可以被证实且不可被否认的程度
可核查性	实体的活动可以被唯一追溯到该实体的程度
真实性	对象或资源的身份识别能够被证实符合其声明的程度
安全性的依从性	产品或系统遵循与安全性相关的标准、约定或法规以及类似规定的程度

从产品设计的角度来说，无论产品的目标对象是什么，形态是什么，都至少需要具备如下功能（又称产品隐藏的安全需求）来满足基本的安全属性。

- **认证和授权功能**：产品、系统、组件需要通过认证才能访问，通过授权来确认访问者的访问权限，不能非法越权、提权。
- **加密功能**：数据在存储和传输过程中均需要加密。
- **审计功能**：提供审计功能，并能将审计信息存储足够长的时间（如 6 个月）。

其中“认证和授权功能”和“加密功能”主要满足“保密性”和“真实性”方面的要求；“审计功能”主要满足“抗抵赖性”和“可核查性”方面的要求。

除此之外，产品自身在设计上还需要有一定抵御攻击的能力，来满足“完整性”方面的要求。表 4-4 给出了一些最基础的防脆弱性要求，这些也可以作为基本的安全需求在设计中考虑。

表 4-4 产品自身防脆弱性基本要求

序 号	基本要求
1	能够抵御针对端口的安全性攻击
2	能够抵御针对用户口令的安全性攻击
3	能够抵御针对用户权限的安全性攻击
4	能够抵御针对数据传输的安全性攻击
5	能够抵御针对存储的安全性攻击
6	能够抵御重放攻击
7	能够抵御异常协议攻击
8	能够抵御针对 Web 管理平台 / 接口的安全性攻击
9	不存在其他已知可被利用的脆弱性
10	产品源代码应不含明文敏感信息、已知安全缺陷、程序后门等导致产品存在安全漏洞的问题

需要特别说明的是，产品在受到攻击时，可能会对业务造成影响，但是在攻击消除后，产品和系统应该能快速恢复，这个隐含的要求在“可靠性——易恢复性”中描述。

接下来我们还是来看看 Windows 的计算器中，安全性是如何体现的。由于 Windows 的计算器是一个单机版应用，我们会结合 Windows 计算器所在操作系统（Windows 7 旗舰版）进行说明。由于计算器输出数据仅为计算结果，对“可核查性”和“真实性”要求很低，故本例中不进行说明。

Windows 计算器如何体现安全性

1）安全性——保密性

操作系统（Windows 7 旗舰版）本身具备“用户认证”和“权限管理”功能。“安全性——保密性”体现为只有通过系统认证且有访问计算器权限的用户（如管理员）才能访问计算器。假设访客不具备访问计算器的权限，那即便访客通过了认证，也不能访问计算器。

2）安全性——完整性

作为应用程序的使用者，操作系统账号（包括管理员）都不应该具有篡改计算器程序的权限，不能植入其他非计算器程序相关的内容。

产品、系统抵抗其他攻击的能力，也属于完整性的范畴。

3）安全性——抗抵赖性

抗抵赖性可以理解为系统可以详细记录谁在什么时间使用计算器做了怎样的计算，便于日后审计追查。

4.2.6 可靠性

软件产品质量属性中的可靠性是指在特定条件下使用时，软件产品维持规定的性能级别的能力。

可靠性可被进一步细分为5个子属性，如表4-5所示。

表4-5 可靠性子属性

子属性	子属性描述
成熟性	产品为避免因软件故障而导致失效的能力
可用性	系统、产品或组件在需要使用时能够进行操作和访问的程度
容错性	产品在发生故障或者违反指定接口规范的情况下，维持规定的性能级别的能力
易恢复性	产品在失效的情况下，重建规定的性能级别并恢复受直接影响的数据的能力
可靠性的依从性	产品遵循与可靠性相关的标准、约定或规定的能力

下面3个层层递进的句子，可以帮助我们理解可靠性的要求。

第一层：产品、系统最好不要出故障，即成熟性。

第二层：产品、系统对故障和异常有一定的容忍度，出现故障了不要影响主要的功能和业务，即容错性。

第三层：如果影响了主要功能和业务，系统可以尽快定位并恢复，即易恢复性。

而可用性代表成熟性（不要出故障，控制失效的频率）、容错性（对故障的容忍度）和易恢复性（控制每个失效发生后系统无法工作的时间）的组合，实际工作中我们常用系统、产品可用状态百分比来评估可用性，很多时候，我们也用这个指标来整体评估可靠性。

“几个 9”是衡量系统可用性的一种标准方式，其表示产品、系统在 1 年的使用过程中最多可能出现的业务中断时间，表 4-6 给出了“几个 9”的计算方法、宕机时间和适用的产品领域。

表 4-6 “几个 9”的计算方法、宕机时间和适用的产品领域

可 用 性	计 算 方 法	可用性要求	适 用 领 域
3 个 9（0.999）	（1−99.9%）× 365 × 24h = 8.76h	系统在连续运行 1 年的时间里最多可能出现的业务中断时间是 8.76h	个人电脑或服务器
4 个 9（0.999 9）	（1−99.99%）× 365 × 24 × 60min = 52.6min	系统在连续运行 1 年的时间里最多可能出现的业务中断时间是 52.6min	企业级设备
5 个 9（0.999 99）	（1−99.999%）× 365 × 24 × 60min = 5.26min	系统在连续运行 1 年的时间里最多可能出现的业务中断时间是 5.26min	一般电信级设备
6 个 9（0.999 999）	（1−99.999 9%）× 365 × 24 × 60 × 60s = 31s	系统在连续运行 1 年的时间里最多可能出现的业务中断时间是 31s	更高要求的电信级设备

用户实际使用时，会使用如下公式来计算产品、系统实际的可用性 A：

$$A = \frac{\text{MTBF}}{\text{MTBF} + \text{MTTR}}$$

式中：

- ❑ MTBF（Mean Time Between Failure）为平均故障间隔时间。
- ❑ MTTR（Mean Time To Repair）为平均故障修复时间。

另外还有一点需要特别指出，系统在遭遇攻击后，产品、系统应该能快速恢复，这个

隐含的要求也属于可靠性，也就是易恢复性。

接下来我们同样以 Windows 计算器为例，讨论可靠性中包含的几个子属性是如何体现的。

Windows 计算器如何体现可靠性

1）可靠性——成熟性

对 Windows 计算器来说，成熟性可以理解为产品功能失效的概率。例如，计算器在持续运行一段时间后，就会出现计算方面的错误。一般来说，这种错误都可以通过“重启软件”“重启设备”等方法恢复。

2）可靠性——容错性

对 Windows 计算器来说，容错性可以理解为产品应对用户“错误输入”的能力，如“输入除数 0（1/0）”“输入一个超过计算器能够处理的长度的数字”等。

我们希望计算器能够有一定的容错机制，能够判断用户在使用过程中是否输入了“非法值”，并能针对“非法输入”的内容和原因给出错误提示。如输入除数 0，计算器能够提示“除数不能为零”，如图 4-11 所示；输入过长的数字，计算器能够提示“输入数字过长”。计算器容错性即其不会因为用户的任何错误输入，引发计算器出现无响应、软件重启等异常。

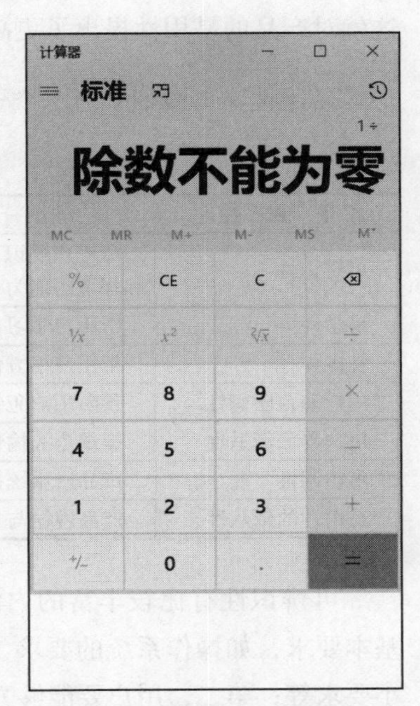

图 4-11 除数为 0 的情况

3）可靠性——易恢复性

对 Windows 计算器来说，易恢复性可以理解为计算器一旦出现了产品自身无法预期的异常（如无响应、重启）后，能够恢复。

从产品恢复的方式来说，能够自动恢复当然是最好的，如产品异常重启后，软件能够自动启动，最好还能恢复到重启前的页面。和自动恢复方式对应的是被动恢复，如产品长时间出现无响应的情况，需要用户手动杀死进程，重启软件，产品才能恢复正常工作。显然，我们不希望产品在出现异常后总是通过被动恢复来解决问题。

4）可靠性——可用性

如果我们统计 Windows 计算器在一段时间内，出现故障的时间和可以正常使用的时间的比例，得到的就是 Windows 计算器的可用性。这个结果也可以用来整体评估 Windows 计算器的可靠性。

4.2.7 易用性

软件产品质量属性中的易用性是指用户在指定条件下使用软件产品时，其被用户理解、学习、使用，以及吸引用户的能力。这个能力，简单来说就是 8 个字：易懂、易学、易用、漂亮。

过去我们普遍认为易用性对个人消费类产品尤为重要，企业类产品对其要求不高，但近年来，企业类产品对易用性的要求也日益提高。过去企业类产品往往会提供各种操作指导手册和培训来帮助用户（一般是专业操作人员）学习产品、快速上手，如今这些手册已经很少使用了，即便系统有很强的专业性，用户的要求也是可以直接上手完成所需的功能配置。这就对产品的易用性提出了更高的要求。

易用性又可被细分为 7 个子属性，如表 4-7 所示。

表 4-7 易用性子属性

子属性	子属性描述
可辨识性	帮用户辨识产品或系统是否符合他们的要求，是否适合以及如何将产品用于特定的任务和环境的能力
易学性	帮用户学习、使用该产品或系统的能力
易操作性	帮用户很方便地操作和控制产品的能力
用户差错防御性	预防用户犯错的能力
用户界面舒适性	提供令人愉悦的交互性的能力
易访问性	产品或系统提供广泛功能供用户使用的能力
易用性的依从性	产品遵循与易用性相关的标准、约定、风格指南或法规的能力

可辨识性有比较丰富的内涵：第一，要求产品可以自动辨别当前的使用环境是否符合基本要求，如操作系统的要求、浏览器版本的要求、系统资源（如 CPU、内存、硬盘）的最小要求等；第二，用户要能够方便地知道产品能够提供哪些功能，例如很多产品都提供了升级后对新功能进行自动介绍或演示的功能，除此之外，产品提供的配套教程、网页等也算可辨识性；第三，产品要直观、易于理解。

用户差错防御性是指系统有引导用户进行正常操作，避免出错的能力，例如配置向导功能。

用户界面舒适性主要包含两个方面的内容：第一，产品的吸引力，包括风格、设计感、配色等；第二，页面交互能力，如为用户配置页面的跳转功能、提高增删查改操作的方便性等。

易访问性中要求产品在设计时可以考虑使用者的使用障碍，如年龄障碍、能力障碍等。一个比较典型的例子就是在进行 UI 设计配色时，需要考虑色弱因素，保证色彩之间不仅色相有差异，明度也要拉开层次，增加特殊人群的辨识度。

易用性还需要充分考虑各种“隐喻”，例如我们常用“红色”来隐喻严重错误或警告，如果我们用“蓝色”来标识错误，就会让用户觉得不易用。

接下来我们来看看 Windows 计算器是如何体现易用性的。

Windows 计算器如何体现易用性

1）易用性——可辨识性

对 Windows 计算器来说，以下三方面都是可辨识性的具体体现。

- Windows 计算器只能装在 Windows 系统上，不能装在 Mac 系统上。如果用户试图将 Windows 计算器装在 Mac 上，计算器应用可以给出提示。
- 打开计算器的时候，我们能很方便地找到计算器上的各种功能，并且能够确定计算器可以满足我们的计算需求。
- 我们能理解界面上每个按键的意思（如数字 0、1、2 等；各种运算符号，如 +、- 等），并知道如何使用计算器来完成运算（如计算“1+1”）。

2）易用性——易学性

对 Windows 计算器来说，以下两方面都是易学性的具体体现：

- 计算器提供了“帮助”功能，并为产品的功能编制了索引，还提供了 Q&A、社区等，这为用户学习产品功能提供了充分、完整的材料。
- 这款运行在 Windows 操作系统上的“虚拟”计算器，在界面设计上和我们平时使用的“实体”计算器几乎一模一样，这样的设计让第一次使用 Windows 计算器的用户感到熟悉，易于快速上手，降低了学习成本。

3）易用性——易操作性

对 Windows 计算器来说，采用和实体计算器一样的设计，也增加了易操作性。

4）易用性——用户差错防御性

我们以程序员型计算器为例来说明用户差错防御性。程序员型计算器如图 4-12 所示。它提供了一个不同进制间的数值转换功能，如将十六进制的数值转换为十进制，将八进制的数值转换为二进制等。

图 4-12 程序员型计算器

在进行进制转换时，会输入不同进制的数。显然，不同进制允许输入的合法值是不一样的，比如十进制允许输入的值为 0 ～ 9，而二进制只允许输入 0 或 1。

Windows 计算器在设计不同进制间数值的转换功能时就充分考虑了用户差错防御性方面的问题，在用户输入之前，就对不同进制的数值做了合法性限制。例如当我们选择二进制的时候，界面上只有“0”和“1”两个数字是可以选择的，其他的数字会显示为灰色，不能被选择；当我们选择十六进制的时候，界面上 2 ～ 9、A ～ F 又变为可以被选择的状态。

5）易用性——用户界面舒适性

Windows 计算器的风格是简单实用，而 iPhone 计算器采用黑色且带有金属磨砂质感的底色，并做了水晶效果的按键，使用灰色 + 褐色 + 黑色 + 橙色的配色，让其显得稳重又灵动。和 Windows 计算器相比，iPhone 计算器显得华丽很多，但是这只是两款产品选择了不同的风格，它们都给了用户舒适的感觉，如图 4-13 所示。

图 4-13　两款不同风格的计算器

6）易用性——易访问性

Windows 系统提供了很多辅助功能，以帮助运行在其上的应用尽可能适应不同用户的访问需求。例如可以通过“放大镜”功能来帮助有视觉障碍的人士方便地使用计算器功能。

4.2.8　效率（性能）

软件产品质量属性中的效率是指在规定条件下，相对于所用资源的数量，软件产品可提供适当性能的能力。效率就是我们常说的产品性能。

效率又被分为 4 个子属性，如表 4-8 所示。

表 4-8　效率子属性

子　属　性	子属性描述
时间特性	产品或系统执行其功能时，其响应时间、处理时间以及吞吐量满足需求的程度
资源利用率	产品或系统执行其功能时，所使用资源数量和类型满足需求的程度
容量	产品或系统参数最大限度满足需求的能力
效率的依从性	软件产品遵循与效率相关的标准或约定的能力

接下来我们将以 Windows 的计算器为例，说明效率是如何在产品中体现的。

Windows 计算器如何体现软件产品质量属性中的效率

1）效率——时间特性

对 Windows 计算器来说，得到正确运算结果的响应时间（如进行两个大数相乘，从输入到得到正确结果的时间）可以理解为时间特性的一个体现。

2）效率——资源利用率

对 Windows 计算器来说，运算时占用的 Windows 系统的资源量（如 CPU 和内存）可以理解为资源利用率的一个体现。

3）效率——容量

容量特性是指产品的规格，例如 Windows 计算器可以支持的最大计算数值，可以支持的最大运算精度等。

4.2.9 可维护性

软件产品质量属性中的可维护性是指软件产品可被修改的能力。这里的修改是指软件产品被纠正、改进，以及为适应环境、功能、规格变化被更新。我们十分熟悉的升级操作，就是产品可维护性的一个体现。

可维护性又被分为 6 个子属性，如表 4-9 所示。

表 4-9 可维护性子属性

子 属 性	子属性描述
模块化	由多个独立组件组成的系统或程序，其中一个组件的变更对其他组件的影响最小的程度
可复用性	资产能够被多个系统或其他资产建设的能力
易分析性	诊断软件中的缺陷、失效原因或识别待修改部分的能力
易修改性	产品能够被有效修改，且不会引入缺陷或降低现有产品质量的能力
可测试性	能够为系统、产品或组件建立测试准则，并通过测试执行来确定测试准则是否被满足的有效性和效率的程度
可维护性的依从性	产品遵循与可维护性相关的标准或约定的能力

模块化属性是 ISO/IEC 25010—2017 和 GB/T 25000.10—2016 新增加的，体现了研发模式的变化对质量的影响。在 DevOps 下，虚拟化和容器成为很多系统的基础环境，服务 / 微服务成为流行架构的趋势更加明显，“解耦”和“模块化”已成为最基本的架构设计要求。与此同时，模块化也进一步催生了可复用性要求，很多公司都有专门的架构师来负责平台、

中台或者通用组件的规划和建设，避免“重复造轮子”。

易分析性是指在系统出现问题后，技术支持者或者开发者可以快速定位问题所在的能力。很多产品中的日志、告警、troubleshooting 等功能，都属于易分析性。

易修改性对外的一个重要体现就是产品的升级能力。企业级产品往往对升级都有比较严格的要求，比如升级不能影响业务、能够及时判断升级是否成功（如果升级失败了还要有回退机制）。所以很多时候升级功能并非像看起来那么简单，往往需要结合用户的行业、使用场景和使用习惯来制定策略，设计专门的升级方案。

易测试性简单来说就是我们可以很方便地确认系统某个功能是否满足预期。对于易测试性，用户一般不会直接关注（用户往往在出了问题且需要开发者提供已修复证明的时候才会关注），所以常常被开发者和测试者忽视。易测试性可以帮助开发者、测试者快速确认结果，提高处理调试、测试和反馈问题的效率。对于测试架构师来说，易测试性非常重要，所以我们会在 4.12.2 节中详细描述如何识别可测试性需求，如何通过可测试性需求来提高测试设计、测试执行和自动化测试效率。

接下来我们将以 Windows 计算器为例，说明可维护性是如何在产品中体现的。由于模块化、可复用性和产品形态、架构的关联比较大，故在本例中不进行讨论。

在 Windows 计算器中如何体现可维护性

1）可维护性——易分析性

对 Windows 计算器来说，易分析性可以理解为，假如发生了严重的异常（如重启），计算器能够捕捉并记录这些异常信息，并且这些信息对开发人员定位、复现并解决这个问题来说是足够的、有用的。

2）可维护性——易修改性

对 Windows 计算器来说，以下两方面都是易修改性的具体体现。

- ❑ 在用户处发现的产品缺陷可以通过产品升级来修复。
- ❑ 不会因为计算器版本更新引入新的问题，更新后产品依然能够稳定工作。

3）可维护性——易测试性

对 Windows 计算器来说，易测试性可以理解为，计算器的所有功能（包括改动）都是可以被验证的，并且能够确认改动符合预期。

4.2.10 可移植性

软件产品质量属性中的可移植性是指软件产品从一种环境迁移到另外一种环境的能力。这里的环境，可以理解为硬件、软件或系统等不同的环境。

可移植性包含了4个子属性，如表4-10所示。

表4-10 可移植性子属性

子 属 性	子属性描述
适应性	产品能够有效适应不同的或者演变的硬件、软件或其他运行环境（如系统）的能力
易安装性	反映产品成功安装/卸载的有效性和效率的属性
易替换性	在同样的环境下，产品能够替换另一个具有相同用途的指定软件产品的能力
可移植性的依从性	产品遵循与可移植性相关的标准或约定的能力

适应性，就是产品能够正常运行在应当支持的不同的硬件、操作系统、平台、浏览器、终端（手机 Pad）上。

如果产品能够被最终用户安装，那么易安装性也会影响易操作性、易修改性和功能性。

易替换性通常和升级功能有关，也会影响到易修改性。但是易替换性还有另外一层深意，就是如果产品是按照标准来设计的，那么不同品牌的产品就是可以互联和互替换的。换句话说，易替换性将降低用户被锁定的风险。

接下来我们将以Windows计算器为例，说明可移植性是如何在产品中体现的。

Windows计算器如何体现可移植性

1）可移植性——适应性

对Windows计算器来说，适应性可以理解为计算器在不同分辨率的屏幕上均能正常显示，具体包括布局、大小、清晰度、按键的排列等。

2）可移植性——易安装性

对Windows计算器来说，易安装性可以理解为计算器能否被顺利安装到不同的Windows版本上，并能正常运行。

3）可移植性——易替换性

对 Windows 计算器来说，易替换性可以理解为新版本的计算器能够成功替换掉旧版本的计算器。

4.3　基于质量的测试方法

质量属性是产品需求的抽象模型，能够帮助开发理解要从哪些角度去设计产品，才能满足用户明确的和隐含的需求；同理，质量属性也能帮助测试者理解要从哪些角度（即所谓的测试角度）去验证产品，从而基于质量建立一套完整的测试方法。

4.3.1　理解测试类型

我们前面提到的测试视角其实就是测试类型。我们总结了产品、质量属性和测试类型的关系，如图 4-14 所示。

事实上，测试者对测试类型并不陌生，很多人常常还能“如数家珍”，如功能性测试、性能测试、压力测试、兼容性测试、易用性测试、可靠性测试等。但大家对这些测试类型的含义又常有自己的理解，例如我就经常听到同事争论该如何划分压力测试、性能测试、稳定性测试和可靠性测试——其实解决这个问题最简单、有效的方式**就是使用质量属性来定义测试类型，即回归到测试类型的本质**。

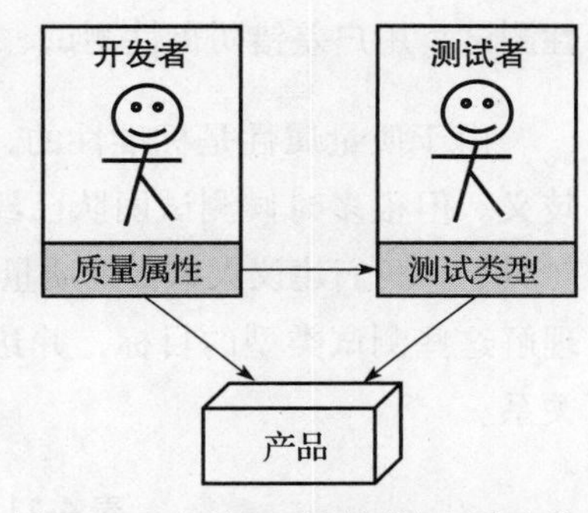

图 4-14　产品、质量属性和测试类型的关系

我们就对压力测试、性能测试、稳定性测试这几个概念进行对比分析。

- 如果测试负载在系统允许的负载范围内，那测试的是系统的功能，此时的测试属于功能性测试；若在此基础上再加大测试时间，那就是稳定性测试了，此时关注的是系统的成熟性。
- 如果测试负载正好和系统允许的负载一致，那测试的就是系统的性能，此时的测试属于性能测试。
- 如果测试负载超过系统允许的负载范围，这时对系统来说属于一种“异常”情况，那测试的就是系统容错性了，此时的测试属于可靠性测试中的压力测试。

图 4-15 所示为对上述情形进行的总结。

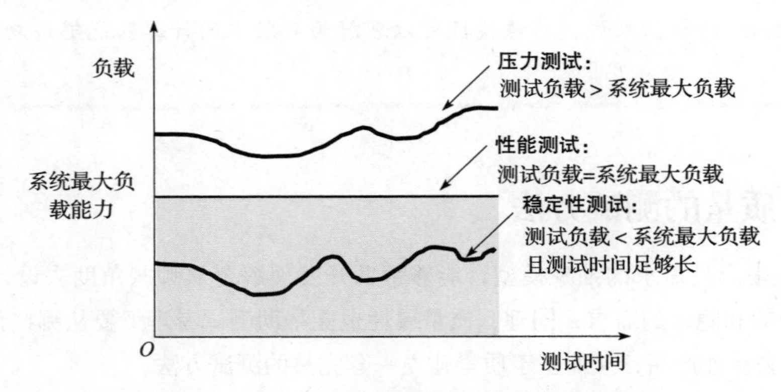

图 4-15 压力测试、性能测试、稳定性测试对比

我们也可以**利用质量属性来定义测试类型，最直接的方式就是把质量属性中的“某某性”，换成“某某性测试”**。例如易用性包含可辨识性、易学性、易操作性、用户差错防御性、用户界面舒适性和易访问性，对应的测试类型就是可辨识性测试、易学性测试、易操作性测试、用户差错防御性测试、用户界面舒适性测试和易访问性测试。

由于质量属性是标准性的，所以这种方法使得测试类型也具有了标准性，不容易出现歧义。但很多时候测试团队已经有一些大家都使用习惯的测试类型，不一定能和质量属性对应上。我们建议大家借助质量属性，把正在使用的测试类型梳理一遍，以帮助团队更好地理解这些测试类型的目标，并达成一致。表 4-11 梳理了一些常见的测试类型和质量属性的关系。

表 4-11 常见测试类型和质量属性的对应关系

名 称	说 明	对应的质量属性
功能性测试	验证产品是否能满足用户特定功能要求并做出正确响应	功能性，容错性
安全性测试	验证产品是否有保护数据的能力，能否在合适的范围内承受恶意攻击	安全性，可靠性
兼容性测试	验证产品是否能够和其他相关产品顺利对接	兼容性
配置测试	验证产品是否能够正确处理各种配置，包括正确配置和错误配置	功能性，易用性，容错性
稳定性测试	验证产品在长时间运行的情况下能否保证系统正常的性能水平；在存在异常的情况下系统是否依然可靠	可靠性，功能性
易用性测试	验证产品是否易于理解、易于学习和易于操作	易用性
性能测试	测试产品提供某项功能时对时间和资源的使用情况	效率
安装测试	测试产品能否被正确安装并运行	易操作性，易修改性，易安装性

4.3.2 如何通过质量属性来探索测试方法

质量属性除了帮我们理解测试类型，还能启发我们找到测试方法。

下面我们以“可靠性”为例，看看能得到哪些启发。在 4.2.6 节中，我们已经讨论了可靠性及其子属性——成熟性、可用性、容错性、易恢复性和可靠性的依从性。

我们希望系统在正常的情况下不出故障，这启发我们：是不是可以通过“长时间”“大并发”“新建”“各种混合业务”等手段去测试其成熟性？

我们希望系统对异常有一定的容忍度，遇到异常时系统的正常功能不会受到影响，这让我们想到：是不是可以通过“人为制造故障”“加大负载”等方式去测试其容错性？

我们希望系统出现问题后可以快速恢复，这让我们想到：是不是可以通过正常和异常反复的方式来测试其可恢复性？

然后我们对上述启发点进行归纳总结，可以得到“异常值测试”“故障植入测试”“稳定性测试”“压力测试”和“恢复测试”等各种测试方法。当然，实际工作中我们还可以结合业务的实际情况和测试经验（如失效规律[1]）来获得更多更有针对性的测试方法。例如对需要进行网络协议交互的系统，模糊测试（Fuzzing 测试）[2]就是一种可以有效测试协议的健壮性的测试方法，这种方法可以测试系统的成熟度、容错性和可恢复性。

图 4-16 总结了从质量属性到测试方法的整个启发式思考和总结的过程。

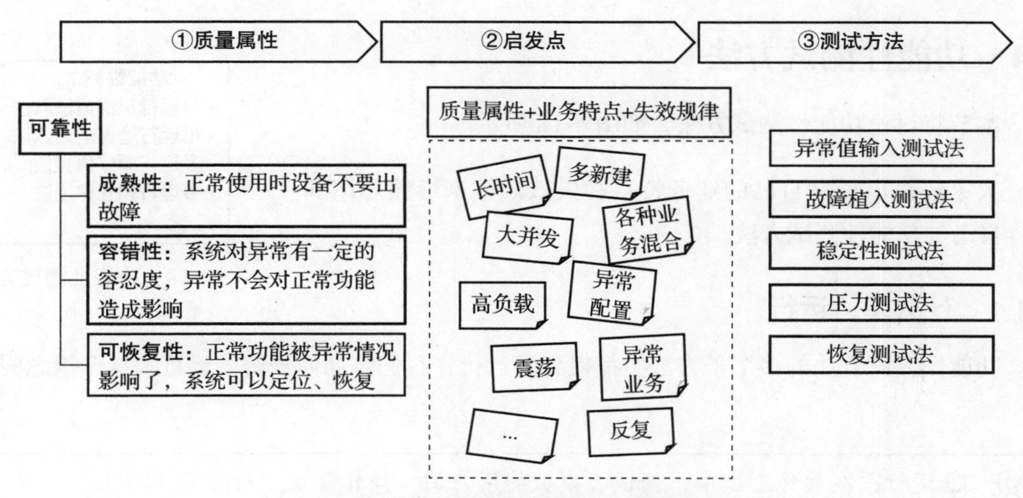

图 4-16 由可靠性质量属性得到可靠性测试方法

[1] 失效规律就是发现问题的方法。

[2] Fuzzing 测试也是一种专业的安全测试手段。

4.3.3 通过质量模型来确定测试深度和测试广度

测试方法和测试类型分别代表了测试的深度和广度，如图 4-17 所示。

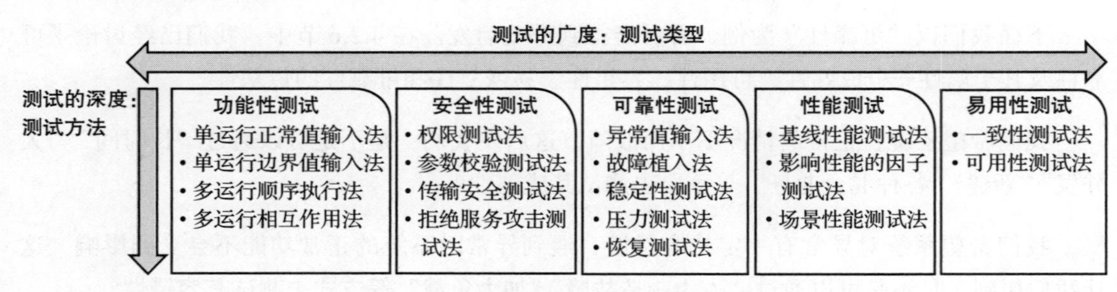

图 4-17 测试类型和测试方法的关系

测试类型代表的是测试的广度，测试者对测试类型掌握得越多，测试就越全面；而测试方法代表的是测试的深度，即测试者能够对系统进行测试验证，包括去除缺陷的手段的丰富程度。

测试深度和测试广度也代表了测试人员的专业能力。我们希望测试者既能掌握更多的测试类型，又能掌握更多的测试方法。我们可以整理团队的测试能力矩阵，将其作为团队测试技能成长的牵引表。

接下来我们将为大家详细介绍图 4-17 中描述的较为通用的测试方法。

4.4 功能性测试方法

本节将讨论功能性测试方法，如图 4-18 所示。

大家还可以根据自己的业务特点和失效规律来继续总结和完善自己的功能性测试方法。

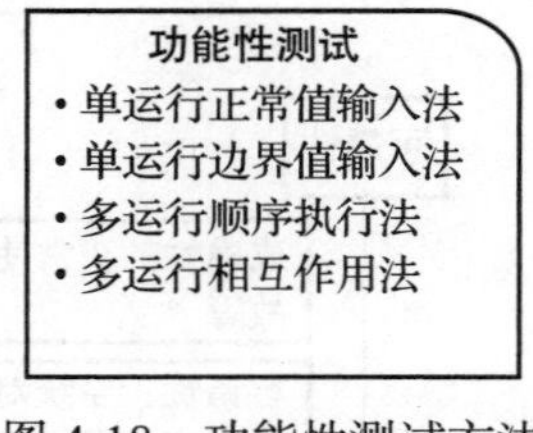

功能性测试
• 单运行正常值输入法
• 单运行边界值输入法
• 多运行顺序执行法
• 多运行相互作用法

图 4-18 功能性测试方法

4.4.1 什么是“运行”

功能性测试方法的多个子方法中都提到了运行，我们该如何理解“运行”这个概念呢？

定义

- 运行：在软件测试中，测试者模拟的用户的“操作”或“行为”。
- 单运行：在软件测试中，测试者模拟的用户的“一个操作”或“一个行为”。
- 多运行：在软件测试中，测试者模拟的用户的“多个操作”或“多个行为”。

换句话说，从用户的角度来看，“运行”是对系统做出一个操作，系统会给用户回馈一个满足用户预期的、有意义的反馈，所以针对一次运行，一般具有固定的输入和输出，如图 4-19 所示。

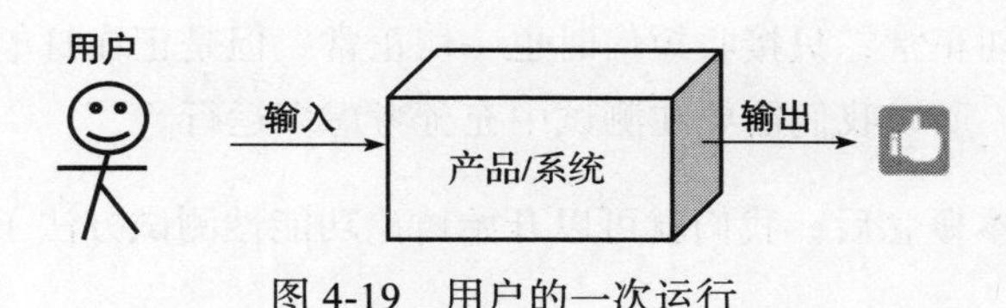

图 4-19　用户的一次运行

用户发送了一封电子邮件，提交了一个购物清单，清空了购物车，等等，这些都可以称为一次运行。

运行一定是从用户层面来描述的，输入是系统层面的输入，输出也是对用户有价值、有意义的反馈。我们对系统内部组件或者接口的操作，不能称为一次运行，例如：系统数据库新增了一个表，系统新建了一个连接，等等。这就需要我们把这些组件拼接起来，直到可以从外部的角度为用户提供有意义的输入或输出。这些组件的组合就构成了系统的功能，系统的一个功能应该能够满足用户的一次完整运行，如图 4-20 所示。

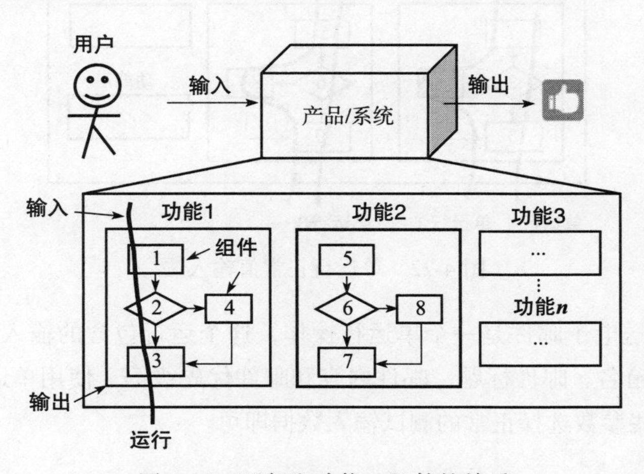

图 4-20　运行和功能、组件的关系

多运行就是指用户对系统做出了多种操作，如图 4-21 所示。

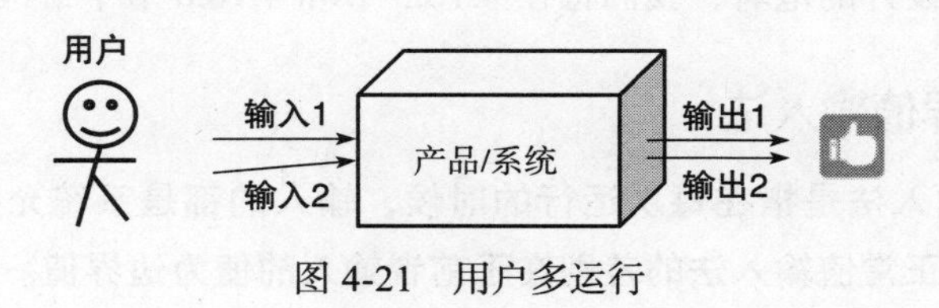

图 4-21　用户多运行

我们看几个多运行的例子：用户**收到**了电子邮件，然后将邮件**设置**为重要；用户**添加**了购物车，然后**提交**了订单。

很多时候，系统在单运行的情况下一切正常，但是在多运行的情况下就会出问题，例如用户只打电话时一切正常，只接收短信时也一切正常，但是正在打电话的时候接收到一条短消息就会出现问题，所以我们需要在测试中充分考虑多运行。

理解了运行的基本概念后，我们就可以开始讨论功能性测试方法了。

4.4.2 单运行正常值输入法

单运行正常值输入法是指在每次运行的时候，输入的都是系统允许的正常值的测试方法，如图 4-22 所示。

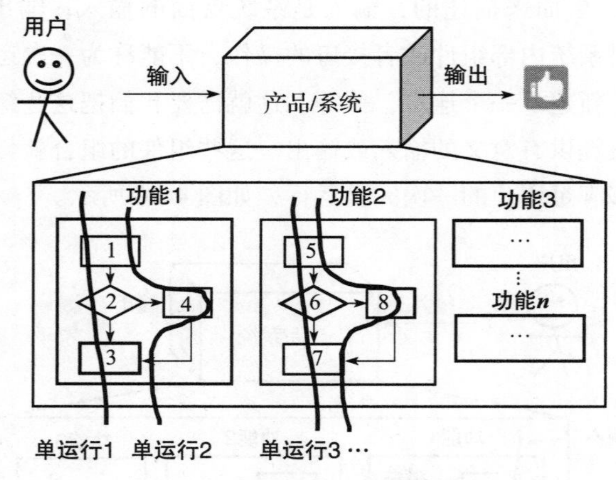

图 4-22 单运行正常值输入法

例如，用户发送电子邮件是一个单运行操作，这个运行包含的输入参数有收件人的邮箱名、发件人的邮箱名、邮件标题、邮件内容和邮件优先级等。使用单运行正常值输入法，我们只需要针对这些参数选择正常的测试输入数据即可。

有些参数的输入值的个数是有限的，测试时就需要遍历各种取值；有些参数的取值是有范围的，测试时就需要使用等价类的思想将输入分类，再在每一类中选择测试输入点。具体的操作方法是测试设计的范畴，我们将在 4.10.5 节和 4.10.6 节中继续讨论。

4.4.3 单运行边界值输入法

单运行边界值输入法是指在每次运行的时候，输入的都是系统允许的边界值的测试方法。该方法和单运行正常值输入法的差别在于前者输入的值为边界值。

相信大家对“边界值”的概念不会感到陌生，最经典的例子是：假设某处允许的输入值是一个范围［1、10］，这时 0、1、10 和 11 就是我们所说的边界值。

和单运行正常值输入法相比，单运行边界值输入法的测试数据包含了正常输入（如 1 和 10）和非法输入（如 0 和 11），因此**它能测试正常处理，又能测试非正常处理，是一种测试效率较高的测试方法**。

以测试“用户发送电子邮件”为例，我们考虑边界值的情况包括如下几种。

- 收件人的数量为系统支持的最大数。
- 收件人的数量为系统支持的最大数 +1。
- 收件人的数目为 1 位。
- 收件人为空。
- 邮件名为系统支持的最大长度。
- 邮件名为系统支持的最大长度 +1。
- 邮件名为空。
- 邮件长度为系统支持的最大长度。
- 邮件长度为系统支持的最大长度 +1。
- 邮件长度为空。

与之相关的测试设计方法，我们将在 4.10.5 节和 4.10.6 节中继续讨论。

4.4.4 多运行顺序执行法

多运行顺序执行法是指在功能性测试时，按照一定的顺序来进行多个运行的测试方法，如图 4-23 所示。

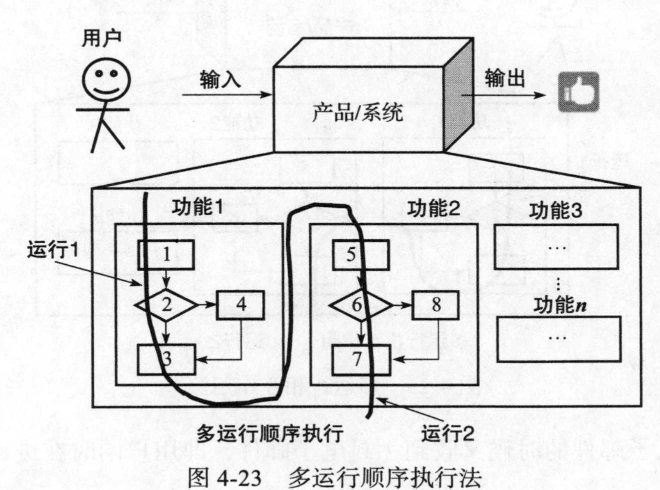

图 4-23 多运行顺序执行法

对多运行顺序执行法来说，分析确定各个运行的先后顺序，是用好该方法的关键。有一个窍门，就是去分析和用户操作习惯息息相关的地方，去分析可能的执行顺序。

例如，对“用户登录”“用户选择商品”“用户提交订单”这几个操作来说，有的用户的操作习惯是先登录再选择商品，有的用户的操作习惯是先选择商品然后再登录。这就需要我们先分析这些操作可能的先后顺序，再进行测试，如图 4-24 所示。

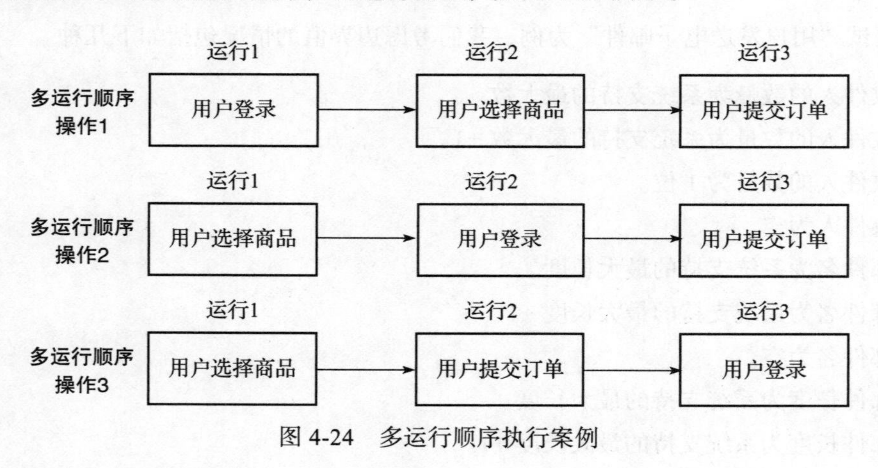

图 4-24 多运行顺序执行案例

4.4.5 多运行相互作用法

多运行相互作用法是指在进行功能性测试时，把多个存在相互关系的运行组合在一起进行测试的方法，如图 4-25 所示。

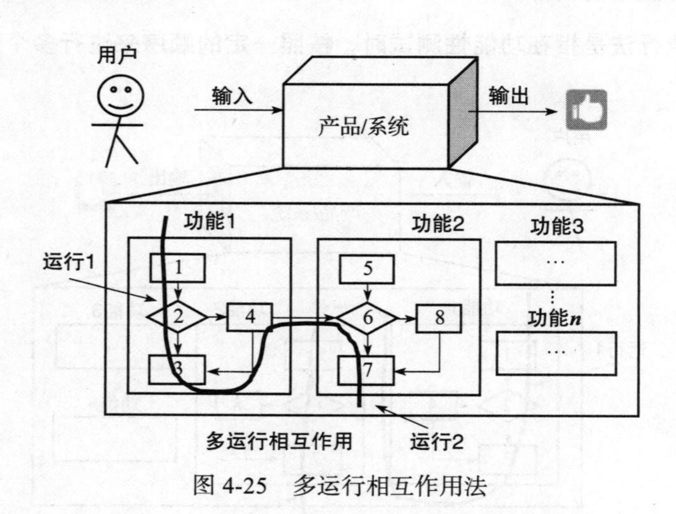

图 4-25 多运行相互作用法

用户在发送电子邮件的时候又收到一封电子邮件，即用户同时在进行收发电子邮件的操作，这就是一个多运行相互作用的例子。我们在前面提到的在打电话的时候又收到一条短消息，也是一个多运行相互作用的例子。

4.5　可靠性测试方法

可靠性测试是测试 / 验证系统在各种条件下是否可以继续维持功能、性能。实际测试中，功能性测试成功是可靠性测试可以顺利进行的前提，即基本功能要先正确，再进行可靠性测试才有意义，这就为我们如何安排测试执行顺序提出了要求。我们将会在第 8 章再进一步讨论这些内容。

本节将讨论 5 种较为通用的可靠性测试方法，如图 4-26 所示。

这些测试方法都是一些相对通用的方法，和具体业务无关。大家还可以根据自己的业务特点和失效规律来总结、完善自己的可靠性测试方法。

可靠性测试
- 异常值输入法
- 故障植入法
- 稳定性测试法
- 压力测试法
- 恢复测试法

图 4-26　可靠性测试方法

4.5.1　异常值输入法

异常值输入法是一种使用系统不允许输入的数值（即异常值）作为测试输入值的可靠性测试方法。

例如，对发送电子邮件来说，在正确的情况下会使用 @ 来作为邮箱地址和用户名的分隔符，如 wangxiaoming@123.com。使用异常值输入法，我们可以使用 # 或 % 等符号来作为分隔符进行测试，如 wangxiaoming#123.com。

前面提到的单运行边界值输入法中边界值为非法输入值时（如合法输入值为［1，10］时输入 0 和 11），也可以归入异常值输入法，但在本书中默认将这种测试方法归入功能性测试法中。

有时一个功能会要求输入一组数值或者多个参数，**对这个功能进行不完整的输入测试，也属于异常值输入法**。如图 4-27 所示，IP 地址输入为空，此时也属于异常值输入法。

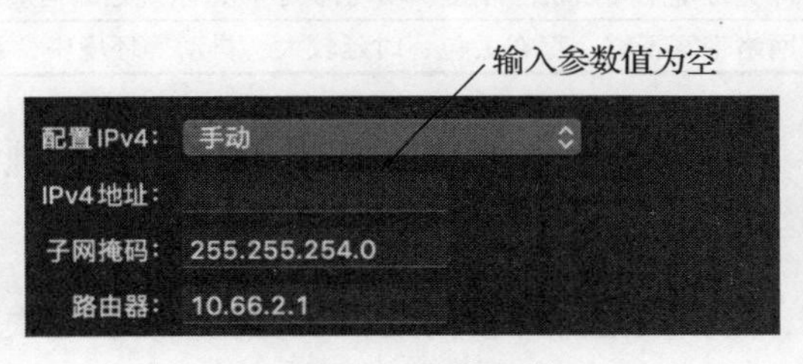

图 4-27　IP 地址输入为空

异常值输入法可以测试系统的容错性，能够测试系统处理各种错误输入的能力，是最基本的可靠性测试方法。

4.5.2 故障植入法

故障植入法是把系统放在有问题的环境中进行测试的一种可靠性测试方法，主要用于测试质量属性中的容错性和成熟性。

异常值输入法是直接输入一个系统认为是错误的、不支持的值；而故障植入法是把系统放在有问题的环境中，但是输入的是正常值。

一般来说，我们习惯把系统放在一个非常“干净”的环境中去测试，让系统运行在比较好的环境中。但是把系统部署在用户的实际环境中时，无法保证条件总是如实验室般理想，这就会引发问题。

几个用户实际环境故障引发产品系统故障的小故事

故事 1：用户实际组网环境中存在环路，导致系统部署到用户实际环境后出现问题。

故事 2：用户实际环境存在很多 CRC 错误报文，导致系统部署到用户实际环境后出现问题。

故事 3：系统部署在用户实际环境一段时间后，存储空间不足，引发系统出现问题。

这就需要我们分析系统用户实际环境中可能存在的问题和故障，考虑系统应该如何应对和处理。表 4-12 从资源、环境冲突和网络几个方面对故障植入点进行了分析。

表 4-12 故障植入点分析

分 类	分 析
资源	在系统需要的资源不足的情况下（如 CPU、内存、存储空间等），系统是如何应对的
	系统被安装在配置偏低的环境中，运行是否正常
环境冲突	系统运行在冲突环境下（如软件冲突、驱动冲突等），系统是如何应对的
网络	系统运行在网络带宽不够、存在丢包、时延较大、抖动等环境中，系统是如何应对的

我们以前面提到的“用户发送电子邮件”为例。对这个测试项来说网络是一个常见的故障植入点，我们可以这样考虑：

- 在断网的情况下，用户发送邮件会失败，系统应该有发送失败的提示，并在网络恢复的情况下自动重新发送邮件。

- 在网络时断时续、存在丢包的情况下，如果丢包不严重（比如小于 15%），则系统能够通过重传的方式保证邮件发送成功；如果丢包严重（比如大于 15%），则用户发送邮件会失败，系统应该有发送失败的提示，并在网络恢复的情况下自动重新发送邮件。

4.5.3　稳定性测试法

稳定测试法是一种在一段时间里长时间、高负载运行某种业务的可靠性测试方法。稳定性测试法能够非常有效地测试系统的成熟性，是一种非常重要的可靠性测试方法。

正如 4.3.1 节讨论的，稳定性测试、压力测试和性能测试存在一定的关系，如图 4-15 所示，我们以负载的高低来区分不同测试。实际上，我们还可以把负载再扩大，扩大到系统规格：

- 超过系统规格的测试是压力测试。
- 确定是否可以达到系统规格的测试是性能测试。
- 在系统规格内的测试是稳定性测试。

所谓系统规格，是指系统承诺的能够处理的最大容量或能力。在产品开发过程中，常见的产品规格表就是我们这里所说的系统规格。

接下来介绍一套有趣的稳定性测试心法——稳定性测试四字诀。

第一诀："多"

"多"字诀的要义是，在测试中通过增加用户对功能的操作数量来测试系统的稳定性。

还是以"用户发送电子邮件"为例。使用"多"字诀，我们可以测试用户发送 500 封邮件或发送 1000 封邮件时系统的稳定性。

第二诀："并"

"并"字诀的要义是，在测试中让多个用户同时来操作这个功能，由此来测试系统是否依然稳定。有时我们也称这种测试为并发测试。

以"用户发送电子邮件"为例，在"并"字诀下，我们可以让 500 个用户同时向服务器发送电子邮件（假设系统支持的最大并发用户数低于 500）。

第三诀："复"

"复"字诀的要义是，在测试中让一个或多个用户，反复进行新建、刷新、删除、同步、备份之类的操作，以此来测试系统是否稳定。使用“复”字诀能够快速、有效地发现系统在处理时序、资源申请 / 释放上是否存在问题。这是非常重要的稳定性测试方法。

以“用户发送电子邮件”为例，使用“复”字诀，我们可以在一段时间内（如 1 天、1 周）通过 500 个用户反复进行登录邮箱、编写邮件、发送邮件、退出邮箱等操作，观察系统是否依然正常稳定。

第四诀：“异”

“异”字诀的要义是，在测试中让一个或者多个用户反复进行异常操作，验证系统是否能够持续做出合理的反应。

和异常输入法和故障植入法相比，“异”字诀强调的是“持续”和“累积”。事实上，开发者在进行编码的时候，常会考虑正确情况下的资源申请和回收而忽视异常情况下的资源回收。“异”字诀在发现缺陷方面非常有效。

还是以“用户发送电子邮件”为例，我们可以测试用户持续（如 1 天、1 周）发送地址是非法输入值的邮件，用户在长时间（如 1 天、1 周）处于网络故障的情况下持续发送邮件等情况。

实际测试时，我们应将“多、并、复、异”等稳定性测试方法组合起来使用，让测试更为灵活有效。

4.5.4 压力测试法

压力测试法是一种在一段时间内持续使用超过系统规格的负载进行测试的可靠性测试方法。

所有系统都有其本身的性能规格。负载在性能规格范围内，系统需要稳定提供正确功能，这一点很好理解。但在负载超过性能规格的情况下，对于系统应该怎样处理，人们的理解往往不统一。那么我们又该如何分析和确定测试结果呢？要回答好这个问题，就要从负载模型说起。

有两种和压力相关的负载模型，一种是持续压力负载模型，一种是突发压力负载模型，如图 4-28 所示。

1. 持续压力负载模型测试

当使用持续压力负载模型进行压力测试时，允许系统出现负载处理失效，但我们不希望系统直接宕机。有些系统能够对超过性能规格的负载做 bypass（绕过）处理，这样依然能够尽力保证正确处理性能规格内的负载，如图 4-29 所示。

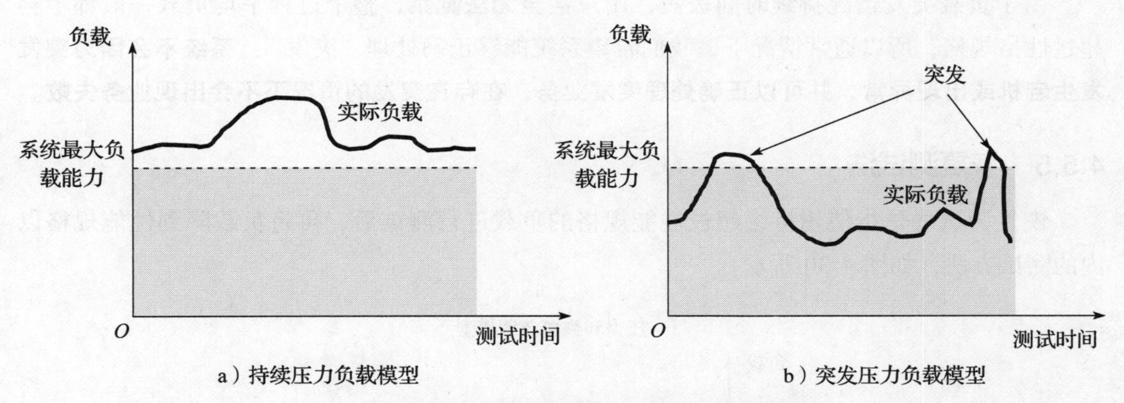

图 4-28　持续压力负载模型和突发压力负载模型

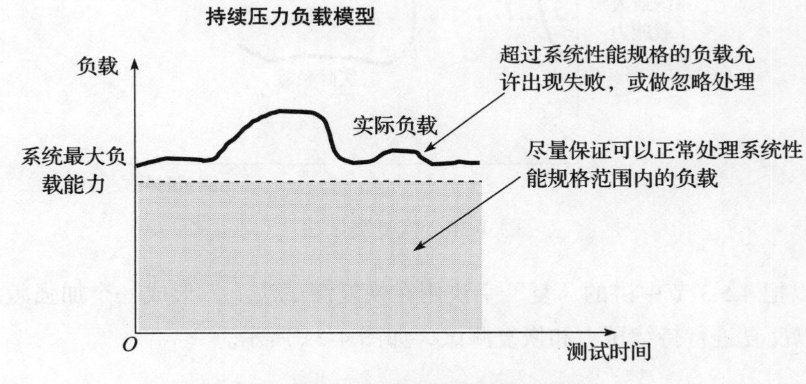

图 4-29　持续压力负载模型处理方式参考

从测试关注点来说，对于持续压力负载模型测试，业务负载处理是否正常并不是我们的重点关注项，需要我们重点关注的是：

- 系统如果对超过规格的负载做了 bypass 处理，则需要测试 bypass 功能的正确性和有效性；
- 系统不会因为持续压力负载而直接宕机。

尽管我们允许在持续压力负载模型下出现业务失败，但我们希望当业务负载再次恢复到性能规格范围内后，系统能够正确处理所有业务，这又构成了一种新的测试方法——恢复测试法，我们将在 4.5.5 节详细描述这个测试方法。

2. 突发压力负载模型测试

所谓“突发”，是指业务负载在很短的时间内出现超过性能规格又立即恢复的现象，如

图 4-28b 所示。

由于负载突发情况持续时间极短，用户甚至无法觉察，整个过程平均负载一般都不会超过性格规格，所以通常情况下，我们希望系统能够正确处理“突发”：**系统不会因为突发发生宕机或出现异常，并可以正确处理突发业务，在存在突发的情况下不会出现业务失败。**

4.5.5 恢复测试法

恢复测试法是指使用持续超过性能规格的负载进行测试后，再将负载降到性能规格以内的测试方法，如图 4-30 所示。

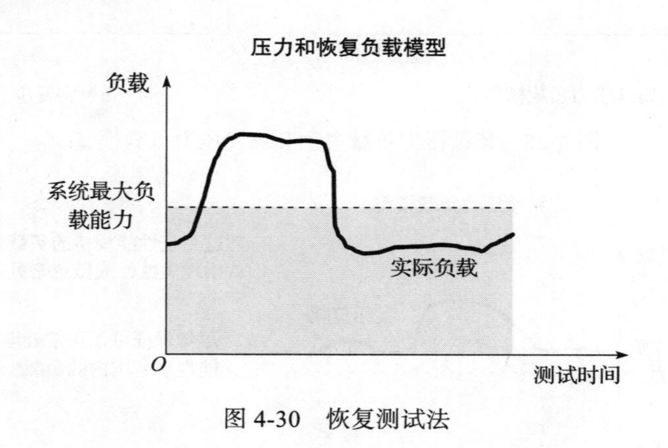

图 4-30 恢复测试法

我们可以把 4.5.3 节中讲的“复”字诀用在恢复测试法上，形成一个加强版周期性负载震荡测试，以反复进行持续压力和恢复测试，如图 4-31 所示。

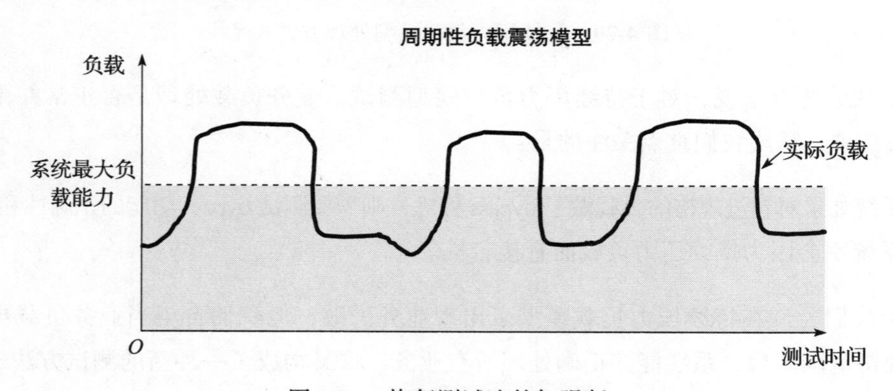

图 4-31 恢复测试法的加强版

恢复测试法能够对系统的可恢复性进行测试，也就是测试系统的“自愈性”。无论是普通版，还是加强版，我们在使用恢复测试法进行测试时，预期结果均为：

- 持续进行超过性能规格的负载测试时，允许性能规格内的业务不是 100% 正确，如果产品在可靠性方面的要求不高，甚至允许系统出现死机、重启等情况。
- 当负载降到性能规格以内后，业务必须能够恢复到 100% 正确，即产品在负载高的情况下出现的死机、重启等问题，在负载降低后能够“自愈”。

4.6 性能测试方法

性能测试是测试者最看重的测试之一，很多公司甚至有专职的人员来设计性能测试方案，并开发相关工具。

一般来说，产品的需求规格书中都会描述系统性能，但是系统需求规格说明书往往只会给出系统在最优配置下的最好性能，而用户真实使用的环境、配置、业务负载往往都非常复杂，测试者仅按照需求规格说明书去测试最好性能是远远不够的，还需要分析那些影响性能的因子，测出各种影响因子叠加下系统的最差性能和用户典型场景下的端到端整体性能。总结起来说，测试方法就是：

- **基线性能测试法**：测试目标是测试系统可以达到的**最优**性能。
- **影响性能的因子测试法**：测试目标是测试系统在各种因子影响下的**最差**性能。
- **场景性能测试法**：测试目标是验证系统在用户**真实场景下的使用性能**。

这三种性能测试方法是层层递进的。我们要先通过测试确认系统最优的性能是否满足系统设计预期；再在这个基础上，测试影响性能的因子是否会让系统性能下降到完全无法使用的程度；最后测试端到端、综合情况下的性能，并结合最差性能来评估系统是否可以承受用户真实场景的严酷考验。

分析哪些因子会影响性能，这是性能测试的基础，这往往和实现有关。我们可以从组件、单功能、多功能交互、系统等层面来对可能影响性能的因子进行深入分析。

由于性能实在太重要了，所以很多行业都有自己的性能测试标准、规范以及专有的性能测试工具。如网络行业著名的 RFC2544（网络互联设备通用性能测试标准，定义网络互联设备需要测试的性能指标为吞吐量、时延、丢包率等）。我们可以将这些测试标准理解为“性能测试的广度”，把上述测试方法理解为“性能测试的深度”，就能得到被测系统的性能测试模型，如图 4-32 所示。

需要特别说明的是，图 4-32 所示以网络行业性能指标为例，读者可以将其换为自己行业 / 产品的性能指标，得到属于自己的性能测试模型。

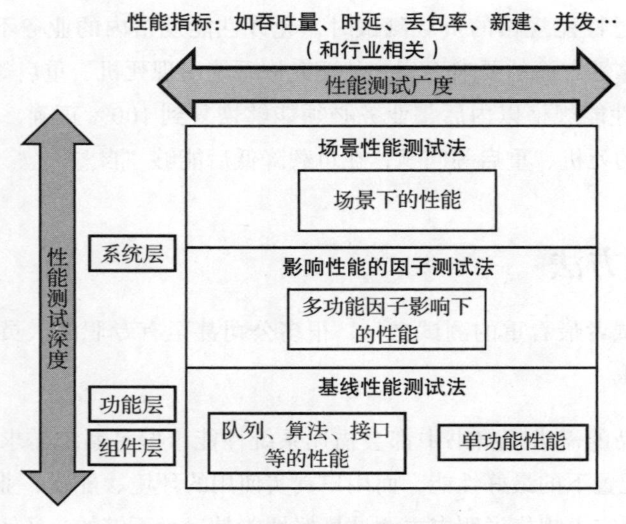

图 4-32 性能测试模型

4.6.1 基线性能测试法

前面我们已经提到，基线性能测试法的测试目标就是测试系统可以达到的最优性能。从产品实现角度来说，一般需要我们从“组件”和“功能”两个层面对系统进行性能分析，确定性能测试条件和数据。

“组件层”是从系统内部实现的角度来分析可能影响性能的因子，一般来说，缓存、队列、各种算法都会影响性能。我们可以用 mock 的方法来编写测试程序，验证这些关键组件的性能。有时候我们会使用开源项目，很多开源项目也会提供组件层的性能验证工具。下面是一个对某开源高速生成树算法进行性能测试的例子。

举例 某开源高速生成树算法

测试项：测试算法的离散规则，建树速度、查询速度和内存占用大小。

测试结果：如表 4-13 所示。

表 4-13 某开源高速生成树算法性能测试结果

测试项	规则数	建树时间 /μs	规则命中查询速度 /pps	规则不命中查询速度 /pps	内存占用大小 /KB
离散规则测试	1 000	6 085	8 128 249	20 103 626	1 208（包含配置读取的内存）
	5 000	7 585	6 011 865	15 685 618	2 760（包含配置读取的内存）
	10 000	93 166	5 180 793	15 151 515	4 136（包含配置读取的内存）

功能层是从用户视角来分析可能影响性能的因子。一般来说，前面我们分析的那些会影响性能组件的功能就是我们要分析的因子，也是我们测试的范围。

对于组件层，我们以高速生成树算法为例介绍了性能测试。假设系统中“策略功能”使用了被测试的组件，那么策略功能就是会影响系统性能的因子，如图 4-33 所示。

我们在做性能基线测试时，尽管输入的配置、业务负载都是系统层面的（可以理解为黑盒），但是也需要让这些测试条件尽量符合那些会影响性能的组件的最好情况要求（如在本例中就是让测试条件满足高速生成树算法性能最好情况的要求），这样才能测试到系统最优的性能。

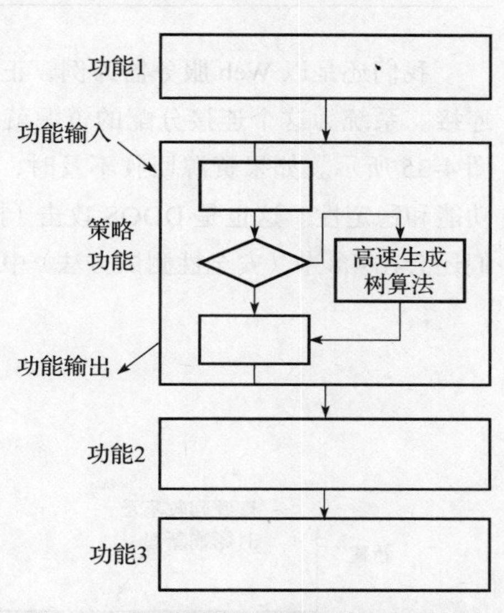

图 4-33　性能影响因子在组件层和功能层中的关系示意

从测试标准来说，不同行业的性能测试指标可能会千差万别，但是归根结底都可以分为两大类：

- 系统能够正确处理新业务的最大能力，即新建速率类指标。
- 系统能够同时处理业务的最大能力，即并发类指标。

1. 系统能够正确处理新业务的最大能力

我们对系统的“新建速率”进行测试，其实测试的是系统能够正常处理一个新业务的效率。例如系统每秒能够允许多少新用户上线登录，系统每秒能够主动发起多少新的连接，这些本质上都是在测试系统可以正常处理一个新业务的效率。以常见的 Web 服务来说，浏览器和 Web 服务器在正式进行数据交互之前，TCP 会先进行三次握手建立传输通道，然后才能正常传输数据。Web 服务器每秒可以最多处理多少个 TCP 三次握手，就是我们说的新建速率，如图 4-34 所示。

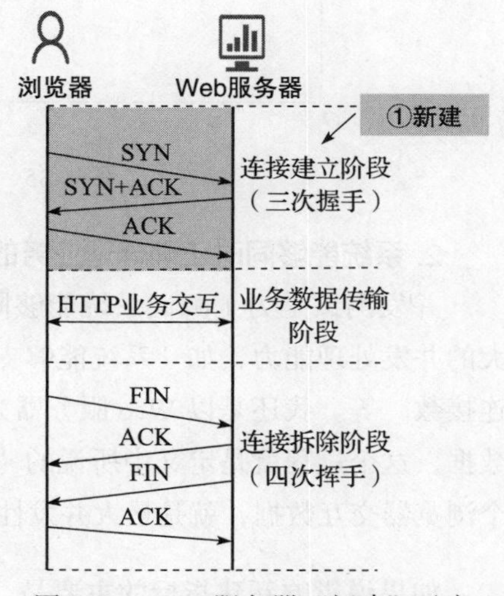

图 4-34　Web 服务器“新建”示意

影响系统新建速率最直接的因素就是建立新业务的处理逻辑，也就是系统的“算力”（可以理解为 CPU 的处理能力）。每建立一个新的业务，都会消耗一定的系统资源（内存、硬盘、中间件等），所以即便算力充足，资源也会有耗尽时，此时新建性能就上不去了。所以系统资源老化回收的处理能力也会影响新建速率。

> **小提示** 新建速率测试需要考虑测试的持续时间。这个持续时间至少能够保证系统完成“资源分配—使用—回收再分配—再使用”这样完整的循环过程。仅测试“前半段”，即“资源分配—使用”，无法完整测试整个处理逻辑。

我们还是以 Web 服务器为例，正常情况下，Web 完成业务后，通过 TCP 四次挥手关闭连接。系统为这个连接分配的资源就应该及时回收，让其可以尽快用于建立新的连接，如图 4-35 所示。如果资源回收不及时，系统新建能力就无法维持，长此以往还会影响系统的功能和稳定性。这也是 DDOS 攻击（拒绝服务攻击）的基本原理，关于安全测试的内容，我们还会在 4.8 节（安全性测试方法）中详细介绍。

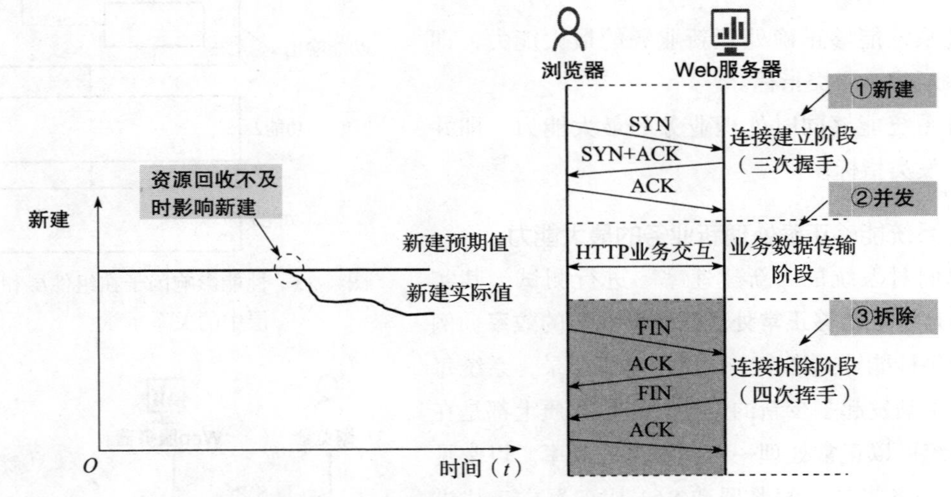

图 4-35 资源拆除回收不及时影响新建

2. 系统能够同时正确处理业务的最大能力

并发测试是为了测试系统能够同时正确处理业务的能力。性能测试是为了测试系统最大的并发处理能力，如“系统能够支持的最大同时在线用户数”“系统能够同时发起的最大连接数”等。我还是以 Web 服务器为例，TCP 三次握手建好后，浏览器和 Web 服务器交互数据，这个过程就是定义中所说的“正确处理业务”，测试 Web 服务器最多可以同时与多少个浏览器交互数据，就是最大并发性能测试，如图 4-36 所示。

如果说影响新建指标的主要是“算力”，那么影响并发的因子就比较多了，这是因为并发需要测试的是系统能够同时正确处理业务的能力，而业务涉及用户数据、用户使用习惯等，很难一概而论，但“资源”（如内存）和“算力”（CPU）是两个最核心的因子。以 Web 服务器为例，系统会为每一个新的访问请求建立一个会话表，每个会话表都会占用一些内存资源，会话表的容量就成了理论上的最大并发值。但是连接建立后，我们还要交互数据（如浏览器向 Web 服务器发送页面访问请求），这时会涉及业务处理逻辑、网络传输等，有时可能还会涉及加解密等，这些都需要消耗算力，这些都会影响系统的并发性能。

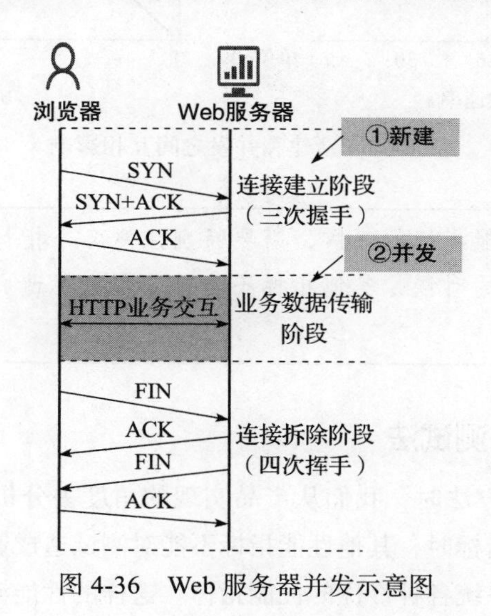

图 4-36　Web 服务器并发示意图

小提示　进行并发测试的时候，不能仅测试系统能够保持的最大连接数，还需要增加业务数据负载。

---

3. 基线性能测试法的关键：控制性能指标之间的互相影响

由于影响新建速率和并发的因子中都有算力和资源，所以新建速率和并发在测试中会互相影响。图 4-37 所示为一种新建速率和并发互相影响的情况。

图 4-37a 表示系统在 30s 内，每秒完成 150 个的新建。假设在这 30s 内并没有拆除业务，那么系统在这 30s 内并发连接的数目就是 $150 \times 30 = 4500$。如果这个系统的最大并发能力只有 4000，按照这样的测试负载，到第 26s 左右，系统就会因为并发能力达到极限而出现新建失败。如果此时我们判定系统的新建能力不能达到 150，那是不正确的。正确的做法是调整测试方法，让连接新建成功后就立即被拆除，即减少并发量，不让并发成为新建速率测试的限制因素。

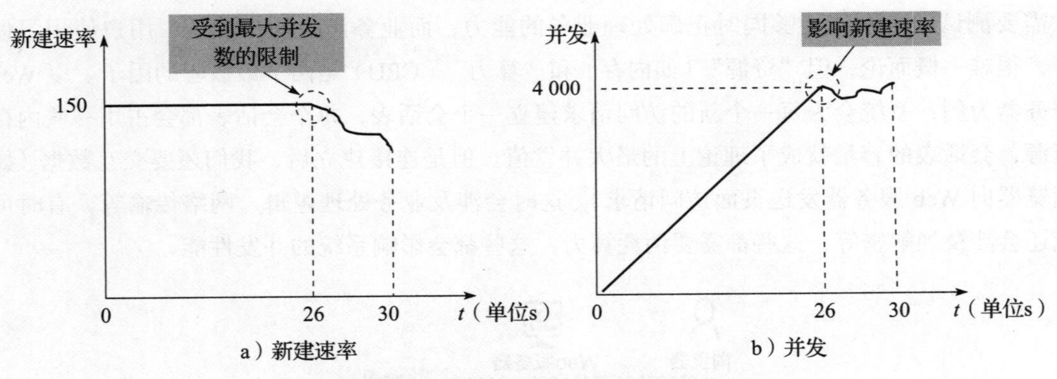

图 4-37 新建和并发之间互相影响

小提示 我们在测试基线性能指标的时候，需要特别注意各个指标之间的内在关系，在测试一个指标的最优值的时候，其他指标不能对这个指标造成影响。这也是顺利进行基线性能测试的关键。

4.6.2 影响性能的因子测试法

在讨论基线性能测试方法时，我们从产品实现的角度去分析哪些组件可能会影响系统性能。在测试某一个性能指标时，其他性能指标不能对测试造成影响。总之是使用最优的测试条件和测试数据来测试系统各种最优的性能指标。这样的性能测试不仅可以帮助我们评估系统基础能力、评估设计是否合理，还可以为后期优化提供参考依据。这也是这个测试方法名中“基线”二字的由来。但是这些性能测试结果往往太过乐观，我们有时候也会称之为“实验室测试理想结果”，通过这种结果无法评估系统在用户真实环境下的使用性能，所以我们接下来要进行的是影响性能的因子测试，来看看在最坏的条件下，系统的表现如何，以求充分暴露系统的性能瓶颈。

小提示 不要乐观地认为最坏的情况只是特例，很多时候，对系统造成严重/致命影响，导致用户无法正常使用的，恰恰就是最坏的情况被触发了。所以测试者必须测试最坏情况下的产品性能，评估造成的影响是否可以接受。如果不能接受，是否有解决或者规避的方法。如果没有，则建议与这个影响因子（某个组件或者功能）相关的设计、技术选型等重新进行。因为这类最坏情况一旦在用户使用中被触发了，是无法修复的，风险非常大，轻则影响交付，重则影响产品成功。这也是这类测试的意义所在。

---

1. 单功能因子影响下的性能

我们还是以前面的策略功能（高速生成树算法）为例（见图 4-33）。前面已经分析出策略功能是一个影响性能的因子，结合高速生成树算法，我们了解到策略的数量、策略的复杂度（对应算法中的离散规则）是其中重要的性能影响点，基于此我们就可以构造测试条件和数据，测试最坏的情况了，然后看看测试结果中性能下降程度是否可以接受。

由于实际工作中最坏的测试条件或者测试数据往往并不明确，更常见的方式是测试不同的配置或者负载对性能的影响，得到这个因子对性能影响的趋势图，如图 4-38 所示。

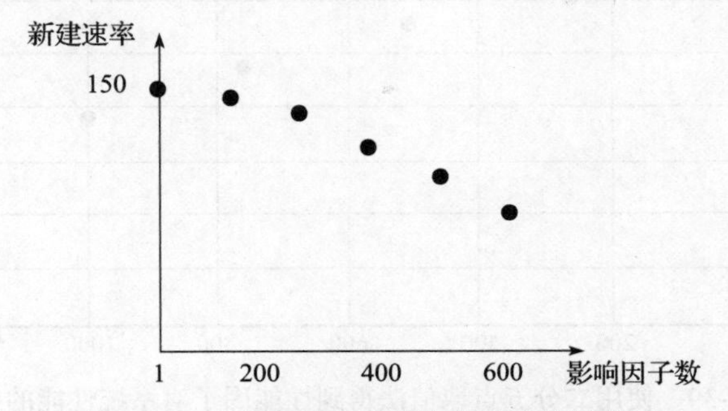

图 4-38　影响因子数对性能影响的趋势

但是这个例子在实际执行的时候会有个困难，就是影响因子数是一个范围（例如系统允许输入的最大因子数为 1000 条），我们不可能遍历每一个值来测试性能，如何取值是难点。功能测试时，我们可以用等价类和边界值来确定取值，但这样的取值策略对性能测试并不适用。在这里给大家介绍一个适合性能测试的取值方法——二分五点取值法。

我们还是以影响因子数量为例。假设系统允许输入的最大因子数为 1000，我们先测试最小值 1 下的性能，再测试最大值 1000 下的性能，接着测试中间值 500 下的性能值，然后继续在 1 ～ 500 和 500 ～ 1000 的二分位取点，分别测试 250 和 750 下的性能，一般来说，通过这样 5 个点就可以较为准确地得到这个因子对性能的影响趋势了，如图 4-39 所示。

我们还可以通过数学拟合来得到趋势曲线，图 4-40 所示是使用 excel 自带曲线趋势功能生成的 3 阶多项式拟合曲线。通过拟合曲线，我们可以得到任何取值的性能值。

不过即便对每个因子只测试 5 个性能样本点，测试的工作量依然惊人。测试效率是性能测试在执行中需要考虑的首要因素，所以性能测试很适合以自动化测试的方式完成。除此之外，将多个性能影响因子组合起来进行测试也不失为一种有效策略。

因子数	新建测试结果（连接/秒）
1	150
250	120
500	110
750	95
1 000	75

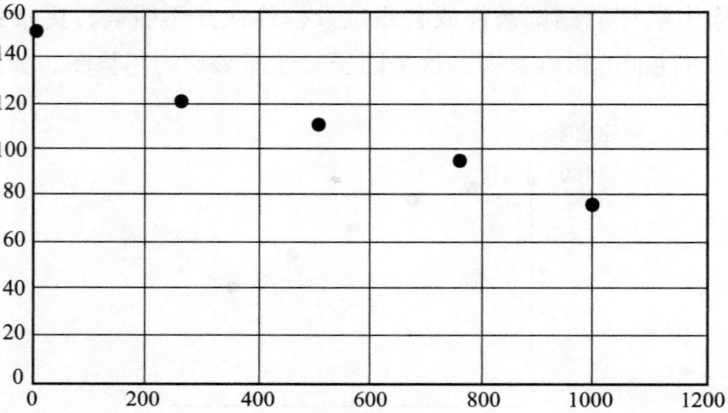

图 4-39 使用二分五点取值法得到性能因子对系统性能的影响

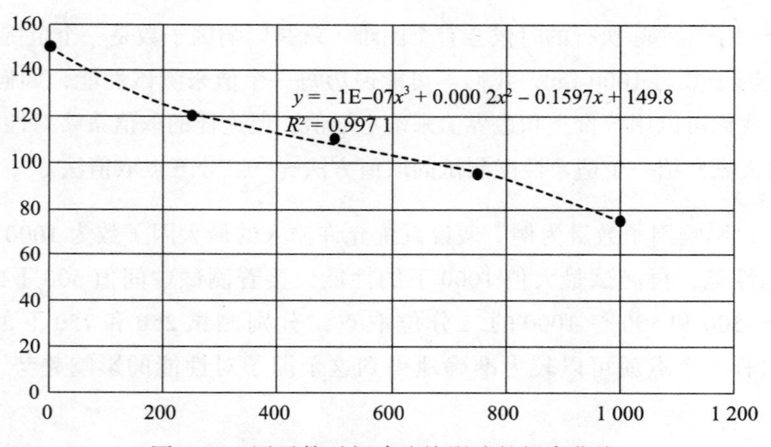

图 4-40 因子数对新建连接影响的拟合曲线

2. 多功能因子影响下的性能

除了测试单因子对性能的影响外，还要测试多个因子共同作用下性能的情况（可以参考图 4-39）。但是对一个复杂系统来说，影响性能的因子可能非常多，要对所有的性能因子组合进行测试是不可能的。实际工作中，我们使用如下原则来进行性能因子组合的选择。

性能因子组合的选择原则

从用户使用角度（即一个“运行”[⊖]路径），整体考虑会涉及的性能因子，将这些性能因子进行组合，测试多因子叠加下最坏的测试性能值。

接下来我们还是以策略功能（高速策略生成树算法）为例（见图 4-33），看看如何使用上述原则来进行多因子选择。假设系统中，功能 1、功能 2、策略功能均为性能影响因子，用户有两种可能的运行路径，运行路径 1 受到功能 2 中因子 2 的影响，运行路径 2 受到因子 1、因子 3 和高速生成树算法这个因子的影响。考虑多因子对性能影响时，我们可以设置测试条件和测试数据，使其可以覆盖运行路径 2，以测试 3 个因子叠加的情况下，性能的最坏值，如图 4-41 所示。

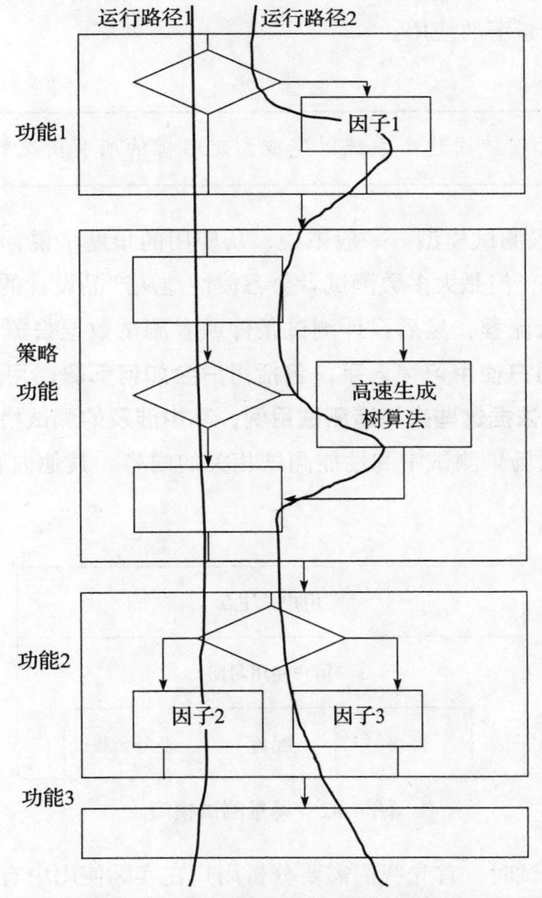

图 4-41 通过运行路径来选择多因子进行性能测试

⊖ 这里“运行”的概念和 4.4.3 节介绍的“运行”的概念是一致的。

前面讨论基线性能测试法时，有一个小提示，其中强调测试时需要控制性能指标不能互相影响。这个原则在影响性能的因子测试法中也适用。如果把性能影响因子和性能指标看成性能测试的两个维度（可以参考图 4-32 所示的性能测试模型），基线性能测试和影响性能的因子测试的差异就是影响性能因子部分的测试条件和负载不同，前者使用的是最好的测试条件和数据，后者使用的是最坏的测试条件和数据，但是测试指标的部分是不变的，这样才能保证测试数据具有可比性。

4.6.3 场景性能测试法

到目前为止，我们讨论的基线性能测试法和影响性能的因子测试法，都是从架构、设计和实现角度去考虑的，并没有从用户使用的角度考虑。接下来我们要讨论的场景性能测试法，就是要充分考虑用户的使用因素，以及这些因素是如何影响性能的，以此评估系统是否能够满足用户在特定场景下的使用。

场景 场景是用户会如何使用这个系统以完成预定目标的所有情况的集合。

图 4-42 所示是场景测试模型。一般来说，从使用的角度来说，产品会有 3 个维度——部署、配置和业务负载，但是大多数测试者会习惯性地从产品设计的角度去测试，比如在测试前仔细分析开发实现流程，然后设计测试条件或者测试数据去覆盖该流程。但是，场景测试却**要求测试者从用户使用习惯入手，包括用户会如何部署、用户会如何配置、用户会使用怎样的业务负载，依据这些来构造测试用例，其中涉及的测试检查点也必须是用户的关注点**。本节我们只讨论场景测试中和性能测试相关的内容，其他内容我们将在 4.13 节继续介绍。

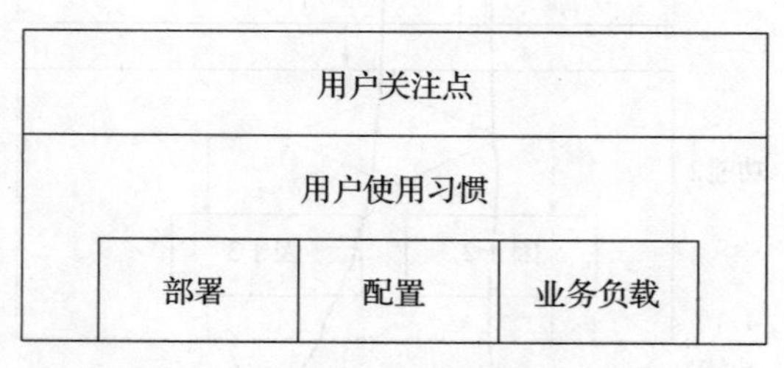

图 4-42 场景测试模型

在进行场景性能测试时，首先我们需要分析用户在实际使用中有哪些部署方式，例如：

- 用户有哪些典型的部署场景（例如组网），与之相关的上下行环境是怎样的？

- ❑ 用户有哪些部署方式（如虚拟化部署、服务器部署等）？
- ❑ 用户部署的环境和测试环境有哪些不同？

这些典型部署环境中的资源是否能够满足系统的基本要求，环境中是否存在资源争抢或者明显的资源短板，如果有则判断其是否会影响性能，然后将可能影响性能的点作为性能测试因子。

在配置方面，场景性能测试需要分析、总结用户实际使用中的典型配置，并明确用户是怎么使用这些配置的，例如配置的数量、复杂度、是否会动态变化、变化频率等。因为很多时候，这些都会影响系统的关键算法，影响系统性能。

我们需要将这些配置作为场景性能测试的配置，并在性能测试过程中，按照用户的使用习惯去动态调整配置，确定这些操作对系统性能的影响。

在业务负载方面，在场景性能测试中，我们还需要尽量模拟用户真实业务的负载特点，例如：

- ❑ 业务的新建情况和并发规模。
- ❑ 吞吐量大小。
- ❑ 数据包的大小、突发情况等。
- ❑ 业务类型分布。
- ❑ 业务是否存在规律，如周期性变化等。

除了正常业务负载之外，我们还需要考虑一些常见异常业务，包括攻击。

从用户关注点角度来说，场景性能测试主要关注那些和用户性能体验相关的指标，如“响应时间”“抖动”“刷新率”等。

4.7　易用性测试法

易用性测试的目标是确定产品被用户理解、学习、使用以及吸引用户的能力，但是理解、学习、吸引这些要求，并不像功能、性能、可靠性等有明确的测试标准，而是有很强的主观性，很难被量化，所以易用性测试也成了所有测试中最具争议的。如何从主观评价中提炼客观标准，是易用性测试的难点，我们在之前讨论易用性质量属性（详见 4.2.7 节）的时候，就提出了很多易用性标准，我们将其总结在表 4-14 中。

表 4-14 易用性测试要求表

序号	易用性测试要求	举例
1	可以自动辨别当前使用的环境是否符合基本要求，如不满足则需要给出提示	如系统对操作系统的要求、对浏览器版本的要求、对系统资源的要求（如对 CPU、内存、硬盘的最小要求等）
2	能够方便地知道产品 / 系统能够提供哪些功能	如升级后对新功能进行自动介绍或演示
3	可以引导用户进行正常操作，避免出错	如提供配置向导功能
4	页面交互能力	如完成一个功能配置不多于 2 个步骤，完成一个功能操作时页面跳转不超过 1 次等
5	考虑使用者的障碍	如进行 UI 配色时应考虑色弱因素
6	兼顾习惯和约定俗成的隐喻	如色彩习惯，避免那些带有性、暴力或敏感信息的隐喻等

接下来将基于上表列出的这些易用性测试要求，讨论两个易用性测试方法：一致性测试法和可用性测试法。

4.7.1 一致性测试法

很多公司都会建立易用性设计机制，或是一些易用性设计基线，以此引导和保证产品的易用性设计，这些机制一般都会包含表 4-14 所示的测试要求。一致性测试法，就是确认产品在风格、布局、元素、操作上是否统一、合理，是否遵循了公司的要求。

显然，不同的行业、产品和系统对易用性的要求会有差异。下面给出一个较为通用的一致性测试方法步骤，供大家参考。

1）确认页面和产品整体的风格是否相符，包括页面的色彩、文字大小、字体等。

2）确认页面的“图标”是否来自产品的图标库，风格是否统一。

3）确认页面的“元素”是否符合产品的 UI 设计规范。例如，规范中要求多选输入使用“□”，单选输入使用“○”。如果在多选中使用了“○”，就属于不符合产品 UI 设计规范的情况。

4）确认“页面布局”是否符合设计规范。例如，规范中要求分级不能超过 3 级，如果测试时发现页面在分级时超过了 3 级，就属于不符合页面布局设计规范的情况。

5）确认页面在“操作合理性”上是否符合设计规范。例如，规范中要求查询时，如果结果多于 20 条，则应提供分页显示功能，所以我们就需要测试产品在查询结果超过 20 条时，是否分页显示了。

6）确认页面的各种“提示”是否符合设计规范，如确认、错误提示等在大小、格式、图标上是否符合规范。例如，规范要求确认类的提示框要新建一个窗口，窗口大小为 30 像素 ×90 像素，内容以一个“感叹号”图标开头，然后紧跟文字，测试时我们就需要确认提示框是否符合这项规范要求。

7）重复上述步骤，遍历所有的页面。

4.7.2　可用性测试法

和场景性能测试法类似，可用性测试也是从用户的使用场景出发，从用户角度去判断产品是否符合用户的使用习惯和关注点。

最适合进行可用性测试的人当然是用户本身，但现实中用户会充分参与的项目往往少之又少，此时深谙用户需求但对产品实现没有那么熟悉的人就成了最佳的测试人选，如产品经理、交付经理、需求工程师等。这是因为他们不会陷入产品实现的思维模式中，他们更能从用户视角去发现问题。测试人员交叉测试，也是个不错的主意，但是注意，新员工或者有意找的“小白人员”不适合作为此项目的测试人员，因为他们根本不了解用户，给出的测试结论容易因为过于主观而失去效用。

观点　把产品的可用性测试交给“小白人员”并不是一件明智的事情。即便产品的目标用户是个人用户，“小白人员”也无法给出有效建议。可用性测试需要的是对“小白人员”有充分研究且深谙他们的隐含需求的专家。

接下来我们来讨论可用性测试的一般方法。

1）梳理用户典型场景，确定本次测试的范围。

2）讨论确定测试关注点和测试标准。原则上我们希望测试关注点和测试标准都包含在需求规格表中，但是实际项目中我们会发现，在进行这一步的时候大量需求规格并没有明确指出，这就需要需求人员、开发人员和测试人员再进行沟通，对测试标准达成一致。表 4-15 所示是一个示例（测试标准仅供参考，实际测试中需要大家根据产品的实际情况调整）。

表 4-15 可用性测试的关注点和标准

序 号	关 注 点	标 准
1	测试者完成这个场景所有的配置，并确认配置成功需要花费的时间	不超过 30 分钟
2	测试者完成这个场景的配置共用了多少个步骤	不能超过 10 个步骤
3	测试者完成这个场景的配置共跳转了多少个页面或者视图	不能超过 5 个页面（或 10 个视图）
4	测试者完成这个场景的配置共求助了几次，能否很容易地通过产品提供的资料解决问题	求助不超过 5 次 产品提供的资料能够解决用户针对这个场景配置的所有问题

3）执行测试，并按照表 4-15 所示的内容来记录测试情况。需要特别说明的是，执行测试时，“步骤”“求助”等应包含测试者操作错误的情况和正确的情况。例如测试者在配置场景时，前面执行了 5 个步骤都是错误和无效的步骤，后面 6 个步骤才是正确有效的步骤，那完成这个场景配置的步骤就是 11 个，而不是正确的那 6 个步骤。除此之外，测试中断和求助等情况也需要记录。

4）分析测试结果，确定可用性方面的问题。虽然我们在可用性测试中尽量使用可衡量的标准，但是难免还是有很多主观的成分，这就会导致在和开发人员确认问题的时候容易出现分歧。避免这类问题的一个方法是对比友商产品，特别是那些在易用性方面做得好的友商，从而让我们提出的易用性方面的改进建议更有说服力。例如，可以参考 ××（友商）的设计，通过 ×× 的组织方式，减少 ×× 功能的配置步骤。

4.8 安全性测试方法

安全性测试是针对系统安全性进行的测试和验证。随着网络攻击的日益泛滥，产品的安全性变得尤为重要，很多公司都对自身产品提出了安全性要求，但是和其他测试相比，安全性测试对专业性要求更高。“高门槛”催生了很多专业的安全公司来提供代码安全审查、渗透测试、漏洞扫描、攻防演练等安全服务。一般的测试者很难进行安全性测试。实际上，安全性测试并非真的那么高不可攀，尽管我们无法做到每一位测试者都像安全测试专家那样精通安全性测试，但是完成基本面的安全性测试还是可能的。本节将先讨论一些基本的安全性测试模型和测试方法，在第 9 章中我们还将专门讨论安全性测试策略，帮助大家一窥安全性测试的奥秘。

图 4-43 所示是一个通用的安全性开发 / 测试模型，本节将重点讨论其中的安全性测试部分（图中灰色的环节）以及一些基本的安全性测试方法。

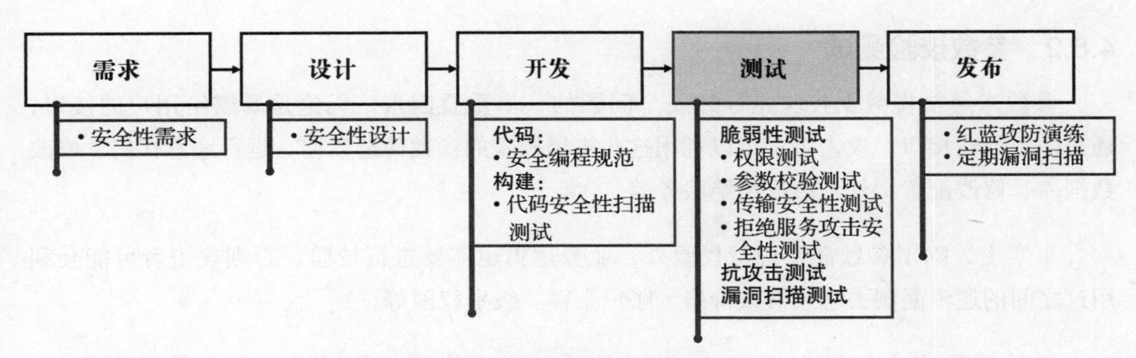

图 4-43 安全性开发 / 测试模型

4.8.1 权限测试

安全中的权限问题主要包括未授权访问和越权两大类。

> **定义** 未授权访问是指缺乏对用户登录的有效校验。
>
> 越权是指系统缺乏对用户提交请求合法性的有效校验。

一个典型的未授权访问的例子是，"在非登录状态下，伪造用户名参数，可以直接访问 API 并获取或提交数据"。查看个人信息时，POST 提交了参数 userID = 10201，修改该参数，如改为 userID = 10202，就可以查看其他用户的信息，这是一个最常见的越权问题。

权限测试就是测试系统提供给用户的接口是否具有权限问题，这些问题是否可能被恶意攻击者利用。表 4-16 所示为权限测试中常见的测试点。

表 4-16 权限测试中常见测试点

序号	测试点
1	设计阶段实现接口权限最小化，即一个用户只能访问其应该访问的对象
2	在进行每一次接口调用时，都需要把 API 密钥（如果有的话）、用户 Token 作为校验参数发送到 API 端进行校验
3	后端需要对用户登录状态和身份进行校验，并验证用户对相应 API 的请求是否合法
4	如果使用静态 API 密钥，为防止攻击者通过抓包等方式获得密钥，静态 API 密钥应使用强加密算法进行加密后再传输
5	为防止重放攻击，建议在参数中包含时间戳、随机数 nonce 等内容
6	如果系统内部多台服务器互相通信的接口没有使用 API 密钥，也可以通过严格的访问控制规范来规避风险

4.8.2 参数校验测试

参数未经常规数据校验是导致安全问题的一个重要因素。无论是暴露给用户的接口，还是内部通信接口，攻击者都可以利用这些未经校验的参数伪造数据、运行恶意代码、修改数据库、修改配置文件、造成拒绝服务等。

事实上，除了参数需要进行校验外，业务逻辑也需要进行校验，否则攻击者可能会利用这之间的逻辑漏洞去恶意修改价格、账户余额、级别权限等。

参数校验安全问题包含 XSS、SQL 注入、命令执行、数据溢出和参数类型篡改。表 4-17 总结了这些问题并给出了一些实例。

表 4-17 参数校验问题

参数校验安全性问题类型	描 述	举 例
XSS	未对特殊字符、代码、编码进行过滤 代码与数据区未分离 JSON 数据未进行过滤 未对输入设置合适的全局过滤策略	未设置全局过滤器，在提交工单时，参数中插入 XSS Payload，成功在管理后台执行恶意代码
SQL 注入	未对特殊字符、SQL 语句、特殊编码进行过滤，或未使用参数化查询	登录接口提交参数时，密码使用永真表达式（万能密码）“123 and 1=1” 登录
命令执行	有些 API 有命令执行功能，但未限制哪些命令可执行（需要使用白名单规定可执行的命令）	将执行 ping 功能的 API，如 method:ping，修改为 method:cat /etc/passwd，如果未设置白名单，则修改后的命令可以执行成功
数据溢出	未对参数最大值进行限制，或未对参数的取值范围按照业务逻辑进行限制	参数未对负值进行限制，可以生成负值订单，增加账户积分
参数类型篡改	API 接收本来应该在后端设置的参数并自动将其转换为内部对象属性	API 通信允许用户修改 user.cash 参数的值以绕过付款流程

表 4-18 总结了参数校验测试中比较通用且常见的测试点。

表 4-18 参数校验测试中常见测试点

序 号	测 试 点
1	参数的校验逻辑应在前后端全局生效
2	禁止应在后端设置的参数在数据包中发送
3	测试字符串输入的大小和数据类型，同时强制指定合适的范围和格式
4	测试字符串变量的内容，只接受合理的数据值，过滤掉包含二进制数据、转义序列、注释符号等输入
5	测试输入是否符合业务逻辑
6	在参数中包含时间戳、随机数 nonce 等内容，用于防止重放攻击

1. 防 SQL 注入测试

可以从表 4-19 所示测试角度去测试系统是否有 SQL 注入方面的问题。

表 4-19 防 SQL 注入测试的测试点

序号	测试点
1	使用 SQL 查询参数化（语句预处理）
2	避免使用字符串拼接来构建 SQL 查询语句，不要拼接没有经过验证的用户输入
3	通过设置让 Web 应用中用于连接数据库的用户对 Web 目录不具有写权限
4	Web 应用中，应对用于连接数据库的用户与数据库系统管理员用户的权限有严格区分（如不能执行 drop 等），并设置 Web 应用中用于连接数据库的用户不允许操作其他数据库

2. 防 XSS 测试

XSS（跨站脚本攻击）是最为普通的 Web 应用安全漏洞。几乎从 Web 应用诞生之日起，XSS 攻击就存在了，发展至今 XSS 攻击方式已经演化了很多代，但是本质上都是利用 Web 编码不够健壮的问题。

（1）不可信数据

预防 XSS 最重要的原则是不受信任的数据不应该在代码中被随意放置和传输，例如：

```
<script>... 不要将不可信数据放在这里 ...</script>      // 放在 script 内
<!--... 不要将不可信数据放在这里 ...-->                // 放在 HTML 注释内
<div ... 不要将不可信数据放在这里 ...=test />          // 放在属性名内
< 不要将不可信数据放在这里 ... href="/test" />         // 放在标签名内
<style> ... 不要将不可信数据放在这里 ... </style>      // 放在 CSS 内
```

可以从表 4-20 所示测试角度去测试系统对不可信数据的处理是否存在问题。

表 4-20 对不可信数据处理的测试点

序号	测试点
1	将不可信数据插入 HTML 元素内容前应进行 HTML 实体转义
2	将不可信数据插入 HTML 常规属性前，应进行编码
3	编码 HTML 内容中的 JSON 值，并由 JSON.parse 读取数据
4	将不可信数据插入 HTML 样式属性值前，应对 CSS 进行编码和严格验证
5	将不可信数据插入 HTML URL 参数前，应进行 URL 编码
6	避免 URL 内容被 JavaScript 执行
7	将不可信数据插入可执行的上下文中，如 HTML 子文本和文本属性、Event Handler 和 JavaScript 代码、CSS、URL 参数时，应进行 HTML 转义和 JavaScript 转义、过滤
8	使用安全的 JavaScript 函数或属性填充 DOM

（2）cookie 安全性

应测试 cookie 是否进行了安全性方面的设置，例如确定将 secure 属性设置为 true，防止 cookie 在 HTTP 会话中以明文形式传输；确定将 httponly 属性设置为 true，防止 JS 脚本读取 cookie 信息，防止 XSS 攻击。

（3）使用框架、库或组件提高安全性

使用新版本有助于防止基于已知漏洞的 XSS 攻击。除此之外，也可以使用一些更安全的框架，如使用 HtmlSanitizer、OWASP Java HTML Sanitizer 等框架或库实现对 HTML 中的疑似 XSS 攻击进行清洗，使用 AngularJS strict contextual escaping 或者 Go Templates 等实现自动转义。

4.8.3 传输安全性测试

传输安全性需要测试数据通过接口传输时是否具有机密性、完整性、可用性和不可抵赖性。按照场景又可以将测试过程划分为通信方式、数据传输、升级和文件传输几个典型部分。

1. 通信方式传输安全性测试

可以从表 4-21 所示测试角度去测试系统在通信方式传输方面的处理是否存在问题。

表 4-21 通信方式传输安全性测试

序 号	测 试 点
1	系统中应采用密码技术支持的保密性保护机制或其他具有相应安全强度的手段
2	系统中不得使用已经被证明为不安全的算法（包括不安全的自定义算法）进行用户数据加密
3	身份鉴别信息应使用端对端加密技术进行加密传输
4	和第三方对接、进行敏感信息传输时，应使用加密技术防止敏感信息泄露或被篡改，推荐使用对称加密技术
5	客户端与服务器之间所有经过认证的连接都需要使用不低于 TLS 1.2 安全级别的加密通信方式

2. 数据传输安全性测试

可以从表 4-22 所示测试角度去测试系统在数据传输安全方面的处理是否存在问题。

表 4-22 数据传输安全方面安全性测试

序 号	测 试 点
1	Web 端使用 HTTPS 进行数据传输
2	其他通信应使用安全加密协议，如 SSH、HTTPS、FTPS
3	限制使用 HTTP、FTP、TELNET 等风险较高的协议。如果要使用这些协议，则服务自身必须可关闭

（续）

序　号	测　试　点
4	应采用密码技术（如 MD5、SHA）来保证数据的完整性；重要接口，如付款、OAuth，建议使用数据签名（API 密钥）以保证其不可否认性
5	制定恰当的会话过期策略

3. 升级接口安全性测试

可以从表 4-23 所示测试角度去测试系统在升级的处理是否存在问题。

表 4-23　升级方面的安全测试

序　号	测　试　点
1	通过 X.509 证书认证升级站点的身份
2	在升级通道中传输数据时应支持加密，防止内容被窃听
3	升级包需要进行签名校验
4	升级站点使用 HTTPS 等安全通道传输，并且需要通过加密升级包实现
5	需要对升级包进行版本校验，若有问题应提供错误提示

4. 文件传输安全性测试

可以从表 4-24 所示测试角度去测试系统在文件传输方面的处理是否存在问题。

表 4-24　文件传输方面的安全性测试

序　号	测　试　点
1	符合权限测试要求（见 4.8.1 节）
2	符合通信和数据传输安全要求（见 4.8.3 节）
3	使用最新且稳定的中间件、组件、框架库，避免解析漏洞
4	结合 MIME Type、二进制字节流、后缀检查等方式进行文件类型检查
5	对于图片的处理可以使用压缩函数或 resize 函数，处理图片的同时破坏可能存在的恶意代码
6	对后端使用上传文件白名单，对升级包授权文件等的上传点应额外进行文件签名验证
7	对后端上传文件夹进行执行权限控制
8	使用随机数改写文件名和文件路径，从而使得用户不能轻易访问自己上传的文件

4.8.4　拒绝服务攻击安全性测试

拒绝服务攻击是一类非常常见的攻击方式，通常都和系统资源被非法滥用有关，下面列举了一些不同层面的拒绝服务攻击的例子。

举例　拒绝服务攻击

案例 1：非法用户批量创建拒绝服务攻击。

某产品管理员权限被攻击者获取后，攻击者使用脚本直接调用用户创建接口，创建了上万个非法用户，导致用户业务系统无法正常工作。

案例 2：通过参数修改进行拒绝服务攻击。

系统使用 /api/users?page=1&size=100 从服务器中检索用户列表。攻击者将 size 参数篡改为一个非常大的值，导致数据库出现性能问题，造成系统无法响应其他客户端的请求。

案例 3：SYN-Flood 攻击。

攻击者向服务器发送大量 SYN 消息，导致服务器建立大量 TCP 半连接，造成系统无法响应正常的业务请求。

拒绝服务攻击对业务系统的危害非常大，但是预防这类攻击却并不复杂。对于案例 1，我们可以增加对接口调用频率的限制；对于案例 2，我们可以增加对接口资源占用的限制；对于案例 3，我们可以限制系统接收 SYN 的数量和速率[⊖]。因此，对系统进行拒绝服务攻击的安全性测试，主要是测试或者确认系统对资源的使用频率或者容量限制是否合理，表 4-25 给出了这类安全性测试的基本思路。

表 4-25 拒绝服务攻击安全性测试

序号	测试点
1	对系统的执行时间、最大分配内存、文件描述符数、进程数、请求有效负载大小、单个客户端 / 资源请求数量、返回每页记录数进行定义和限制
2	对用户调用 API 的频率进行明确的时间窗口限制，并设定适当的锁定和解锁时间
3	对服务端提交的字符串进行查询和参数请求时，执行适当的参数验证，尤其是在响应中对返回数量进行验证
4	定义并强制验证所有传入参数和有效负载的最大数据量，如字符串的最大长度和数组中元素的最大数量
5	对 socket 点对点通信的情况使用 IP 白名单

4.8.5 安全性测试工具介绍

本小节为大家介绍一些常见的安全性测试工具。

静态代码安全扫描工具如表 4-26 所示。

表 4-26 静态代码安全扫描工具

工具名	类别	工具介绍	官网
Fortify	商用	提供静态和动态应用程序安全测试技术，以及运行时应用程序监控和保护功能，对源代码进行安全分析，并精准定位漏洞产生的路径	https://www.joinfortify.com

⊖ 也可以使用专业的防 DDOS 攻击设备来抵御这类攻击。

（续）

工具名	类　别	工具介绍	官　网
Blackduck	商用	对源代码进行扫描、审计和管理的软件工具	https://www.blackducksoftware.com
CodeSonar	商用	软件静态缺陷检查和安全性分析工具，可帮助团队快速分析和验证代码（包括源代码和二进制代码），可识别导致系统故障、可靠性差、系统不安全的严重漏洞或错误	https://plugins.jenkins.io/codesonar
FindBugs/FindSecBugs	开源	SpotBugs 的一款插件，用于 Java Web 应用程序的安全审核	https://find-sec-bugs.github.io
SonarQube	开源	管理源代码质量的开源平台	https://www.sonarqube.org

安全漏洞扫描工具如表 4-27 所示。

表 4-27　安全漏洞扫描工具

工具名	类　别	工具介绍	官　网
RSAS	商用	绿盟安全漏洞扫描器	https://www.nsfocus.com.cn/html/2019/207_1009/66.html
Nessus	个人免费，商用收费	Nessus 安全漏洞扫描器	https://www.tenable.com/products/nessus
AWVS	商用	Web 安全漏洞扫描工具	https://www.acunetix.com/vulnerability-scanner

4.9　基于车轮图的测试分析方法

本节将为大家介绍一种非常实用的测试分析方法——基于车轮图的测试分析方法，并会为大家详细介绍一个用车轮图进行测试分析的实例。在正式介绍车轮图测试分析方法之前，我们还是先讨论几个观点和概念。

4.9.1　测试分析不等于测试设计

和大家讨论的第一个观点是：**测试分析不等于测试设计**。

图 4-44 所示对测试分析和测试设计进行了比较。测试分析是一种分析活动，输入可以是前期对系统、设计有帮助的任何信息，如需求、场景、架构、设计、规范、友商信息等。通过测试分析，我们希望对被测系统能有深入的理解，获得测试点，明确测试深度和广度。

定义　**测试点**

测试中需要关注的地方，包含测试条件、测试数据、测试观察点、测试预期、测试约束和限制等。

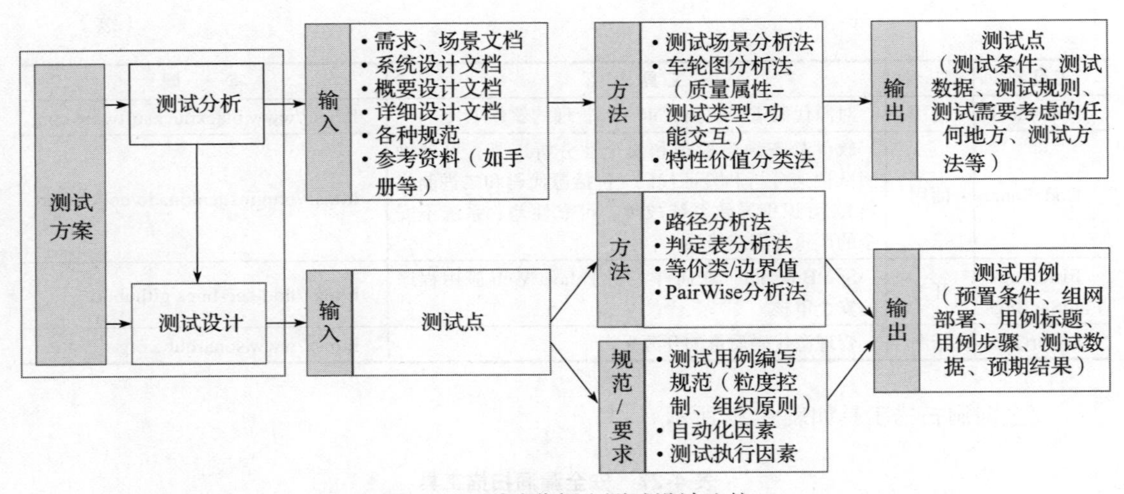

图 4-44 测试分析和测试设计比较

测试设计是一种设计活动，是我们依据测试点按照一定的方法和规范要求，得到测试执行依据（即测试用例）的过程。

定义 **测试用例**

测试执行的依据，一般包含预置条件、部署、标题、步骤、测试数据、预期结果等。

4.9.2 测试点不等于测试用例

我们想和大家讨论的第二个观点是：**测试点不等于测试用例**。

我们做测试分析的时候，思维是活跃、发散的，得到的测试点难免会重复、冗余，也就无法保证测试点描述的粒度是一致的，很有可能有些测试点描述得很粗，有些又写得特别细。如果我们直接将测试点作为测试用例来执行，会发现执行起来会有各种不顺。

我们以发送电子邮件的测试点（分析过程可参见 4.4.3 ～ 4.4.7 节）为例来看看上述问题，如表 4-28 所示。

表 4-28 发送电子邮件测试点总结

测试点序号	测试点描述
1	用户使用正常的输入数据来发送电子邮件
2	用户使用边界值来发送电子邮件
3	用户收到一封电子邮件后，接着发送这封收到的电子邮件
4	在用户发送电子邮件的过程中，同时又收到了其他电子邮件

（续）

测试点序号	测试点描述
5	用户使用异常输入数据来发送电子邮件
6	在存在网络故障的情况下发送电子邮件
7	一个用户持续发送 1000 封电子邮件
8	500 个用户同时发送电子邮件（稳定性测试）
9	500 个用户反复进行“登录邮箱”“编写邮件”“发送邮件”“退出邮箱”等操作
10	用户持续（如 1 天、1 周）发送收件地址包含非法输入值的邮件
11	用户长时间（如 1 天、1 周）处于网络故障的情况下，持续发送邮件
12	1000 个用户发送电子邮件（性能规格测试）
13	以 5 分钟为一个周期，在一个周期里，前 4 分钟由 400 个用户同时发送电子邮件，后 1 分钟由 1100 个用户同时发送电子邮件，持续测试 1 天
14	以 60 分钟为一个周期，在一个周期里，前 30 分钟由 1400 个用户同时发送电子邮件，后 30 分钟由 600 个用户同时发送电子邮件，持续测试 1 天

问题 1：不同的测试点在内容上容易存在重复或者冗余。

例如，表 4-28 所示测试点 1 和测试点 4 都会测试到“正确发送邮件”。

问题 2：一些测试点的测试输入不明确。

一些测试点的测试输入不明确，这让测试执行者不知道要怎么执行测试。例如对表 4-28 所示测试点 1，我们并不知道要测试哪些正常的输入，有多少种输入参数类别，这些参数之间是不是存在约束关系、是否需要组合。在存在这些问题的情况下，若还执行测试就会很容易遗漏测试点或者出现过度测试的情况。

问题 3：测试点不同但搭建的总是相似的环境，做类似的操作。

很多测试点之间都存在一定的顺序关系，我们需要把这类测试点放在一起测试，这样不仅可以提高测试效率，还有利于发现测试问题。例如，对表 4-28 所示测试点 6 和测试点 11，如果先执行测试点 6，再立马执行测试点 11，就可以最大限度地利用测试点 6 的测试环境。但是，如果我们在测试时没有注意到这一点，执行完测试点 6 后执行测试点 7，等到执行测试点 11 时，还要再搭一次和测试点 6 一样的环境，再做一遍和测试点 6 一样的操作，这会严重影响测试效率。

问题 4：测试点描述得太粗或太细。

有些测试点写得很粗，我们不知道测试目的、输入、预期是什么，例如表 4-28 所示的测试点 4，除了设计者本人，其他测试者看到这个测试项，可能并不知道把“用户发送电子邮件”和“用户接收的电子邮件”放在一起究竟要测什么，是需要构造特殊电子邮件来进行测试，还是随便发送一封邮件来测试就可以。这使得测试者可能会遗漏或者过度关注细节，测不到点子上。

有些测试点又写得很细，例如表 4-28 所示测试点 13，测试者在执行这个测试点的时候会感到很死板，有可能陷入细节中，忽视了对系统其他地方的观察，失去手工测试的主观能动性。

综上可见，测试点并不等于测试用例，我们希望的测试用例是一份能够详细指导测试执行的测试说明书，其应说明产品在怎样的条件下工作，预期是什么。要想得到测试用例，就需要对测试点进行再加工。关于测试用例设计的技术，我们将在 4.10 节为大家详细叙述。

4.9.3 产品测试车轮图

前面我们讨论了质量（质量就是满足需求），然后从质量属性讨论到了测试类型和测试方法。这也是一个测试者从需求出发，从设计着手，去分析产品并获得测试启发的过程，即**我们要从哪些方面（测试类型）用哪些方法（测试方法）去测试产品（质量属性）**。

我们把这个关系用一个图表达出来，会发现这个图很像一个“车轮”，所以我们称这种图为产品测试车轮图（简称车轮图），如图 4-45 所示。通过车轮图来进行测试分析，就叫基于车轮图的测试分析方法，但这个测试设计分析法的本质是围绕质量、围绕产品设计是否满足需求来进行测试的。

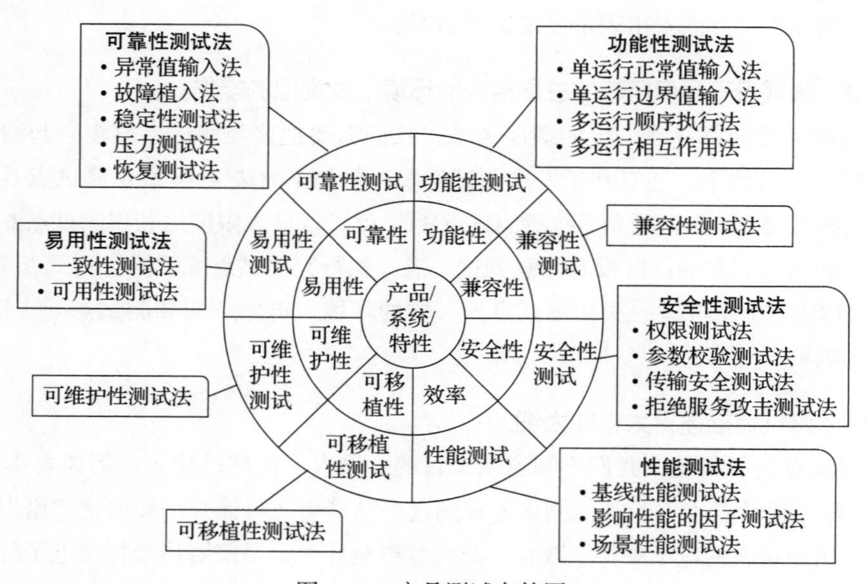

图 4-45 产品测试车轮图

产品测试车轮图可以帮我们解决产品测试中最为关键的两个问题。

- **如何保证测试的“全面性”，即“测试广度”**：在产品测试车轮图中测试广度通过测试类型来保证。只要测试类型覆盖全面，就不会出现重大的遗漏。
- **如何保证测试的“有效性”，也就是“测试深度”**：在产品测试车轮图中测试深度通过测试方法来保证。只要我们能够掌握足够多的测试方法，就能保证测试足够深。

除此之外，产品测试车轮图还能帮助我们评估测试团队的能力。一个测试团队能够驾驭的测试方法越多，这个团队的测试能力就越强。这为我们解决团队能力提升问题提供了思路。

小提示

- 图 4-45 所示的产品测试车轮图只描述到八大类质量属性和测试类型的对应关系，并没有细化到各个质量子属性的层面，测试类型和测试方法也并没有考虑业务特性。大家可以结合自己产品的业务特点，自己动手绘制更贴合自己测试业务特点的产品测试车轮图。
- “团队能够掌握的测试方法”和“团队在测试中需要使用的测试方法”是两回事。测试不是越多越好，而是需要根据产品的实际情况（目标、价值、风险等）来确定当前需要测试的广度和深度，这就是测试策略。和测试策略相关的问题，我们还将在第 6 章和第 7 章中为大家重点介绍。

我们有两种方式来使用产品测试车轮图。第一种是在 MM 图（也称为思维导图工具，如 Xmind）中直接使用，按照车轮图模型，从每个质量属性（或测试类型）和测试方法的角度，逐一对被测对象进行测试分析，这种使用方式的优势是快、灵活，缺点是不利于跟踪需求的覆盖情况。第二种是使用测试分析设计表（excel 表格）来进行，分析思路和第一种方式类似，但是可以做到对需求的跟踪。表 4-29 总结了两种方式的优劣和适用场景。

表 4-29　两种车轮图使用方式对比

比　较　项	在 MM 图中直接使用	使用测试分析设计表
优势	灵活，快，更新修改方便	可跟踪需求，可建立基线
劣势	不利于跟踪需求，不利于建立基线和维护	测试分析工作量较大，更新修改困难
适用场景	对时间要求紧的项目、交付节奏快的项目、突发性项目等	对软件工程规范性要求较高的项目

4.9.4　在 MM 图中使用车轮图

使用 MM 图来进行测试分析比较方便简单，只需要先按照车轮图的架构建立一个思维导图框架，然后依照这个框架上对被测系统逐一进行分析就可以了。

我们建议将被测对象放在思维导图的中心，被测对象可以是一个系统，也可以是一个功能或特性，还可以是一个测试任务。这样只需要三层就可以快速、全面、系统地进行测试分析，如图 4-46 所示。第一层是测试类型，如功能性测试、性能测试等；第二层建议是测试方法；第三层用于分析被测对象该如何使用这些测试方法来进行测试，及测试分析的具体内容——测试点。

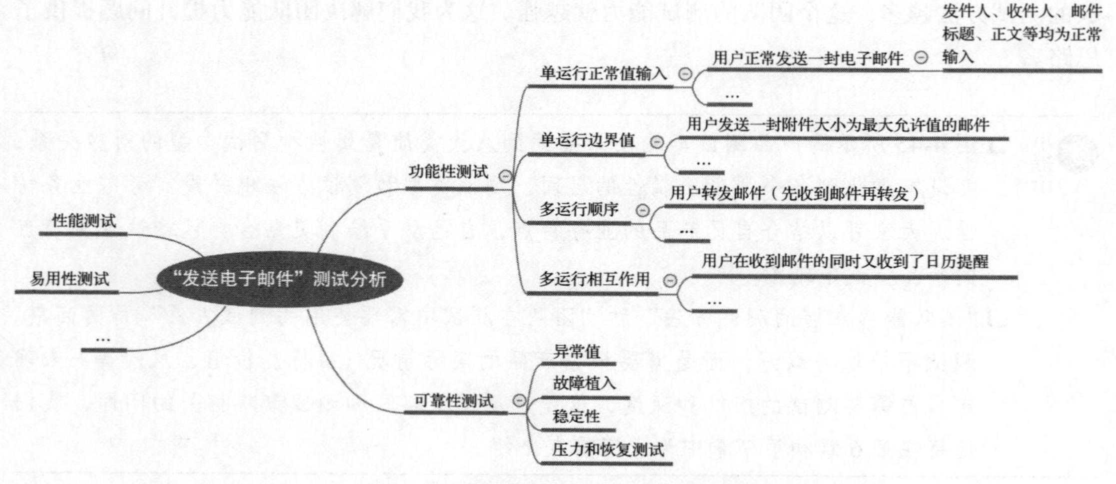

图 4-46 使用 MM 图进行测试分析

4.9.5 使用测试分析设计表来进行测试分析

我们可以将车轮图转化为测试分析设计表，并将其作为测试分析工具，以规范、高效地进行测试分析。一个测试分析设计表由如下 3 个部分构成。

- **测试分析设计输入表**：用于确定测试分析的输入，包括用户使用场景、需求包、需求规格、用户故事、架构设计、各种行业标准和规范要求等，并对这些输入进行整理、跟踪。
- **测试类型分析表**：用于确定本次测试分析需要考虑的测试类型，并按照针对测试分析输入整理出来的内容，逐一进行测试类型分析。
- **功能交互分析表**：用于确定本次测试分析的功能和系统的哪些功能存在交互关系，然后将这些放在一起进行考虑。

图 4-47 所示为测试分析设计表和车轮图的对应关系。其中测试分析设计输入表对应车轮图中的被测对象（产品、系统、特性），测试类型分析表对应的是车轮图外圈的测试类型 +

测试方法，功能交互分析表对应的是车轮图中功能测试中的多运行顺序执行法和多运行互相作用法。

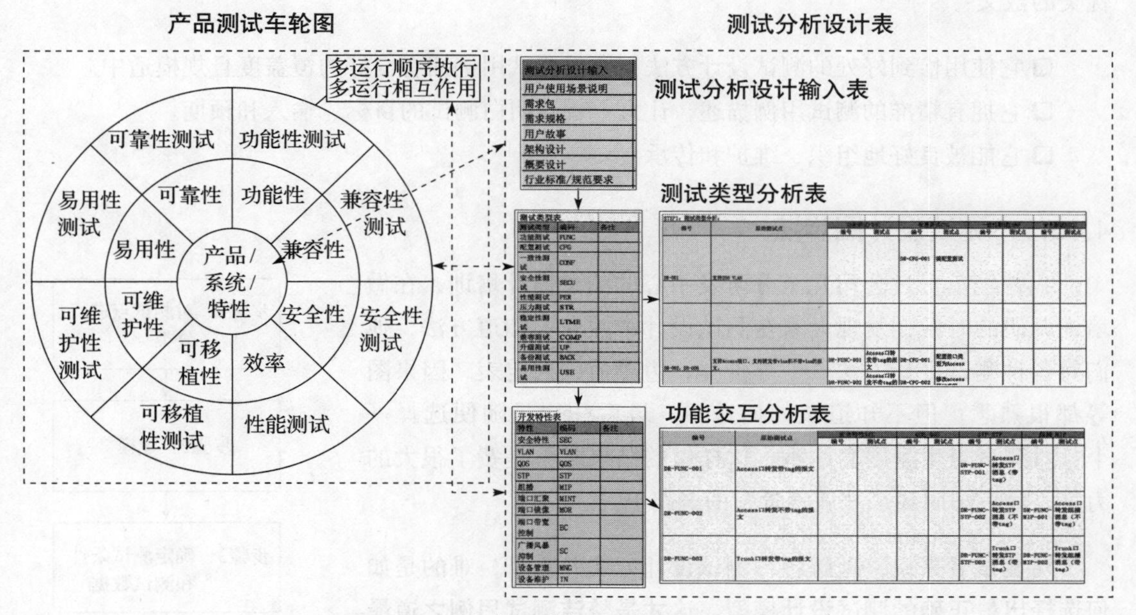

图 4-47　测试分析设计表和车轮图对应关系

4.10　基于模型的测试设计技术

在正式为大家介绍测试设计技术之前，我想先分享一个我观察到的有趣现象：不同的测试者，只要经验水平相当，对同一个被测对象进行测试分析得到的测试点都是差不多的，但是设计出的测试用例却千差万别。

这个现象背后的原因很容易分析，我们已经了解到测试分析是一个“发现性”的活动。显然，只要大家的经验水平相当，他们的发现能力就是相当的，分析结果自然也差不多。但测试设计不同，很多测试者都遇到过别人看不懂自己设计的测试用例的尴尬；还有很多测试者宁愿自己加班把之前的测试设计推翻重写，也不愿意对之前的测试用例进行维护修改。这是因为测试设计是“设计”，不同的思路、写作方式、组织方式在针对同一个被测对象时设计出的测试用例相差很大，且理解别人的思路是一件非常困难的事情，尤其在没有规则说明的时候。

敏捷大师 Robert C.Martin 在《代码整洁之道》一书中总结了好代码的味道——整洁。精确的变量名、恰到好处的设计模式、详细而不冗余的注释，给阅读者赏心悦目、如沐春风的感觉，尽管我们不能说整洁的代码就是好代码，但好代码一定是整洁的。这个味道对测试设计同样适用——**好的测试设计得到的是整洁的测试用例**。阅读整洁的测试用例，犹如阅读优美的散文：

- 它使用恰到好处的测试设计方法，使得测试用例拥有良好的覆盖度且规模适中。
- 它拥有精准的测试用例描述，让人一看就明白测试的目标、输入和预期。
- 它能被良好地组织、维护和传承。

4.10.1 测试设计四步法

我曾经负责过公司几个分研发中心的测试设计培训，在做培训调研的时候，发现大家在测试设计中并非不知道方法，他们对各种测试设计方法——等价类、边界值、判定表、因果图等都很熟悉，但不知道该如何选择，最后往往是随便选择一个，对测试点生搬硬套一番。这样做的结果常常是费了很大的力气，最后却回到了“凭感觉”的老路上。

对测试者来说，理解各种测试设计方法并不难，难的是**如何选择出最正确的测试设计模型，这才是整洁测试用例之道最核心的地方**。本节将为大家介绍四步测试设计法。图 4-48 所示就是这样的一套测试设计方法。通过这套方法，大家可完成系统思考，找到最优测试设计模式，最终实现驾驭测试设计。

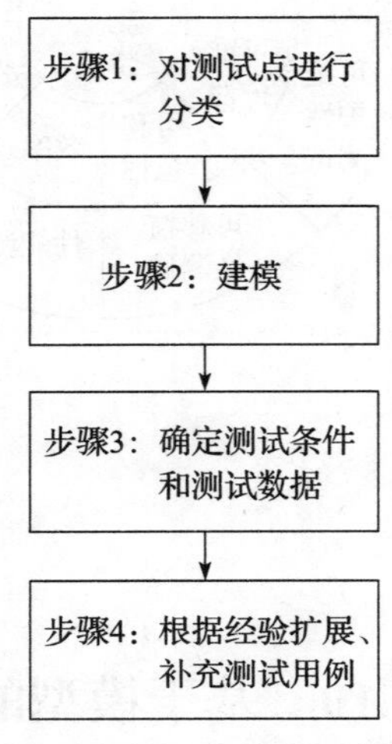

图 4-48 四步测试设计法

第一步：对测试点进行分类

在这个步骤中，我们需要对测试点进行分类，然后为不同的类型选择最适合的测试设计方法。

目前我们将测试点主要分为 4 种类型——流程类、参数类、数据类和组合类。

第二步：建模

定义 测试建模

对测试点按照测试设计的要求进行分析、加工的过程，例如绘制流程图、建立因子表等。

对每一类测试点来说，最适合的“建模”方法是：

- 对“流程”类，可以通过绘制“流程图”来建立测试模型。

- 对“参数”类，可以通过“输入输出表”来建立测试模型。
- 对“数据”类，可以通过“等价类分析表”来建立测试模型。
- 对“组合”类，可以通过“因子表”来建立测试模型。

通过分类和选择推荐，我们可解决测试方法的选择问题，让测试设计变得更加科学有效，这也是我们实现“恰到好处的设计模式”的前提。在 4.10.3 节中，我们还将为大家详细介绍如何对测试点进行分类。

第三步：确定测试条件和测试数据

测试模型建好后，我们需要设计一些测试条件和测试数据，以覆盖这个测试模型。例如我们对某些测试点已经建好了模型（绘制出了和这几个测试点相关的流程图），接下来我们就需要确定通过怎样的条件和输入，能够覆盖这个流程图的各个分支，如图 4-49 所示。

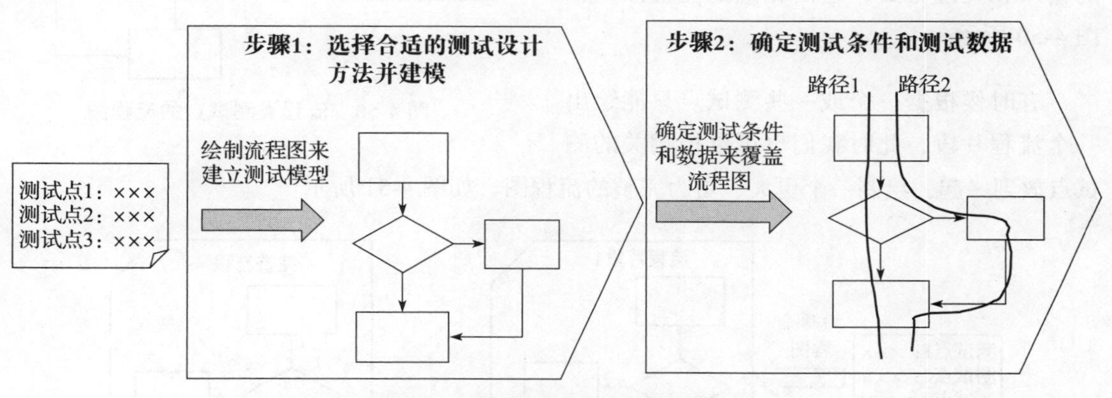

图 4-49　测试条件和测试数据举例

定义　测试条件：测试时能够覆盖测试模型（或部分）的条件，如“在某种情况下，进行怎样的操作”。

测试数据：测试时能够覆盖测试模型（或部分）的输入数据，如某个输入参数的取值。

接下来我们只需对测试条件和测试数据按照测试用例的组织和描述要求进行编写，就可得到针对这几个测试点的测试用例。

第四步：根据经验扩展、补充测试用例

测试行业的经典之作《软件测试经验与教训》曾提出测试的一个基本原则：“穷尽测试是不可能的。”这对测试用例设计同样有效。我们通过测试建模和覆盖测试模型得到的测试用例也只能基于概率进行覆盖。因此我们还需要根据经验，根据系统的失效规律来补充一些测试用例，以进一步加强测试的覆盖度和有效性。

4.10.2 对测试点进行分类

使用测试设计四步法来进行测试用例设计，首先要做的就是对测试点进行分类。目前我们将测试点分为流程、参数、数据和组合 4 种类型。这些不同类型的测试点分别具有哪些特征呢？下面就来具体分析。

1. 流程类测试点的特性

流程类的测试点具有流程方面的一些特征，对于这类测试点我们通常可以根据不同的输入和处理方式，绘出相应的流程图，如图 4-50 所示。

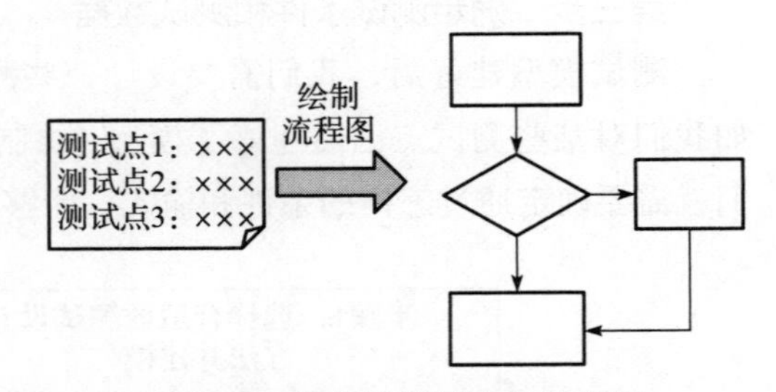

图 4-50 流程类测试点的流程图

有时候根据一个或一些测试点只能绘出一个流程片段，此时我们也可以把相关的测试点放到一起，绘制一个更大、更为完整的流程图，如图 4-51 所示。

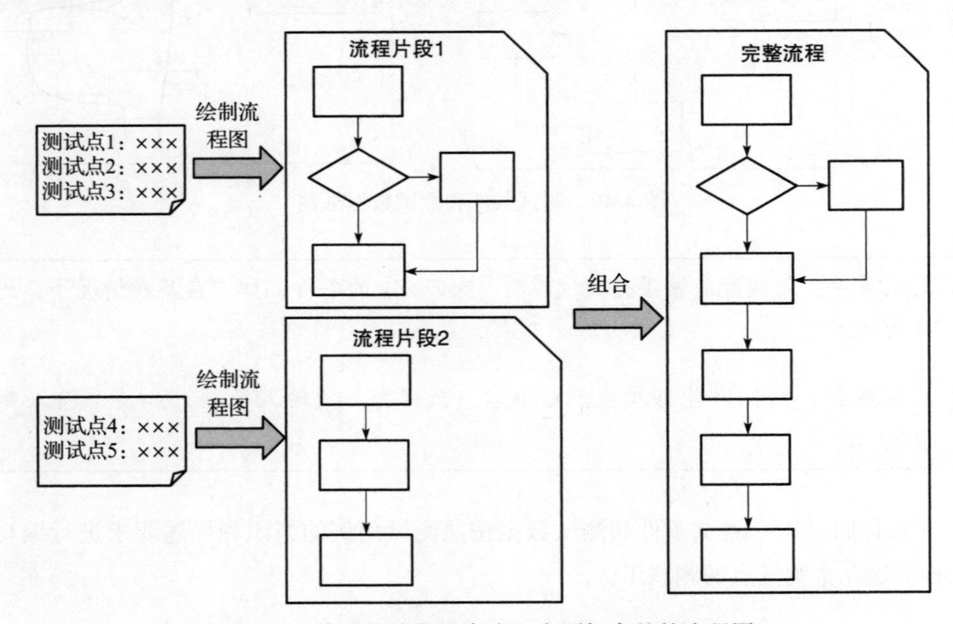

图 4-51 将流程片段组合成一个更加完整的流程图

我们来看一个实际的例子。

举例　分析“PC 连接 WiFi”的测试点属于哪些类型（一）

“PC 连接 WiFi”这个功能包含表 4-30 所示的测试点。

表 4-30　PC 连接 WiFi 功能测试点

编　号	测　试　点
1	首选 WiFi 网络可用时，选用首选 WiFi 网络
2	首选 WiFi 网络不可用时，可以选用备选 WiFi 网络
3	PC 可以连接加密的 WiFi 网络
4	PC 可以连接不加密的 WiFi 网络
5	PC 可以设置加密的 WiFi 网络的加密算法，包括 WEP、WPA 和 WPA2（为了简化，我们约定 PC 只能选择一种加密算法）

在分析测试点之前，我们先来了解一下“PC 连接 WiFi”的业务流程（这里只是为了举例说明测试设计的方法，并不是 PC 连接 WiFi 的真正流程，而是一个简化的版本）。

第一步，选择 WiFi 网络：PC 会先判断首选的 WiFi 是否可用，如果不可用，就判断备选 WiFi 是否可用。

第二步，判断 WiFi 是否需要加密：PC 会判断连接的 WiFi 是否需要加密。

第三步，连接网络：如果需要加密，就加密后连接；如果不需要加密，就直接连接网络。

从测试点的描述来看，表 4-30 所示的测试点 1 和测试点 2 描述的是选择 WiFi 网络，测试点 3 和测试点 4 描述的是判断 WiFi 是否需要加密并连接网络。测试点 1 ～测试点 4 都描述了 PC 连接 WiFi 的一些操作步骤，这些共同描述了整个流程，它们属于流程类的测试点，在测试设计的时候，需要把这 4 个测试点放在一起进行分析。

测试点 5 虽然可以归属于判断 WiFi 是否需要加密（如果配置了上述加密算法中的任意一种，就表示需要加密），但是这个测试点是从支持的配置参数这个角度去描述的，并没有描述一个步骤或是一个流程片段，而且从流程上来说，无论我们选择哪种加密算法，都不会影响 WiFi 是否需要加密的结果，所以它不属于流程类的测试点。

2. 参数类测试点的特征

如果测试点中主要包含的是一些参数，且这些参数可概括为图 4-52 所示的形式（A 表示“参数”，a1、a2、a3 表示 A 的“参数取值”），就可以认为这个测试点是参数类的。

A: □ a1 □ a2 □ a3

图 4-52 参数类测试点举例

我们以 PC 配置 IP 地址的界面为例，如图 4-53 所示，图中有两个参数，一个是“配置 IPv4”（可理解为图 4-52 中所示的 A），参数值为“使用 DHCP”“使用 DHCP（手动设定地址）”“使用 BootP”和“手动”（可理解为图 4-52 中所示的 a1、a2 和 a3）。另外一个参数是“配置 IPv6”，参数值是“自动”“手动”和“仅本地链接”。

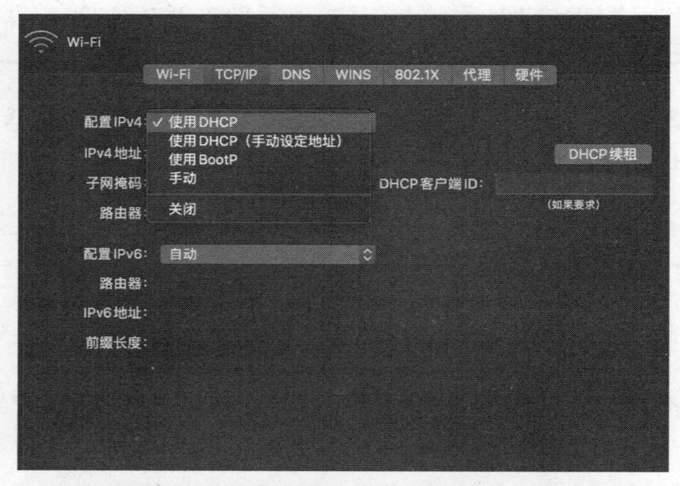

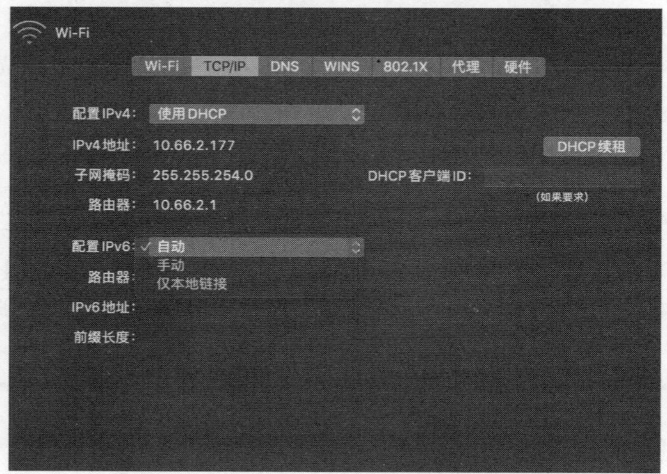

图 4-53 PC 配置 IP 地址界面

参数类的测试点有如下两个重要的特点。

- 参数值的取值范围是有限的，我们可以通过遍历的方式来测试覆盖度。
- 系统会对不同的参数值做出不同的处理或响应。

我们还是以“PC 配置 IP 地址”为例，参数“配置 IPv4”和参数“配置 IPv6”的参数值都是 3 个，是有限的，我们可以通过选择不同的参数值来测试这些输入，而且系统针对不同的输入，输出也是不一样的。

理解这一点，能够帮助我们区分参数类测试点和数据类测试点，这部分内容将在在下一节讨论。

有时候，测试点中不同的参数取值可能存在一些依赖关系。例如“参数 A 要选择参数值 a1，参数 B 才能配置”或者“如果参数 A 选择了参数值 a1，参数 B 就必须选择参数值 b1”等，这时我们就需要把与这两个参数相关的测试点放在一起来考虑。

我们还是来看 PC 连接 WiFi 这个例子。

举例　分析“PC 连接 WiFi”的测试点属于哪些类型（二）

“PC 连接 WiFi”包含的测试点如表 4-30 所示。前面我们已经分析出测试点 1 ～测试点 4 属于流程类测试点。而测试点 5 主要是从支持配置参数的角度描述的，其中“设置加密的 WiFi 网络的加密算法”就是参数，“WEP”“WPA”和“WPA2”是它的参数值，因此测试点 5 属于参数类测试点。

需要特别指出的是，测试点 5 和测试点 1 ～测试点 4 是存在一定内在关系的。

测试点 5 要想测试成功，需要保证“首选 WiFi 网络”或者“备选 WiFi 网络”至少有一个可用，换句话说，测试点 1 或者测试点 2 是测试点 5 的测试条件。

而测试点 1 ～测试点 4 在测试“连接加密的 WiFi 网络”的流程中，也需要输入任意一种加密算法，即测试点 5 为测试点 1 ～测试点 4 提供了输入值。

我们进行测试设计的时候，将测试点 1 ～测试点 4 和测试点 5 分开来考虑的原因是，希望通过为测试点 1 ～测试点 4 设计测试用例，来测试验证“PC 连接 WiFi”流程的正确性，而不关注使用的是怎样的加密算法；为测试点 5 设计测试用例，来验证每个加密算法在实现上的正确性，而不关注对流程的覆盖。通过这样的归类，使得我们的测试变得更聚焦，重点更突出，同时弱化了我们不太关心的地方，减小了测试设计的复杂度。

当然，我们也可以将测试点 1 ～测试点 5 放在一起来考虑，这是后话，将在后面的章节中为大家介绍。

3. 数据类测试点的特征

如果测试点中主要包含的是一些数据，而且能够概括成图 4-54 所示的形式（A 表示数据名，a_{min} ～ a_{max} 表示 A 的数据取值范围），就可以认为这个测试点是数据类的。

A: [a_{min}, a_{max}]

图 4-54 数据类测试点

例如，测试点“允许输入的用户名的长度为 1 ～ 32 个字符”，其中“用户名的长度”等同于图中的 A，a_{min} 为“1 个字符长度的用户名”，a_{max} 为“32 个字符长度的用户名”，由此可知这个测试点是数据类的测试点。

和参数类相比，数据类测试点有如下特点。

1）数据的取值是一个范围，通常用于遍历覆盖测试效率低下或者无法完成的场景。

以“允许输入的用户名的长度为 1 ～ 32 个字符”为例，如果要进行遍历测试，就需要依次测试“1 个字符长度的用户名”“2 个字符长度的用户名”……“32 个字符长度的用户名”，这样的测试就显得冗余了。

如果说“允许输入的用户名的长度为 1 ～ 32 个字符”这个例子勉强可以进行遍历测试，对“PC 配置 IP 地址”（见图 4-55）中“IPv4 地址”输入进行遍历测试，就是不可能完成的任务了。

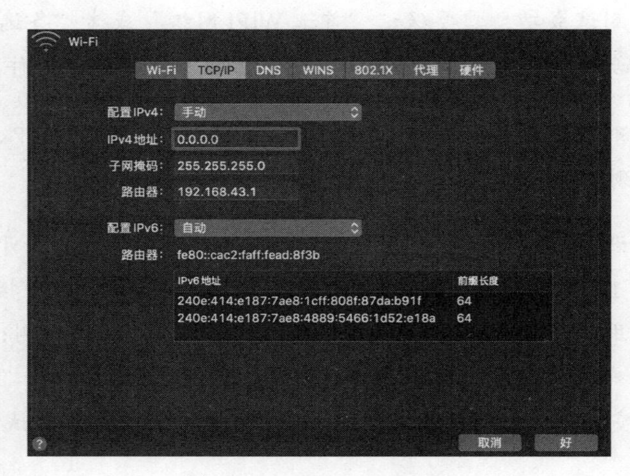

图 4-55 PC 配置 IP 地址

2）**系统对允许输入的数据值的处理或响应往往是一样的。**

例如，系统在处理“1 个字符长度的用户名”和“2 个字符长度的用户名”时，所做的事情是一样的。

很多时候，我们会发现数据类和数据类，或者数据类和参数类的测试点之间存在关联。这时就需要我们把这些测试点放在一起进行考虑。例如在“PC 配置 IP 地址”中，“配置 IPv4”中选择的参数值不同，“IPv4 地址”取值也会不同：如果“配置 IPv4”选择为“手动”，则需要手动输入“IPv4 地址”；如果“配置 IPv4”选择为“使用 DHCP”，则不需要输入“IPv4 地址”。

接下来我们来看一个更为完整的例子。

举例　分析“WiFi 上可以修改 WiFi 网络的默认名称”的测试点属于什么类型

“WiFi 上可以修改 WiFi 网络的默认名称”包含的测试点如表 4-31 所示。

表 4-31　“WiFi 上可以修改 WiFi 网络的默认名称”测试点

编　号	测　试　点
1	可以通过 WiFi 的管理口直接登录到 WiFi 并修改 WiFi 网络的名称
2	PC 连接成功后，可以登录到 WiFi 并修改 WiFi 网络的名称
3	WiFi 网络支持的名称应符合如下条件：1 ～ 10 个字符，允许输入“字母”“数字”和“下划线”，不允许其他输入

我们先来看测试点 3。测试点 3 描述了“WiFi 网络名称”的“长度范围”和“命名限制”，这个测试点满足前面我们讨论的数据类测试点的特点，故其属于数据类。

而对测试点 1 和测试点 2 而言，它们描述的是“修改 WiFi 网络名称”的条件。

条件 1：通过 WiFi 的管理口直接登录到 WiFi 上去修改网络名称。

条件 2：PC 连接成功后，PC 可以登录到 WiFi 上去修改网络名称（即通过 WiFi 的业务口去修改网络名称）。

这两个测试点不能脱离测试点 3 而单独存在。因此测试点 1、测试点 2 需要和测试点 3 放在一起考虑，故将它们整体归属为数据类。

4. 组合类测试点的特征

我们实际进行测试分析设计时，会发现很多测试点之间都存在比较紧密的关联，我们可以把这些测试点（包括流程类、数据类、参数类）组合在一起进行测试设计。我们称这种需要放在一起进行测试设计的测试点为组合类测试点。

组合类测试点可以描述为图 4-56 所示的形式。

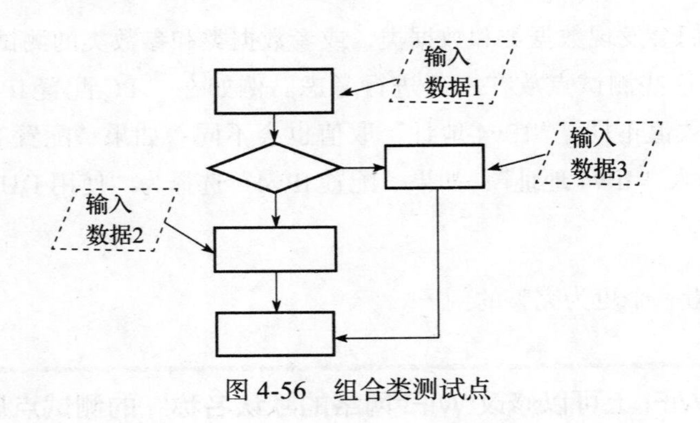

图 4-56 组合类测试点

和单纯的流程类测试点相比，组合类测试点一般有多个输入，这些输入可以是参数，也可以是数据。

我们继续来看“PC 连接 WiFi”这个例子。

举例 分析“PC 连接 WiFi”功能的测试点属于哪些类型（三）

“PC 连接 WiFi”功能包含的测试点如表 4-30 所示。在对参数类测试点进行分析举例的时候，我们就提到将测试点 1 ～测试点 5 放在一起考虑，把它们放一起就构成了组合类的测试点。

我们将测试点 1 ～测试点 4 和测试点 5 分开来考虑，是为了分别验证“PC 连接 WiFi”的连接流程的正确性和每个加密算法在实现上的正确性。这样设计出来的测试用例可以把关注点放在产品设计和实现细节上，测试时也能比较多地发现设计和实现方面的问题。

如果我们将测试点 1 ～测试点 5 组合在一起考虑，则更多的是站在系统的角度来进行测试的，这样能够测试到各个功能之间的配合和与系统整体相关的问题。

4.10.3 流程类测试设计——路径分析法

我们首先讨论如何对流程类测试点进行建模、如何确定测试条件和测试数据，然后完成整个测试设计，这个方法如图 4-57 所示。

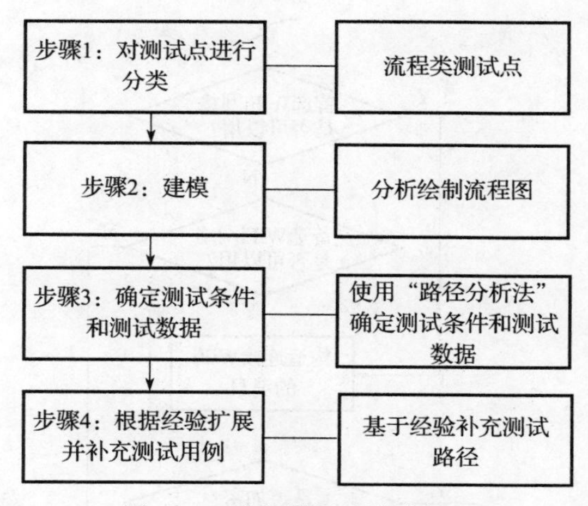

图 4-57　流程类测试设计方法

1. 通过绘制业务流程图来建模

由于每个流程类测试点都可以代表一个流程或者一些流程片段，所以我们可以整体分析这些测试点，并绘制出这些测试点代表的流程图。

上述过程中需要特别注意的地方如下：

- 测试者要充分理解和测试点相关的功能业务流程，以确保流程图的正确性。
- 测试者要和产品设计者充分交流，保证绘出的流程图能够正确覆盖产品的设计。
- 如果开发已经提供了该功能的流程图，测试者需要仔细审视流程图的正确性，如有必要应重新绘制。

接下来我们以“PC 连接 WiFi”为例，来对测试点 1 ～测试点 4 进行测试建模。

举例　对“PC 连接 WiFi”中的测试点 1 ～测试点 4 进行测试建模

在 4.10.3 节中我们已经分析出测试点 1 ～测试点 4 为流程类测试点，如表 4-32 所示。

表 4-32　流程类测试点

编　号	测 试 点
1	首选网络可用时选用首选网络
2	首选网络不可用时，可以选用备选网络
3	可以连接加密的 WiFi 网络
4	可以连接不加密的 WiFi 网络

现在我们就来为测试点 1 ～测试点 4 绘制业务流程图，并建立测试模型，如图 4-58 所示。

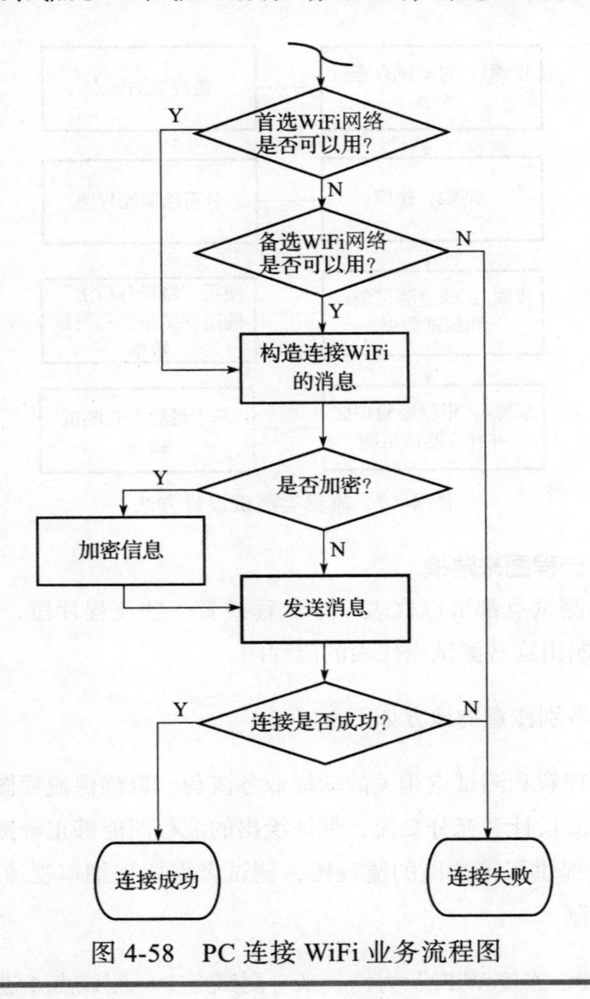

图 4-58 PC 连接 WiFi 业务流程图

2. 路径分析法

绘制好流程图后，我们就要用“路径分析法”来覆盖这个流程图了，即获得测试条件和测试数据进而设计并生成测试用例。

接下来我们先来介绍路径分析法。所谓“路径”是指完成一个功能时用户所执行的步骤，也是程序代码的一条运行轨迹。以图 4-59 所示流程图为例，其中 P1-e1-d1-e4-d2-e7-d3-e10-P5 就是一条路径。

所谓“路径分析法”，就是对能够覆盖流程的各种路径进行分析并得到一个路径的集合。在测试时，我们只需要按照这个路径集合进行测试即可。

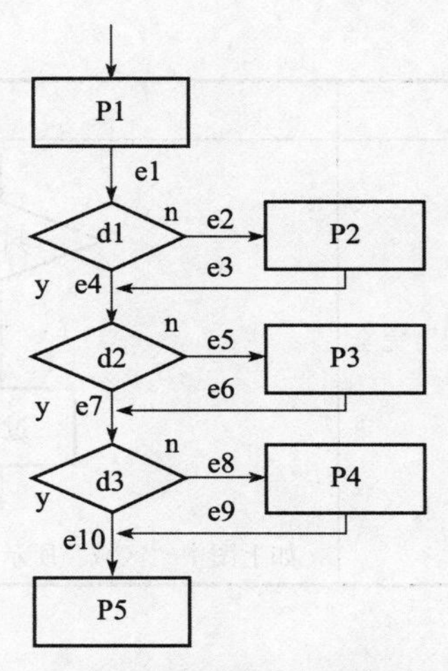

图 4-59　流程图中的路径

不同的覆盖策略，能够得到不同的路径集合。常见的覆盖策略有语句覆盖、分支覆盖、最小线性无关覆盖和全覆盖。

为了后续叙述问题更为方便，我们先来对组成流程的元素进行定义，如表 4-33 所示。

表 4-33　流程图中的元素定义

元　素	定　义	举　例
边	在图中连接节点的线	我们用 en（n = 1、2…）来表示
判定	有一条或多条入边，有两条出边的分支节点	入 判定 出　出 我们用 dn（n = 1、2…）来表示
过程	有一条或多条入边，有一条出边的收集节点	入　入 过程 出 我们用 Pn（n = 1、2…）来表示

（续）

元　素	定　义	举　例
区域	由“边”“判定”和“过程”完全包围起来的一块区域	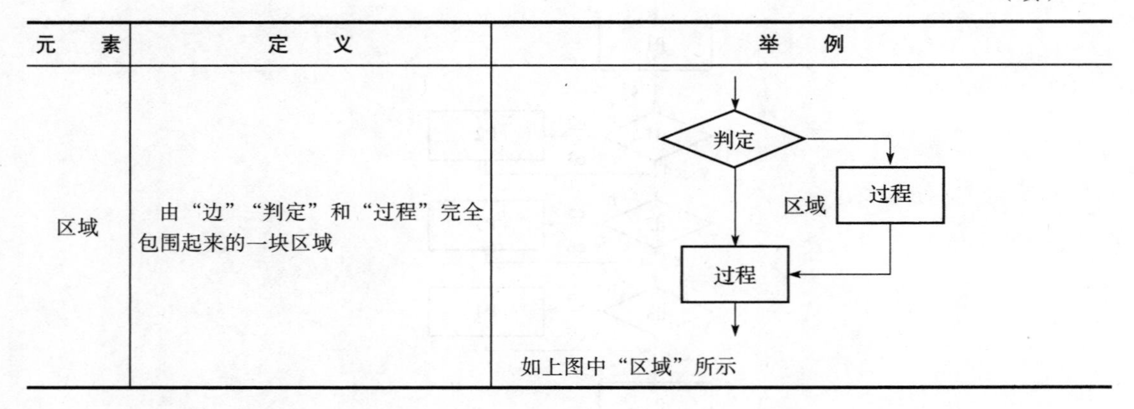如上图中“区域”所示

（1）语句覆盖

语句覆盖是指覆盖系统中所有判定和过程的最小路径的集合。

对图 4-59 所示例子来说，只需两条路径即可满足语句覆盖，如图 4-60 所示。

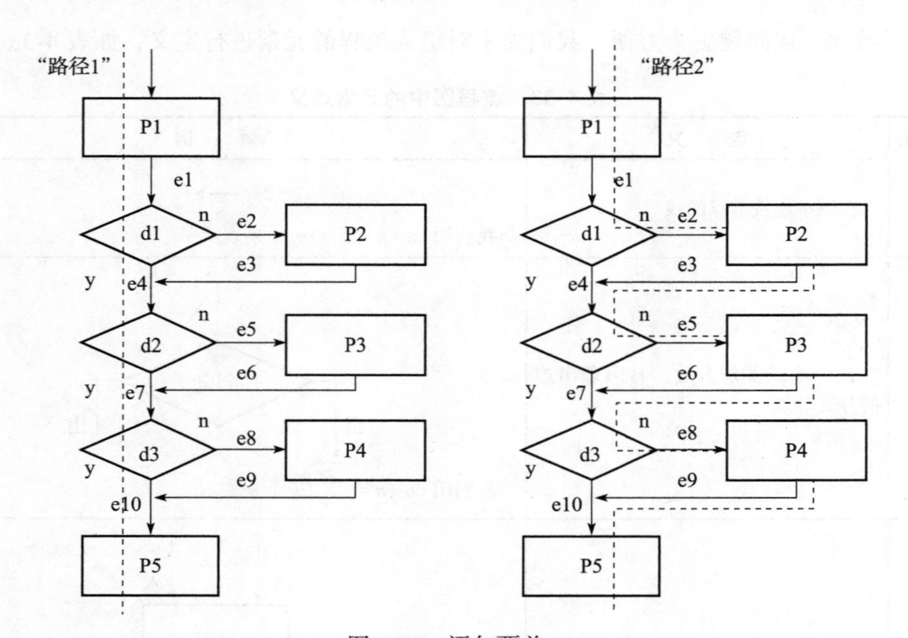

图 4-60　语句覆盖

仔细分析语句覆盖的路径，就会发现语句覆盖的程度是比较弱的，它不会考虑流程中的判定以及这些判定与过程之间的关系。如果测试只按照语句覆盖的方式来进行，很容易出现遗漏。拿上面的例子来说，即使我们执行了语句覆盖中的所有路径，流程中“真假混合”

的路径（如 P1-d1-P2-d2-d3-P5）也不会被执行到。

（2）分支覆盖

分支覆盖是指覆盖系统中每个判定的所有分支所需的最小路径数。

对图 4-59 所示的例子来说，满足分支覆盖的路径集合和语句覆盖的路径集合是一样的。路径 1 覆盖的是所有判定结果为“真”的情况，路径 2 覆盖的是所有判定结果为“假”的情况。

分支覆盖考虑了流程中的判定，但是也没有考虑这些判定之间的关系。分支覆盖的覆盖度也较弱。

（3）全覆盖

全覆盖是指 100% 覆盖系统所有可能路径的集合。

对图 4-59 所示的例子来说，根据排列组合算法可知，它的“全路径”一共有 $2 \times 2 \times 2 = 8$ 条，如图 4-61 所示。

全覆盖包含了所有可能的路径，覆盖能力最强，但是除非你测试的是一个微型的系统，不然随着判定数量的增加，呈指数类型增长的路径数会使需要测试的路径数非常庞大，这完全超出了一个测试团队能够承担的正常工作量。所以在实际工作中很难按全覆盖来执行测试。

（4）最小线性无关覆盖

仔细分析全覆盖就会发现，全覆盖的路径中有很多会被重复执行的片段，如路径 3 和路径 6 中的 d1-e2-P2-e3。我们希望能有这样的一种覆盖方式，在**保证流程图中每个路径片段都能够被至少执行一次的情况下**，得到的路径组合是最少的，这就是最小线性无关覆盖。

在图论中，有 3 个等式可以用于计算一个流程中最小线性无关路径的数目（见《图与超图》，作者是荷兰的 C.Berge）。

- 等式 1：一个系统中的最小线性无关路径（IP）= 边数（E）– 节点数（N）+ 2
- 等式 2：一个系统中的最小线性无关路径（IP）= 判定数（P）+1
- 等式 3：一个系统中的最小线性无关路径（IP）= 区域数（R）+1

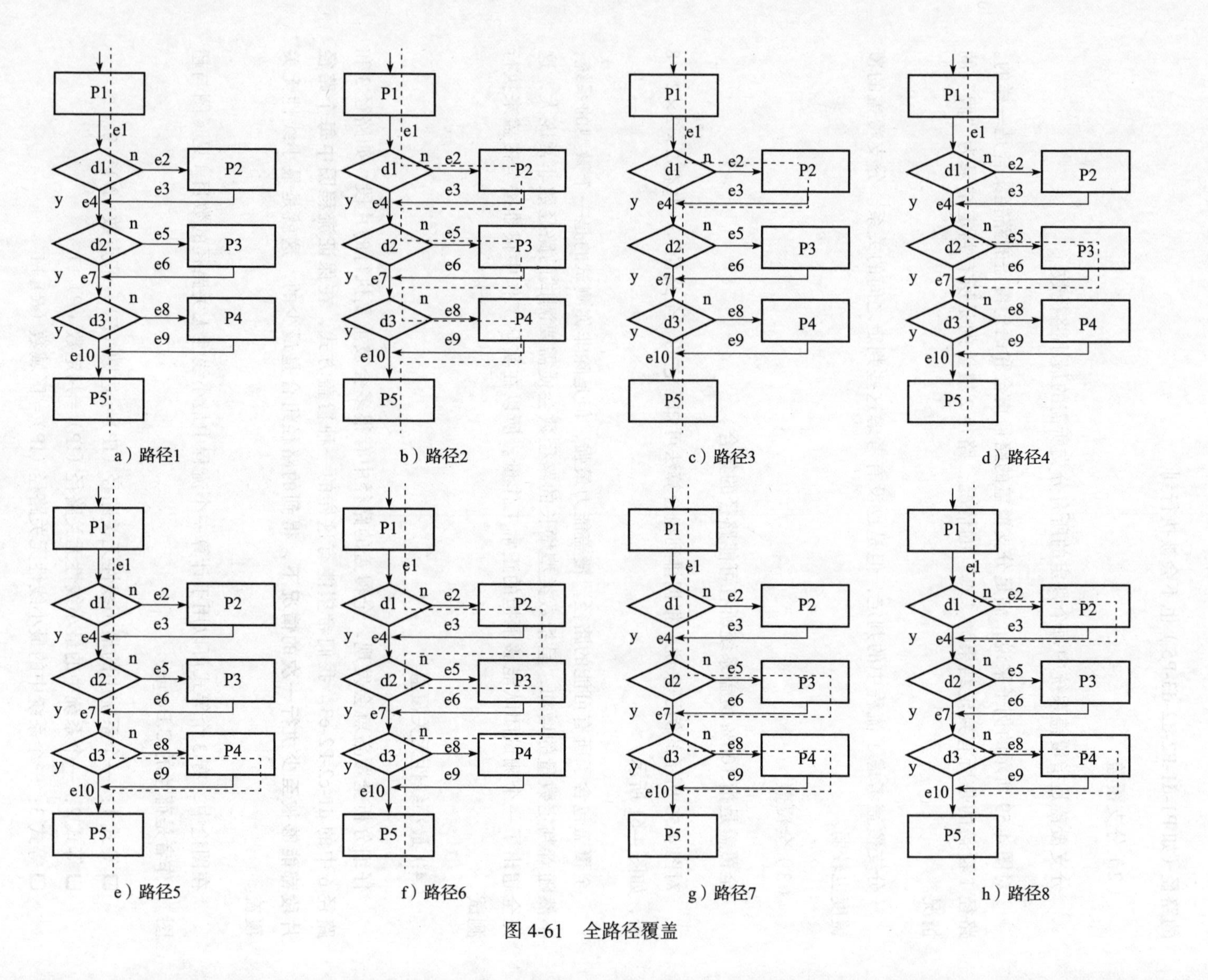
P1
P2
P3
P4
P5
d1
d2
d3
e1
e2
e3
e4
e5
e6
e7
e8
e9
e10
n
y
a）路径1
b）路径2
c）路径3
d）路径4
e）路径5
f）路径6
g）路径7
h）路径8

图 4-61 全路径覆盖

上述这 3 个等式是等效的。以图 4-59 所示为例，由上述等式可知，这个流程中的最小线性无关路径数为 4：

- 使用等式 1：10（边数）– 8（节点数）+ 2 = 4
- 使用等式 2：3（判定数）+ 1 = 4
- 使用等式 3：3（区域数）+ 1 = 4

使用图 4-62 所示的算法可以帮助我们获得流程中所有线性无关路径。

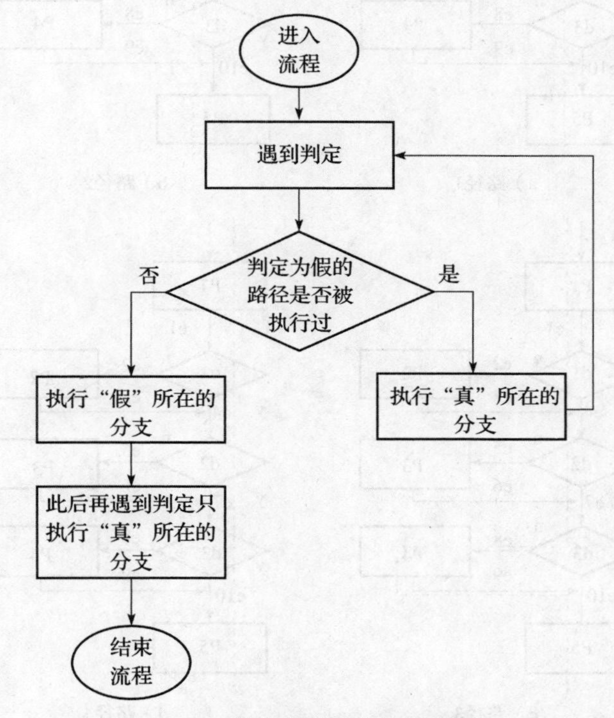

图 4-62　获得线性无关路径的算法

以图 4-59 为例，按照图 4-62 所示算法，我们可以得到图 4-63 所示的线性无关路径，共有 4 条。

需要特别指出的是，我们要想通过图论中的 3 个等式和算法来确定流程中的最小线性无关路径的数量，需要遵循如下约定。

约定 1：流程图的入口和出口不作为边数计算，如图 4-64 所示。

约定 2：一个流程图只有一个入口点和一个出口点。图 4-65 所示为有两个输入的例子。图 4-66 所示为有两个输出的例子。

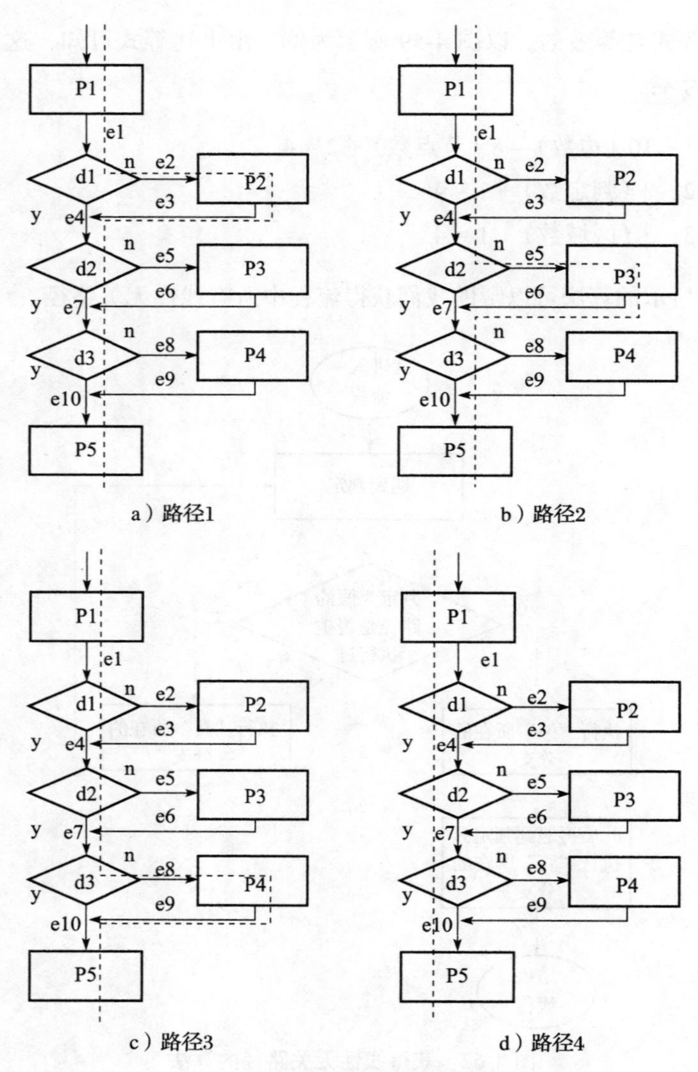

图 4-63 线性无关覆盖

图 4-65 和图 4-66 所示都不符合约定 2，因为这两个例子会使得图论中的 3 个等式失效。以图 4-66 为例，我们会发现等式 1、等式 2 和等式 3 不再等价。

- 使用等式 1：7（边数）−7（节点数）+ 2 = 2
- 使用等式 2：2（判定数）+ 1 = 3
- 使用等式 3：1（区域数）+ 1 = 2

但是 3 个等式不等价并不能作为判断当前流程图是否符合要求的充要条件，我们可以分析一下图 4-65 所示例子，发现尽管它包含了 2 个输入，但是 3 个等式依然是等价的。

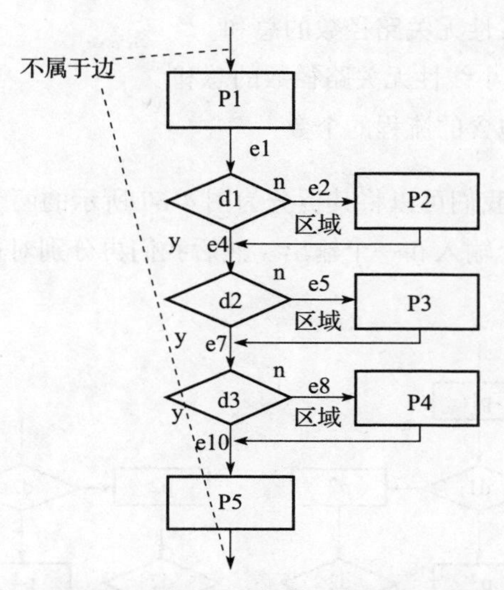

图 4-64　流程图的入口和出口不作为边数计算

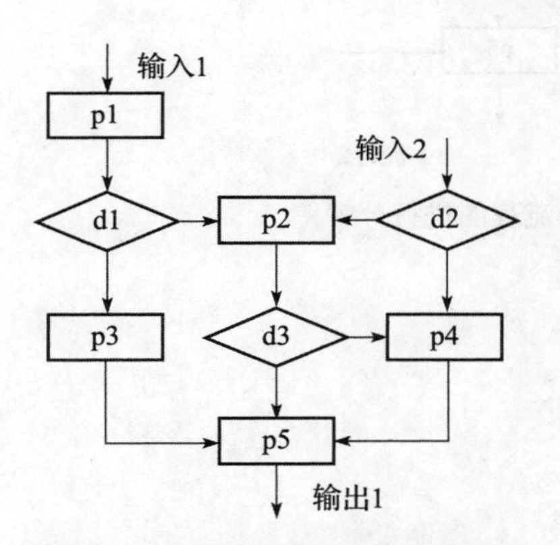

图 4-65　流程图中两个输入的例子

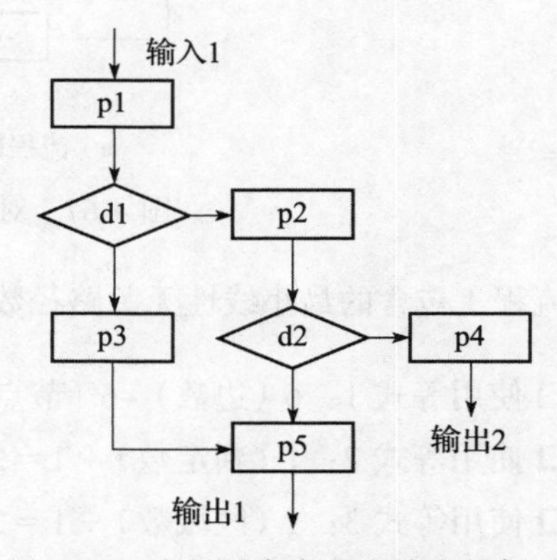

图 4-66　流程图中有两个输出的例子

- 使用等式 1：10（边数）−8（节点数）+ 2 = 4
- 使用等式 2：3（判定数）+ 1 = 4
- 使用等式 3：3（区域数）+ 1 = 4

实际工作中，我们分析绘制的流程图时往往会发现其中存在多个输入或者多个输出，这就需要我们先对这个流程图进行分解，使其可以满足约定 2。这时系统中最小线性无关路径的总数等于被分解的每个流程中最小线性无关路径数的总和。

$$\text{TIP} = \sum_{n-1}^{n-\text{COT}} \text{IP}_n$$

式中：

- TIP 为系统中最小线性无关路径数的总和。
- IP_n 为每个流程的最小线性无关路径数的总和。
- n 为系统被分解后包含的流程的个数。

以图 4-65 所示为例，我们可以将其拆分为图 4-67 所示的两个流程图。注意，我们应保证分解后的流程图只有一个输入和一个输出。然后我们再分别对这两个流程图进行最小线性无关路径分析。

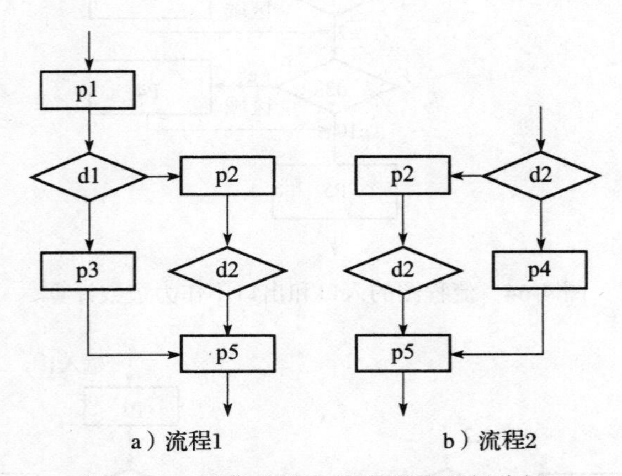

图 4-67 对多个输入的流程图进行分解

流程 1 包含的最小线性无关路径数为 2：

- 使用等式 1：6（边数）–6（节点数）+ 2 = 2
- 使用等式 2：1（判定数）+ 1 = 2
- 使用等式 3：1（区域数）+ 1 = 2

流程 2 包含的最小线性无关路径数为 3：

- 使用等式 1：6（边数）–5（节点数）+ 2 = 3
- 使用等式 2：2（判定数）+1 = 3
- 使用等式 3：2（区域数）+1 = 3

整个系统包含的最小线性无关路径的总数为 2 + 3 = 5 个（而不是之前我们得到的 4 个）。

需要特别指出的是，在流程 1 中判定数是 1，而不是 2，这是因为我们对判定的定义是“有两条出边”，而流程 1 中的 d2 因为拆分的原因，只有一个出边，所以在流程 1 中，d2 不再是判定。

3. 使用路径分析来确定测试条件和测试数据

上一节我们介绍了路径分析法，覆盖方式包括语句覆盖、分支覆盖、全覆盖和最小线性无关覆盖。我们可以根据被测对象的优先级、测试阶段来选择合适的覆盖策略，例如在单元测试阶段，可以使用语句覆盖或分支覆盖来设计测试用例；在集成测试和系统测试阶段，可以使用最小线性无关覆盖；对系统中一些特别重要的部分，可以适当使用全覆盖的策略。

在这些覆盖方式中，因最小线性无关覆盖得到的测试路径数量适宜，覆盖度也有保证，故推荐大家在测试设计中优先选用。

接下来我们以“PC 连接 WiFi”中的测试点 1 ～测试点 4 为例，介绍使用最小线性无关覆盖方式确定测试条件和测试数据，以得到测试用例的过程。

举例　对“PC 连接 WiFi”中测试点 1 ～测试点 4 使用最小线性无关覆盖的方式来设计测试用例

在上一节中，我们已经为测试点 1 ～测试点 4 绘制了流程图，如图 4-58 所示。

这个流程图有两个输出，按照上一节的介绍，我们需要将这个流程图拆成两个子流程图，保证每个子流程图均只有一个输入和一个输出。

子流程 1 如图 4-68 所示。

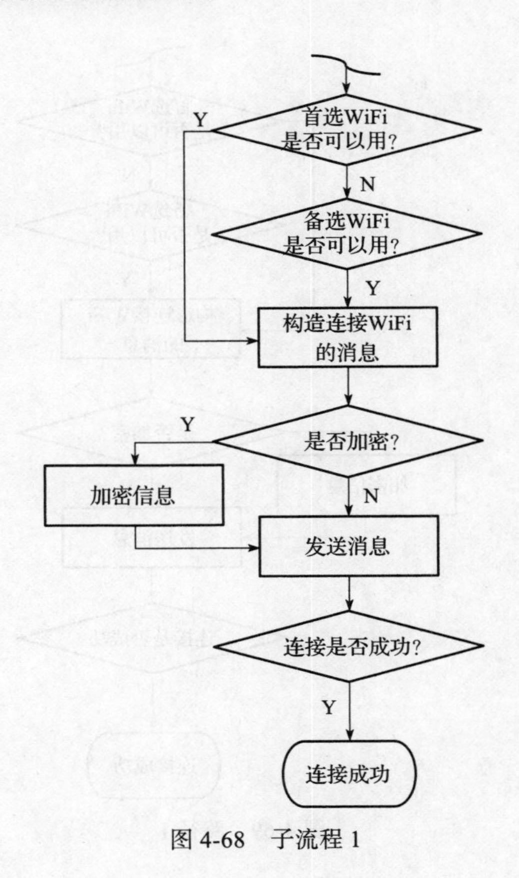

图 4-68　子流程 1

对子流程 1 进行分析可知，它包含的“边”数为 9，“节点”数为 8，“判定”数为 2（注意，“备选 WiFi 是否可用”和“连接是否成功”这两个判定，在子流程 1 中只有一个输出，不属于判定。）“区域”数为 2。该子流程包含的最小线性无关路径数为 3。

使用最小线性无关覆盖算法（见图 4-62），对子流程 1 进行最小线性无关覆盖，会得到 3 种路径如图 4-69 ～图 6-71 所示。详细过程如下。

路径1：首次进入流程，遇到判定（首选WiFi是否可用），判定为N的路径没有被执行过，执行N所在的分支（首选WiFi是否可用为N的分支，即首选WiFi不可用），再次遇到判定（是否加密），只执行Y所在的分支（加密信息），然后发送消息，连接成功。

路径2：第二次进入流程，遇到判定（首选WiFi是否可用），判定为N的路径已经被执行过了，执行Y所在的分支（首选WiFi是否可用为Y的分支，即首选WiFi可用），再次遇到判定（是否加密），这个判定为N的路径没有被执行，执行N所在的分支（是否加密为N的分支，即不加密），然后发送消息，连接成功。

路径3：第三次进入流程，遇到判定（首选WiFi是否可用），判定为N的路径已经被执行过了，执行Y所在的分支（首选WiFi是否可用为Y的分支，即首选WiFi可用），再次遇到判定（是否加密），这个判定为N的路径已经被执行了，执行Y所在的分支（是否加密为Y的分支，即加密），然后发送消息，连接成功。

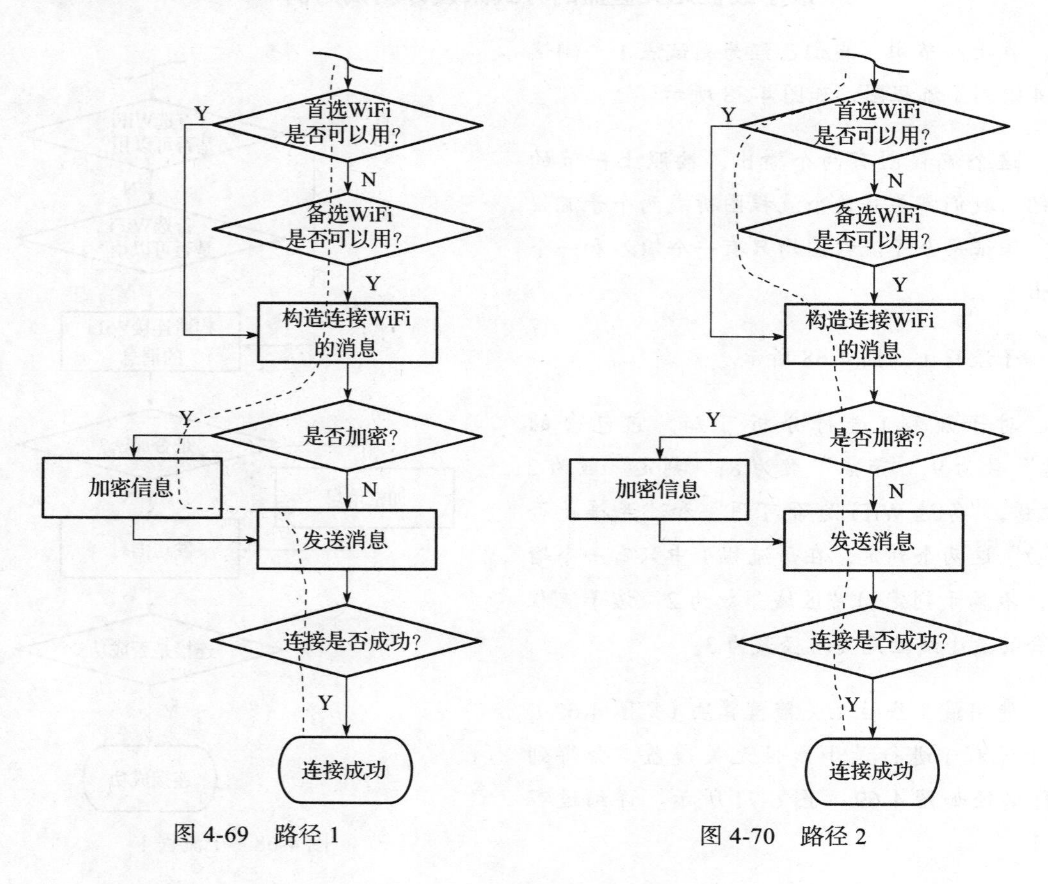

图4-69 路径1　　　　图4-70 路径2

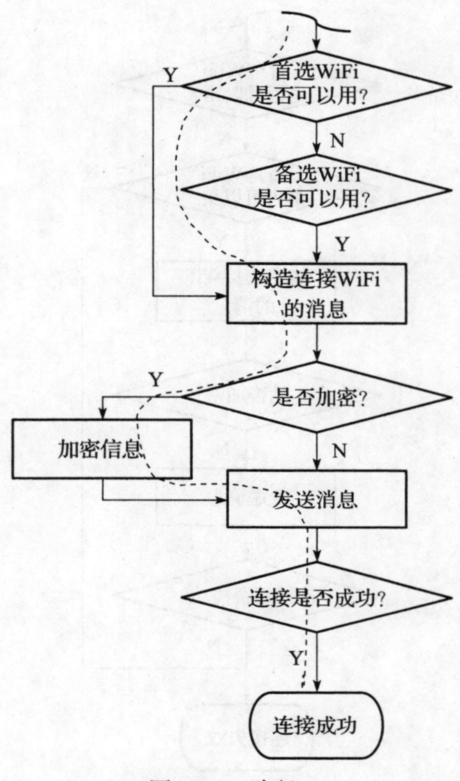

图 4-71　路径 3

我们总结上述分析过程，得到子流程 1 中的最小线性无关路径的集合，如表 4-34 所示。

表 4-34　子流程 1 中的最小线性无关路径集合

序　号	路径描述
1	首选 WiFi 不可用，备选 WiFi 可用，加密，连接成功
2	首选 WiFi 可用，不加密，连接成功
3	首选 WiFi 可用，加密，连接成功

子流程 2 如图 4-72 所示。

对子流程 2 进行分析可知，它包含的“边”数为 7，“节点”数为 7，“判定”数为 1（注意，“首选 WiFi 是否可用”“是否加密”和“连接是否成功”这 3 个判定，在子流程 2 中均只有一个输出，不属于判定），“区域”数为 1。因此子流程 2 包含的最小线性无关路径数为 2。

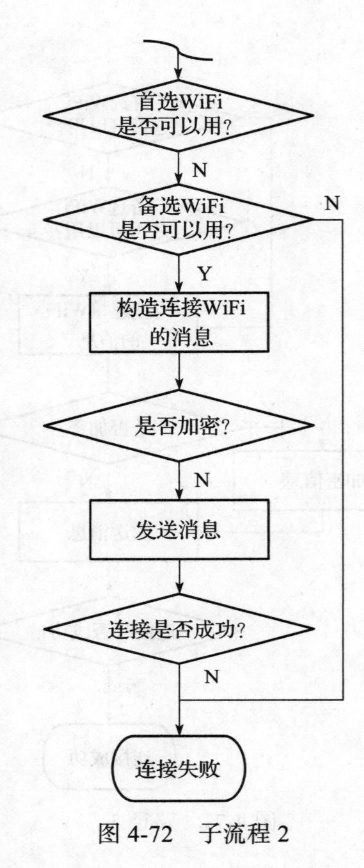

图 4-72 子流程 2

使用最小线性无关覆盖算法（见图 4-62），对子流程 2 进行最小线性无关覆盖，如图 4-73 所示，详细过程如下。

路径 1：首次进入流程，遇到判定（备选 WiFi 是否可用），判定为 N 的路径没有被执行过，执行 N 所在的分支（备选 WiFi 是否可用为 N 的分支，即备选 WiFi 不可用），连接失败。

路径 2：第二次进入流程，遇到判定（备选 WiFi 是否可用），判定为 N 的路径已经被执行过了，执行 Y 所在的分支（备选 WiFi 是否可用为 Y 的分支，即备选 WiFi 可用），连接失败。

我们总结上述分析过程，得到子流程 2 中的最小线性无关路径的集合，如表 4-35 所示。

表 4-35 子流程 2 中的最小线性无关路径集合

序 号	路 径 描 述
1	首选 WiFi 不可用，备选 WiFi 不可用，连接失败
2	首选 WiFi 不可用，备选 WiFi 可用，不加密，连接失败

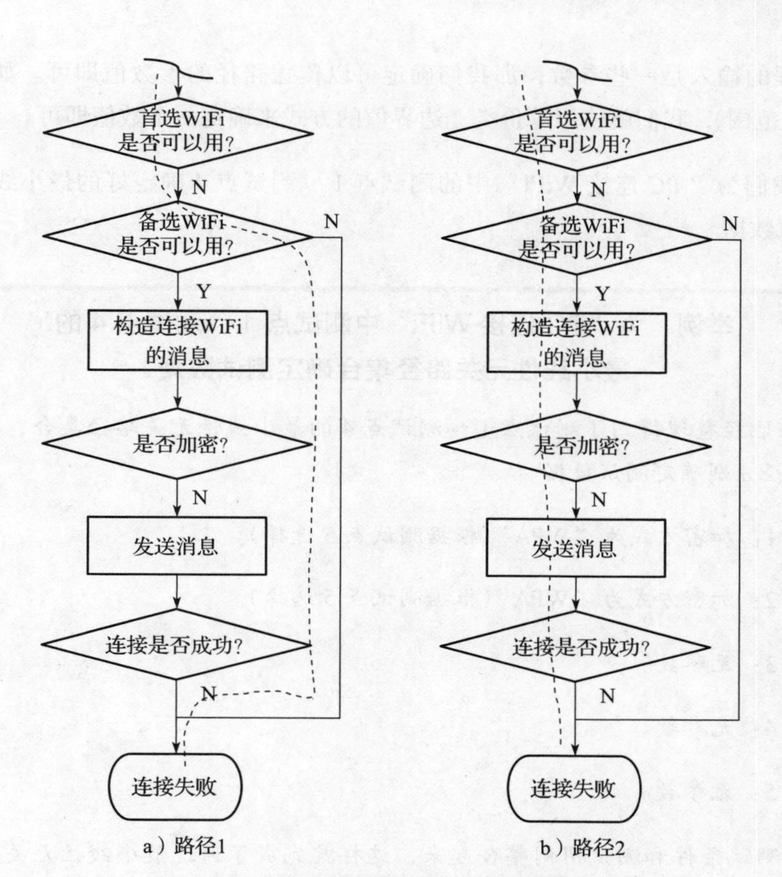

图 4-73　流程 2 最小线性无关覆盖详细分解

最后，我们将子流程 1 和子流程 2 中包含的最小线性无关路径集合在一起，就得到了系统整体的最小线性无关路径组合，如表 4-36 所示。

表 4-36　测试点 1 ～测试点 4 最小线性无关路径集合

序　号	路 径 描 述
1	首选 WiFi 可用，加密，连接成功
2	首选 WiFi 不可用，备选 WiFi 可用，加密，连接成功
3	首选 WiFi 不可用，备选 WiFi 可用，不加密，连接成功
4	首选 WiFi 不可用，备选 WiFi 不可用，连接失败
5	首选 WiFi 不可用，备选 WiFi 可用，不加密，连接失败

4. 确定测试数据

接下来我们要为测试路径选择一些测试数据（即输入），使得测试路径能够都被执行到。

如果流程的输入是一些参数，那我们确定可以覆盖路径的参数值即可。如果输入是一个数据（取值范围），我们就使用等价类 / 边界值的方式来确定一个数值即可。

接下来我们为“PC 连接 WiFi”中的测试点 1 ～测试点 4 确定好的最小线性无关路径集合确定测试数据。

举例　为“PC 连接 WiFi”中测试点 1 ～测试点 4 的最小线性无关路径集合确定测试数据

表 4-36 已经整理得到了测试点 1 ～测试点 4 的最小线性无关路径集合，接下来我们就为这些路径分别确定测试数据。

对路径 1：加密方式为“WPA”(根据测试点 5 选择)。

对路径 2：加密方式为“WPA”(根据测试点 5 选择)。

对路径 3：无参数。

对路径 4：无参数。

对路径 5：无参数。

我们将测试条件和测试用例整合起来，这样就完成了通过最小线性无关路径法为测试点 1 ～测试点 4 设计测试用例，如表 4-37 所示。

表 4-37　用最小线性无关路径法设计的测试用例

序　号	测试条件	测试数据
1	首选 WiFi 可用，加密，连接成功	加密方式为“WPA”
2	首选 WiFi 不可用，备选 WiFi 可用，加密，连接成功	加密方式为“WPA”
3	首选 WiFi 不可用，备选 WiFi 可用，不加密，连接成功	无
4	首选 WiFi 不可用，备选 WiFi 不可用，连接失败	无
5	首选 WiFi 不可用，备选 WiFi 可用，不加密，连接失败	无

其实这些测试条件和测试数据，已经可以代表测试用例了，但是很多时候我们还希望测试用例中可以包含“预置条件”“测试步骤”和“预期结果”等，我们将在第 5 章中详细讨论测试用例的其他部分。

5. 根据经验补充测试路径

只要不是使用全覆盖策略，其他的路径覆盖方式都是有遗漏的。这就需要我们根据经验，再补充一些测试路径，具体包括：

- ❑ 是否要增加一些其他需要覆盖的路径？
- ❑ 是否要增加一些其他测试数据？
- ❑ 有哪些地方是容易出问题的？是否还需要补充一些测试用例？

4.10.4　参数类测试设计——输入 – 输出表分析法

接下来我们讨论如何对参数类的测试点进行建模，如何确定测试条件和测试数据，以完成整个测试设计。整套方法如图 4-74 所示。

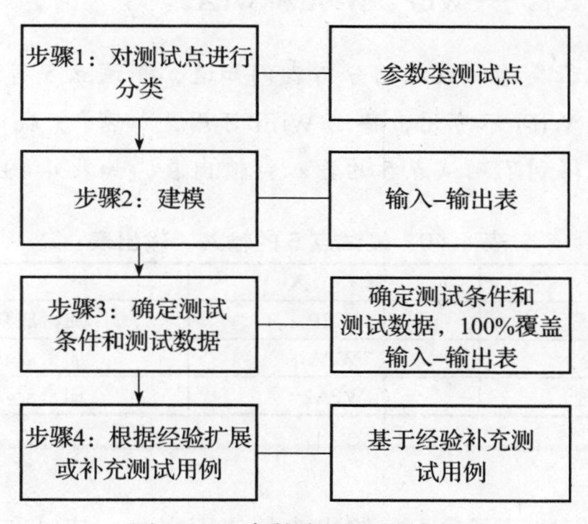

图 4-74　参数类测试设计法

1. 使用输入 – 输出表来建模

输入 – 输出表是一张测试点处于某种条件下的分析某一输入会有怎样输出的表，如表 4-38 所示。

表 4-38　输入输出表

条　件	输　入					输　出
	测试点 1		测试点 2			
条件 1	参数 1	参数 2	参数 3	参数 4	参数 5	输出 1
条件 2	参数 6	参数 7	参数 8	参数 9	参数 10	输出 2
…						

接下来我们以“ PC 连接 WiFi ”的测试点 5 为例，介绍如何使用输入 – 输出表来进行测试建模。

举例 对“PC 连接 WiFi”中的测试点 5，使用输入 – 输出表进行建模

“PC 连接 Wi-Fi”中的测试点 5 如表 4-39 所示。

表 4-39 测试点 5 介绍

编 号	测 试 点
5	PC 可以设置加密的 WiFi 网络的加密算法包括 WEP、WPA 和 WPA2（为了简化，我们约定 PC 只能选择一种加密算法）

我们要为测试点 5 建立输入 – 输出表，需要确定参数值和条件。出于安全性考虑，测试点 5 包含了 3 个参数值——WEP、WPA 和 WPA2。

根据上一节中对流程类测试设计的分析我们知道，测试点 5 有两个条件：“首选 WiFi 可用，加密”和“首选 WiFi 不可用，备选 WiFi 可用，加密”。我们任选一个作为本次分析的测试条件，这样就得到了测试点 5 的输入 – 输出表，如表 4-40 所示。

表 4-40 测试点 5 的输入 – 输出表

条 件	输 入	输 出
首选 WiFi 可用，加密	WEP	加密成功，WiFi 连接成功
首选 WiFi 可用，加密	WPA	加密成功，WiFi 连接成功
首选 WiFi 可用，加密	WPA2	加密成功，WiFi 连接成功

上面这个例子向我们展示了输入 – 输出表的使用方法，却没有很好地体现出输入 – 输出表的优势，事实上**输入 – 输出表特别适合用于多参数之间存在复杂关系，且需要对这些参数进行组合分析的情况**，其可以帮助测试分析人员快速厘清各个参数之间的关系。我们来看下面这个例子。

举例 使用输入 – 输出表对“某系统中用户、L1 和 L2 认证”功能进行测试建模

某系统中包含用户、L1 和 L2 这 3 个部分，它们之间的关系如表 4-41 所示，功能示意如图 4-75 所示。

表 4-41 某系统中用户，L1 和 L2 认证之间的关系

参 数	参数值 1	参数值 2
认证方式（用户）	PAP	CHAP
认证方式（L1）	PAP	CHAP
认证方式（L2）	PAP	CHAP
用户和 L2 之间的认证规则	强制 CHAP	重认证

用户先和L1进行身份认证（图4-75中所示身份认证1），认证通过后，L1再和L2进行身份认证（图4-75中所示身份认证2），然后L2会再和用户进行身份认证（图4-75中所示身份认证3）。

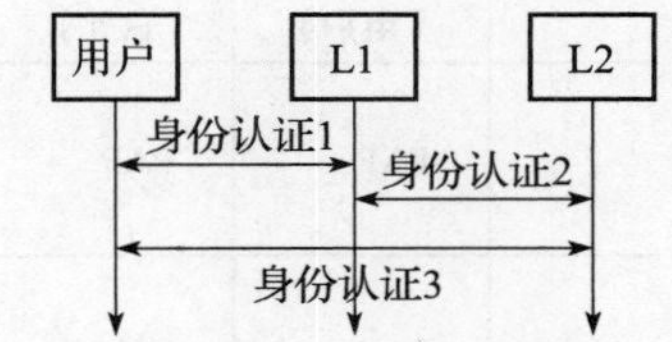

图4-75 某系统中用户、L1和L2认证功能示意

其中用户和L1之间、L1和L2之间支持的身份认证方式均为PAP和CHAP，两者的认证方式必须一致，才能认证通过。

用户和L2之间支持的身份认证方式也为PAP和CHAP，但存在两种认证规则——强制CHAP和重认证。如果为强制CHAP，用户的认证方式必须为CHAP才能认证成功；如果L2的认证方式为重认证，用户为PAP和CHAP均可。

我们首先对某系统中用户、L1和L2认证功能中包含的参数进行分析。这些参数之间的约束条件如下。

约束条件1　无论是用户和L1之间、L1和L2之间、用户和L2之间，认证方式都必须一致，只有这样才能认证通过。

约束条件2　若L2认证方式为强制CHAP，那么用户的认证方式必须为CHAP才能通过。

约束条件3　身份认证的顺序为身份认证1→身份认证2→身份认证3。

约束条件4　身份认证1～身份认证3，只要有一个阶段认证失败，整个身份认证就会失败。前一个身份认证失败后，后面的身份认证不会再被执行。

我们可以对参数按照正交的方式来进行组合，然后逐一对每一种组合按照约束条件进行分析，去掉重复的情况，得到的结果如表4-42所示（输入-输出表中用删除线“—”删掉的内容代表这条测试项目和表中其他测试项目重复，可以去掉，可去掉的原因在“说明”中进行了叙述）。

表4-42　某系统中用户，L1和L2认证输入-输出表（整理前）

编号	输入				输出	说明
	认证方式（用户）	认证方式（L1）	认证方式（L2）	认证规则（用户-L2）		
1	PAP	PAP	PAP	强制CHAP	认证不通过	用户和L2认证时，因为用户使用的认证方式为PAP，所以强制CHAP认证失败（见约束条件2）

（续）

编　号	输　入				输　出	说　明
	认证方式（用户）	认证方式（L1）	认证方式（L2）	认证规则（用户 -L2）		
2	PAP	PAP	CHAP	强制 CHAP	认证不通过	L1 和 L2 之间因为认证方式不同而认证失败（见约束条件 1）
3	PAP	CHAP	PAP	强制 CHAP	认证不通过	用户和 L1 之间因为认证方式不同而认证失败（见约束条件 1）
4	~~PAP~~	~~CHAP~~	~~CHAP~~	~~强制 CHAP~~	~~认证不通过~~	用户和 L1 之间因为认证方式不同而认证失败（见约束条件 1），根据约束条件 4 可知，它和 3 重复
~~5~~	~~CHAP~~	~~PAP~~	~~PAP~~	~~强制 CHAP~~	~~认证不通过~~	用户和 L1 之间因为认证方式不同而认证失败（见约束条件 1），根据约束条件 4 可知，它和 3 重复
~~6~~	~~CHAP~~	~~PAP~~	~~CHAP~~	~~强制 CHAP~~	~~认证不通过~~	用户和 L1 之间因为认证方式不同而认证失败（见约束条件 1），根据约束条件 4 可知，它和 3 重复
~~7~~	~~CHAP~~	~~CHAP~~	~~PAP~~	~~强制 CHAP~~	~~认证不通过~~	L1 和 L2 之间因为认证方式不同而认证失败（见约束条件 1），根据约束条件 4 可知，它和 2 重复
8	CHAP	CHAP	CHAP	强制 CHAP	认证通过	—
9	PAP	PAP	PAP	重认证	认证通过	—
~~10~~	~~PAP~~	~~PAP~~	~~CHAP~~	~~重认证~~	~~认证不通过~~	L1 和 L2 之间因为认证方式不同而认证失败（见约束条件 1），根据约束条件 4 可知，它和 2 重复
~~11~~	~~PAP~~	~~CHAP~~	~~PAP~~	~~重认证~~	~~认证不通过~~	用户和 L1 之间因为认证方式不同而认证失败（见约束条件 1），根据约束条件 4 可知，它和 3 重复
~~12~~	~~PAP~~	~~CHAP~~	~~CHAP~~	~~重认证~~	~~认证不通过~~	用户和 L1 之间因为认证方式不同而认证失败（见约束条件 1），根据约束条件 4 可知，它和 3 重复
~~13~~	~~CHAP~~	~~PAP~~	~~PAP~~	~~重认证~~	~~认证不通过~~	用户和 L1 之间因为认证方式不同而认证失败（见约束条件 1），根据约束条件 4 可知，它和 3 重复

（续）

编　号	输　入				输　出	说　明
	认证方式（用户）	认证方式（L1）	认证方式（L2）	认证规则（用户 -L2）		
~~14~~	~~CHAP~~	~~PAP~~	~~CHAP~~	~~重认证~~	~~认证不通过~~	L1 和 L2 之间因为认证方式不同而认证失败（见约束条件 1），根据约束条件 4 可知，它和 2 重复
~~15~~	~~CHAP~~	~~CHAP~~	~~PAP~~	~~重认证~~	~~认证不通过~~	L1 和 L2 之间因为认证方式不同而认证失败（见约束条件 1），根据约束条件 4 可知，它和 2 重复
16	CHAP	CHAP	CHAP	重认证	认证通过	

我们对表 4-42 中所示的内容进行整理，去掉重复的项目，得到最终的输入 – 输出表，如表 4-43 所示。

表 4-43　某系统中用户、L1 和 L2 认证输入 – 输出表（整理后）

编　号	输　入				输　出
	认证方式（用户）	认证方式（L1）	认证方式（L2）	认证规则（用户 –L2）	
1	PAP	PAP	PAP	强制 CHAP	认证不通过
2	PAP	PAP	CHAP	强制 CHAP	认证不通过
3	PAP	CHAP	PAP	强制 CHAP	认证不通过
4	CHAP	CHAP	CHAP	强制 CHAP	认证通过
5	PAP	PAP	PAP	重认证	认证通过
6	CHAP	CHAP	CHAP	重认证	认证通过

2. 覆盖输入 – 输出表，完成测试用例

我们在建立输入 – 输出表的时候，会充分考虑各个参数之间的关系和约束，所以在覆盖输入 – 输出表的时候，通常会进行**全覆盖**——100% 的覆盖，将输入 – 输出表的每一行作为一条测试用例。

接下来我们看看如何覆盖“PC 连接 WiFi”中测试点 5 的输入 – 输出表，以进一步得到测试用例。

举例 覆盖“PC 连接 WiFi”中测试点 5 的输入 – 输出表，以生成测试用例

上一节我们分析得到了测试点 5 的输入 – 输出表（如表 4-40 所示），接下来我们将表中的每一行作为一个测试用例，100% 覆盖这个输入 – 输出表，如表 4-44 所示。

表 4-44 100% 覆盖测试点 5 的输入 – 输出表

测试用例编号	测试用例标题
1	首选 WiFi 可用，使用 WEP 加密，WiFi 连接成功
2	首选 WiFi 可用，使用 WPA 加密，WiFi 连接成功
3	首选 WiFi 可用，使用 WPA/WPA2 加密，WiFi 连接成功
4	首选 WiFi 可用，使用 WPA2 加密，WiFi 连接成功

接下来，我们试着 100% 覆盖“某系统中用户、L1 和 L2 认证”的输入 – 输出表，以生成测试用例。

举例 100% 覆盖“某系统中用户、L1 和 L2 认证”的输入 – 输出表，以生成测试用例

“某系统中用户、L1 和 L2 认证”的输入 – 输出表如表 4-43 所示，我们将该表中的每一行作为一个测试用例，100% 覆盖输入 – 输出表，得到表 4-45 所示的 6 个测试用例。

表 4-45 “某系统中用户，L1 和 L2 认证”测试用例

测试用例编号	测试用例标题
1	用户使用 PAP，L1 使用 PAP，L2 使用 PAP，在强制 CHAP 下进行身份认证测试
2	用户使用 PAP，L1 使用 PAP，L2 使用 CHAP，在强制 CHAP 下进行身份认证测试
3	用户使用 PAP，L1 使用 CHAP，L2 使用 PAP，在强制 CHAP 下进行身份认证测试
4	用户使用 CHAP，L1 使用 CHAP，L2 使用 CHAP，在强制 CHAP 下进行身份认证测试
5	用户使用 PAP，L1 使用 PAP，L2 使用 PAP，在重认证下进行身份认证测试
6	用户使用 CHAP，L1 使用 CHAP，L2 使用 CHAP，在重认证下进行身份认证测试

3. 根据经验补充测试用例

尽管输入 – 输出表已经可以非常详尽地表示各个参数之间的关系，也可以有很好的覆盖度，但还是难免有一些遗漏的地方。为了让测试设计更有效，我们可以根据经验再补充一些测试用例。此时可思考如下问题：

❑ 是否需要考虑一些别的条件？

❑ 哪些地方是容易出问题的？是否还需要补充一些测试用例？

4.10.5　数据类测试设计——等价类和边界值分析法

接下来我们讨论如何对数据类的测试点进行建模，以及如何确定测试条件和测试数据，以完成整个测试设计，如图 4-76 所示。

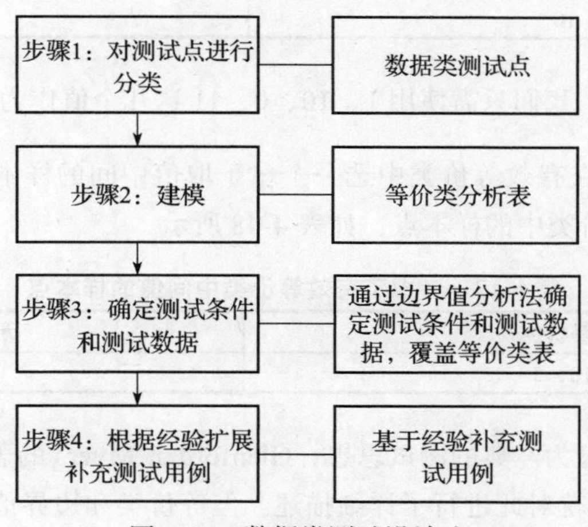

图 4-76　数据类测试设计法

1. 等价类和边界值

我们对测试输入值按照测试效果进行划分，将测试效果相同的测试输入归为一个类，按这种方式得到的分类就叫“等价类”。

由于等价类中测试数据的输出是一样的，所以在测试的时候我们只需要在每个等价类中选择一些测试样本来进行测试就可以了，无须遍历测试所有的值。

而边界值就是对每个等价类中的参数，选择输入的“边界”来作为测试样本，这样的选择策略是源于我们通过错误统计发现，问题更容易在边界值中出现。如果系统处理等价类的边界值时没问题，那么处理等价类中间的取值一般也不会有问题，这也是一个提高测试效率的方式。

一般来说，我们习惯将等价类和边界值放在一起使用：首先对输入进行等价类划分，然后将每个等价类的边界值作为测试的样本点。

例如，某参数 A 的取值取值范围为［1，10］。我们先按照等价类将这个参数划分为有效等价类和无效等价类两类，如表 4-46 所示。

表 4-46 有效等价类和无效等价类

有效等价类	无效等价类
[1，10]	小于 1 或大于 10

然后使用边界值来为每个等价类选择测试样本点，如表 4-47 所示。

表 4-47 使用边界值确定样本点

有效等价类	无效等价类
1，10	0，11

这样在测试的时候，我们只需使用 1、10、0、11 这几个值作为输入即可。

有时候，我们还会在有效等价类中选一个位于取值中间的样本点，如在本例中，我们可以再选 3 作为有效等价类中的样本点，如表 4-48 所示。

表 4-48 考虑了有效等价类中间值的样本点

有效等价类	无效等价类
1，10，3	0，11

等价类和边界值是最为经典的测试思想，Glenford J. Myers 的著作《软件测试的艺术》，在 1979 年出版第一版时就对此进行了详细描述。但等价类和边界值在实战中却很容易出问题——没有正确划分等价类、过度划分等价类都会造成严重的测试遗漏，留下测试隐患。我们建议测试架构师在进行测试方案或测试用例评审时，着重检查团队（特别是缺乏经验的团队）的等价类划分情况，保证测试设计的质量。

2. 使用等价类分析表来建模

等价类分析表是一张“分析数据在 ×× 条件下，有哪些有效输入和无效输入的表”，如表 4-49 所示。

表 4-49 等价类分析表

条　件	有效等价类	无效等价类
条件 1	有效等价类 1	无效等价类 1
	有效等价类 2	无效等价类 2
	有效等价类 3	—
条件 2	有效等价类 4	无效等价类 3
	有效等价类 5	无效等价类 4
	有效等价类 6	—

接下来我们以“WiFi 上可以修改 WiFi 网络的默认名称”为例，使用等价类分析表来进行测试建模。

举例　对"WiFi 上可以修改 WiFi 网络的默认名称"的测试点使用等价类分析表进行建模

"WiFi 上可以修改 WiFi 网络的默认名称"包含的测试点如表 4-31 所示。我们为测试点 3 建立等价类分析表，确定有效等价类和无效等价类。

我们先来分析有效等价类。对"系统能够允许的网络命名"来说，主要包含两个因素：名称的长度和命名规则。"名称长度"的有效等价类为"名称长度在 1 ～ 10 个字符之间，且只包含字母、数字和下划线"；无效等价类包含"名称长度为空（小于 1 个字符)""名称长度大于 10 个字符""名称中包含除了下划线之外的特殊符号""名称中包含了中文字符"。

再考虑将测试点 1 和测试点 2 作为测试点 3 的测试条件，我们得到表 4-50 所示的等价类分析表。

表 4-50　"WiFi 上可以修改 WiFi 网络的默认名称"的测试点的等价类分析表

<table>
<tr><th>测试条件</th><th>有效等价类</th><th>无效等价类</th></tr>
<tr><td rowspan="4">通过 WiFi 的管理口直接登录到 WiFi 上修改 WiFi 网络的名称</td><td rowspan="4">名称长度在 1 ～ 10 个字符之间，且只包含字母、数字和下划线</td><td>名称长度为空（小于 1 个字符）</td></tr>
<tr><td>名称长度大于 10 个字符</td></tr>
<tr><td>名称中包含除了下划线之外的特殊符号</td></tr>
<tr><td>名称中包含了中文字符</td></tr>
<tr><td rowspan="4">通过 PC 连接成功后，登录到 WiFi 上修改 WiFi 网络的名称</td><td rowspan="4">名称长度在 1 ～ 10 个字符之间，且只包含字母、数字和下划线</td><td>名称长度为空（小于 1 个字符）</td></tr>
<tr><td>名称长度大于 10 个字符</td></tr>
<tr><td>名称中包含除了下划线之外的特殊符号</td></tr>
<tr><td>名称中包含了中文字符</td></tr>
</table>

容易发现，在两种条件下，测试点 3 的有效等价类和无效等价类都是一样的，对应的输出也是一样的。因此我们可以对两个条件进行"策略覆盖"，把有效等价类和无效等价类分配到不同的测试条件中，对等价类分析表进行合并简化，如表 4-51 所示。

表 4-51　"WiFi 上可以修改 WiFi 网络的默认名称"的测试点的等价类分析表（简化后）

<table>
<tr><th>测试条件</th><th>有效等价类</th><th>无效等价类</th></tr>
<tr><td rowspan="2">通过 WiFi 的管理口直接登录到 WiFi 上修改 WiFi 网络的名称</td><td rowspan="2">名称长度在 1 ～ 10 个字符之间，且只包含字母、数字和下划线</td><td>名称长度为空（小于 1 个字符）</td></tr>
<tr><td>名称长度大于 10 个字符</td></tr>
<tr><td rowspan="2">通过 PC 连接成功后，登录到 WiFi 上修改 WiFi 网络的名称</td><td rowspan="2">名称长度在 1 ～ 10 个字符之间，且只包含字母、数字和下划线</td><td>名称中包含除了下划线之外的特殊符号</td></tr>
<tr><td>名称中包含了中文字符</td></tr>
</table>

上述这个例子虽然简单，但是却给我们展示了等价类分析表使用中几个需要特别注意的地方。

1）可以将相关性强的有效等价类放在一起来减少测试用例。

例如在本例中，我们在确定“名称长度”和“名称规则”的有效等价类时，并没有将这两个因素分开来考虑，而是把它们放在一起考虑，如表 4-52 和表 4-53 所示。

表 4-52 分别考虑“名称长度”和“名称规则”的有效等价类

因　素	有效等价类
因素 1	名称长度在 1 ～ 10 个字符之间
因素 2	只包含字母、数字和下划线

表 4-53 整体考虑“名称长度”和“名称规则”的有效等价类

因　素	有效等价类
合并后	名称长度在 1 ～ 10 个字符之间，且只包含字母、数字和下划线

但是这个技巧并不适合无效等价类。

2）不能合并无效等价类。

对无效等价类而言，必须是针对单个因素的，不能合并。拿上例来说，表 4-54 所示的无效等价类划分就是错误的，错误原因就是它合并了“名称长度大于 10 个字符”和“包含除了下划线之外的特殊符号”这两个无效等价类。

表 4-54 “名称长度”和“名称规则”错误的无效等价类划分方式

因　素	无效等价类
合并后	名称长度大于 10 个字符，并包含除了下划线之外的特殊符号

3. 覆盖等价类分析表完成测试用例的生成

接下来我们可以使用边界值的方法，为分析出来的每个等价类选择测试数据，覆盖等价类分析表，完成测试用例的生成。

接下来我们继续以“WiFi 上可以修改 WiFi 网络的默认名称”为例，在已经得到的等价类分析表的基础上，进一步得到“测试用例”。

举例　对“WiFi 上可以修改 WiFi 网络的默认名称”的测试点，使用边界值分析法覆盖等价类表来生成测试用例

上一节我们已经分析出与测试点对应的等价类分析表，如表 4-51 所示，这里我们为

表中的每个等价类来确定边界值，如表 4-55 和表 4-56 所示。

表 4-55　有效等价类的取值

有效等价类	说　明
_	名称长度为 1 个字符，下划线
Abcz01239_	名称长度为 10 个字符，字母、数字和下划线的组合

表 4-56　无效等价类的取值

无效等价类	说　明
不输入名称	名称长度为空（小于 1 个字符）
Abcz01239_4	名称长度大于 10 个字符
#	名称中包含除了下划线之外的特殊符号
哈	名称中包含了中文字符

下面将测试条件和测试输入值进行组合，得到表 4-57。

表 4-57　测试条件和测试输入组合

测 试 条 件	有效等价类	无效等价类
通过 WiFi 的管理口直接登录到 WiFi 上修改 WiFi 网络的名称	_	不输入名称
		Abcz01239_4
通过 PC 连接成功后，登录到 WiFi 上修改 WiFi 网络的名称	Abcz01239_	#
		哈

我们将该表中的“测试条件＋每一个输入值”作为一个测试用例，略微整理后得到表 4-58 所示的 6 个测试用例（只给出测试用例标题）。

表 4-58　WiFi 上可以修改 WiFi 网络的默认名称的测试用例

测试用例编号	测试用例标题
1	通过 WiFi 的管理口直接登录到 WiFi 上修改 WiFi 网络的名称为“_”
2	通过 PC 连接成功后，登录到 WiFi 上修改 WiFi 网络的名称为“Abcz01239_”
3	通过 WiFi 的管理口直接登录到 WiFi 上修改 WiFi 网络的名称为空
4	通过 WiFi 的管理口直接登录到 WiFi 上修改 WiFi 网络的名称为“Abcz01239_4”
5	通过 PC 连接成功后，登录到 WiFi 上修改 WiFi 网络的名称为“#”
6	通过 PC 连接成功后，登录到 WiFi 上修改 WiFi 网络的名称为“哈”

4. 根据经验补充测试用例

等价类边界值设计法本身也是一种非全面覆盖的测试设计方法，故难免会有遗漏。为了让测试更有效，我们可以根据经验再补充一些测试用例。

- 是否要在等价类中增加一些除边界值之外的测试数据？
- 有哪些地方是容易出问题的？是否还需要补充一些测试用例？

4.10.6 组合类测试设计——正交分析法

最后我们讨论如何对组合类的测试点进行建模，以及如何确定测试条件和测试数据，以完成整个测试用例的设计。该设计方法如图 4-77 所示。

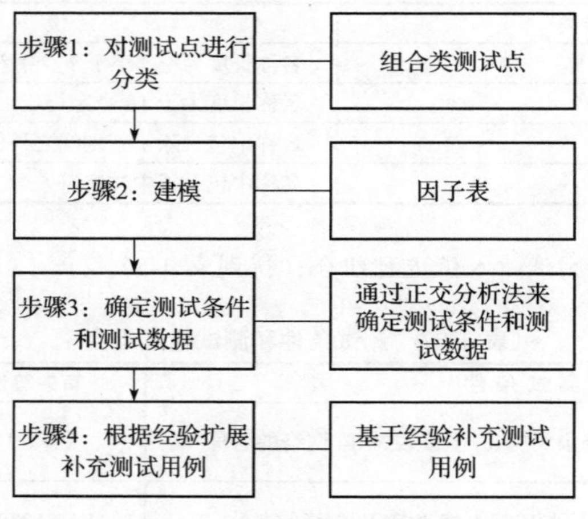

图 4-77 组合类测试设计法

1. 使用因子表来建模

因子表是一张“分析测试点需要考虑哪些方面，这些方面需要包含哪些内容”的表，如表 4-59 所示。

表 4-59 因子表

	因子 A	因子 B	因子 C
1	A1	B1	C1
2	A2	B2	C2
3		B3	C3
4		B4	

关于因子表有两点需要特别说明。

- 如果因子的取值是一个数据类型，我们可以使用等价类和边界值的方法来确定因子的取值。
- 如果因子之间存在一定的约束关系，我们需要将其拆开，建立多张因子表，然后对这些表分别进行测试用例设计。

例如，因子 A 取值为 A1 的时候则因子 B 只能取值为 B1，因子 A 取值为 A2 的时候则因子 B 只能取值为 B2、B3、B4，这时我们需要将其拆开，建立两张因子表，如表 4-60 和表 4-61 所示。

表 4-60　因子 A 取值为 A1 时的因子表

<table>
<tr><th></th><th>因子 A</th><th>因子 B</th><th>因子 C</th></tr>
<tr><td>1</td><td rowspan="3">A1</td><td rowspan="3">B1</td><td>C1</td></tr>
<tr><td>2</td><td>C2</td></tr>
<tr><td>3</td><td>C3</td></tr>
</table>

表 4-61　因子 A 取值为 A2 时的因子表

<table>
<tr><th></th><th>因子 A</th><th>因子 B</th><th>因子 C</th></tr>
<tr><td>1</td><td rowspan="3">A2</td><td>B2</td><td>C1</td></tr>
<tr><td>2</td><td>B3</td><td>C2</td></tr>
<tr><td>3</td><td>B4</td><td>C3</td></tr>
</table>

接下来我们以“PC 连接 WiFi”的测试点 1～测试点 5 为例，使用因子表来进行测试建模。

举例　对“PC 连接 WiFi”的测试点 1～测试点 5 使用因子表来建立测试模型

“PC 连接 WiFi”这个功能的测试点如表 4-30 所示。我们先来分析一下这些测试点中包含的因子。

从测试点 1 和测试点 2 中，我们可以提取出因子 1——“WiFi 网络选择”。该因子的取值为“首选 WiFi 网络”和“备选 WiFi 网络”。

从测试点 3 和测试点 4 中，我们可以提取出因子 2——“是否加密”。该因子的取值为“加密”和“不加密”。

从测试点 5 中，我们可以提取出因子 3——“加密算法”。该因子的取值为“WEP”“WPA”和“WPA2”。

测试点 1～测试点 4 中还隐藏了一个因子 4——“连接 WiFi 是否成功”。该因子的取值为“成功”和“不成功”。

由于只有在因子 2 的取值为“加密”的情况下，因子 3 才有效，所以我们为此建立 2 个因子表，如表 4-62 和表 4-63 所示。

表 4-62 因子 2 为“加密”情况下的因子表

	因子 1：WiFi 网络选择	因子 2：是否加密	因子 3：加密算法	因子 4：连接 WiFi 是否成功
1	首选 WiFi 网络	加密	WEP	成功
2	备选 WiFi 网络		WPA	不成功
3			WPA2	

表 4-63 因子 2 为“不加密”情况下的因子表

	因子 1：WiFi 网络选择	因子 2：是否加密	因子 3：加密算法	因子 4：连接 WiFi 是否成功
1	首选 WiFi 网络	不加密	无	成功
2	备选 WiFi 网络			不成功
3				

2. 使用 PICT 工具来生成测试用例

PICT 工具可基于 Pairwise 测试方法来自动生成测试用例。Pairwise 测试译为“成对测试”，是一种正交分析的测试技术，它能够**覆盖因子取值的所有两两组合**。

为什么我们要使用“两两正交”的方式来覆盖因子表呢？这是因为通过对缺陷的统计分析发现，大部分缺陷均能够通过因子的两两组合来发现，更多因子的组合仅会发现少量的问题，但是测试的投入却是巨大的。为平衡产出和效率，我们选择两两组合的方式来设计测试用例。

我们可以在 http://www.pairwise.org/tools.asp 处下载 PICT 工具。

PICT 工具支持 Windows 操作系统。下载成功后，我们将 PICT 工具解压后放在 c:\PICT 目录下。

假设我们现在需要分析的因子表如表 4-64 所示。

表 4-64 使用 PICT 工具覆盖因子表举例

	因子 A	因子 B	因子 C	因子 D
1	A1	B1	C1	D1
2	A2	B2	C2	D2
3		B3	C3	D3
4			C4	

我们先将因子表按照下述格式写入文件 c:\PICT\test.txt（路径仅为示意）中。

```
因子A: A1, A2;
因子B: B1, B2, B3;
因子C: C1, C2, C3, C4;
因子D: D1, D2, D3;
```

然后在 DOS 中用如下命令调用 PICT 工具运行 test.txt 文件：

```
C:\Windows\System32>c:\PICT\pict c:\PICT\test.txt >c:\PICT\testcase.xls
```

这样 PICT 工具就能帮我们按照 Pairwise 的规则，自动组合因子的取值，并将结果保存在 c:\PICT 的 testcase.xls 中，如表 4-65 所示。

表 4-65　使用 PICT 工具生成的测试用例

	因子 A	因子 B	因子 C	因子 D
1	A1	B1	C2	D2
2	A2	B2	C3	D2
3	A2	B3	C1	D1
4	A1	B2	C2	D3
5	A1	B1	C3	D1
6	A2	B2	C4	D1
7	A2	B2	C1	D3
8	A1	B3	C3	D3
9	A2	B3	C2	D1
10	A2	B1	C4	D3
11	A1	B3	C4	D2
12	A1	B1	C1	D2

然后我们只需将表中的每一行作为一个测试用例即可。

接下来我们以“PC 连接 WiFi”的测试点 1 ～测试点 5 的因子表为例，使用 PICT 工具来设计测试用例。

举例　对“PC 连接 WiFi”的测试点 1 ～测试点 5 的因子表使用 PICT 工具来生成测试用例

上一节中我们已经分析得到了“PC 连接 WiFi”的测试点 1 ～测试点 5 的因子表。接下来我们使用 PICT 工具，按照本节介绍的方法，分别对这两个正交表进行分析，得到的结果如表 4-66 和表 4-67 所示。

表 4-66 因子 2 为加密情况下的 Pairwise 表

	因子 1：WiFi 网络选择	因子 3：加密算法	因子 4：连接 WiFi 是否成功
1	备选 WiFi 网络	WPA	不成功
2	首选 WiFi 网络	WEP	成功
3	备选 WiFi 网络	WPA2	成功
4	备选 WiFi 网络	WEP	不成功
5	首选 WiFi 网络	WPA	成功
6	首选 WiFi 网络	WPA2	不成功

表 4-67 因子 2 为不加密情况下的 Pairwise 表

	因子 1：WiFi 网络选择	因子 4：连接 WiFi 是否成功
1	首选 WiFi 网络	成功
2	备选 WiFi 网络	不成功
3	首选 WiFi 网络	不成功
4	备选 WiFi 网络	成功

接下来我们可以合并这两张 Pairwise 表，得到测试用例（只给出“测试用例标题”），如表 4-68 所示。

表 4-68 整理后的测试用例

测试用例编号	测试用例标题
1	使用备选 WiFi 网络，WPA 加密，连接不成功
2	使用首选 WiFi 网络，WEP 加密，连接成功
3	使用备选 WiFi 网络，WPA2 加密，连接成功
4	使用备选 WiFi 网络，WEP 加密，连接不成功
5	使用首选 WiFi 网络，WPA 加密，连接成功
6	使用首选 WiFi 网络，WPA2 加密，连接不成功
7	使用首选 WiFi 网络，不加密，连接成功
8	使用备选 WiFi 网络，不加密，连接不成功
9	使用首选 WiFi 网络，不加密，连接不成功
10	使用备选 WiFi 网络，不加密，连接成功

3. 根据经验补充测试用例

我们对因子表是使用“两两正交”的方式来进行覆盖的，这本身也是一种非全面覆盖的测试设计方法，故难免会有遗漏。为了让测试更有效，我们可以根据经验再补充一些测试用例。

❑ 是否需要增加因子取值的组合？

❑ 哪些地方是容易出问题的？是否还需要补充一些测试用例？

4.10.7　错误推断法

错误推断法是测试者根据经验来判断产品在哪些地方容易出现问题，然后针对这些地方来设计测试用例的方法。

错误推断法是一种基于经验的测试设计方法。使用错误推断法来设计测试用例，测试用例的有效性（测试用例发现缺陷的能力）会比较高，但也容易引发过度测试——测试者可能会为了发现缺陷而测试得过于严苛，却忽视对一些基本功能和场景的测试验证，造成测试遗漏。

一般来说，我们建议把错误推断法和基于模型的测试设计法放在一起使用，如我们前面介绍的测试设计四步法的第四步，在保证测试用例对场景、功能、设计有一定覆盖度的基础上，进一步增加测试用例的有效性。

错误推断法中的“经验”，主要源于对产品缺陷的分析。错误推断法的操作步骤如图 4-78 所示。

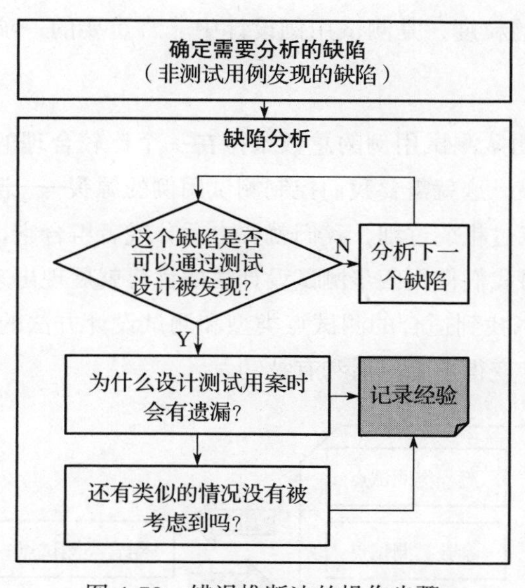

图 4-78　错误推断法的操作步骤

在图 4-78 所示过程中对非测试用例发现的缺陷进行分析时，用了很多启发式的问题，我们可以一边给自己提问题，一边记录下想到的“灵感”；也可以由一个团队来进行上述过程，大家一起来激发灵感，拓展思路，提高测试用例设计的有效性。

4.11 控制测试用例的粒度

如同我们希望开发的代码有统一的风格，我们也希望测试用例有统一的风格，而不是有些测试用例写得很细致，有些测试用例写得很粗犷，这就需要我们来控制测试用例的粒度。

4.11.1 测试点的组合和拆分

测试用例的粒度是对“测试用例是精细还是笼统”的通俗说法。测试用例越聚焦到一个功能点上，这个功能点越小越细，测试用例粒度就越细；反之，如果一个测试用例包含了比较多的功能点，这个测试用例的粒度就会比较粗。

一般说来，粒度细的测试用例，更容易发现产品在设计上的问题，但是如果整个测试团队的测试用例的粒度都很细，那么需要测试的测试用例就会比较多，这会给测试进度、测试投入和测试用例的编写和维护等带来不少问题。粒度粗的测试用例，更容易发现产品在系统、设计、功能交互和需求方面的问题，但是如果整个测试团队测试用例的粒度都很粗，那么可能漏掉很多功能设计上的细节问题，影响产品质量。

所以控制测试用例的粒度，是测试用例设计中非常重要的一项工作。此时我们要做两件事：

（1）我们希望整个团队测试用例的总数维持在一个比较合理的范围内，同时能很好地达到测试验证产品的效果。这就需要我们控制测试用例的源头——测试点，让测试点不要过粗或者过细。如果测试点过粗或过细，我们就要去拆分或者组合它，保证设计出来的测试用例的粒度比较统一。这时我们使用四步测试设计法的优势就展现出来了，针对拆分或组合后的测试点，我们还是可以找到适合的测试点类型和测试设计方法的，如图 4-79 所示，这也使得我们的测试用例设计变得更为灵活和有技巧。

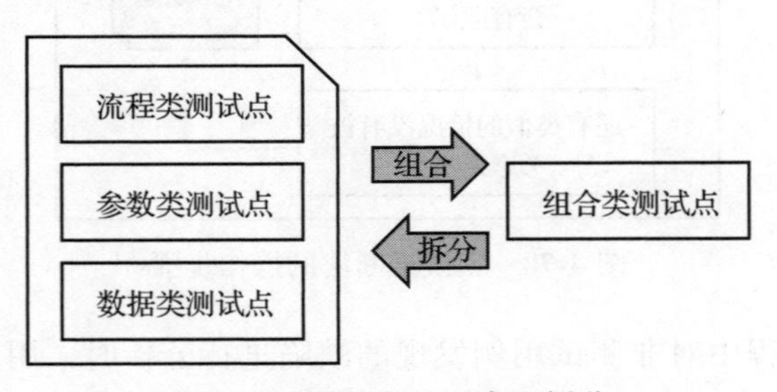

图 4-79 测试点的组合和拆分

（2）通过不同的测试用例粒度，可能会发现不同层次的产品问题（细粒度的测试用例可能更容易发现产品功能设计和实现方面的问题，而粗粒度的测试用例可能更容易从系统的角度发现一些功能交互和需求方面的问题），所以在不同的测试阶段，我们可以有意识地对测试点做一些拆分或组合，以求从不同的层次去测试产品，发现不同问题，如表 4-69 所示。

表 4-69 在不同的阶段拆分测试点

	集成测试阶段	系统测试阶段
测试用例粒度	相对细	相对粗
测试用例设计方法	多使用流程、数据和参数类的测试用例设计方法，减少对组合类的使用	多使用组合类的测试用例设计方法，减少对流程、数据和参数类的使用

4.11.2 策略覆盖

还有一种有效的控制测试用例粒度的方法——策略覆盖。在设计测试用例时，我们经常会遇到这样的情况：

- 有些因子，如操作系统、平台等，除了那些可以分析到的对系统有影响的地方之外，对系统可能没有影响、影响很弱或者影响未知的地方，没有必要使用 Pairwise 来进行正交。
- 有些数据类的测试点比较细，比如测试一个名称，但是它和其他的测试点没有关系或者关系很弱，此时就没有必要使用 Pairwise 来做正交。

针对上述两种情况，我们就可以考虑使用策略覆盖的方式，将这些因子或数据的取值分配到其他测试用例中，作为其他测试用例的测试数据或者是测试条件（或预置条件）。例如，对于第一种情况，假设因子 A 有 4 个因子值，如表 4-70 所示，且我们已经通过流程、参数、数据或组合的测试设计方法，得到了 6 个测试用例，如表 4-71 所示。

表 4-70 因子 A

序 号	因子 A
1	A1
2	A2
3	A3
4	A4

表 4-71 测试用例

测试用例编号	测试用例标题
1	测试用例 1
2	测试用例 2

(续)

测试用例编号	测试用例标题
3	测试用例 3
4	测试用例 4
5	测试用例 5
6	测试用例 6

我们将表 4-70 所示因子 A 作为预置条件，并将其分配到表 4-71 所示 6 个测试用例中，得到的结果如表 4-72 所示。

表 4-72 把因子 A 分配到测试用例中

测试用例编号	测试用例标题	预置条件
1	测试用例 1	A1
2	测试用例 2	A2
3	测试用例 3	A3
4	测试用例 4	A4
5	测试用例 5	A1
6	测试用例 6	A2

对于第二种情况，假设数据 B 使用等价类和边界值分析后，有 4 个测试数据，如表 4-73 所示。

表 4-73 数据 B

序 号	数据 B
1	B1
2	B2
3	B3
4	B4

我们将表 4-73 所示数据 B 作为测试输入数据，并将其分配到表 4-71 所示的 6 个测试用例中，如表 4-74 所示。

表 4-74 把数据 B 分配到测试用例中

测试用例编号	测试用例标题	测 试 数 据
1	测试用例 1	B1
2	测试用例 2	B2
3	测试用例 3	B3
4	测试用例 4	B4
5	测试用例 5	B1
6	测试用例 6	B2

需要特别说明的是，上面在分配因子或数据的时候，使用的是轮询的方式，即按照A1、A2、A3、A4、A1……的顺序在进行。在实际项目中，轮询方式不一定适合，我们还需要考虑如下几种情况。

1. 内容的重要性

不同的因子或数据值，它们的重要性可能也不同。对于重要的、优先级高的因子，我们可以加大分配量。例如，因子 A 中的 A1 重要性相对 A2 ～ A4 都要高一些，我们就可以在测试用例中多分配一些 A1，如表 4-75 所示。

表 4-75　根据重要性增加覆盖

测试用例编号	测试用例标题	预置条件
1	测试用例 1	A1
2	测试用例 2	A2
3	测试用例 3	A3
4	测试用例 4	A4
5	测试用例 5	A1
6	测试用例 6	A1

2. 测试执行的便利性

我们可以尽量将和这个测试用例有关的因子或数据值分配到一起，达到执行测试用例的时候可以顺便测试这个因子或数据值的效果。

最后我们还是以“PC 连接 WiFi”为例，看看如何进行策略覆盖。

目前我们还有一个“ PC 会使用不同的操作系统来连接 WiFi”这样一个测试点，我们来看看如果将把这个测试点中“操作系统”这个因子，放在“PC 连接 WiFi”的测试用例中进行策略覆盖。

举例　将“PC 会使用不同的操作系统来连接 WiFi”这个测试点策略覆盖到“PC 连接 WiFi”的测试用例中

在“PC 会使用不同的操作系统来连接 WiFi”这个测试点中，支持的操作系统包括 Windows 10、Windows 8、Windows 7、Mac OS X。

我们将这个测试点策略覆盖到表 4-68 所示的测试用例中：首先，我们来分析操作系统这个因子，看看不同的操作系统是否具有不同的优先级。作为举例，我们假设 Windows 10 和 Windows 8 的优先级比较高。接下来，我们来考虑测试执行的便利性。

从测试时的配置顺序来看，我们会先选择是使用“首选 WiFi”还是“备选 WiFi”，再选择“是否要加密”，如果要“加密”，我们还要选择“加密算法”。我们可以将上述配置过程绘成一棵树的形式，如图 4-80 所示。

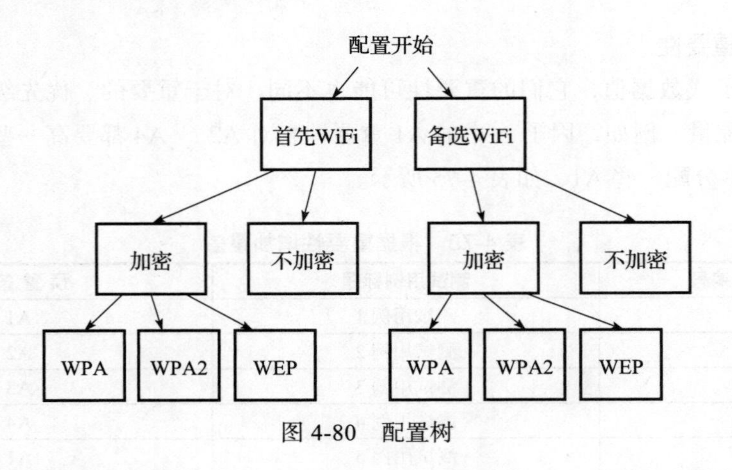

图 4-80 配置树

然后让每种操作系统覆盖一个“树杈”，如图 4-81 所示。

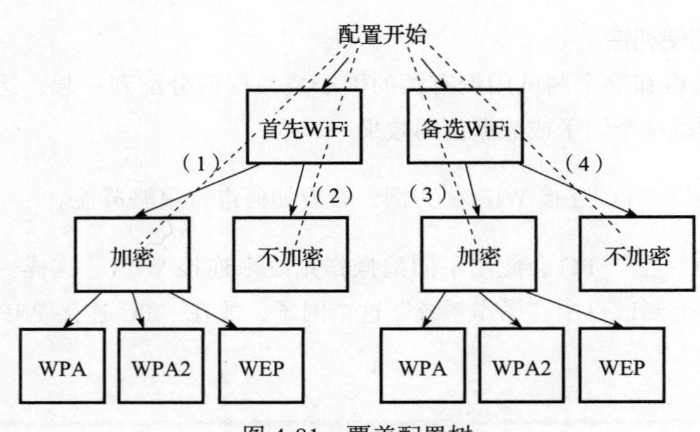

图 4-81 覆盖配置树

图 4-81 所示（1）和（3）中还包含了 3 种加密的情况，包含的测试用例比（2）和（4）要多一些，我们可以将（1）和（3）分别“分配”给分析出来的重要操作系统——Mac OS 和 Windows 10；将（2）和（4）分别分配给相对不那么重要的操作系统——Windows 7 和 Windows 8。

按照上述分配策略，我们将操作系统这个因子在测试用例中进行分配，如表 4-76 所示。

表 4-76　将操作系统这个因子分配到测试用例中

测试用例编号	测试用例标题	预置条件
1	使用备选 WiFi 网络，WPA 加密，连接不成功	Mac OS
2	使用首选 WiFi 网络，WEP 加密，连接成功	Windows 10
3	使用备选 WiFi 网络，WPA2 加密，连接成功	Mac OS
4	使用备选 WiFi 网络，WEP 加密，连接不成功	Mac OS
5	使用首选 WiFi 网络，WPA 加密，连接成功	Windows 10
6	使用首选 WiFi 网络，WPA2 加密，连接不成功	Windows 10
7	使用首选 WiFi 网络，不加密，连接成功	Windows 7
8	使用备选 WiFi 网络，不加密，连接不成功	Windows 8
9	使用首选 WiFi 网络，不加密，连接不成功	Windows 7
10	使用备选 WiFi 网络，不加密，连接成功	Windows 8

4.12　影响测试设计效果的因素

4.2 ～ 4.11 节详细介绍了测试分析以及设计的技术和模型，如车轮图、测试设计四步法、对测试点进行分类、最小线性无关路径覆盖、输入 – 输出表、等价类分析表、因子表等。通常我们都对这些测试设计方法寄予厚望，认为只要掌握了这些方法就可以拥有完美的测试效果，测试质量自然也提升了。事实真的如此简单吗？很遗憾，答案是否定的。

很多时候，我们试图去提升一个点，若仅盯着这个点去做是不够的，我们需要从系统的角度，拉通上下游，整体去分析。我们会发现，除了测试设计技术本身，下面这些因素也会严重影响测试设计的效果：

- 与需求相关的各种问题，如烂需求、伪需求和不清晰的需求。
- 开发的功能无法有效验证，可测试性不强。
- 过于死板的测试设计策略。

这就需要测试者能够**有效澄清和确认需求，有针对性地提出可测试性需求，并针对不同的项目选择合适的测试设计方法**。如果说前面几个章节讨论的各种测试设计方法是基本动作，那接下来我们要讨论的内容就是做好测试设计的有效保证，是测试者把控测试设计水平的重要体现。本节先讨论如何有效澄清需求和确认需求，这对测试架构师来说尤为重要，后续的章节还将讨论如何根据不同的项目来选择合适的测试设计策略。

4.12.1 有效澄清和确认需求

我们应该意识到，需求问题才是研发领域长久以来的短板，对此我们已经有太多的教训，尽管我们试图用场景、用户故事（user story）、用户案例（user case）等来描述需求，但还是有太多的“一句话需求”“不清晰的需求”。很多时候，开发人员都开始设计编码了，测试人员也开始做测试设计了，双方一沟通才发现还有很多需求细节根本没有明确，然后又讨论出很多需求阶段没有考虑的地方，从而打乱原本的开发节奏，使得项目交付或产品研发变得不可控。

还有更坏的情况，就是开发人员按照自己的理解实现了产品，测试人员按照自己的理解设计了测试用例，直到后期测试验证的时候，存在的差异才被发现，然后开发人员和测试人员又去澄清和争论这些问题，去鉴定测试人员发现的问题究竟是需求还是缺陷。这会造成产研效能的浪费。

由上可见，脱离需求的测试设计，即便用了完美的测试设计方法，也是没有意义的。有效澄清和确认需求，是测试设计的基础，更是整个测试过程，甚至是产品或项目成功的关键。

观　点

脱离需求的测试设计是没有意义的。有效澄清和确认需求，是测试设计的基础。

早在几十年前，软件测试行业就通过分析缺陷修复成本，发现“缺陷越早被发现，修复成本越低”，进而提出了“测试左移”的观点，让测试人员在需求阶段就开始参与项目，去和一线产品人员和业务分析师一起澄清需求中的问题。

但是遗憾的是，很多测试者在项目早期参与时并不知道该做什么，大多数在充当“听众”，听一线产品人员、业务分析师或者系统工程师来讲这个场景或者需求，他们只做一下记录，并没有发挥出测试的主观能动性。事实上，测试人员在需求阶段可以利用车轮图来对需求进行梳理和确认，具体操作方式如图 4-82 所示。

表 4-77 所示为通过车轮图梳理和确认需求的检测清单。

表 4-77 通过车轮图确认需求检测清单

序　号	确认需求检测清单
1	利用车轮图，确认需求中的功能部分是否包含功能属性和子属性中的内容
2	从测试类型 / 测试方法的角度，讨论那些容易出现问题的地方，在需求中是否有所覆盖或者考虑
3	是否需要增加对需求的约束或者限制条件
4	是否需要对需求增加一些备注，便于后续设计和测试时考虑

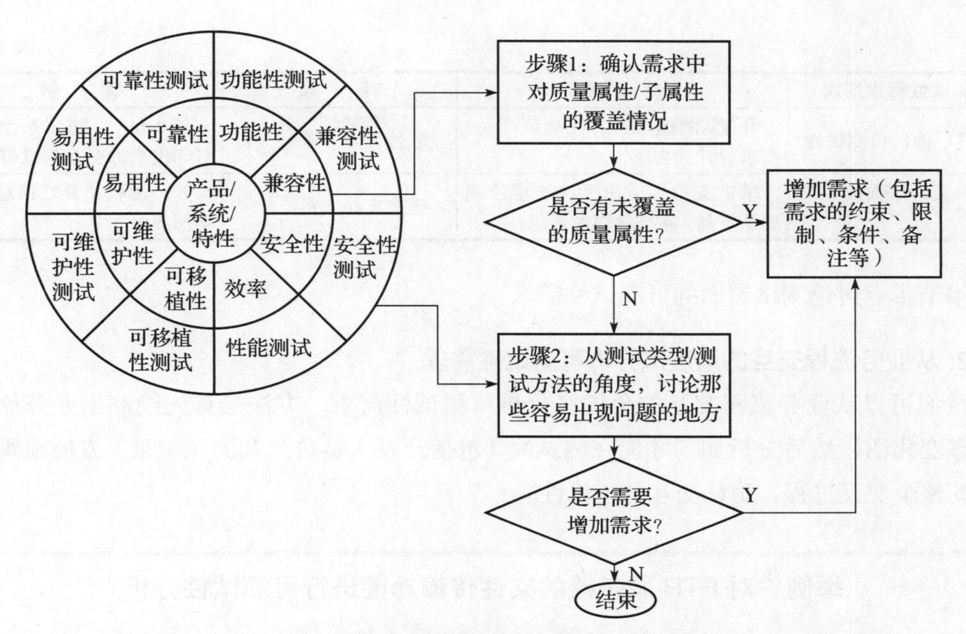

图 4-82　利用车轮图来进行需求梳理和确认

4.12.2　有针对性的可测试性需求

可测试性又称易测试性，在 4.2.9 节中我们已经讨论了可测试性的基本概念——**可以很方便地确认系统中某个功能是否满足预期的能力**。有针对性的可测试性设计，可以有效帮助开发、测试人员快速确认结果，提高测试设计的效率，因此如何识别出高质量的可测试性需求就变得尤为重要。

1. 可测试性需求的层次

可测试性需求是有一定层次的，我们按照系统或者产品的使用对象，将可测试性需求分为如下 3 层：

- 用户层面的可测试性。
- 测试层面的可测试性。
- 维护支持层面的可测试性。

表 4-78 总结了上述几种可测试性需求的特点。

表 4-78　不同层次的可测试性需求特点

可测试性需求层次	说　明	对　象	举　例
用户层面的可测试性	用户便于验收、确认产品 / 系统功能的正确性或故障的需求	产品使用者（用户）	和 trouble shouting（故障分析）相关的功能，如 ping

（续）

可测试性需求层次	说　明	对　象	举　例
测试层面的可测试性	开发 / 测试人员方便确认产品 / 需求设计的需求	软件开发、测试人员	如 debug、测试某个功能打印出来的交互信息等
维护支持层面的可测试性	维护支持人员用于快速定位或确认产品 / 系统故障的需求	维护支持人员	如一键收集异常信息、样本回放等

本节重点讨论测试层面的可测试性需求。

2. 从业务流程交互的角度来分析可测试性需求

我们可以从业务流程交互的角度来分析可测试性需求，方法是首先绘制出业务流程或者状态变化图，然后分析如何才能在测试时（包括开发人员自测和测试验证）方便地跟踪到业务的整个交互过程，确认交互的正确性。

举例　对 FTP 服务器的文件传输功能进行可测试性分析

FTP 服务器的文件传输过程如图 4-83 所示（以 PASV 方式为例）。

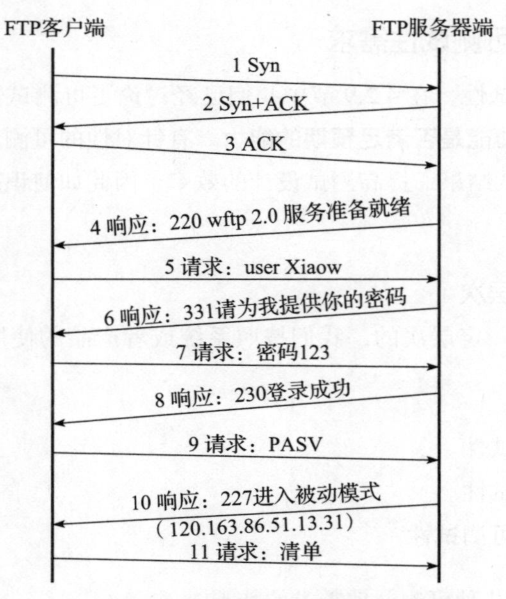

图 4-83　FTP 服务器的文件传输过程

首先需要对 FTP 协议的交互流程进行测试，这就需要在服务器上跟踪业务交互的整个流程，确认每个状态是否正确。这样就可以得到表 4-79 所示可测试性需求。

表 4-79　从 FTP 服务器文件传输业务角度提取的可测试性需求

编　号	可测试性需求列表	对应的业务流程
1	能够跟踪 FTP 的连接建立状态（三次握手）	图 4-83 所示步骤 1 ～步骤 3
2	能够跟踪 FTP 用户认证的状态（包含认证通过和失败）	图 4-83 所示步骤 4 ～步骤 8
3	能够跟踪 FTP 使用的模式（PASV 或者 Active）	图 4-83 所示步骤 9 和步骤 10
4	能够跟踪 FTP 使用的命令（如清单等）	步骤 11

3. 从异常状态的角度来分析可测试性需求

从业务流程交互的角度来获得可测试性需求，通常关注的是正常流程。接下来还需要分析有哪些异常场景，看看这些异常场景是否可以被很方便地追踪到，从这个角度再来提取可测试性需求。

举例　针对 FTP 服务器的文件传输功能，从异常状态的角度来分析可测试性需求

我们先来分析 FTP 服务器的文件传输功能中可能有哪些异常场景。假设通过分析得到如下异常场景（实际项目中，可以通过需求或者设计文档来确定异常场景，也可以根据测试人员的经验来识别重要的异常测试场景）。

- 异常场景 1：服务器异常退出。
- 异常场景 2：服务器等待客户端的响应超时。
- 异常场景 3：同时有大量的半连接。

接着我们再来分析，当这些异常场景出现后，在测试时是否可以很容易被确认。这样我们又可以得到几点可测试性需求，如表 4-80 所示。

表 4-80　从 FTP 服务器文件传输异常角度提取的可测试性需求

编　号	可测试性需求列表	对应的异常场景
1	能够对服务器的异常退出进行记录	异常场景 1
2	能够对服务器的超时情况进行记录	异常场景 2
3	能够统计服务器的连接情况	异常场景 3

4. 从测试用例的预期结果来分析可测试性需求

在进行测试用例设计的时候，可能会发现一些测试用例的结果不易于观察，这些不易于观察的地方，也可以作为可测试性需求提出，如跟踪机制、内存管理、队列管理等。

表 4-81 总结了一些较为通用的可测试性需求。

表 4-81 可测试性需求参考

分　类	可测试性需求描述
日志	1）各模块日志的打印是否符合规范?（例如时间、日志等级、模块、内容、统计数量等信息是否完整?） 2）日志信息是否太少，达不到测试的要求? 3）是否有针对异常的日志?
数据库	1）数据库的关键操作是否记录到日志，如读取或刷新配置、断连或重连等？日志能够便于测试问题的发现和定位 2）对 SQL 执行中的异常情况是否能够进行记录或告警？如因为数据库性能瓶颈导致的问题
文件	1）对文件句柄使用情况是否进行了监控? 2）单 SDK 能否记录 SDK 本身的处理速度和写文件的速度?
系统资源	1）为线程提供属性观察点，线程状态可知，线程吊死问题能及时被发现 2）为线程提供控制方法，能够启动、暂停、退出线程 3）线程数可配置 4）为消息队列的并发访问增加日志，提供通过观察点实时查询占用、等待线程的功能 5）提供内存的访问工具，能够对内存中的数据提供结构化的操作（增加、删除、设置、查询）能力 6）为 socket 提供自测试服务 7）为队列增加性能统计日志，至少包括队列消息数、处理速度等（可以观察消息积压情况和处理速度） 8）提供队列满的控制方法 9）提供超时时长的设置方法 10）实现可用内存阈值检测功能，以此来判定是否要创建新的队列
系统测试	1）性能指标测试与瓶颈定位的可实现性和方便性 2）系统告警功能验证测试的可实现性和方便性 3）系统容限、容错、极限性能测试的可实现性和方便性 4）协议跟踪与验证测试的可实现性和方便性

5. 可测试性分析展开的时机和要点

从软件工程的角度来说，有两个阶段比较适合进行可测试性需求分析，如表 4-82 所示。

表 4-82 可测试性需求分析的时机

适合进行可测试性分析的阶段	从哪个层面来提出可测试性需求	建议的需求识别人
前期需求阶段	主要从用户层面来提出可测试性需求	产品人员，测试人员
开发设计阶段	主要从测试验证角度来提出可测试性需求	测试人员，技术支持人员

可测试性需求虽然可以给开发人员和测试人员带来方便，但可测试性需求也会增加产品的经济和时间成本，所以识别出来的所有可测试性需求都需要由需求工程师进行汇总，并统一按照优先级排序。

除此之外，可测试性需求最后大多会以日志、调试或者告警等方式来实现，故**对可靠**

性进行整体设计尤为重要，这可避免可测试性信息出现重复、描述不清等问题，还需要注意它在存储、备份、容量、对系统性能和稳定性的影响等方面的问题。所以对测试人员来说，还需要测试在开启可测试性功能后系统的稳定性及对性能的影响等，以免用户在使用可测试性功能时引发异常。

我们还建议将一些可测试性需求设计为版本的接收测试项目，以便确认这个版本即将执行的测试用例是否可以被方便地测试和确认，这可帮助我们有效提升测试团队的整体测试效率。

4.13　基于场景的测试方法

4.2 节～ 4.9 节从软件产品质量模型出发，讨论了如何使用车轮图来展开测试分析和设计。使用车轮图虽然可以快速全面地进行测试设计，但是这种测试设计是从系统内部出发的，不会涉及用户会如何认识和使用这个系统，这就可能导致出现洋洋洒洒设计了很多测试用例，但是到用户现场才发现用户根本就不是这样用的窘况。

要解决这个问题，就需要基于场景对被测系统进行分析，基于场景对测试进行分析和设计。

4.13.1　场景和场景测试

我们在 4.6.3 节中介绍场景性能测试法时，已经介绍了场景的概念——场景是指用户会使用这个系统来完成预定目标的所有情况的集合。

场景本身也代表了用户的需求，所以我们可以认为场景是需求的一种描述形式。和从质量属性的角度去描述需求不同，场景是从使用者的角度去看系统的，主要解决如何使用系统的问题。

Karl E. Wiegers 在他的著作《软件需求》（*Software Requirements* 的第二版）中给出一个化学品跟踪管理系统的场景图，该图可以很好地说明用户场景的特点，如图 4-84 所示。

即使我们不能完全理解这个化学品跟踪管理系统，也可以从中“窥见”场景的作用。

- 可以分析出与这个系统相关的所有使用者（用户）。
- 可以明确用户会如何使用这个系统（用户的使用习惯）。
- 可以明确用户的关注点是什么。

在场景里，我们完全是从用户角度去理解系统的，从而可以挖掘出用户的隐含需求。

例如图 4-84 所示情况，如果不是站在化学品仓库保管人员的角度去看这个系统，就不会发现功能点“查看厂商的产品目录”和“请求一种化学品”之间有内在关系。

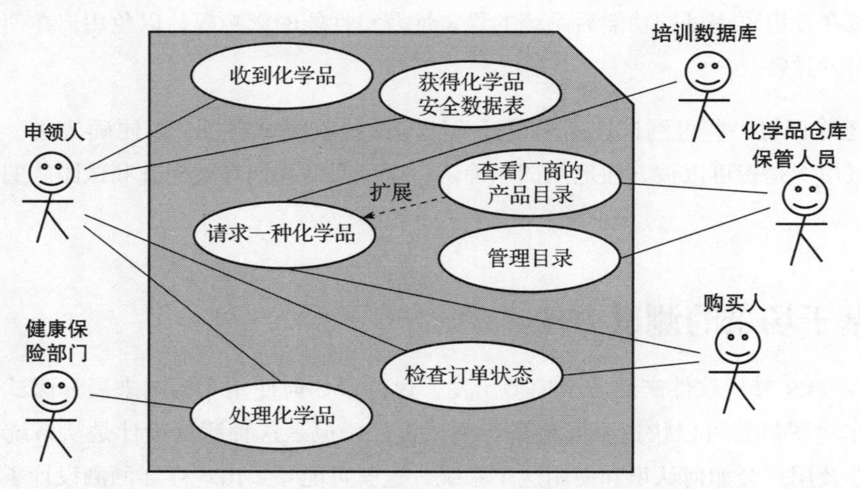

图 4-84 《软件需求》中的化学品跟踪管理系统的用例图（场景图，局部）

对一个用户来说，其和系统的功能点交互，是通过操作步骤和系统的反馈一步步完成的。我们把那些与最核心、最直接的功能对应的步骤称为主步骤，对应的场景称为主要场景；与分支条件对应的是从步骤，对应场景为次要场景。图 4-85 总结了主要场景、次要场景和主步骤、从步骤之间的关系。

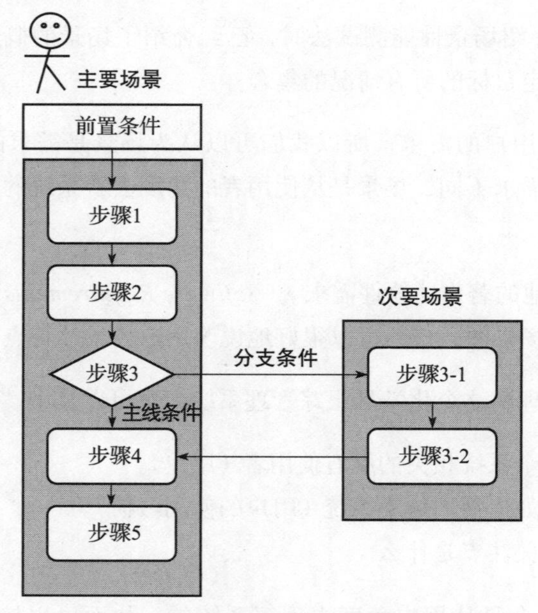

图 4-85 主要场景和次要场景示意图

需要特别说明的是，图 4-85 所示主要场景和次要场景可以对应一个功能点，也可以对应不同功能点，两个功能点之间通过“分支条件”来连接。在这种情况中，显然分支条件等同于次要场景的前置条件，这暗示我们，场景可以串联，形成一个更大、更复杂的场景，如图 4-86 所示。

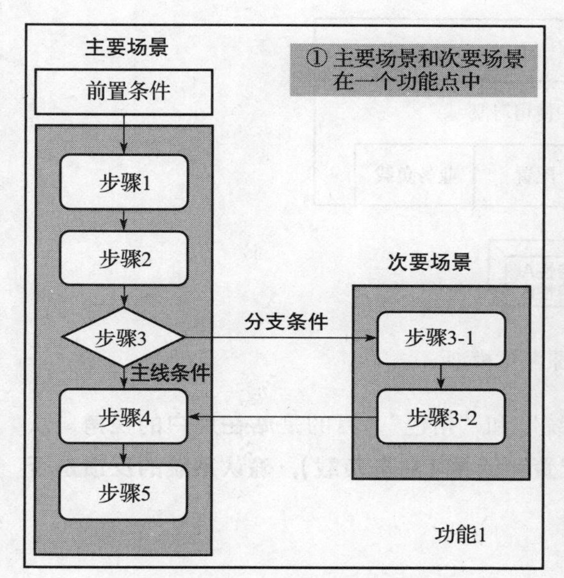

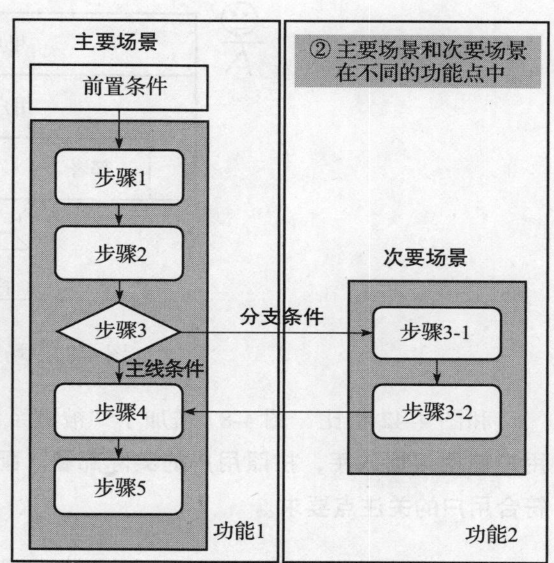

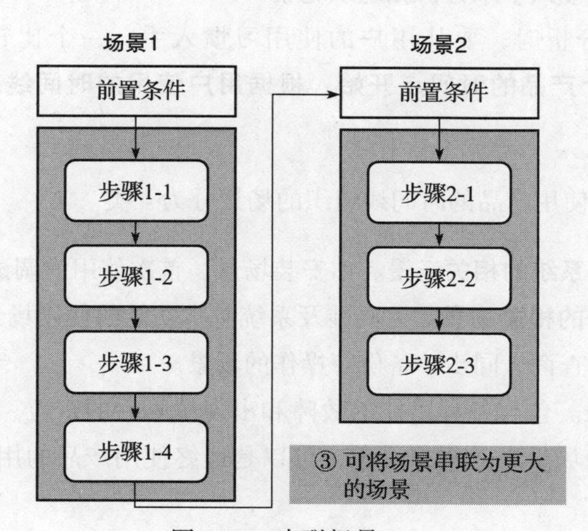

图 4-86　串联场景

场景测试就是从场景的角度对系统进行测试和验证。从另一个角度来说，场景测试也是一种需求测试。所以场景测试都是黑盒测试，其将系统或者系统功能作为黑盒，不会关注系统实现细节，主要关注用户的使用习惯和用户的关注点。

4.13.2 使用场景测试模型来进行测试分析

4.6.3 节介绍了场景测试模型（详见图 4-42），为了方便本节的介绍，我们对图 4-42 进行适当改选得到图 4-87。

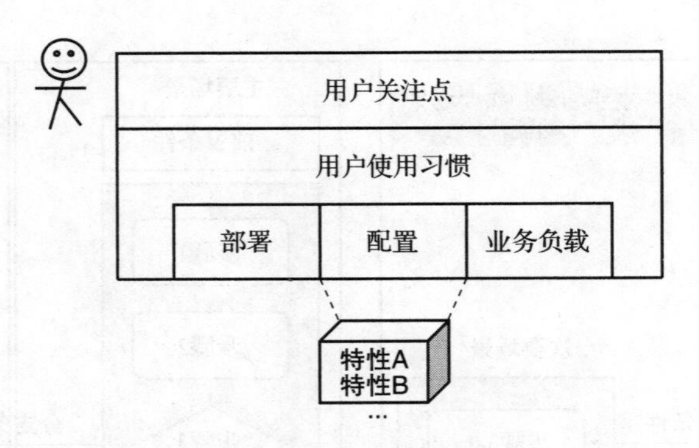

图 4-87 场景测试模型

和图 4-42 相比，图 4-87 增加了“被测系统”和“角色”，目的是**站在用户的视角，从用户使用习惯入手，按照用户的实际部署、配置和使用（业务负载），确认系统的反馈是否符合用户的关注点要求。**

1. 从用户使用习惯入手来分析和组织场景

进行场景测试分析时，要从用户的使用习惯入手。一个比较好的切入点是**从用户开始接触和使用这个产品的时间点开始，根据用户使用的时间线来分析和组织场景**，如图 4-88 所示。

我们将根据用户使用产品的时间线组织的场景分为 4 类。

- **用户首次使用系统的相关场景**。如安装场景、首次使用的调试场景、试运行场景等。
- **用户日常使用的相关场景**。主要涉及系统基本功能的使用场景，如常见的进行增加、删除、修改、查询、同步、备份等操作的场景。
- **故障相关场景**。包含各种可能的故障和出现故障后的定位、解决场景。需要特别说明的是，这个场景中的用户对象，可以是最终使用产品的用户，也可以是产品的维护支持人员。
- **升级 / 扩容相关场景**。包含系统升级、功能扩展等场景。

2. 分析主要场景和次要场景

接下来我们分析上述场景包含的主要场景和次要场景。

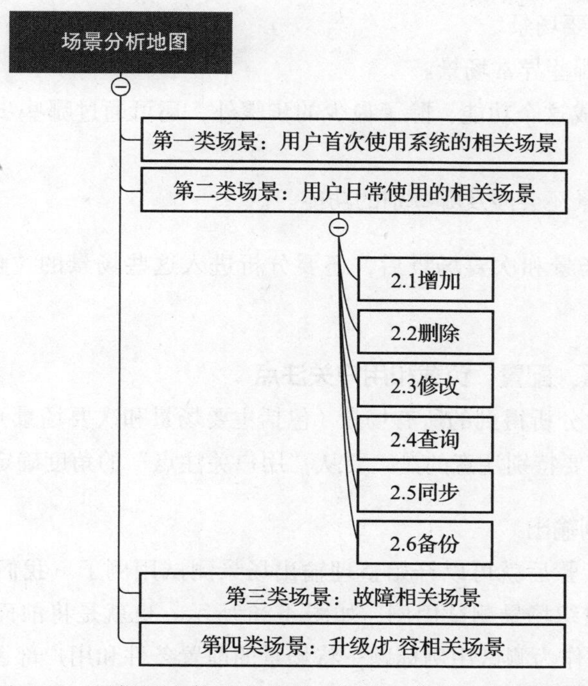

图 4-88　根据用户使用产品的时间线来分析和组织场景

从产品设计开发的角度来说，在实现某个功能的时候，会先关注这个功能最重要、最核心的点是什么，然后优先去实现和满足这个点，这就会自然而然形成一个最短的“主路径”。从用户的角度来说，这条主路径往往会对应主要场景。主要场景满足后，开发人员才会逐渐考虑去完善整个功能，包括异常、其他操作和其他的功能交互等。

分析系统的主要场景和次要场景的思路如图 4-89 所示。

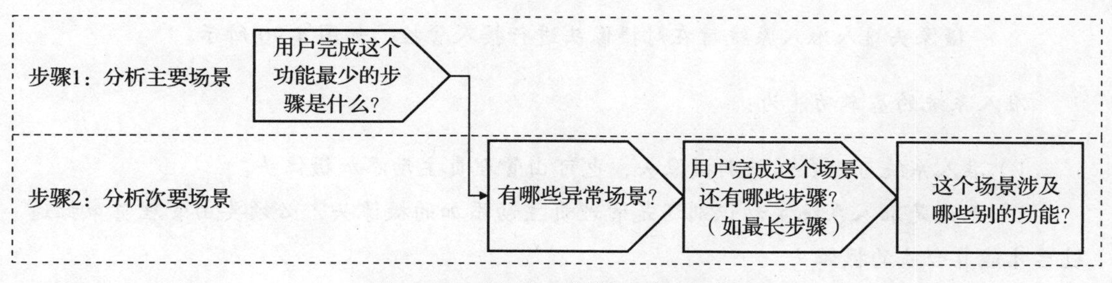

图 4-89　分析主要场景和次要场景

具体步骤为：

1）分析这个功能最核心的点是什么，用户完成这个点最少的步骤是什么，这些步骤构成的场景一般就是主要场景。

2）可以分析有哪些异常场景。

3）分析用户完成这个功能，除了最少的步骤外，还可通过哪些步骤完成，如最长的步骤等。

4）分析这个场景还会涉及哪些别的功能。

在分析出主要场景和次要场景后，还要分析进入这些场景的“触发器”及前置条件，以完善整个场景。

3. 确定用户部署、配置、负载和用户关注点

最后，我们要对分析得到的所有场景（包括主要场景和次要场景）进行部署、配置和使用负载分析。此时需要特别注意的是，要从“用户关注点”的角度确定相关检查点。

4. 场景测试用例输出

完成前面3个步骤后就可以开始整理输出场景测试用例了。我们可以按照用户使用这个产品的时间线来组织场景测试用例，如图4-88所示。也就是将前面分析得到的主要场景或次要场景的描述，作为测试用例标题；将场景的前置条件和用户部署作为测试用例的前置条件；将主要场景或次要场景中分析得到的步骤作为测试用例的步骤；将配置、负载等作为测试用例的输入；将用户关注点作为测试用例的输出（预期结果）。

对于如何写出漂亮的测试用例，可以参考第5章（主要是5.2节和5.3节）。

举例 ××摄像头接入准入系统测试场景分析

（1）××摄像头接入准入系统说明

××摄像头接入准入系统旨在对摄像头进行接入管控，如图4-90所示。

准入系统的基本功能为：

1）准入系统可以自动识别摄像头，也可由管理员主动添加摄像头。

2）无论是准入系统主动识别还是管理员主动添加的摄像头，必须要由管理员审批通过后才能算合法的摄像头。

3）只有被管理员审批通过的摄像头才能访问摄像头接入服务器。准入系统会阻断没有被管理员审批通过的摄像头。

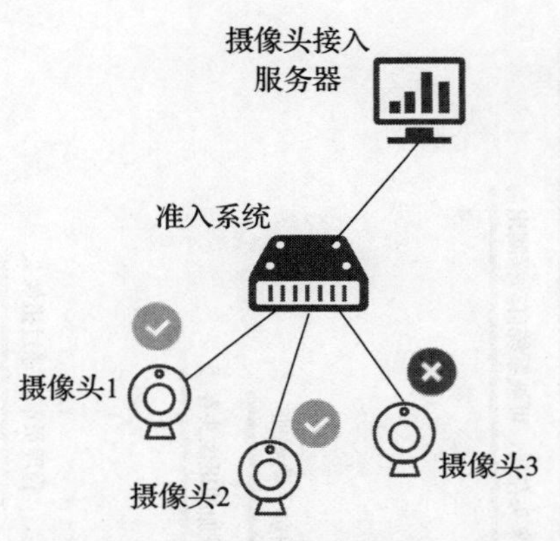

图 4-90　× × 摄像头接入准入系统

以图 4-90 为例，我们有 3 个摄像头，摄像头 1 和摄像头 3 都是系统自动识别的摄像头，摄像头 2 是管理员手动添加的摄像头。管理员在准入系统上审批通过摄像头 1 和摄像头 2，摄像头 1 和摄像头 2 均可以访问摄像头接入服务器；摄像头 3 没有被管理员审批通过，不能访问摄像头接入服务器。

（2）× × 摄像头接入准入系统测试场景分析

接下来我们对 × × 摄像头接入系统进行场景测试分析。

第一步，从用户使用习惯入手来分析和组织场景。我们可以参考图 4-91 来为 × × 摄像头准入系统的测试场景分类。

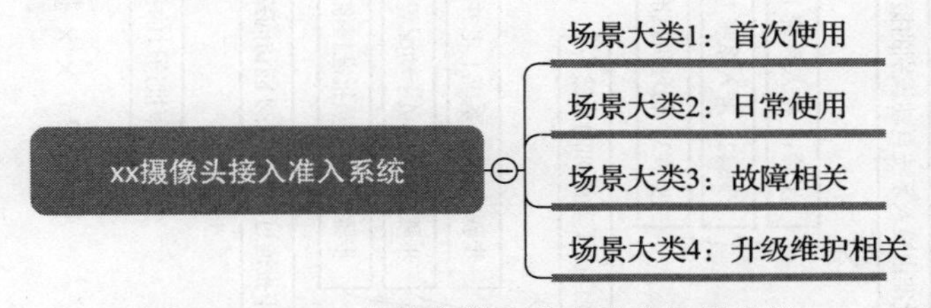

图 4-91　× × 摄像头接入准入系统场景分类

第二步，逐一分析每一个场景类别中的主要场景和次要场景。我们以场景大类 1 为例，如图 4-92 所示。

接下来我们分别从异常、还有哪些操作步骤和是否有其他相关功能这三个角度，来分析图 4-92 所示场景大类下的次要场景，如图 4-93 所示。

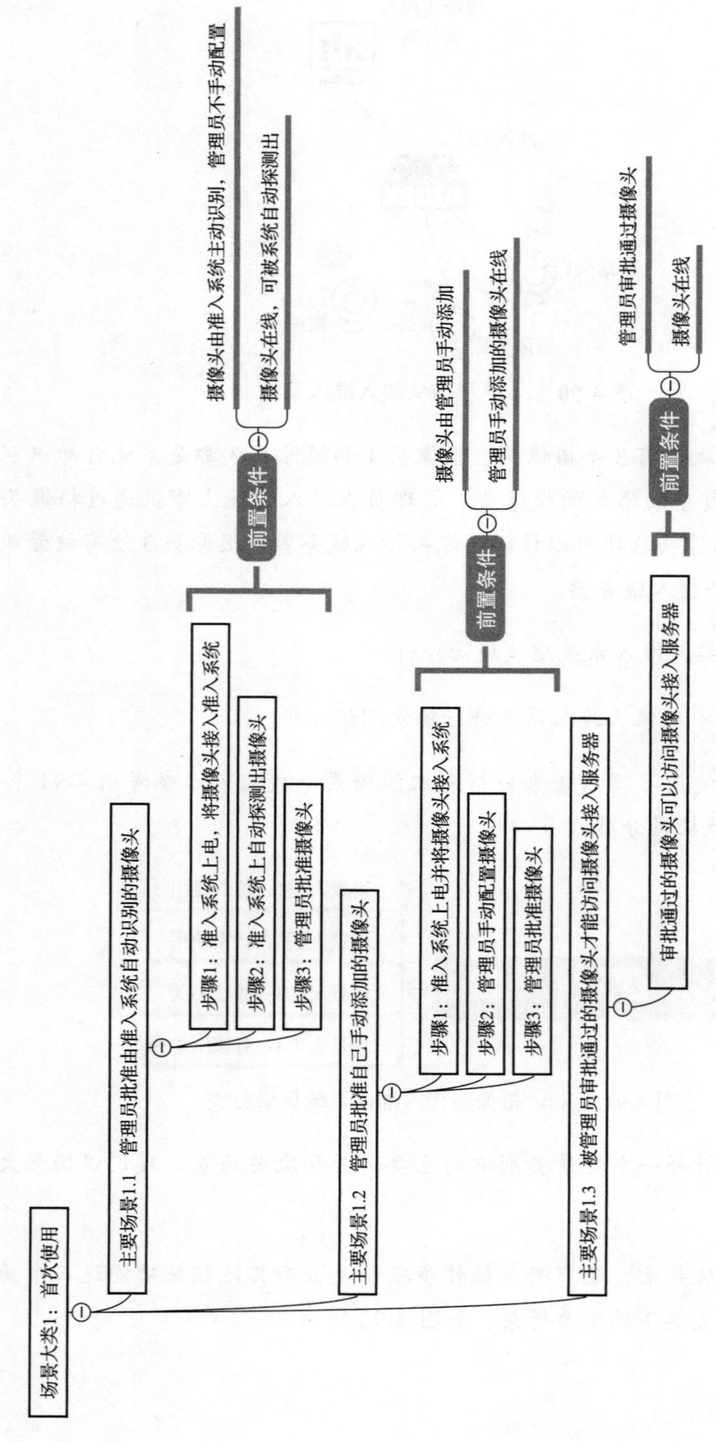

图 4-92 ××摄像头准入系统首次使用场景中主要场景分析

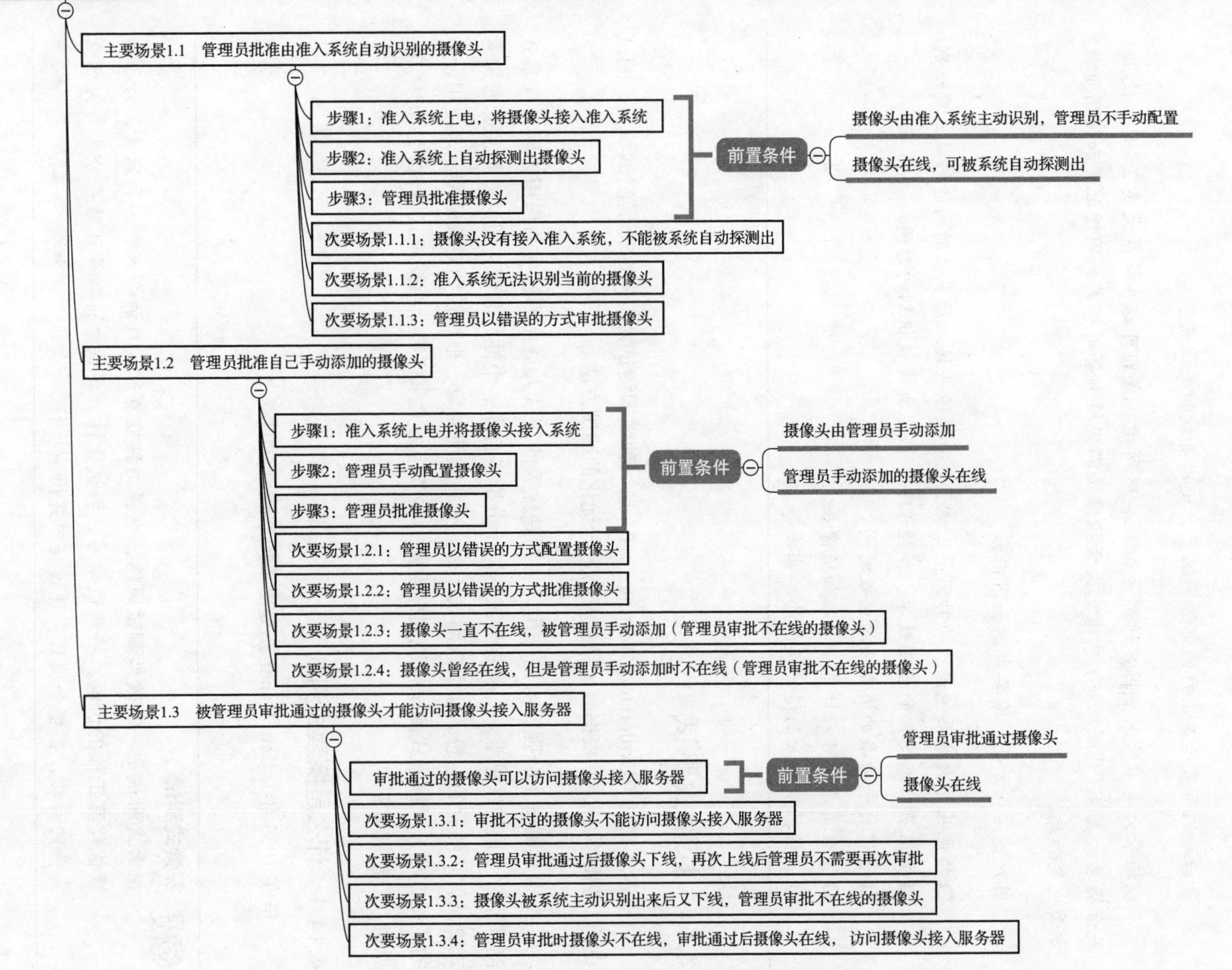

图 4-93　××摄像头准入系统首次使用场景中的次要场景分析

最后我们再来确定用户的部署、配置、使用负载和关注点。

以场景大类 1 为例，用户的部署如图 4-93 所示。我们可以在场景大类 2（日常使用）或者场景大类 4（升级维护）中考虑大量摄像头满规格部署等模式，同理配置和使用负载方面也是如此。

用户关注点方面，需要考虑如下内容。

- 摄像头首次被系统识别的时间：系统上电、摄像头接入后多长时间能够被正确识别。
- 摄像头状态变化的检测效率：如摄像头下线后再次被识别的时间。
- 管理员手动添加摄像头的生效时间。
- 管理员是否可以批量手动添加摄像头。
- 未被批准接入的摄像头的告警频率等。

4.14 探索式测试

探索式测试（Exploratory Testing，ET）是一种强调测试人员同时开展测试学习、测试设计、测试执行，并根据测试结果及时进行优化的测试方法。

探索式测试十分强调人的作用，特别是优秀的测试人员在测试中的作用，因为探索式测试非常注重测试思维。尽管探索式测试十分推崇自由、个性和激情，但这并不意味着探索式测试就是随意的，想到什么就测试什么。分析被测对象，根据被测对象的特点来使用合适的测试方法，对探索式测试来说同样重要。本节将为大家详细介绍探索式测试相关的概念、思想、方法和实践。

4.14.1 什么是探索式测试

早在 1983 年，Cem Kaner 就提出了探索式测试的概念。

定义

探索式测试

探索式测试是一种**软件测试风格**，它强调**独立**测试人员的个人自由和职责，为了**持续优化其工作的价值**，将测试学习、测试设计、测试执行和测试结果分析作为相互支持的活动，在整个项目实现过程中**并行**地执行。

很多测试人员把探索式测试理解为“发散找缺陷”，这是不恰当的理解。探索式测试是一种软件测试风格，或者说是一种“测试的价值观”，希望可以边学边测，重视反馈，持续优化调整，其和敏捷的价值观很贴合。

和探索式测试对应的是脚本式测试（Script Testing，ST），脚本式测试要求测试人员编写测试脚本去记录所有的测试用例（包括测试操作和预期），然后通过脚本来实施测试。脚本式测试有利于测试执行和测试设计的分离，这可以让测试设计、测试执行、自动化分离等适合流水线作业。脚本式测试也有利于测试的管理、度量和评估。但是过于详细的测试设计、测试用例本身也是一种巨大的开销，这会让测试变得过重。另外，脚本式测试要求测试人员严格按照测试用例来执行，这会使测试过程变得过于机械。

James Bach 总结的探索式测试和脚本式测试的差别

在脚本式测试中，测试人员先设计测试用例，再在一段时间后执行这些测试用例，或者测试用例被其他测试人员执行。而在探索式测试中，测试用例是在测试执行时被设计的，而且大部分测试用例不需要详细的记录。

探索式测试有可能带来如下问题。

- 测试人员会有短期无法弥补的能力短板。
- 学习能力不足的测试人员不能快速抓到测试重点，上手慢。
- 探索失败会给测试人员带来挫败感，会对项目交付造成影响。
- 更多的沟通，不一定是有效的沟通。
- 测试人员的独立人格会使合作性变差。
- 经验传承会成为一种瓶颈。
- 探索式测试快节奏、不断学习和变化的特点会引发测试人员的疲惫感，这一点团队人员不一定都可以接受。

这就需要测试人员能够更有策略地开展探索式测试。例如以脚本式测试为主，探索式测试作为补充，或将探索式测试的思想运用到一些测试活动中。我们会在第三部分详细讨论探索式测试相关的内容。

4.14.2　探索式测试的基本思想：CPIE 思维模型

CPIE（Collation、Prioritization、Investigation、Experimentation，收集、划分优先级、分析调研、实验）是探索式测试的基本思维模型，如图 4-94 所示。

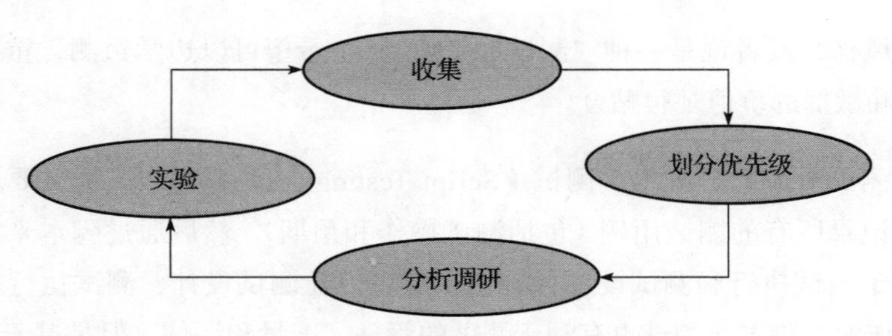

图 4-94 探索式测试思维模型 CPIE

对图 4-94 说明如下。

- 收集：收集所有关于测试对象的信息并理解这些信息。
- 划分优先级：对所有需要测试的任务进行优先级划分。
- 分析调研：对测试任务进行分析，预测可能输出的结果。
- 实验：进行测试实验，确认测试结果和预期是否符合。分析是否需要修改测试策略和方法，如需要修改，则进入“收集”阶段。

4.14.3 选择合适的探索式测试方法

我们可以按照如下步骤来选择探索式测试方法。

第一步：对被测对象进行分区。

可将被测对象（系统、特性或功能）分到历史区（继承特性）、商业区（销售特性）、娱乐区（辅助特性）、破旧区（问题高发区）和旅游区（噱头特性）。

实际操作的时候会发现，被测对象的特性可能同时存在于多个区，即被测对象区域存在互相重叠的情况，如图 4-95 所示，这就需要针对一个特性，使用多种探索式测试方法。

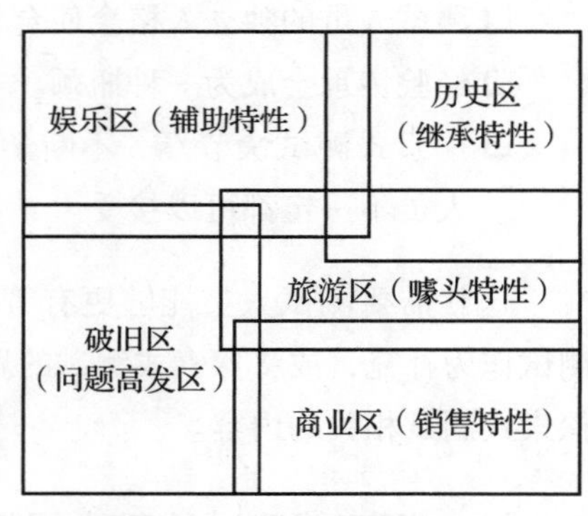

图 4-95 相互重叠的情况

例如特性 A 在继承老版本功能 B 的情况下，又新增了一些功能点，且这些功能点是重要的销售特性。同时被继承的老版本缺陷很多，在对特性 A 进行探索式测试的时候，就可以使用历史区、商业区和破旧区的测试方法来进行。

第二步：根据不同的分区来选择适合的探索式测试方法。

每个区域都有一些适合该区域特点的探索式测试方法。

1. 历史区测试方法

历史区测试法针对的是老代码，既包括前几个版本就已经存在的特性，又包括那些用于修复已知缺陷的代码特性。

历史区测试法可以高效实现回归测试。表 4-83 总结了适合历史区的一些探索式测试方法。

表 4-83　历史区探索式测试法

测试方法	方法描述
博物馆测试法	重视老的可执行文件和那些遗留代码，另外还包括许久没有执行过的测试用例，确保它们和新增代码享受同等待遇
上一版本测试法	检查那些在新版本中无法再运行的测试用例，以确保产品没有遗漏必需的功能，也就是说如果当前产品是对先前版本的更新，必须先运行先前版本支持的所有场景和测试用例
取消测试法	启动相关操作，然后停止它，查看测试对象的处理机制及反应。例如在功能执行中进行取消、回退、关闭当前功能或者彻底关闭程序等操作
懒汉测试法	做尽量少的实际工作，让程序自行处理空字段及运行所有默认值

2. 商业区测试法

商业区测试法是针对产品的重要特性进行的探索式测试，其中一些主要的测试方法如表 4-84 所示。

表 4-84　商业区探索式测试法

测试方法	方法描述
指南针测试法	要求测试人员通过阅读用户手册，或理解场景及产品需求后再进行相关的测试
卖点测试法	对那些能够吸引用户的特性进行测试，至于哪些特性能够吸引用户，可以向销售人员咨询，或者通过拜访客户获得
地标测试法	主要是寻找测试点，明确测试项，这里的测试点就是“地标”
极限测试法	向软件提出很多难以实现的要求。比如，如何使软件发挥到最大程度？哪个特性会使软件运行达到设计极限？哪些输入和数据会耗费软件最多的运算能力……
快递测试法	要求测试人员专注于数据，即数据从输入到输出并展现到页面这一过程中，数据执行的流程
深夜测试法	当我们不对测试对象进行操作时，测试对象能否自动完成各种维护任务，如将数据归档、自动记录发生的异常情况等？这用于测试系统自动处理的能力
遍历测试法	选定一个目标，然后使用可以发现的最短路径来访问目标包含的所有对象。测试中不要求追求细节，只是检查明显的东西

3. 娱乐区测试法

娱乐区测试法针对的是那些并不是那么重要的特性进行的探索式测试，其中一些主要的测试方法如表 4-85 所示。

表 4-85 娱乐区探索式测试法

测试方法	方法描述
配角测试法	专注于某些特定的特性，它们虽然不是那种我们希望用户使用的主要特性，但和那些主要的特性会一同出现。它们越紧邻那些主要功能，越容易被人注意，所以必须给予这些特性足够的重视，不能忽视
深巷测试法	将产品特性使用情况列表中排在最下面的几项特性（最不可能被用到的或最不吸引用户的特性）混在一起测试
混合测试法	试着把最流行和最不流行的特性放在一起测试。因为开发人员可能从来没有预想过它们会在这样的场景中被混合在一起
通宵测试法	测试软件长时间运行后，查看各功能模块是否正常。这与稳定性测试有些类似

4. 破旧区测试法

破旧区测试法针对的是问题比较多的特性。破旧区测试法是一种非常有效的测试方法，因为缺陷容易聚集，某一模块出现缺陷，其他模块出现类似缺陷（有可能出自一个开发人员之手）的概率很大，多花一些时间测试那些缺陷较多的代码往往更能高效地发现缺陷。

破旧区测试法的核心思想就是“落井下石”，即通过恶意数据、修改配置文件等各种破坏性的操作进行测试。表 4-86 总结了一些针对破旧区的探索式测试方法。

表 4-86 破旧区探索式测试法

测试方法	方法描述
恶邻测试法	分析那些缺陷比较多的模块，确认这些模块会和哪些功能模块有交互，然后将两者结合起来进行测试
破坏测试法	使用各种异常的、具有破坏性的手段进行测试
反叛测试法	用最不可能的数据进行测试，例如在只允许输入数字的会话框中输入汉字
强迫症测试法	“强迫”输入一样的测试数据，反复执行同样的操作，或者循环执行各种正常、异常的操作，不按照预定的步骤进行测试

虽然破旧区测试法很容易发现缺陷，但也容易让测试人员陷入“为了找缺陷而测试”的状态中，忽视对系统重要功能的确认，所以破旧区测试法最好结合实际的测试策略来使用。

5. 旅游区测试法

旅游区测试法针对的是噱头特性。这种测试方法关注如何快速访问系统的各种功能，就像方法的名称一样，只是为了“到此一游”。旅游区相关测试方法如表 4-87 所示。

表 4-87　旅游区探索式测试法

测试方法	方法描述
收藏家测试法	测试人员通过测试去收集软件的输出，将可以到达的地方都走一遍，并把观察到的输出结果记录下来，结果收集得越多越好
长路径测试法	访问距离软件中的某个开始点尽可能远的特性。哪个特性需要点击多次才能被用到？哪个特性需要经过最多的界面才能访问？主要指导思想是到达目的地之前尽量多地在应用程序中穿行
超模测试法	测试人员关心表面的东西，故只测试界面。测试中注意观察界面上各种元素。它们看上去怎么样？有没有被正确绘制出来？变换界面时，图形用户界面刷新情况如何？如果软件用颜色来传达某种意思，这种信息是否一致？界面是否违反了任何惯例或标准？
测一送一测试法	测试同一个软件多个功能的情况。测试软件同时处理多个功能要求时是否正常，各功能间是否会相互影响？

4.14.4　开展探索式测试

可以按照图 4-96 所示的步骤来开展探索式测试。

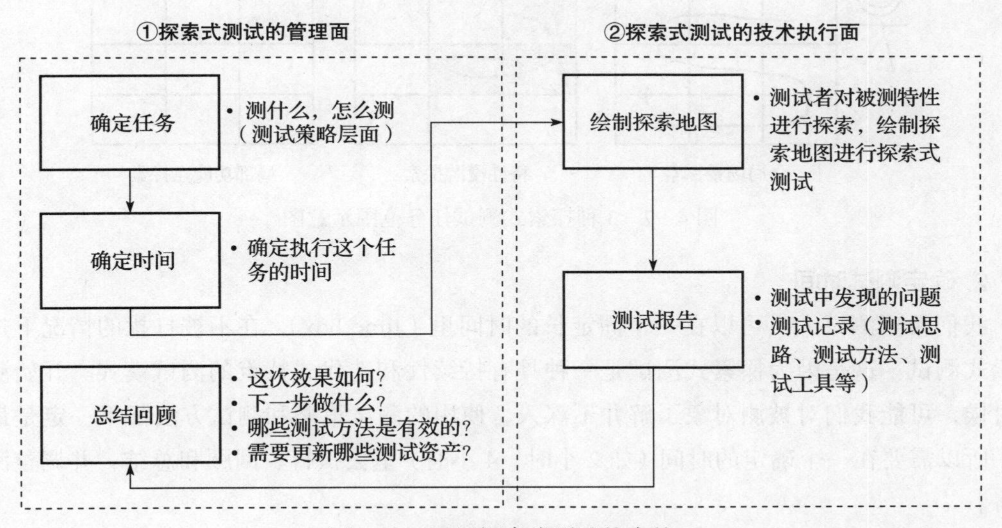

图 4-96　开展探索式测试的步骤

图 4-96 所示确定任务、确定时间和总结回顾属于探索式测试管理面的内容，绘制探索地图和测试报告属于探索式测试执行面的内容。一般来说，我们可以请测试架构师来负责探索式管理面相关的内容，由测试人员自己或联合测试架构师一起来绘制探索地图，进行探索式测试。

1. 确定任务

确定探索式测试任务，首先要确定任务的类型。一般说来，有如下 3 种探索式测试任务。

- 全局场景探索。
- 特性漫游探索。
- 局部功能点探索。

表 4-88 总结了 3 种探索式测试的测试对象。

表 4-88 探索式测试任务对象总结

探索式测试任务类型	对　象
全局场景探索	整个系统
特性漫游探索	系统中的特性
局部功能点探索	某个具体功能点

如果用一个矩形框来代表系统，里面的矩形代表特性，圆形代表系统中的某个功能，那么全局场景探索、特性漫游探索和局部功能点探索就可以用图 4-97 所示来直观表达。

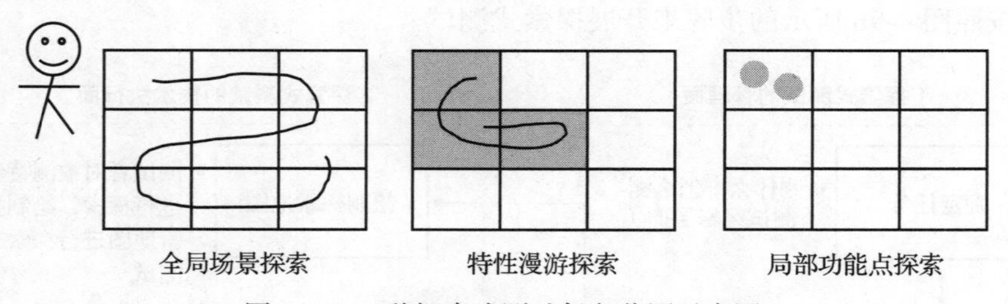

图 4-97 3 种探索式测试任务范围示意图

2. 确定测试时间

我们希望测试人员可以在一个固定长的时间里（time box），在不被打扰的情况下进行探索式测试。这是因为探索式测试是一种具有持续性和迭代式特点的测试模式。开始测试的时候，可能我们对被测对象了解并不深入，使用的测试策略和测试方法都不一定是最好的，所以需要在一个确定的时间（如 2 小时，4 小时）里去执行、回顾和总结，并调整测试策略。

3. 绘制探索地图

确定了任务和时间后就可以对被测对象进行探索学习、绘制探索地图并进行探索式测试了。

绘制探索地图最简单的方式就是使用思维导图工具。我们可以根据被测对象的特点，对被测对象进行分区，然后选择相关的方法来探索被测对象，获得测试点，并根据测试点来进行探索式测试，如图 4-98 所示。

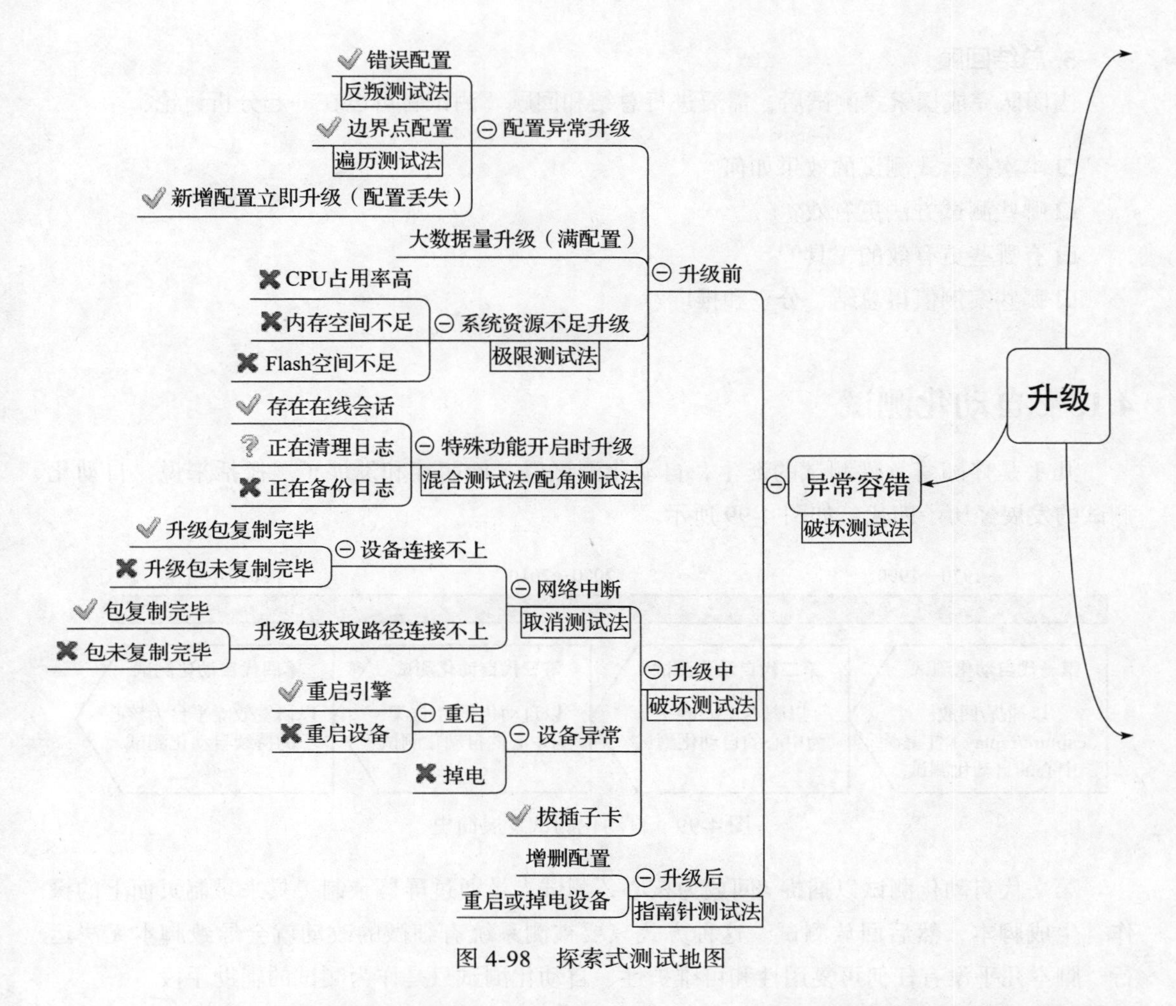

图 4-98　探索式测试地图

除了 4.14.3 节中介绍的探索式测试方法外，我们在 4.9 节中介绍的车轮图依然可以用来作为探索式测试地图的提纲。当然，我们也可以对那些使用探索式测试得到的测试点，使用判定表、PICT 工具等来进行测试用例分析，以得到测试用例。

在使用探索式测试时，如果发现某些探索测试点功能质量比较好，失效风险低，则可以适当减少探索度，否则可以增加一些探索式测试，以增加测试的有效性。

4. 测试报告

对当前探索式测试的结果进行整理，整理测试过程中发现的问题，记录整理测试的思路、方法、工具和需要注意的地方等。然后根据项目情况，将这些信息生成为简要的测试报告。

5. 总结回顾

当团队完成探索式测试后，需要进行总结和回顾。测试者可以在一起分析讨论：

- ❑ 本次探索式测试的效果如何？
- ❑ 哪些测试方法更有效？
- ❑ 有哪些更有效的工具？
- ❑ 哪些案例值得总结、分享和推广？

4.15 自动化测试

几乎是伴随着软件测试的诞生，自动化测试就开始萌芽和发展了。概括来说，自动化测试的发展经历了四代，如图 4-99 所示。

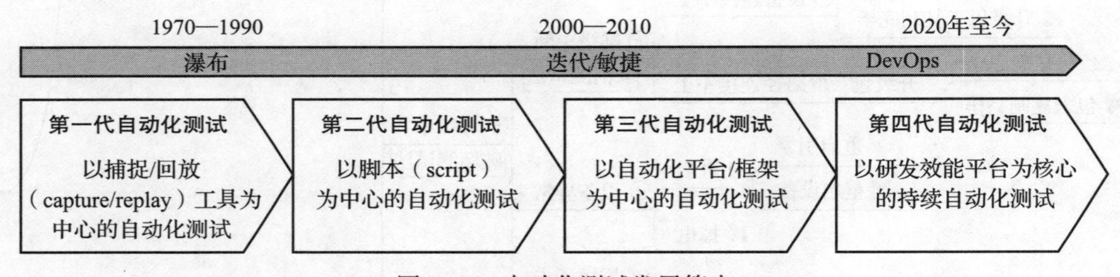

图 4-99 自动化测试发展简史

第一代自动化测试以捕捉 / 回放为核心，测试人员通过屏幕录制工具来录制页面上的操作，生成脚本，然后回放测试。这种方式只要被测系统有细微的改动就会导致脚本无法运行，脚本几乎没有任何可复用性和可维护性，自动化测试只是作为测试的辅助手段。

第二代自动化测试以脚本为核心，测试人员**基于自己的测试环境编写自动化测试脚本，自己运行和维护自动化测试**。但是自动化测试缺乏统一的策略和规划，脚本的可移植性依然很差，质量也参差不齐，测试团队的自动化测试成果无法持续积累和演进，无法规模化发展自动化，自动化投入产出比不高。

随着敏捷、迭代等研发模式的发展，快速响应用户、重构、大量回归等使得自动化测试变得越来越重要，以自动化平台框架为核心的第三代自动化测试应运而生。测试人员**开始逐渐像设计产品一样设计自动化测试**，整个团队乃至整个公司有统一的自动化测试平台框架，脚本规范，风格统一，充分考虑封装和重用。自动化工具和技术开始快速发展，专注于自动化测试和工具开发的工程师出现，各个业务领域、服务端、移动应用、云、嵌入式等都有自己代表性的自动化测试技术，自动化开始向规模化发展。

DevOps 打通了产、研、测、运、维，也把自动化推到了更重要的位置。此时自动化已经不再是测试专属，而是**从需求开始，集编译构建、打包、自动验证、发布为一体的端到端自动化流水线**，持续自动化测试成了流水线上最基本也是最重要的测试质量保证手段。

现在已经有很多优秀的自动化开源工具、框架，可以满足不同行业在自动化测试方面的需求，相关资料也很多，自动化技术门槛大大降低。每个测试人员都可以很容易搭建出自己的自动化系统，但是即便有开源工具加持，很多团队的自动化测试还是只能停留在“冒烟测试”的程度。**我们应该认识到，自动化测试要想成功，要想获得最大的收益，涉及的不仅是技术问题，更是工程问题——包括管理、策略，甚至自动化测试要改变研发测试的工作习惯等。这就需要我们对自动化测试有深刻的理解和认识，找到最合适当前团队的自动化测试策略，用好自动化测试这把利剑，让自动化可以在测试中发挥最大的功效，推动团队的自动化测试不断成熟发展。**这也是测试架构师在自动化测试活动中需要重点关注的内容。

4.15.1　关于自动化测试的经验和教训

一提起自动化测试，我们很容易想到“提高测试效率”“7 × 24 小时不间断测试”“技术含量高”等赞美之词，自动化测试也是当前最热门、最流行的测试技术。很多测试人员尝试自动化测试的动机就是如此——担心自己再不做自动化就过时了。尝试自动化测试的人很多，但是真正做成功的却不多。

想在本节为大家提出几个关于自动化测试的观点。

观点 1：自动化测试不是单靠测试人员就可以搞定的。

观点 2：自动化从将烦琐工作自动化处理开始，能看到自动化测试的效果才是最重要的。

观点 3：持续优化自动化测试的判断标准，让团队可以充分信任自动化测试的结果。

我不打算立即就这些观点展开讨论，而是先给大家讲一个关于自动化测试的故事。

小故事

我的自动化测试经历——谈谈我在自动化测试中遇到的坑

这个故事是我还是一位普通测试工程师时经历的几次自动化测试实践。

我不是专职的自动化工具开发人员，和大多数测试者一样，我是自动化技术的使用者，带领一个小团队，自己利用公司已有自动化平台或者开源工具，搭建自动化测试环境，编写自动化脚本、运行并管理它们。希望通过自动化提高测试效率，加速产品交付。希望我在自动化测试中的经历，特别是那些不成功的经历，能够引起大家的共鸣，带给大家一些思考和启发。

初次接触自动化测试：我发现仅靠工具和热情是做不好自动化测试的。

我是自动化测试的簇拥者。刚做测试时，一听到“自动化测试”，就觉得好神奇，心生向往。所以那时我就把手头的工作都自动化了，不是我有多厉害，而是因为当时我是新员工，工作内容非常简单，我做的自动化测试就是捕捉系统的窗口句柄然后往里面发送字符串，连测试结果都不能自动检查，还要自己去看日志或者截屏。尽管那时的自动化做得非常粗糙，但也极大地鼓励了我。我每天跑着这样的脚本，想象着这些脚本接下来一定会变得很强，于是我乐此不疲。

接下来我开始主动向公司的自动化测试前辈（本部门、外部门）学习。我满怀信心，利用加班时间来学习脚本语言和工具的使用。但很快我就发现，**自动化测试并不像我想象中那么美：**

- 一个非常简单的功能，写好再调通，花费的时间并不少。很多时候手工测试 5 分钟就能做好的事情，调好脚本要花 1 个小时。
- 脚本执行时一旦发现问题，排查起来花费的时间也不少。

一旦脚本报错，我会再反复跑几次，先确认是不是真的有问题，再在脚本中加各种打印或者等待来定位问题。我感到有些不对劲，但我安慰自己：“没事，自动化的优势是体现在反复执行上的”。但是很快我就发现，只要被测系统的界面、环境稍微有点变化，脚本就不能用了，根本无法反复使用。

由于我们测试的产品定制多、版本分支也很多，我发现如何把这些脚本管理起来，以便在不同的版本中运行也是个问题。

这些问题让我有些沮丧——大家都说自动化测试可以提高效率，怎么到我这里就不灵了呢？

我开始意识到，**自动化测试不是有了工具，有一腔热情，然后通过加班就可以完成的事情。这需要有基本的架构设计能力，能有手段和方法检查脚本的运行结果，并能有效管理这些脚本。每一件事情背后都工程方法，需要有策略有规划，一步步来完成。**当然，如果你只想写几个脚本玩玩除外。

第二次进行自动化测试：没有做好自动化的准备，盲目追求自动化率。

慢慢地，我从新人成长为一名测试小组长，有了些可以“做主”的小权利。我认真总结了上次的经验，认为第一次自动化测试失败的问题，主要出在缺乏规划和设计上。既然找到了问题，我决定和我的小伙伴一起，再来做一次自动化。

既然是要做规划，第一步肯定是定目标。由于团队也是第一次做自动化，那从简单内容入手是比较靠谱的；另外回归测试中有大量重复测试工作，测试的内容也比较基础，很适合使用自动化。这样**我们团队的自动化目标就变成了从简单的内容开始，将自动化脚本用于回归测试，达到100%自动化回归测试。**

这个目标看起来没毛病，但实际执行起来却变了味。在“简单的内容先自动化”的思想下，大家心照不宣地做了很多非常简单的测试界面配置的边界值脚本。什么叫测试界面配置的边界值脚本呢？举个例子，比如一个接口的配置是允许输入（1，5），边界值就是0、1、5和6，我们就写脚本去测试输入为0、1、5、6的系统对这个配置的处理。

由于我们希望把自动化脚本用于回归测试，这些测试配置的极简脚本就顺理成章地成为我们的回归测试用例集。

但这样的回归测试自动化，大家打心底都不认同，觉得这些脚本的测试内容执行起来没有任何意义，就是说出去好听而已（我们实现了100%回归自动化测试）。运行几次之后，大家就很自然地不想再继续了。

这次经历让我对自动化测试有了新的思考——**自动化测试要从解决烦琐工作入手，而不是从简单工作入手，要让团队看到自动化测试切实的效果。只有这样，自动化才能真正被团队接受，而不是变成劳民伤财的花架子。**

第三次自动化测试：自动化脚本的误判。

认真总结第二次自动化测试的经验教训后，我们准备再发起一次自动化测试实践活动。

为了保证自动化测试的有效性，我专门组织大家，从手工测试中选出那些需要反复执行的测试用例，作为自动化测试用例，然后从当前自动化测试技术的角度，对这些测试用例是否具备自动化的条件仔细梳理了一遍。我们对自动化测试平台底层技术也进行了讨论，做了一些优化，还讨论制定了团队的自动化开发规程，讨论了脚本的组织和管理形式。领导也开始更加关心自动化测试，大家的激情都被重新点燃，干劲十足。

很快，脚本被一批批地开发出来了，那些之前讨论的暂时不能自动化的测试用例，随着大家自动化能力的提升，也可以自动化了。就当一切都在向着好的方向发展的时候，新的问题又出现了：**自动化脚本出现了误判！换句话说，我们无法相信自动化测试的结果**，自动化脚本运行结果是失败的测试用例，可能仅是自动化环境的问题；自动化脚本运行结果是通过的测试用例，实际功能却可能有问题。

我们想了很多办法去解决问题，比如每一轮自动化测试，同一个脚本都反复执行几次（如执行5次），然后设置一个脚本执行失败的容错值（比如设置容错值为2，即执行5次这个脚本，脚本失败只要不超过2次就算通过）；想办法保存所有的测试执行记录，然后再手工抽验测试记录，确认是否有脚本判断漏掉的异常。

其实这些问题，**归根到底还是脚本的检查部分，或者说断言写得有问题。**

让自动化脚本按照测试者的意愿执行测试操作其实并不难，难的是让自动化脚本可以像测试者那样检查预期。比如，对预期内的结果，自动化脚本要保证效率，要避免误判，除此之外，还要注意捕捉预期外的各种异常。

第四次自动化测试：规模化自动化测试。

慢慢地，我们团队有了较多的脚本，但这些脚本都是基于用户接口设计的脚本，执行一个脚本需要做不少配置，我们的产品部署都很复杂，有时候需要多个产品才能完成一个功能。为了避免不同脚本之间配置干扰，每执行一个脚本我们就要初始化一遍，以清除掉当前的配置，恢复环境。尽管我们实现了并行化，但是自动化脚本的执行效率依然很低。当自动化率到10%左右的时候，团队好多同学都认为我们的自动化已经到头了，因为我们维护这些脚本已经很难了，再继续下去，自动化测试的复杂度会超过手工测试。自动化测试进程再次进入僵局，徘徊不前。

这再次刺痛了我，我发现我做了这么久的自动化，并没有真正感受到过自动化的便捷，相反它成为一个负担，我不知道接下来该怎么走。

这时又出现一个转机，公司的高层开始非常重视自动化，成立专门的自动化测试小组。高层领导直接定了一个很高的自动化目标，自动化率要达到80%。我们觉得这是不可能完成的任务。但是自动化测试小组的负责人却在领导的支持下，做了一系列的改革：

- 要求开发人员进行单元测试。
- 增加接口自动化测试。
- 对用户层面的自动化测试，在需求确定后，就要求开发人员确定用户层面的输入输出，且一经确定不能随意修改，然后自动化测试团队开始封装关键字。我们可以在测试用例设计完成后直接使用封装好的关键字编写测试脚本。这样我们真的做到了可以用自动化来做新功能的测试。

对那些自动化中的困难点，例如前面提到的每个脚本要恢复配置，自动化测试团队基于此给产品开发团队提交了自动化可测试性需求。我们通过脚本执行起来费时费力的操作，产品开发团队通过内部设计很容易就搞好了。

由于这个自动化测试团队是一个拉通了所有产品的资源部门，他们还将脚本按照场景做成了测试套，供不同产品团队在有类似需求时选用，大大加强了脚本的复用率，促进了自动化测试规模化发展，也让我第一次切实感到了自动化测试的威力。

这次自动化的经历给了我很大的启发。我感到**自动化测试，并不是测试人员单方面能够搞定的事情，要想做好自动化，需要领导的支持，需要产品、架构、开发等全流程的支持。**

自动化建设同样需要分层，可分为单元测试和接口测试，这样用户层面的测试就可以减少，版本质量也会更好，自动化测试的效率会更高。

从自动化测试技术的角度来说，第三次和第四次并没有本质区别，差别在于流程中各个角色的配合方式，也就是工程方法。我们需要全局看整个产品的状况，制定合适的自动化策略，以此来推动自动化测试发展。

讲完故事，我们再回过头来讨论一些与自动化测试相关的观点。聊了那么多，我认为自动化测试**最基本的要求**其实就是两点：

- **测试者能够充分信任自动化的结果。**
- **自动化脚本可稳定连续运行，可维护，可移植。**

这两点看起来简单，但要真正做好，需要考虑的东西会非常多——我认为考察一个团队自动化做得好不好，看这两点就够了。

自动化测试是值得每个测试者去探索和实践的，但我们也需要知道自动化测试的真相。

真相 1：自动化测试并不廉价，其实自动化很贵。

自动化测试是用一段程序去测试另外一段程序，这中间需要花费的成本并不少。

我们团队目前的状况是资源紧张，想通过自动化测试取得立竿见影的效果，是不现实的。图 4-100 所示为自动化测试投入和产出的关系。换句话说，自动化测试在启动阶段，更多是一种消耗，自动化的价值要在持续反复执行中，即突破图 4-100 中所示的 T 点后，才能逐渐凸显出来。另外自动化也不是一劳永逸的，脚本维护、测试结果的检查确认等依然需要一定的持续投入。

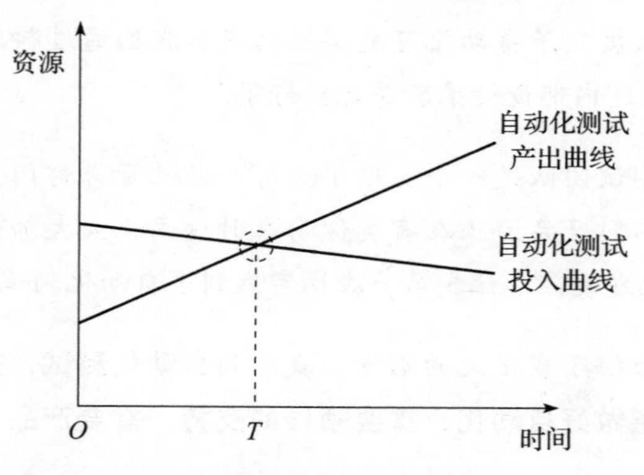

图 4-100 自动化测试投入和自动产出关系

自动化测试是有门槛的，这个门槛不仅是技术，还有资源投入、工程能力等。自动化测试很贵，我们在正式考虑引入自动化之前，需要考虑团队的负担能力，以制定出符合团队的测试策略。

真相 2：自动化测试的意义首先在于固化能力，其次才是提升效率。

自动化测试的意义，首先在于固化能力——**把原来测试人员的能力，通过脚本执行固化下来，形成标准的组织资产**；其次是效率提升。从另一个角度来说，效率提升是反复执行带来的，是能力固化后的副产物。

理解了这一点后，我们可以更加理性地看待自动化，认识自动化的价值。我们应该本着固化能力的原则去设计自动化架构，发展自动化。通过脚本自动执行相关步骤只是自动化进程中的第一步，**可靠的检查点设计、脚本的稳定性、脚本的组合和连跑、脚本的可维护性和可移植性，才是自动化架构需要不断打磨精进的内容。**

真相 3：自动化测试不是单靠测试人员就能搞定的。

自动化测试听起来像仅是测试人员的事情，但是想要真正做好自动化测试，达到规模化自动化的效果，并不是测试人员单方面就能搞定的。

首先需要领导支持，这点必不可少。

其次，需要开发人员的理解和支持——如果开发人员可以在开发中满足一些自动化可测试性需求，则可以大大提高自动化脚本检查的效率。

除此之外，在需求调研、架构确定、设计等全流程中都应该理解和支持自动化测试，例如优先确定好用户的输入输出，设计好接口参数和返回值，这可以让自动化测试更早确定投入的多少；开发自动化测试关键字或者中间层，可让自动化测试不仅可以做到后期的回归防护，还能做到新功能的测试验证。

4.15.2　自动化测试分层

2012 年 5 月 1 日，Martin Fowler 在他的博客（https://martinfowler.com/bliki/TestPyramid.html）上发表了著名的自动化测试金字塔，如图 4-101 所示。

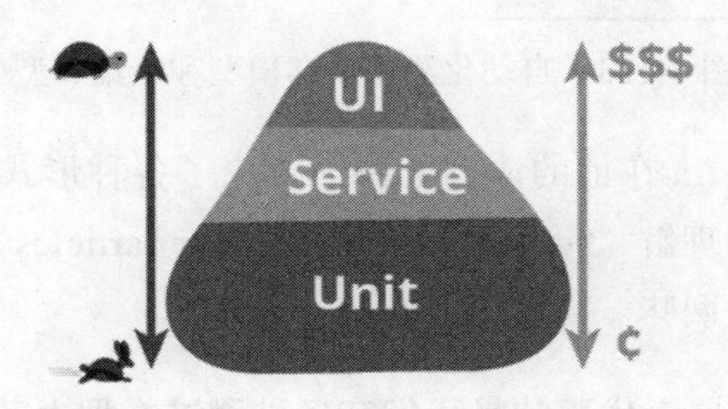

图 4-101　Martin Fowler 自动化测试金字塔

Martin 认为，基于用户接口（如 UI）的自动化测试运行慢、效率低、维护开销大。因此自动化测试应该投入更多的精力在单元（Unit）和接口（Service）层，这样不仅自动化测试效率更高，还可以更早发现质量问题，提升系统质量。这个自动化测试金字塔后来被国内技术人员广泛引用，成了实际意义上的标准。

但是这个自动化测试金字塔模型也一直饱受争议，其中争议最多的点在于 UT（Unit Test，单元测试）。Martin 提出测试金字塔模型的时间是 2012 年，那时敏捷已经非常流行。敏捷以快速响应变化著称，代码自然也会频繁变化。传统意义下的 UT，需要开发者针对代码函数进行各种覆盖测试，投入非常大，且 UT 一般和代码强关联，一旦代码发生了变化，UT 大概率也就失败了。所以几乎没有开发者喜欢做 UT，即便有很多公司会强制要求 UT 覆盖率，但是执行效果也不尽人意。所以真实情况是，很多团队 UT 都做得很弱。很多团队真实的自动化测试分层如图 4-102 所示，这更像一颗钉子。

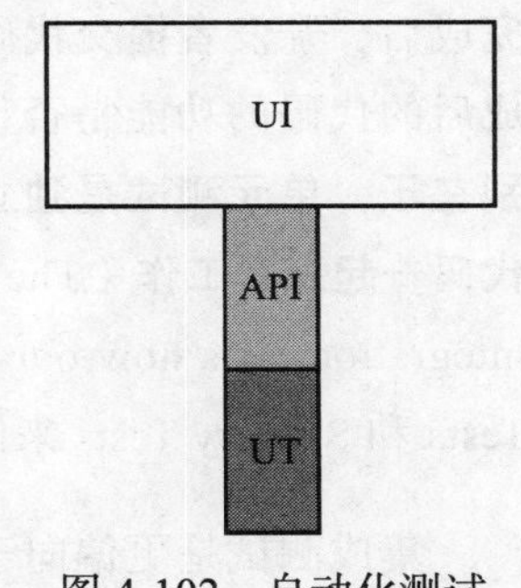

图 4-102　自动化测试钉子模型

国内外测试行业有很多对自动化测试分层模型的探讨，很多模型都非常有趣，例如

Kent 提出的奖杯模型，还有蜂巢模型等，如图 4-103 所示。

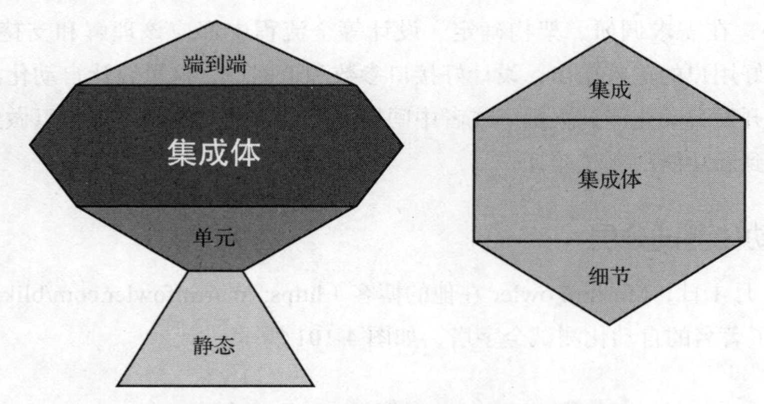

图 4-103 自动化测试奖杯模型和蜂巢模型

2021 年 6 月 2 日，Martin 在他的博客上深入讨论了各种形式的自动化测试分层，以及他对单元测试、集成测试的理解（https://martinfowler.com/articles/2021-test-shapes.html），其中几个观点很值得我们讨论回味。

观点 1 自动化测试分层，**代表的是我们在各种测试类型上花费的精力**，代表我们应该如何去平衡单元测试和其他测试的投入。金字塔模型认为，需要将大部分测试精力放在单元测试中，而奖杯或者蜂巢模型代表我们应该把大部分测试精力放在集成测试（关注接口）。

观点 2 单元测试和集成测试的定义一直都相当模糊，很多开发者和测试者都并不真正清楚这两者之间的区别是什么。Martin 是这样阐述的：以大型瀑布式软件开发为例，开发者会独立研究编写大量代码，无论这部分代码有多大，只要开发者可以相对独立地编写、调试而不受到其他开发者的影响，就可以将其看成一个单元，对应的测试就是单元测试。测试完成后，开发者提交代码，将自己的代码和其他开发者的代码进行集成，然后自己测试集成后的代码的功能是否正确，这就是集成测试。**Martin 认为单元测试和集成测试的关键区别在于，单元测试是独立测试我们的代码，而集成测试是测试我们写的代码如何和别人的代码一起正常工作**（The key distinction is that the unit tests test my/our code in isolation while integration tests how our code works with code developed separately）。他还使用了 Sociable Tests 和 Solitary Tests 来做进一步的说明，如图 4-104 所示。

集成测试是更偏向于 Sociable Tests 的测试，而单元测试更倾向于 Solitary Tests，这两者之间并没有那么明显的界限。

Martin 的观点给了我们一些如何在实际项目中解决“UT 难”问题的启发。

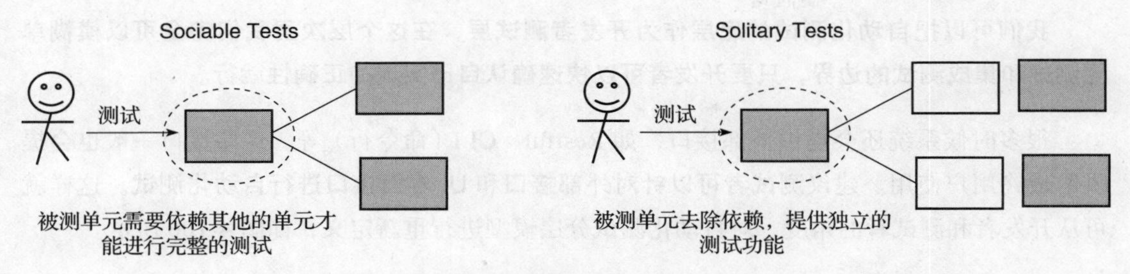

图 4-104　Sociable Tests 和 Solitary Tests

我们可以把单元测试理解为，由开发者进行的，验证自己写的代码的功能是否正确的测试。换句话说，单元测试不一定非是一个函数一个函数地进行测试，也可以是针对功能的测试，重点在于这个测试是由开发者站在代码实现的角度，验证自身代码实现正确性的测试。与之类似，集成测试也是由开发者进行的，只不过其是站在代码实现的角度，验证自己写的代码和其他开发者写的代码是否可以正常工作。无论是单元测试还是集成测试，都需要解决测试时模块间的依赖问题（即 Test Double），开发者可以根据情况选择合适的测试风格和方法，如 Stub 或者 Mock。从这个角度来说，单元测试和集成测试并没有本质的区别，都是开发者测试。

Test Double、Stub 和 Mock

Test Double：为保证测试代码可以顺利进行而编写的各种依赖。

Stub：桩，在被测对象需要调用其他功能代码时，提供所需功能存在的假象（被测对象："我需要你。"Stub："我在，我一直默默存在。"）来解除依赖，保证被测对象顺利执行。需要特别说明的是，尽管 Stub 也可以接收被测对象发给它的消息，但它不会做出任何回应。

Mock：Mock 会对预期进行编程，形成被调用后预期的规范。如果 Mock 收到一个不期望的调用，可以抛出异常（断言）。

Stun 和 Mock 的对比，如图 4-104 所示。

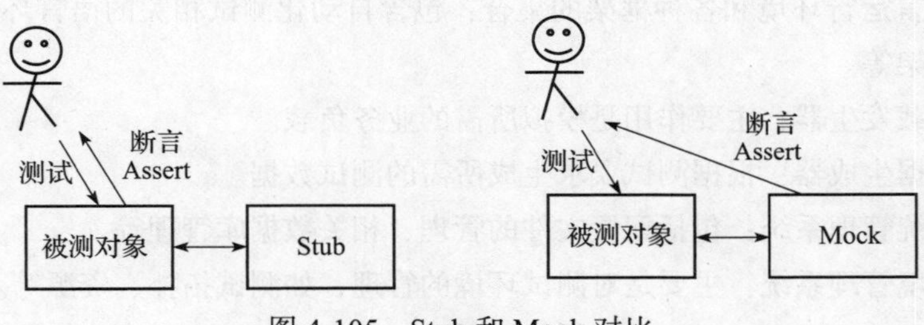

图 4-105　Stub 和 Mock 对比

我们可以把**自动化测试的底层作为开发者测试层，在这个层次里我们完全可以模糊单元测试和集成测试的边界，只要开发者可以快速确认自己实现的正确性就行。**

很多时候系统还会提供外部接口，如 Restful、CLI（命令行）等。这些接口一般也会提供给最终用户使用。建议**测试者可以针对外部接口和 UI 界面接口进行自动化测试**。这样就可从开发者和测试者的角度，对自动化测试分层模型进行重新定义，如图 4-106 所示。

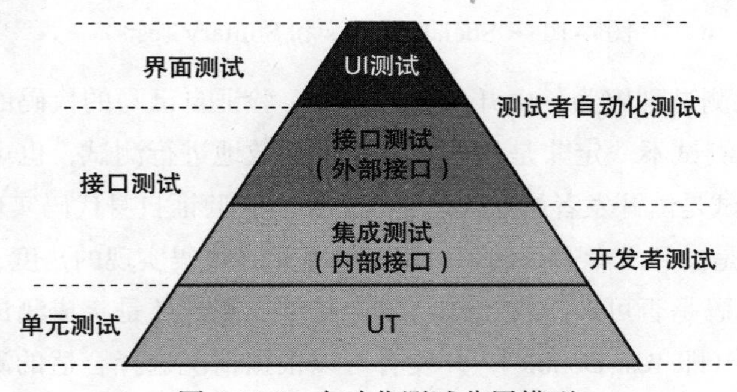

图 4-106 自动化测试分层模型

4.15.3 自动化测试框架

近年自动化测试发展迅猛，几乎每个行业，如 GUI、APP、云等都开发出自己的自动化开源框架来满足本行业自动化测试的需求，但这些自动化开源架构大多是偏向自动化实现技术的。本节将从自动化工程角度出发，给出通用的自动化测试框架，如图 4-107 所示。

从自动化工程的角度来说，自动化测试框架主要分为 4 层。

自动化测试架构的底层是“被测系统 / 测试环境层”，这一层主要包括自动化测试对象的实际物理设备和虚拟化环境。我们的自动化脚本实际就运行在这一层上。

第二层是“自动化测试架构层”，这是自动化测试架构的核心层，在这一层中主要包含几个子系统。

- 脚本语言运行环境和各种框架的集合：包含自动化测试相关的语言环境、库、开源 / 自研框架等。
- 业务负载发生器：主要作用是模拟所需的业务负载。
- 测试数据生成器：根据测试要求生成所需的测试数据。
- 被测系统管理系统：包括配置文件的管理、相关数据库管理等。
- 测试环境管理系统：主要是对测试环境的管理，如测试拓扑、资源等。
- AW（Action Word，动作关键字）：在自动化测试中，所有的操作都需要抽象封装为关键字，供上层自动化脚本调用。

- 工具：与自动化测试相关的工具组件（如测试报告生成工具）和其他系统（如需求管理系统、测试用例系统或缺陷系统关联的工具插件等）。

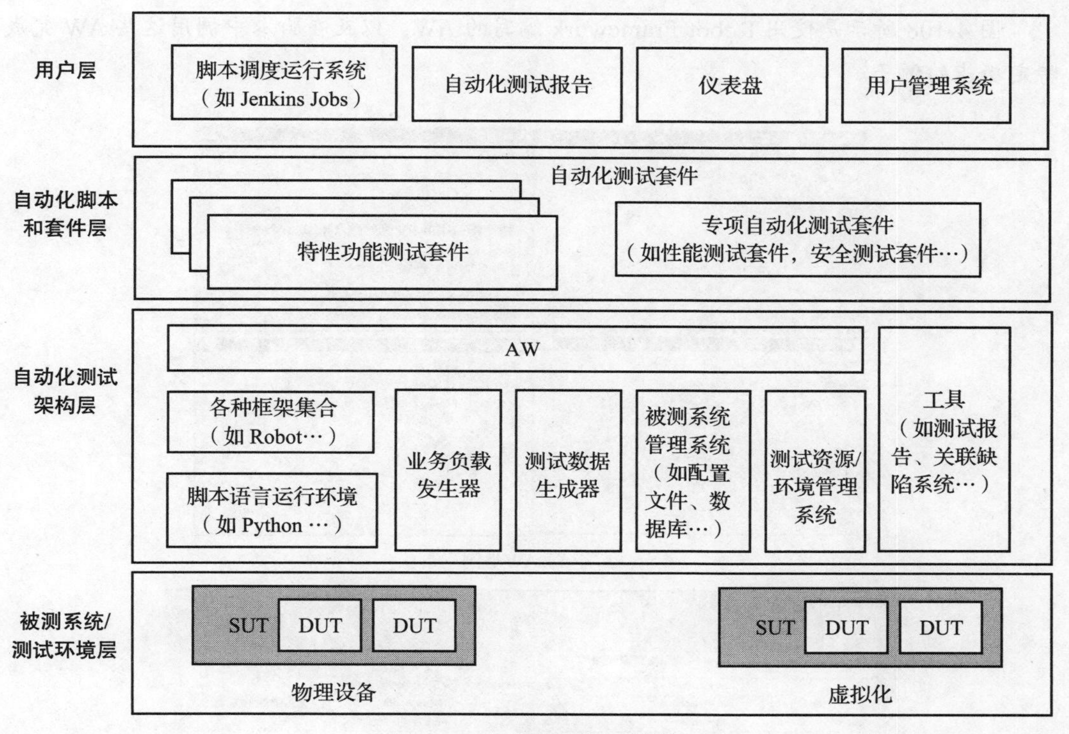

图 4-107　自动化测试架构

AW

AW 是指可被自动化脚本直接调用的、有意义的测试接口。

为了自动化脚本可以和测试环境、配置等充分解耦，我们通过 AW 来做抽象和屏蔽。AW 可以根据自动化测试情况分为多种类别，常见的有：

- **操作关键字**：将被测系统提供的接口、GUI 等按照用户操作进行封装，形成原子操作。脚本只需要使用 AW 就可以构造出有效的测试步骤。
- **检查关键字**：确认系统对操作的反应是否符合关键字的预期，如确认断言的正确性、确认系统回显的正确性、确认系统是否有预期外的返回值等。
- **业务负载关键字**：和系统业务相关的关键字，如模拟用户和被测系统建立连接、模拟用户的业务负载流量等。

- **测试数据关键字**：生成参数的关键字，如生成异常IP地址的关键字，生成10万条日志表项的关键字等。
- **测试环境关键字**：选择与被测对象和测试环境相关的关键字。

图4-108所示是使用Robot Framework编写的AW，以及在脚本中调用这些AW完成特定功能的例子。

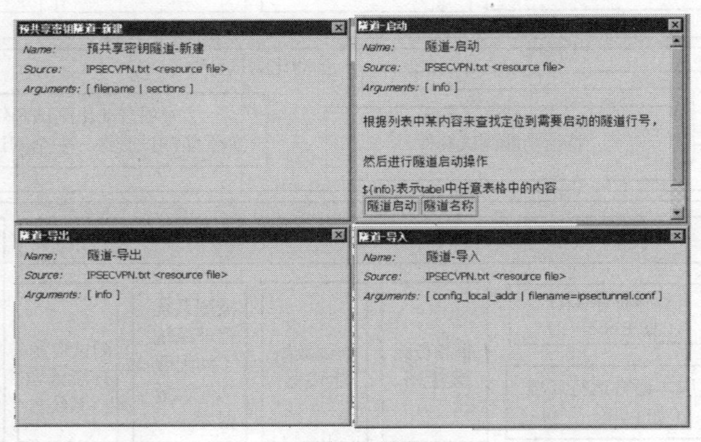

a）AW举例

BSG-415:G-G默认配置下隧道连通性测试

Settings >>

1	Log	BSG-415:G-G默认配置下隧道连通			
2	${topo}	set variable	L3_ipsecg2g_2PC2NF.conf	#定义使用的topo文件	
3	@{restore_ebk}	set variable	195_default.ebk	189_default.ebk	#定义使用的恢复配置文件
4	${case_txt}	set variable	BSG-415.txt	#定义用例使用的配置文件	
5	#初始化...				
6	初始化	${topo}	@{restore_ebk}	#进行初始化操作	
7	#预配置				
8	#防火墙策略-新建				
9	#check1-3				
10	LoginNF	${topo}	NF1_logins		
11	@{tunnel_info}	预共享密钥隧道-新建	${case_txt}	check1_ipsec_tunnel	
12	${tunnel_name}	set variable	${tunnel_info[0]}		
13	${peer_addr}	set variable	${tunnel_info[1]}		
14	隧道-启动	${tunnel_name}			
15	隧道-导出	${tunnel_name}			
16	应用配置				
17	LogoutNF				
18	LoginNF	${topo}	NF2_logins		
19	隧道-导入	${peer_addr}			
20	隧道-启动	${tunnel_name}			
21	应用配置				
22	LogoutNF				
23	LoginNF	${topo}	NF1_logins		
24	${195_info}	隧道-状态	${tunnel_name}		
25	LoginNF	${topo}	NF2_logins		
26	${189_info}	隧道-状态	${tunnel_name}		
27	#	Self Check Ipsecsa	${195_info}	${189_info}	
28	#数据流量				
29	ping	3.2.2.254			
30	Log	BSG-415:G-G默认配置下隧道连通			

b）自动化脚本调用AW完成特定功能举例

图4-108 AW和自动化脚本调用AW完成特性功能举例

第三层是“自动化脚本和套件层”。我们建议从“特性—测试类型”这样的角度来组织自动化脚本，如图 4-109 所示。

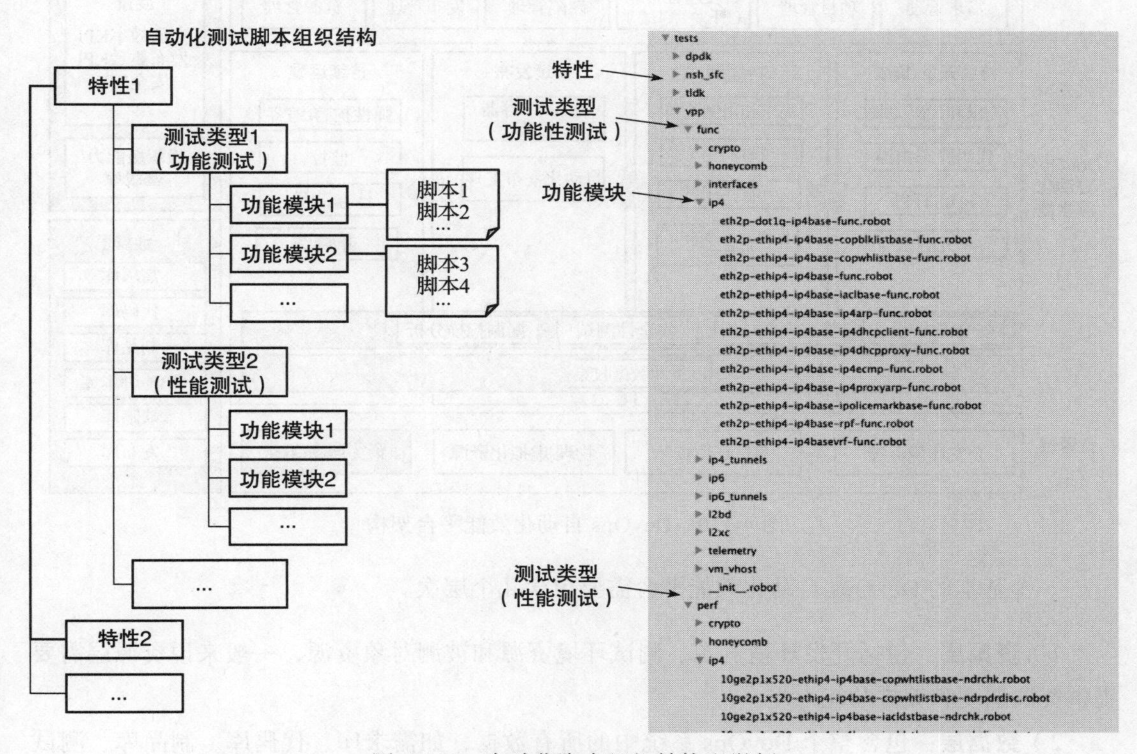

图 4-109　自动化脚本组织结构和举例

我们还可以根据场景、专项等将满足特定条件的自动化脚本组合起来，形成自动化测试用例集（又称自动化测试套件），方便用户层调度使用。

最顶层是“用户层”，包含的子系统如下。

- ❑ 脚本调度运行系统：如 Jenkins Jobs 等，提供与脚本调度和运行相关的能力。
- ❑ 自动化测试报告：提供自动化测试结果，为测试失败的脚本提供详细信息，以供自动化测试执行人员分析使用。
- ❑ 仪表盘：提供当前自动化项目的整体状态、统计等信息。
- ❑ 用户管理系统：提供基本的账号管理、权限等能力。

DevOps 扩展了自动化的外延，使自动化测试发展出全流程流水线模式，将聚焦在研发测试端的自动化测试平台，扩展为整个产研运团队的效能平台。图 4-110 所示是一个典型的自动化效能平台架构。

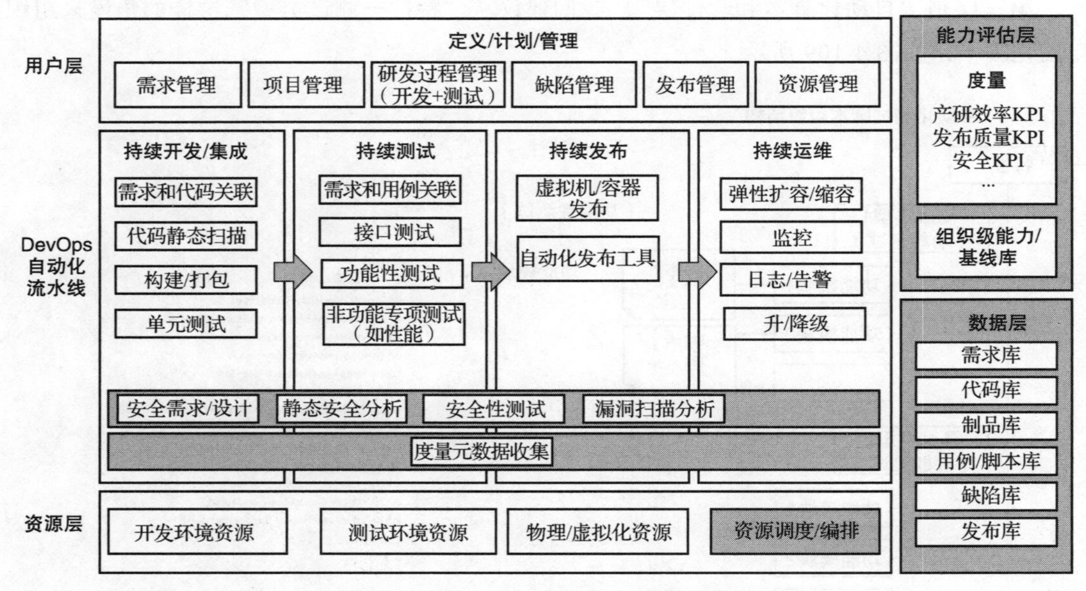

图 4-110 DevOps 自动化效能平台架构

一个基本的 DevOps 自动化效能平台需要包含几个层次。

1）**资源层**：包括开发环境资源、测试环境资源和被测对象资源，一般来说资源层需要提供资源调度和编排的能力。

2）**数据层**：包含整个 DevOps 系统中的所有数据，如需求库、代码库、制品库、测试用例 / 脚本库、缺陷库和发布库。数据层包含了企业产研的所有核心资产，需要提供存储、备份、恢复、扩容、权限和访问控制、审计等基本能力。

3）**能力评估层**：从组织能力角度，对产研运全流程中收集的度量元数据进行分析，建立组织能力极限库，确定团队的度量数据、效率目标，从而推动整个组织团队持续改进。

4）**DevOps 自动化流水线**：这也是自动化效能平台的核心，又包括持续开发 / 集成、持续测试、持续发布和持续运维几个子系统。

- **持续开发 / 集成子系统**：提供需求和代码关联、代码静态扫描、构建 / 打包、单元测试的能力。
- **持续测试子系统**：提供需求和测试用例（含脚本）关联、接口测试、功能性测试和非功能专项测试的能力。
- **持续发布子系统**：提供虚拟机 / 容器发布的能力。
- **持续运维子系统**：提供弹性、监控、日志 / 告警、升降级等能力。

5）**用户层**：提供需求管理、项目管理、研发过程管理、缺陷管理、发布管理和资源管理等全流程管理能力。

4.15.4　如何有效开展自动化测试

我们为什么要进行自动化测试？这是我们有效开展自动化测试首先需要考虑的问题——我们可以通过 5W1H1E 法来进行自动化测试可行性分析。

1. 自动化测试可行性分析

我们可以通过 5W1H1E 法来进行自动化测试可行性分析，以此帮助我们梳理团队现状，确定如何在团队中开展自动化测试的策略，如图 4-111 所示。

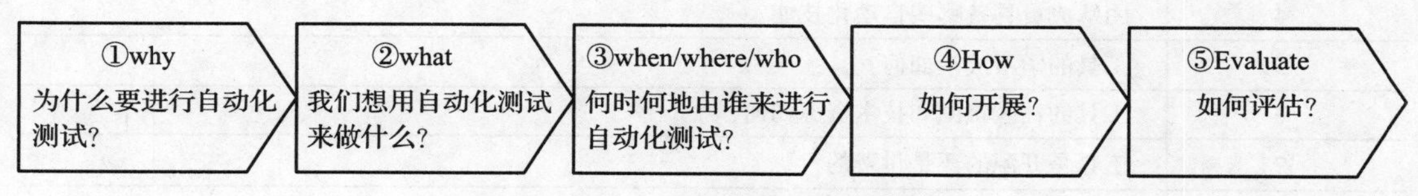
①why
为什么要进行自动化测试？
②what
我们想用自动化测试来做什么？
③when/where/who
何时何地由谁来进行自动化测试？
④How
如何开展？
⑤Evaluate
如何评估？

图 4-111　自动化测试可行性分析

其中非常重要的一个环节是评估当前的人、工具和技术是否准备就绪。从谁来进行自动化测试的角度来说，自动化测试需要三种不同类型的角色，如图 4-112 所示。

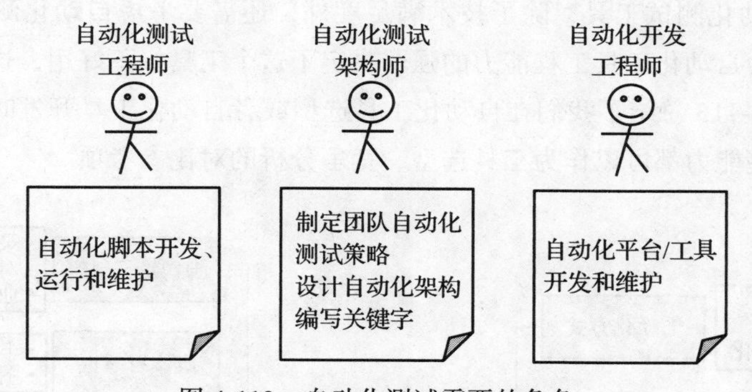
自动化测试工程师
自动化测试架构师
自动化开发工程师
自动化脚本开发、运行和维护
制定团队自动化测试策略
设计自动化架构
编写关键字
自动化平台/工具开发和维护

图 4-112　自动化测试需要的角色

对图 4-112 说明如下。

- **自动化测试工程师**：主要负责自动化脚本的开发、运行和维护，定位在自动化的落地和执行。
- **自动化测试架构师**：主要负责制定团队的测试策略，包括自动测试的目标、范围，以及确定自动化测试的分层、确定自动化测试的框架（包括选型）、设计和编写关键字，为团队确定自动化发展路线。

- **自动化开发工程师**：主要负责自动化平台 / 工具的开发和维护，保证自动化脚本运行环境的稳定性和效率。

在实际项目中，测试架构师可能会兼任自动化测试架构师。从工具和技术的角度，可以考虑用表 4-89 所示的自动化测试选型清单，来帮我们选择合适的自动化测试工具和技术。

表 4-89 自动化测试工具和技术选型清单

序号	自动化测试工具 / 技术选型清单
1	公司有自研的自动化测试工具吗？
2	公司内主流的自动化测试工具是什么？
3	大家对这些工具的使用情况如何？评价如何？
4	团队成员具备哪些自动化技能？
5	工具的学习成本如何？
6	工具的社区氛围和技术资源如何？
7	工具是开源的还是付费的？
8	工具有哪些重要特性？
9	工具的流行度如何？（可以参考权威的分析机构，以及论坛、大会的反馈等）
10	如果是开源工具，需要去查看最近的更新情况和缺陷的解决情况

我们选择自动化测试工具，除了技术满足度外，还需要考虑**自动化测试工具能够提供的工程能力**，因为自动化工具工程能力的强弱决定了这个工具好不好用，这是工具能否推行起来的关键。图 4-113 总结了我们在自动化工具选型或者自动化工具开发时，需要考虑的重要工程能力，这些能力都可以作为工具选型、竞争分析的对比参考项。

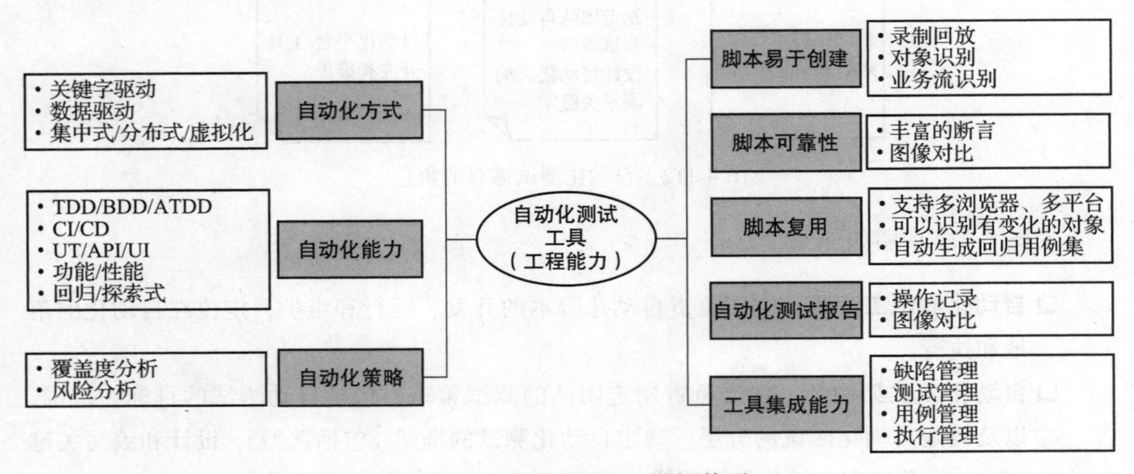

图 4-113 自动化测试工具评估项

对图 4-113 所示内容说明如下。

- **自动化方式**：需要考虑自动化测试工具可以支持的自动化开发方式，如关键字驱动、数据驱动。除此之外，还要考虑自动化工具可以支持的方式，如集中式、分布式、虚拟化等。
- **自动化能力**：需要考虑自动化测试工具具备的自动化能力，如 TDD/BDD/ATDD、CI/CD、UT/API/UI、功能 / 性能、回归 / 探索式等。
- **自动化策略**：需要考虑自动化测试工具具有哪些策略能力，如覆盖度分析、风险分析等。
- **脚本易于创建**：对自动化测试来说，脚本创建的难易程度直接决定了自动化开展的效率，一些自动化工具可以提供录制回放、对象识别、业务流识别等技术来帮助测试人员快速创建脚本，提升自动化脚本开发效率。
- **脚本可靠性**：对自动化脚本来说，可靠性是最基础也是最核心的需求。一些自动化测试工具可以提供非常丰富的断言，具有非预期结果的捕捉能力和图像对比能力等，且可以从框架层面提升脚本的可靠性，这样自动化工具自然受欢迎。
- **脚本复用**：对自动化测试来说，复用意味着降成本，一些工具可以支持跨平台、跨浏览器工作，可以自动识别有变化的部分，可以根据规则自动生成回归测试用例集，从而增加脚本的复用性。
- **自动化测试报告**：一些自动化测试工具内嵌标准的自动化测试报告，并提供操作记录、日志、图像对比等功能。
- **工具集成能力**：可以提供接口或者插件，与其他工具或者平台协同联动，这有助于形成自动化测试流水线。

2. 有效开展自动化测试

自动化测试其实是一种误称，因为无论如何尝试自动化测试，都需要引入大量测试人员。自动化测试可以理解为“工具支持的测试”，使用任何工具来帮助测试都属于自动化测试的一种类型。

——James Bach 自动化敏捷测试（2003）

如何在团队中有效开展自动化测试，实现 0 到 1 的突破？我们建议分三步走，如图 4-114 所示。

一些团队觉得自动化需要编程，对自动化测试有一种天然的“畏难”情绪；还有些团队对自动化测试一直跃跃欲试，但是不知道如何下手。无论团队是什么情况，刚开始进行自动化测试时，我们都建议从将烦琐工作自动化开始，找一些重复且烦琐的测试工作，想办法把它们先自动化了，让团队切实体验到人机融合的好处，营造出自动化的氛围。

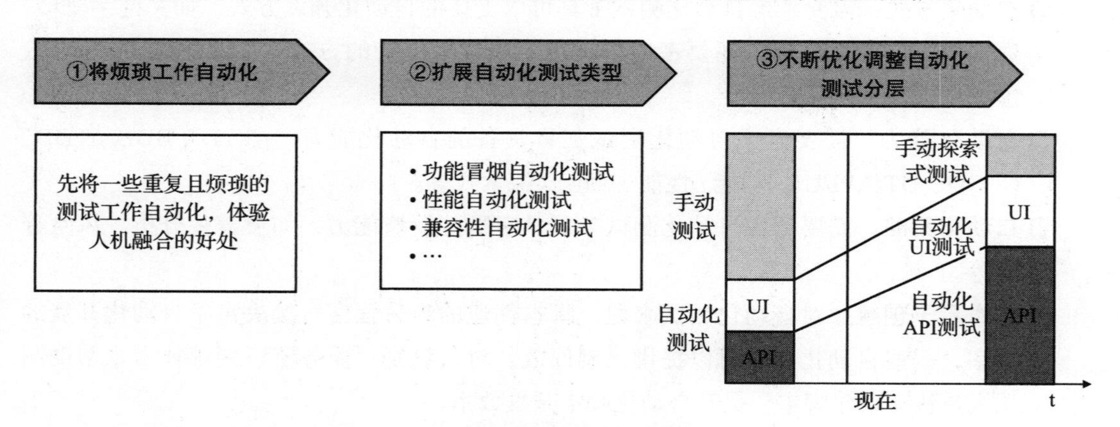

图 4-114 自动化测试落地三步走策略

案例 自动化测试不仅仅是回归测试：发挥创造性思维

Dorothy Graham 在他的《自动化测试最佳实践》中讲过一个"自动化测试不仅仅是回归测试：发挥创造性思维"的案例。在这个案例中，主人翁 Jonathan Kohl 描述了一系列小故事，每个小故事都通过自动化测试来完成一些简单的任务，或者处理测试执行以外的工作，来解决问题并创造价值。这些小规模的、简单的工具解决方案，能带来明显的收益并节省成本。

其中一个小故事是，团队一位测试人员每天都会进行重复性的无聊工作，她一天的工作安排大致如下：

- ❑ 每天早上第一件事情是从开发团队那里获得新的测试数据集。
- ❑ 在不同的 Web 浏览器上测试应用中的输入数据集。
- ❑ 在后台数据库确认所有数据都存储正确。

她每天要花 3 ～ 4 小时来做以上工作，重复相同的工作流程。Jonathan 用 Ruby 编写了一个脚本，从 Excel 中读取测试数据，再驱动浏览器进行测试，最终效果非常好，以往需要花费 3 ～ 4 小时才能完成的工作，缩短到了 30 分钟。

可见，即便是一个并不是那么完美的小脚本，聚焦到解决烦琐问题后，也能获得不错的收益，相反，过于雄心勃勃可能反而会损害自动化测试的成果。

当团队逐渐培养起自动化的意识后，我们就可以考虑逐渐扩展自动化测试的内容，做更多的尝试了，如性能自动化测试、兼容性自动化测试等。

当团队有了更多成功的自动化经验后，我们可以考虑不断优化调整自动化测试的分层，提升自动化占比，优化自动化架构，提升自动化的可靠性、效率和可移植性。

4.15.5 如何评估自动化的收益

自动化是昂贵的，执行起来并不容易，也并没有想象中那么可靠，这就需要我们评估自动化测试的收益，帮助我们在产品中制定合适的自动化测试策略，让自动化测试能够发挥最大的作用。

我们可以从 3 个角度来评估自动化收益：自动测试的实施成本、自动化测试的运行次数和自动化测试实施成本比。

1. 自动化测试的实施成本

自动化测试的实施成本计算公式如下：

自动化实施成本＝自动化前期开发成本＋自动化后期维护成本

自动化前期开发成本主要包括：

- 人力成本：和自动化开发人员相关的成本。
- 时间成本：准备、开发、调试的时间成本。
- 金钱成本：工具购买、开发、维护的费用成本。

后期维护成本包括：

- 因产品需求、设计等变更引起的自动化脚本变更产生的成本。
- 与脚本的健壮性、可靠性等相关的问题的定位和修复成本。

2. 自动化测试的执行次数

一般来说，一个自动化脚本能够被执行的次数越多，这个自动化脚本的收益就越大，即**自动化测试的收益和自动化测试运行的次数是成正比的**。因此，自动化测试的运行次数也是我们选择自动化脚本编写优先级的依据——我们应该**优先选择那些会被多次执行的测试用例来进行自动化测试，而不是优先选择容易进行自动化测试的测试用例**。

我们将在第 7 章对测试用例进行分级（详见 7.3.2 节），不同的测试用例级别，执行的次数不一样，自动化测试策略也不一样。

3. 自动化测试实施成本比

自动化测试实施成本比的计算公式如下：

$$p = \frac{k \times n}{c_1 + c_2}$$

- ❑ k：自动化执行测试用例所花费的时间成本。
- ❑ n：测试用例自动化执行的次数。
- ❑ c_1：自动化测试前期成本（时间成本 + 人力成本 + 金钱成本）。
- ❑ c_2：自动化测试后期成本（时间成本 + 人力成本 + 金钱成本）。

这个公式不仅可以帮助我们评估当前自动化测试的收益，还可以帮助我们确定适合当前项目的自动化测试和手工测试比。

4.15.6 自动化测试成熟度模型

自动化测试需要持续投入，以不断提升其成熟度。我们从自动化脚本质量和自动化测试工程能力两个方面，提出了自动化测试成熟度模型，如图 4-115 所示。

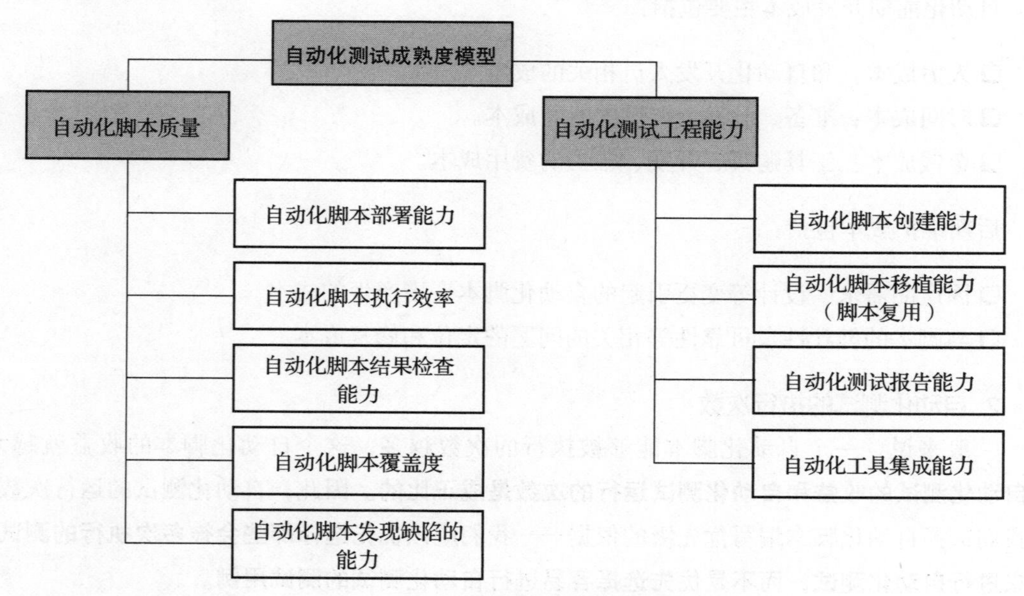

图 4-115 自动化测试成熟度模型

1. 自动化脚本质量

如图 4-115 所示，我们可以从 5 个维度来评估自动化脚本的质量，每个维度的评估项、评估子项和评估说明如表 4-90 所示。

表 4-90　自动化脚本质量评估表

评　估　项	评 估 子 项	评 估 说 明
自动化脚本部署能力		自动化脚本开发后，可以跨平台、跨环境部署的能力
自动化脚本执行效率	自动化脚本执行时间	单个功能脚本平均执行时间
	自动化脚本执行成功率	这里是指自动化脚本因本身问题造成的失败，而非指产品缺陷
	自动化脚本问题解决时长	自动化脚本出现问题后，平均定位、解决恢复的时间
自动化脚本结果检查能力	断言数	评估每个自动化脚本的断言数量
	断言有效性	1）断言对脚本预期结果的检查效果（如速率、精准度等） 2）脚本非预期结果的捕获和发现能力
自动化脚本覆盖度	自动化脚本需求覆盖度	自动化脚本对需求的覆盖情况
	自动化脚本代码覆盖度	自动化脚本对代码的覆盖情况
自动化脚本发现缺陷的能力	自动化发现缺陷数量	1）自动化测试发现的缺陷数量 2）自动化测试发现缺陷的严重程度
	自动化测试漏测数	自动化测试未发现问题的情况

2. 自动化测试工程能力

如图 4-115 所示，我们可以从 4 个维度来评估自动化脚本的质量，每个维度评估项、评估子项和评估说明如表 4-91 所示。

表 4-91　自动化测试工程能力

评　估　项	评 估 说 明
自动化脚本创建能力	平均新建立一个脚本到调试完成所需时间
自动化脚本移植能力	平均一个脚本在其他平台、浏览器、系统等完成移植的时间
自动化测试报告能力	提供测试报告的有效性
自动化工具集成能力	是否可以提供接口或者插件，并达到和其他系统协同联动的效果

3. 自动化测试成熟度评估

我们可以参考自动化测试成熟度模型，为每个评估项打分，借助雷达图来评估当前的自动化测试成熟度，明确哪些是当前的优势，哪些是需要改进的短板，如图 4-116 所示。

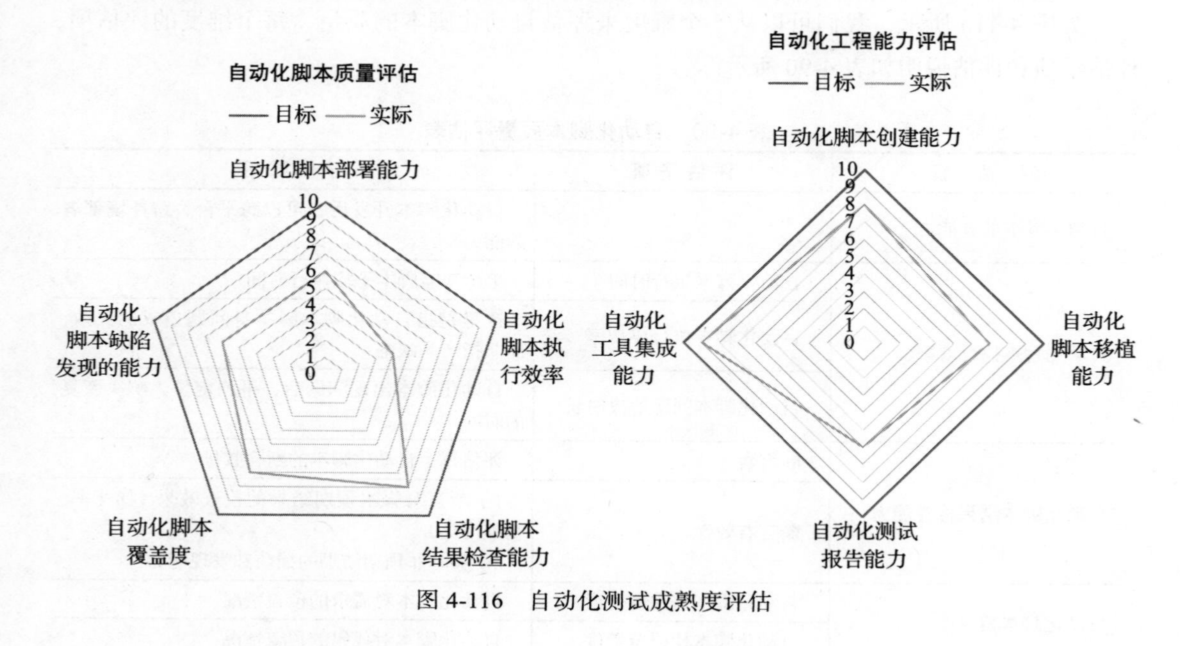

图 4-116 自动化测试成熟度评估

第 5 章 Chapter 5

测试架构师的软能力修炼

我们在第 4 章讨论了测试架构师必备的 6 个关键能力，并详细讨论了软件测试基本技术和能力模型。本章我们将讨论与软件测试“软能力”关系最为密切的两个因素——沟通协商和书面表达，这两个因素在测试架构师技术 / 知识体系中的位置如图 5-1 所示。

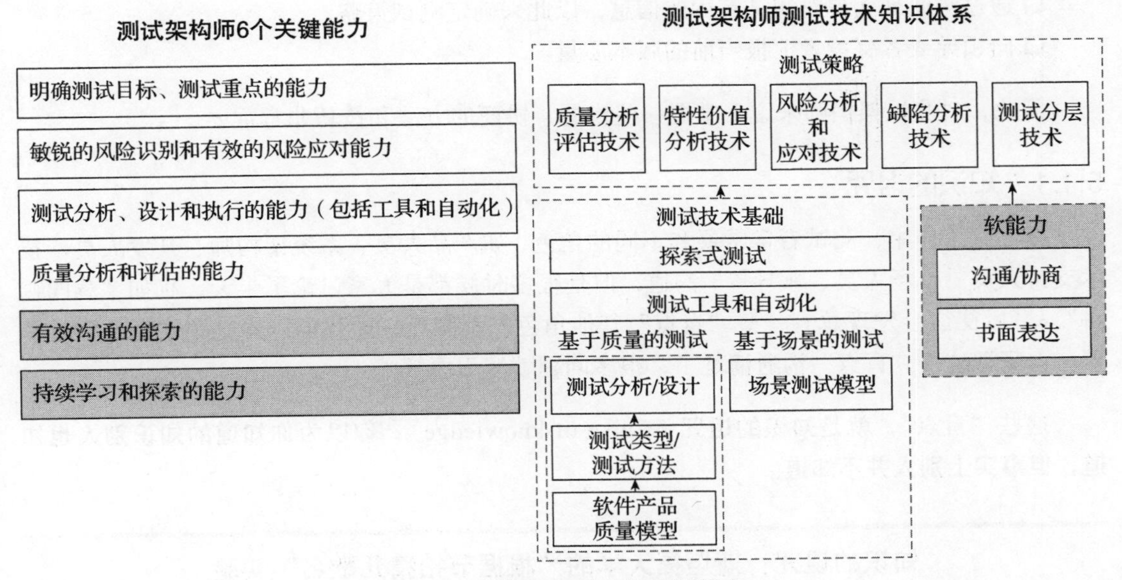

图 5-1　软能力和对应的关键能力

从软件测试的角度，测试架构师在沟通和协商方面需要关注的主要内容包括如下几项。

- ❑ 测试架构师在产品项目中需要遵循的基本原则。
- ❑ 如何和不同角色的人进行有效沟通。
- ❑ 如何通过沟通来获得对产品测试有用的信息。

在书面表达方面，我们会重点关注：

- ❑ 如何精准地表达测试用例。
- ❑ 如何组织和管理测试用例。

除此之外，我们还会关注一些与持续学习和探索相关的主题，以帮助测试者更好地适应乌卡环境，适应敏捷、DevOps 等研发模式。

5.1 沟通和协商

沟通是指“信息的交换”，而协商往往是“在有分歧的情况下，通过沟通达成一致”。对测试来说，沟通和协商无处不在。沟通决定了信息获得的质量，协商有助于推动事情的进展。实际工作中，测试架构师除了需要有扎实的测试技术基本功，还需要具有如下能力。

- ❑ 通过沟通来获得需求、设计的细节。
- ❑ 通过沟通来和团队成员就测试目标、范围、策略、方法等达成一致，确保测试效果。
- ❑ 通过沟通来获得对测试有用的信息，以此来确定测试策略。
- ❑ 向领导或者决策者汇报当前的版本质量。

因此，对测试架构师来说，掌握一些沟通、协商的方法和技巧非常重要。

5.1.1 知识的诅咒

在实际工作中，测试者常常要和不同的角色（如产品人员、系统架构师、开发人员、技术支持人员、市场人员、领导等）沟通，但是很多时候都是大家讨论了半天，犹如“鸡同鸭讲”，最后往往会发现总有一些“盲点”其他角色并不知道，而我们以为这个“盲点”是常识。大家把这些“盲点”沟通清楚了，很多问题就迎刃而解了。

这些“盲点”，就是**知识的诅咒**（Curse of knowledge）：**你以为你知道的知识别人也知道，但事实上别人并不知道。**

知识的诅咒：斯坦福大学的“根据节拍猜儿歌名”实验

1990 年，斯坦福大学的博士生伊丽莎白·牛顿做了一个实验。她把一群人分为两组：一组人为一些大家耳熟能详的儿歌打节拍；另外一组人则根据节拍来猜这些儿歌的名称。

结果大多数打节拍的人认为另外一组竞猜者能够猜出歌名，可事实上很少有人能够猜出。

史蒂夫·斯洛曼和菲利普·费恩巴赫在《知识的错觉》中提到了“知识共同体”的概念，这个概念可协助解释“知识的诅咒”现象。人类的进化，实际上是一个认知分工的过程。为了工作更高效，人们会进行分工，人们会按照分工自然而然地进行归类。具有同一“知识共同体”的人，具有相同的知识背景；而具有不同“知识共同体”的人，具有认知差异但却很难被意识到，人们在沟通表达时就容易形成“假设你也知道”的条件，进而造成沟通障碍。

我们在第 1 章中讨论了不同角色的视角，这里用图 5-2 表示。

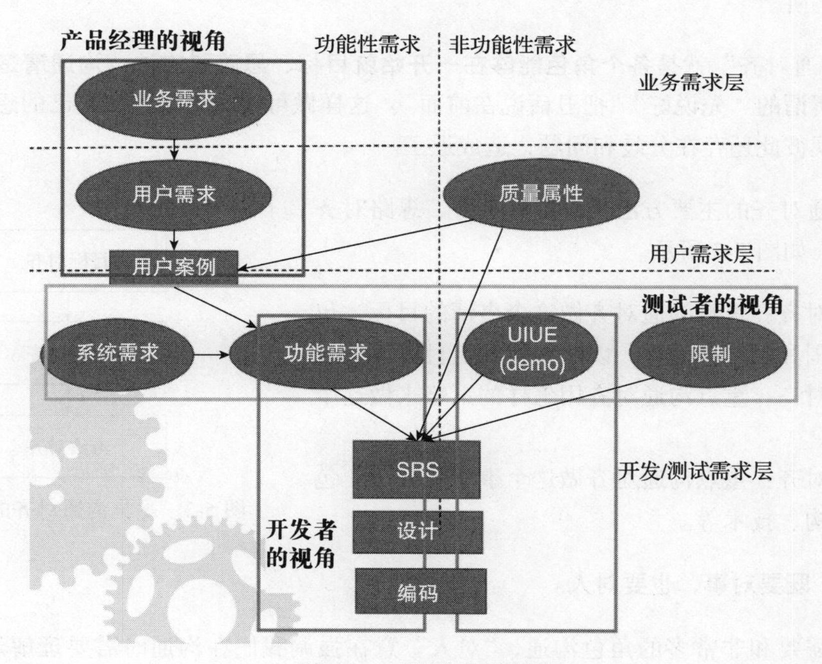

图 5-2　不同角色的视角

正是因为产品、架构、开发、测试等不同角色均有自己的视角和背景知识，所以他们构成了不同的“知识共同体”。如果我们在沟通中不注意沟通的方式方法，就很容易陷入“知识的诅咒”，造成沟通不畅。

5.1.2　产品测试中的沟通原则

对产品测试而言，如何才能避免陷入知识的诅咒，实现有效沟通呢？其中有 3 个重要原则。

原则 1：尽早沟通对齐。

同一件事情，沟通的时间点不同，造成的影响就会大相径庭，产品测试中的沟通也是如此。不知道大家是否有这样的体验：

- 开发者在项目中总是破坏规矩，或是不按照规矩出牌。
- 开发者或者测试者输出的文档不是你想要的。
- 你的领导不太理解你，和你之间仿佛有沟通障碍。

出现这些问题的根本原因就是不同角色对同一事物的认知、关注不同，大家在做一件事情之前没有沟通对齐，而是按照自己的想法去做，以为这就是别人需要的，陷入了“知识的诅咒”的陷阱。

“尽早沟通对齐”就是**各个角色能够在一开始就目标、思路和方法，沟通清楚要求和限制**，这就是所谓的“先说好”“把丑话说在前面”。这样做可避免大家按照自己的想法做了很多后，才发现彼此还存在分歧和问题，造成返工。

尽早沟通对齐的主要方法——目标对齐、思路对齐和方法对齐，如图 5-3 所示。

- 目标对齐：重点沟通对齐做这个事情的目标，包括范围和限制条件等，以及如何确定目标达成。
- 思路对齐：重点沟通对齐用怎样的策略来做这个事情。
- 方法对齐：重点沟通对齐做这个事情的方法，包括架构、技术等。

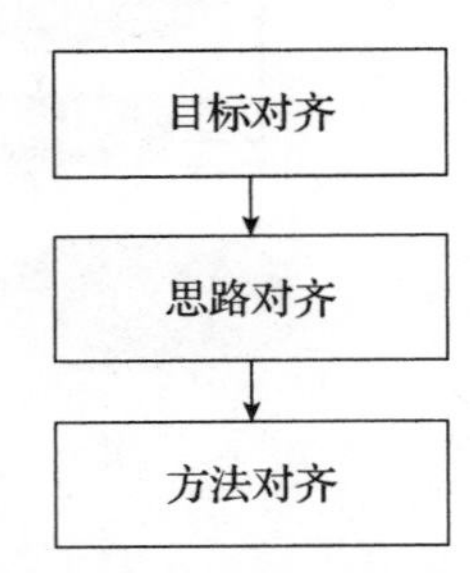

图 5-3 尽早沟通对齐的主要方法

原则 2：既要对事，也要对人。

测试者需要和非常多的角色沟通，“对人”意在强调我们在沟通时需要**理解沟通对象，换位思考，要以对方能够理解的方式来表达**。

我们来看看下面这个小故事。

小李和老张对项目计划的一次沟通

小李在拿到项目整体计划后发现，测试分析和设计的时间被压缩得很厉害，于是拿着测试策略去与项目责任人沟通，希望他能够增加一些测试分析和设计的时间。

小李：老张（项目负责人），按照测试计划，我们在做测试之前，需要进行测试分析，按照现在的研发计划，分配给测试分析的时间太少了……（小李还没有说完，就被老张打断了。）

老张：没有办法，项目时间实在是太紧张了。你看，我们要保证在年底交付，开发有这么多代码要写，反推回来，这已经是最大的限度了。

小李：但是按照这个计划，测试人员来不及做测试分析，测试用例可能写不完。

老张：那不能边测边写吗？

小李：之前就是这样的，但是这样的测试效果非常不好。

老张：效果不好要想办法把效果变好啊，你要多想想办法，把测试设计做得更快一些。再说，测试用例不是要在项目中执行了，才有感觉吗？你在测试用例的设计上花那么多时间也没啥用。听我的，把你们的测试计划再调整一下，多想想办法，或者做点自动化什么的，提高效率。

这次沟通的结果让小李很是失望。站在小李的角度来看，小李的沟通有理（边测边写效果不好）有据（测试计划），但是就是无法说服老张。站在老张的角度，他已经提供了解决方案——边测边写，至于效果，这是小李要想办法解决的事情，而且老张还认为测试执行才是对项目整体最有价值的地方。

小李和老张看待问题角度的不同和理解上的差异造成双方根本无法有效沟通，达到一致。不知不觉中他们陷入了“知识的诅咒”。

作为信息的输出方，在和别人谈论事情的时候，需要尽可能考虑到对方的知识背景，从对方可以理解、关心的角度去沟通。

作为信息的接受方，可以尽可能地扩展自己的知识面，提前准备好和沟通相关的背景知识，不想当然，不自以为是。

回到小李和老张的故事上，小李要想打动老张，就应该先站在老张的角度，理解老张最关注的地方是什么，用老张能明白的方式去沟通。我们再来看看，小李在学习了“既要对事，也要对人”的原则后，和老张的第二次沟通。

小李和老张对项目计划的第二次沟通

小李：老张，我想和你谈一下。你看我们前面几个项目，最后出现了一些进度和质量上的问题。

老张：是的，很恼火啊。这次咱们要多注意一下，这个版本不能再出现这种问题了！

小李：是的。老张，我分析了一下这些问题，很重要的一个原因是我们在项目接近尾声时还能发现很多很严重的问题。由于其中有些问题的修改比较大，一不小心就会引入新的问题，影响了产品质量。

老张：是的（已经表现得非常关注了），那些严重问题若能早点发现就好了。其实我也想和你谈谈，有什么办法可以让测试早点发现那些严重的问题吗？

小李：这个我也分析了，我发现很多问题是测试设计遗漏了。其实，这些遗漏也不是那些特别难想到的地方，而是前面在做测试分析的时候，时间不够，考虑不足。如果我们评审做得比较充分，还能好点，但是我们上个版本只是评审了几个特性就没有时间了，所以……

老张：嗯（没有说话，思考状）。

小李：我们这个版本的计划，在这方面的时间还是给得很少，我担心最后还是会出现类似的问题。

老张：在这方面，你需要增加多少时间？

当小李站在老张的角度思考后，从老张最关心的质量和进度入手进行沟通，和老张讨论造成前面几个项目出现质量和进度问题的根本原因，让老张理解测试设计对质量和进度的意义，让小李头痛的项目计划问题就能协商解决了。

原则 3：主动反复沟通。

樊登在《可复制的领导力》中提到“做好沟通 5 遍的准备”，以此来保证大家充分理解沟通的内容。这种方法也同样适用于测试者——对测试架构师来说，不要期望通过一次沟通（如一篇文档、一封邮件或是一次会议），就能让测试团队中的每一位同事都充分理解任务，若希望全部达成一致，就要有多次沟通的准备。

我们先来看一个小故事。

郁闷的小李

小李是 ×× 公司的测试架构师，目前他所在的项目正在进行测试设计，但是他却很郁闷。

小李：郁闷死了。

我：怎么了？

小李：你说小王是咋回事啊，我在会上说得清清楚楚，×× 特性不是当前的重点，结果他给我整了几百个测试用例。

我：这说明你的小伙伴很积极嘛，至于这么郁闷吗？

小李：关键是，他的测试用例写得粗的粗、细的细，我看除了他自己，别人都没法执行。

我：哦，那让他改改吧。

小李：唉，都已经评审了，下周就正式测试了，来不及了。

我：哦。

小李：不光是小王，小苏写的测试用例也有问题，设计得太简单了，得补。

我：嗯，估计得让大家加班改了吧？你之前没有跟大家说清楚吗？

小李：我召集大家开了会，开会的时候我看大家都理解得挺好的。而且测试策略、测试计划、测试方案都写得很清楚了，就算开会时存在没有理解的地方，大家也可以看文档，文档有不明白的，也可以提前问啊！但大家都不看，也不问，我也没辙了。

和小李一样，很多时候，我们在沟通测试任务的时候，会发现有些同事在沟通的时候看似非常理解和认同，而且有非常好的互动，但是执行起来却完全不是那回事。因此，**“点头并不等于真懂了”，要有确认的方法，确保大家在第一时间都真正理解了任务。**“互动”“纪要”“复述”“多角度”都是一些有效的确认方式。

- 沟通过程中，可以适当询问一下听众的意见，加强互动，而不是听的人只管听，讲的人只管讲。
- 可以请被沟通方输出纪要，通过纪要来确认是否对齐。
- 请一位听众再复述一遍，让其他人一起来确认是否有偏差。
- 讨论时确保大家都在参与讨论，而不是只有少数人在讨论，其他人无所事事，心不在焉。
- 请被沟通对象就沟通内容输出提纲，对提纲做一轮快速确认或者评审，确认双方理解一致。
- 可以从“正向”和“逆向”的角度分别进行沟通，确认对同一事物的理解达成一致。

有时候沟通的事情比较抽象，比如小李要求“ ×× 特性不是重点”，这意味着什么？被沟通者可能不清楚。再比如小李希望“测试用例要注意粒度，不要太粗也不要太细”，但被沟通者对这个要求的理解可能大相径庭，这就需要小李**主动进行反复沟通，“做好沟通 5 遍的准备”**，如图 5-4 所示。

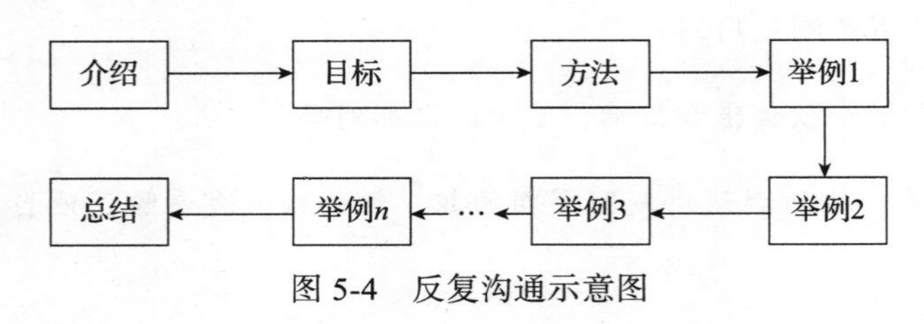

图 5-4 反复沟通示意图

反复沟通也有一些小技巧，不是一遍又一遍地重复、唠叨，而是**试着从不同的角度把任务描述得更加清楚**。如果任务比较复杂，还应该对任务进行分解，分解到可以执行的粒度。然后根据进展来沟通，逐渐深入，引导团队共同达到目标。例如在任务开始的时候，举一些较为通用的例子；在任务进行的时候，根据大家的执行情况，特别是暴露出来的问题，再补充一些反面的或者特殊情况下的例子，让大家越做越清晰。相信通过这一系列扎实的沟通、引导，即使是一个年轻的团队，也能迸发出强大的测试力。

5.1.3 通过沟通来获得对产品测试有用的信息

很多测试者在正式测试之前，都会仔细研读与项目相关的各种文档，特别是需求文档和开发设计文档。但很多测试者会发现，即使看完了这些文档，还是不知道该如何去测试。其实，对测试者来说，阅读这些文档，不应该仅是去理解被测对象是如何设计实现的，**更重要的是思考如何正确、有效验证被测对象，以及开发者是如何完成开发的，开发过程是否引入了风险**。前者是测试的目标，后者可以帮助测试者确定测试重点和难点，从而更有针对性地进行测试。

对“如何正确、有效验证被测对象”的问题，我们可以通过“可测试性需求”（详见 4.12.2 节）和“测试分析、设计和执行技术”（详见 4.2 ～ 4.11 节）来保证。对“开发者是如何完成开发的，开发过程是否引入风险”的问题，往往需要通过沟通来获得答案，即**通过沟通来获得对产品测试有用的信息**。

我们先来看个小故事。

测试者小李和开发者小王就 ×× 特性设计实现的沟通

小李：王哥，这个特性是新开发的还是继承的？

小王：是继承 ×× 产品的，我主要做的是移植和适配的工作。

小李：那你哪些地方改动比较大呢？

小王：基本没有改动，和 ×× 产品的处理都是一样的。

小李：×× 产品好像性能和规格都比较低，这块会不会有什么影响？

小王：这个目前我还没有考虑。你说得有道理，我回去分析一下。

小李：对了，王哥，这是我根据需求画的一个业务处理流程图，你能帮我看看这个画得对吗？如果可以，我就按照这个设计测试用例了。

小王：好，我看看。

（小王开始看小李画的业务处理流程图。）

小王：这块好像继承的代码里没有呢。

小李：但是我看你设计文档里面有写这块。

小王：那个设计文档是从继承的 ×× 产品中直接抄过来的，我也没细看。你说的这块前几天我调代码的时候确实没有看到，我再去确认一下，看看是我适配漏了，还是 ×× 产品就没做。

小李：好的。

小王：要是 ×× 产品没做就麻烦了，这部分看起来要实现还是有一定工作量的，说不定我还得去找老张（项目负责人）。

在这个故事里，小李了解了开发的实现过程，确认了这个特性并不是全新开发的，而是继承的。对开发者来说，继承功能是非常常见的事情（不重复造轮子）。但是在继承过程中，开发者容易忽视移植功能和目标功能的差异，从而导致需求实现的完整度不足，还可能出现继承方案在规格和性能方面的满足度不足。通过沟通，小李识别出了这些风险和问题，这些风险点不仅提醒了小王，也帮小李确定了测试重点，可以更有针对性地进行测试。

从沟通的原则和技巧来说，“新开发”“继承”“规格”“流程图”等都是小王能理解的内容，小李是从小王的角度梳理开发过程的，小王自己就能发现其中的风险和问题，并主动改进。但如果小李从测试角度去沟通，可能就是另外一种效果了。

测试者小李和开发者小王就 ×× 特性设计实现的沟通（二）

小李：王哥，×× 特性你有什么测试建议吗？

小王：怎么测试我不是很懂，但是这个特性还是比较重要的，我看你全面测试一下吧。

小李：这个特性你是怎么设计实现的呀？

小王：这个特性是从 ×× 产品拿过来的，具体怎么实现的我也说不清楚，你看一下文档，文档中都写着呢。

小李：从 ×× 产品拿过来的，和我们的产品需求匹配吗？

小王：都是一样的功能，应该是匹配的。

在这个例子中，小李完全是站在测试者的角度，希望小王能告诉自己要怎么测试。但从小王的角度，小王会认为测试是小李的事情，和自己不相干。小李根本无法获得任何有用的信息。事实上，类似的沟通场景在测试工作中随处可见。因此，我们应把握好产品测试中那些重要的沟通原则，让整个测试过程更加顺利。

5.2 写出漂亮的测试用例

在 4.10.1 节中，我们讨论了“好的测试设计的味道”——**好的测试设计得到的是整洁的测试用例**。我们已经花了整整一章的篇幅来讨论如何“使用恰到好处的测试设计方法，使得测试用例拥有良好的覆盖度且规模适中”。在本节中，我们将讨论如何才能“形成精准的测试用例描述，让人一看就明白测试的目标、输入和预期”，**以及如何写出漂亮的测试用例**。

5.2.1 统一测试用例编写风格

实际测试项目中，测试用例最常见的问题是：

- 测试用例只有作者才能看懂，其他人会恨不得把测试用例拿来自己重写一遍。
- 测试用例由不同的人来执行，结果差别很大。
- 有的测试用例读起来很笼统，有的测试用例又写得特别细。

第一个问题说明测试用例在描述上不统一。第二个问题说明测试用例对预期结果和步骤的描写不够清晰和准确。第三个问题说明测试用例在编写上缺少规范和方法。

很多人会认为引起这些问题的原因是缺少统一的测试用例模板，但是事实上，测试用例模板无法解决这些问题，因为被测对象是千变万化的，没有一个模板可以保证解决所有的问题。相比模板，我们更需要一种风格指导，来保证团队编写的测试用例具有统一的风格和样式。

正如Google Style Guides指出的：Every major open-source project has its own style guide: a set of conventions（sometimes arbitrary）about how to write code for that project. It is much easier to understand a large codebase when all the code in it is in a consistent style.（每个主要的开源项目都有自己的风格指导：关于如何为该项目编写代码的一组约定（有时是任意的）。当一个大型的代码库中的所有代码都是一致的样式时，理解它就容易多了。）

这也同样适合于测试用例。

只有团队统一测试用例的编写风格，整个团队的测试用例库中所有测试用例都具有一致的样式时，测试用例才更容易被理解和使用，才有可能被组织和传承，才能不断提升和改进。这也是如何让一个测试团队都可以写出漂亮的测试用例的关键。

5.2.2 测试用例编写风格指导

下面是一些较为通用的测试用例编写风格指导，大家可以根据自己测试团队和被测对象的特点来继续丰富。

1）**测试用例标题：**

- 测试用例标题应为一个完整的句子，并能完整表达测试用例的意图。
- 用图5-5所示句式来描述测试用例标题。
- 不要用测试数据的组合来作为测试用例标题。
- 测试用例标题不要过长（建议不超过40个汉字）。

在怎样的条件下，	谁	做了	怎样的事情，	得到了怎样的结果
状语	主语	谓语	宾语	补语（可选）

图5-5　测试用例标题使用的句式

2）**测试步骤：**

- 不要在测试用例的步骤中引用别的测试用例。
- 应该避免在测试用例步骤中使用表达笼统的词。
- 测试步骤应该重点描述和测试目标相关的部分，那些不那么相关的步骤可以作为测试的预置条件。
- 建议测试不要多于6步，也不要少于2步。

3）**测试数据：**

- 应该避免测试数据包含过多的用户接口细节。
- 测试数据可以和测试步骤分开描述，以避免在测试步骤中包含很多测试数据。

- 如果一个测试用例中包含有多个参数，测试数据应是每个参数取值的组合，而不是某个参数所有取值的组合，如图 5-6 所示（假设这个测试用例有 3 个参数，参数 1 的取值是 A1 ～ A3，参数 2 的取值为 B1、B2，参数 3 的取值是 C1 ～ C4）。

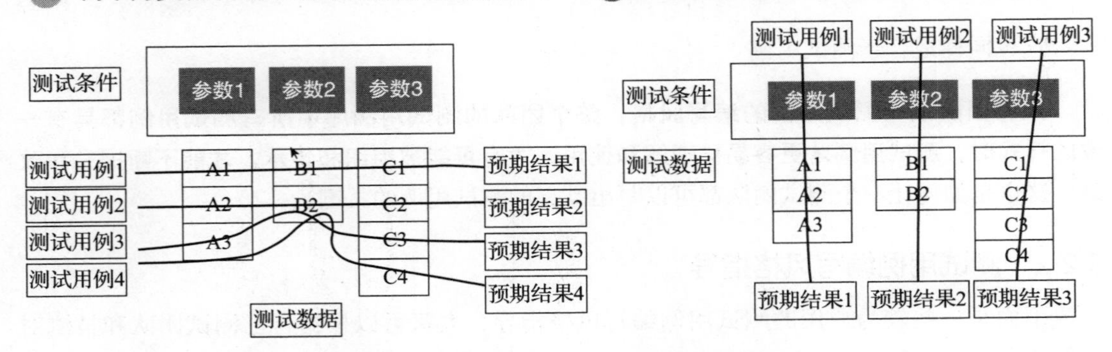

图 5-6 用不同参数的取值组合作为测试用例数据

4）**预期结果**：

- 应该明确测试步骤和预期结果的对应关系，如在测试步骤和预期结果中通过增加［check n］这样的标记来建立两者的对应关系。
- 建议预期结果不要多于 6 个，也不要少于 1 个。

5.2.3 如何编写测试用例案例集

下面给出了一些使用 5.2.2 节介绍的编写风格对测试用例标题拟定进行指导的案例，这些案例均出自产品测试的实际项目，大家在指导团队统一测试用例编写风格时可借鉴参考。

案例 1：测试用例标题缺少主语。

原标题：同时对源 IP 和目的 IP 进行限制

点评：测试用例标题缺少主语，不知道对象是什么（测试对象是一个抓包工具）。另外为什么要进行限制？测试目标不明确（测试目标是验证抓包工具能否只抓取指定源 IP 和目的 IP 的数据包），整个测试用例标题不是一个完整的句子。

修改后：在线抓包工具抓取指定源 IP 和目的 IP 的数据包的测试。

案例 2：测试用例标题缺少条件。

原标题：防火墙转发带 MSS 选项、带 TCP SYN 报文的测试点评：该测试用例标题没有明确条件——不同的测试条件会造成测试结果的不同，所以在测试用例标题中最好明确需要在怎样的条件下进行测试。

修改：开启 MSS 调整功能后转发防火墙转发带 MSS 选项的 TCP SYN 报文的测试。

案例 3：测试用例标题用数据组合来描述了。

本例对“××× 产品的 PPPoE 接口针对 TCP 报文的 MSS 调整功能”进行测试设计，该功能的实现流程如图 5-7 所示。

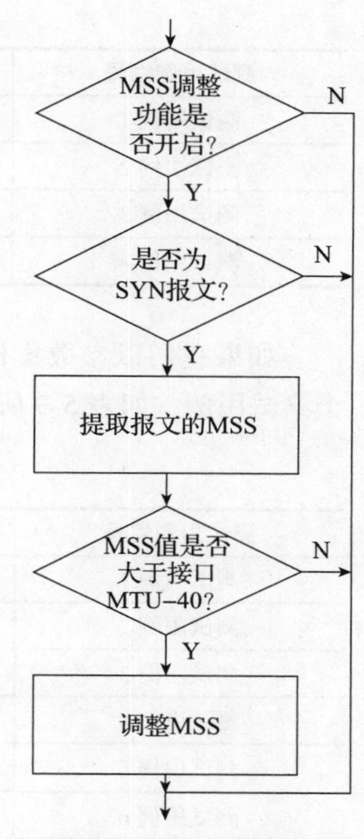

图 5-7　功能实现流程图

根据这个流程，使用路径分析法（详见 4.10.4 节），可以得到如下线性无关路径。

路径 1：PPPoE 接口转发 TCP SYN 消息，调整 MSS。

路径 2：PPPoE 接口转发 TCP SYN 消息，不调整 MSS。

路径 3：关闭 PPPoE 接口 MSS 功能，转发 TCP SYN 消息。

路径 4：PPPoE 接口转发不带 MSS 选项的 TCP SYN 消息。

上述 4 条线性无关路径构成了该功能的条件集。

根据这 4 条路径，可以得到覆盖到这些路径的测试数据，即该功能的参数集，如表 5-1 所示。

表 5-1　参数集

测试条件	子条件	MTU	MSS
测试数据 1：需要防火墙 PPPoE 接口调整 MSS	PC	1 500（默认）	1 460（默认）
	防火墙 PPPoE 接口	1 492（默认）	
测试数据 2：需要防火墙 PPPoE 接口调整 MSS	PC	1 500（默认）	1 460（默认）
	防火墙 PPPoE 接口	1 499（边界值）	
测试数据 3：需要防火墙 PPPoE 接口调整 MSS	PC	1 500（默认）	1 460（默认）
	防火墙 PPPoE 接口	128（边界值）	
测试数据 4：不需要防火墙 PPPoE 接口调整 MSS	PC	1 500（默认）	1 460（默认）
	防火墙 PPPoE 接口	1 500（MSS = 接口 MTU–40）	
测试数据 5：不需要防火墙 PPPoE 接口调整 MSS	PC	1 500（默认）	1 460（默认）
	防火墙 PPPoE 接口	1 600（边界值）	
测试数据 6：不需要防火墙 PPPoE 接口调整 MSS	PC	128	88
	防火墙 PPPoE 接口	128（边界值）	

如果我们以条件集作为测试用例标题，在这个例子中，每条测试路径都就可以作为一个测试用例，如表 5-2 所示。

表 5-2 测试条件（路径）作为测试用例

测试用例编号	测试用例标题
测试用例 1	PPPoE 接口转发 TCP SYN 消息，需要调整 MSS
测试用例 2	PPPoE 接口转发 TCP SYN 消息，不调整 MSS
测试用例 3	关闭 PPPoE 接口 MSS 功能，转发 TCP SYN 消息
测试用例 4	PPPoE 接口转发不带 MSS 选项的 TCP SYN 消息

如果我们以参数集作为测试用例标题，在这个例子中，每组参数的取值都可以作为一个测试用例，如表 5-3 所示。

表 5-3 参数取值作为测试用例

测试用例编号	测试用例标题
测试用例 1	防火墙 PPPoE 接口的 MTU 值为默认，PC 的 MTU 值也为默认
测试用例 2	防火墙 PPPoE 接口的 MTU 值为 1 499，PC 的 MTU 值为默认
测试用例 3	防火墙 PPPoE 接口的 MTU 值为 128，PC 的 MTU 值为默认
测试用例 4	防火墙 PPPoE 接口的 MTU 值为 1 500，PC 的 MTU 值也为默认
测试用例 5	防火墙 PPPoE 接口的 MTU 值为 1 600，PC 的 MTU 值为默认
测试用例 6	防火墙 PPPoE 接口的 MTU 值为 128，PC 的 MTU 值为 128

两者对比我们可以发现，使用条件来作为测试用例标题，更能突出设计这个测试用例的目标，易于读者理解测试用例的设计意图，便于维护。

案例 4：测试用例中包含多个参数，测试数据是每个参数取值的组合，而不是某个参数所有取值的组合。

假设测试用例的测试条件为：用户通过认证后，访问服务，30 分钟内不需要再次认证。

这个测试用例有两个测试参数。

参数 1：用户认证类型，包括普通用户和高级用户。

参数 2：认证方式，包括密码、数字证书、动态密码和数字证书 + 动态密码。

参数组合如表 5-4 所示。

表 5-4　参数组合

编　号	参　数	编　号	参　数
1	普通用户 + 密码	4	高级用户 + 动态密码
2	普通用户 + 数字证书	5	高级用户 + 数字证书 + 动态密码
3	高级用户 + 数字证书		

生成的测试用例标题如表 5-5 所示。

表 5-5　推荐的测试用例标题描述

测试用例	测试用例标题
1	用户通过普通用户 + 密码认证后，访问服务，30 分钟内不需要再次认证
2	用户通过普通用户 + 数字证书认证后，访问服务，30 分钟内不需要再次认证
3	用户通过高级用户 + 数字证书认证后，访问服务，30 分钟内不需要再次认证
4	用户通过高级用户 + 动态密码认证后，访问服务，30 分钟内不需要再次认证
5	用户通过高级用户 + 数字证书 + 动态密码认证后，访问服务，30 分钟内不需要再次认证

不推荐的测试用例标题描述为“不同的用户类型，访问服务，30 分钟内不需要再次认证”和“用户认证方式遍历测试”。

案例 5：不要在测试用例中引用别的测试用例。

假设当前我们有两个测试用例。

测试用例 1：用户通过认证后，访问服务，30 分钟内不需要再次认证。

测试用例 2：用户认证通过后，超过 30 分钟重新认证后访问服务。

我们在测试用例 2 中引用了测试用例 1，如表 5-6 所示。

表 5-6　在测试用例中引用其他测试用例

预置条件	测试数据	测试步骤	预期结果
系统已经有用户的信息	普通用户 + 密码	1）执行测试用例 1 2）等待超过 30 分钟，该用户再次访问服务 [check1] 3）用户再次认证后，重新访问服务 [check2]	[check1] 用户不能正常访问服务，系统提示不需要再次认证 [check2] 用户重新认证后，能够正常访问服务

这种测试用例编写模式，会使得测试用例的内容变多，在执行时容易遗漏，也不利于测试计划的安排，还会为后期测试用例的修改、维护和移植带来麻烦。

我们之所以会在测试用例中引用另外一个测试用例，大多是因为测试用例在执行中存在先后关系，即测试用例 2 会在测试用例 1 之后执行。有两个方法可以帮我们处理这个问题。

方法 1：把测试用例 1 和测试用例 2 合并成一个大的测试用例。

方法 2：把测试用例 1 的主要内容放到测试用例 2 的预置条件中。

用方法 1 对测试用例 2 进行改造，合并测试用例 1 和测试用例 2，得到新测试用例 3：“用户通过普通用户 + 密码认证后，访问服务”，如表 5-7 所示。

表 5-7 测试用例 3

预置条件	测试数据	测试步骤	预期结果
系统已经有用户的信息	普通用户 + 密码	1）用户访问服务，服务弹出页面，要求认证 2）用户按照要求输入用户名和密码 [check1] 3）用户立即再次访问服务 [check2] 4）等待 30 分钟，该用户再次访问服务 [check2] 5）等待超过 30 分钟，该用户再次访问服务 [check3] 6）用户再次认证后，重新访问服务 [check2]	[check1] 用户认证通过 [check2] 用户能够正常访问服务，且不需要再次认证 [check3] 用户不能正常访问服务，系统提示不需要再次认证

在测试用例 3 中，步骤 1~ 步骤 4 即为测试用例 1 的步骤，步骤 5 和步骤 6 为测试用例 2 的步骤。

我们也可以用方法 2 来对测试用例 2 进行改造，即将测试用例 1 中的主要内容总结为测试用例 2 的预置条件，得到新测试用例 2：“用户通过普通用户 + 密码认证后，超过 30 分钟重新认证后访问服务”，如表 5-8 所示。

表 5-8 新测试用例 2

预置条件	测试数据	测试步骤	预期结果
1）系统已经有用户的信息 2）用户通过认证后，访问服务	普通用户 + 密码	1）等待超过 30 分钟，该用户再次访问服务 [check1] 2）用户再次认证后，重新访问服务 [check2]	[check1] 用户不能正常访问服务，系统提示不需要再次认证 [check2] 用户重新认证后，能够正常访问服务

其中“用户通过认证后，访问服务”，就是对测试用例 1 的概要性描述。

案例 6：不要将测试用例描述得面面俱到。

具体案例如测试用例 4 所述。

测试用例 4：“首次购物的用户，先选择物品，再登录系统购物”，如表 5-9 所示。

表 5-9　测试用例 4

预置条件	测试数据	测试步骤	预期结果
1）用户首次注册成功，但从未成功购物（未填写过用户信息） 2）用户在购物前并没有登录购物网站	商品类型：女装 购买数量：1 件	1）用户访问购物网站，选择特定的商品类型 2）用户选择需要购买的商品和数量，点击结账［check1］ 3）用户输入正确的 ID 和密码，然后点击确认［check2］ 4）用户输入正确的姓名、街道地址、城市、邮编、电话号码，然后点击确认［check3］ 5）用户输入正确的信用卡卡号、开户银行、有效期、信用卡类型，然后点击确认［check4］ 6）用户确认产品、地址和信用卡卡号后，点击确认付款［check5］	［check1］系统验证用户信息，发现用户没有登录，页面跳转到登录页面 ［check2］系统提示用户登录成功，并跳转到用户详细信息页面 ［check3］系统提示用户详细信息更新成功，跳转到网银支付页面 ［check4］系统提示支付信息输入成功，跳转到支付确认页面 ［check5］系统显示购物成功

这个测试在测试步骤中描述了很多用户接口细节，如“用户输入正确的 ID 和密码”“用户输入正确的姓名”“街道地址、城市、邮编、电话号码”；“用户输入正确的信用卡卡号、开户银行、有效期、信用卡类型”，并且还不忘记描述“点击确认”“点击确认付款”等操作。过多的细节使得测试执行者无法快速抓住测试用例执行步骤的重点，而且一旦产品在细节的设计上有变化，测试用例也需要修改，不利于测试用例的后期维护。

所以测试用例步骤最好是对系统操作的概要性描述，无须叙述所有细节。基于这个思路，我们来对测试用例 4 进行改造，改造后的测试用例如表 5-10 所示。

表 5-10　改造后的测试用例 4

预置条件	测试数据	测试步骤	预期结果
1）用户首次注册成功，但从未成功购物（未填写过用户信息） 2）用户在购物前并没有登录购物网站	商品类型：女装 购买数量：1 件	1）用户访问购物网站，选择特定的商品类型 2）用户成功选择需要购买的商品和数量［check1］ 3）用户成功登录系统［check2］ 4）用户输入正确网购地址信息［check3］ 5）用户输入正确的信用卡支付信息［check4］ 6）用户确认产品、地址和信用卡信息后确认付款［check5］	［check1］系统验证用户信息，发现用户没有登录，跳转到登录页面 ［check2］系统提示用户登录成功，并跳转到用户详细信息页面 ［check3］系统提示用户详细信息更新成功，跳转到网银支付页面 ［check4］系统提示支付信息输入成功，跳转到支付确认页面 ［check5］系统显示购物成功

经过改造后的测试用例步骤是不是看起来清晰简洁多了？

案例 7：明确测试步骤和预期结果的对应关系。

一个测试用例通常会包含多个测试步骤和多个预期结果。有时候不同的测试步骤可能会有相同的预期结果，为了描述简便，很多测试用例会省略相同的预期结果。另外，也不是所有的测试步骤都有预期结果，一般重要、关键的测试步骤才会有预期结果，这时我们可以在测试用例中增加简单的标记（如［check*n*］）来明确测试步骤和预期结果之间的对应关系，让测试执行人员一目了然。具体可参考表 5-11 所示。

表 5-11 明确测试步骤和预期结果的对应关系

预置条件	测试数据	测试步骤	预期结果
系统已经有用户的信息	普通用户 + 密码	1）用户访问服务，服务弹出页面，要求认证 2）用户按照要求输入用户名和密码［check1］ 3）用户立即再次访问服务［check2］ 4）等待 30 分钟，该用户再次访问服务［check2］ 5）等待超过 30 分钟，该用户再次访问服务［check3］ 6）用户再次认证后，重新访问服务［check2］	［check1］用户认证通过 ［check2］用户能够正常访问服务，且不需要再次认证 ［check3］用户不能正常访问服务，系统提示需要再次认证

案例 8：对测试用例中需要反复、多次、大量、长时间进行的操作进行描述的方法。

我们在测试用例编写中难免会遇到需要反复、多次、大量或者长时间操作的情况，如果我们直接把这些词用在测试用例描述中，不同的测试执行者会有不同理解，从而造成执行偏差。比如“反复”，有人会认为执行两次就是反复了，有人可能会认为要执行至少 10 次以上，这就需要我们在测试用例中尽量把具体要求描述清楚。下面我们来看一些具体的例子。

1）反复执行接口 up/down 的操作。

问题描述：不同的执行者，对“反复”的理解会有偏差，影响执行结果。

解决方案：在测试用例中确定“反复”的具体次数，或者确定一个最低要求。

修改后：反复执行接口 up/down 操作至少 100 次。

如果反复多次执行某个操作后，会出现某种特定的效果（例如内存会升高到某个特定值），但是具体需要执行多少次这样的操作却并不确定，也可以这样描述：反复执行接口 up/down 操作，直至系统内存值达到最大值的 45%。

2）系统长时间转发 HTTP 业务。

问题描述：不同的执行者，对“长时间”的理解会有偏差，影响执行结果。

解决方案：在测试用例中确定“长时间”的测试时长，或者确定最低的时长

修改后：系统持续转发 HTTP 业务至少 24 小时。

3）大量用户同时连接服务器。

问题描述：不同的执行者，对“大量”的理解会有偏差，影响测试方法、工具的选择和具体执行结果。

解决方案：需要确定“大量”的具体数量，如 1000、2000，或者将产品规格作为大量的参照值，比如满规格、系统支持数的 50%。

修改方案 1：2000 个用户同时连接服务器。

修改方案 2：满规格用户下同时连接服务器。

5.3　组织和管理测试用例

接下来我们来讨论**如何组织和管理测试用例**。

本节的思路是：首先讨论测试用例包含的元素，即测试用例模板；然后讨论如何组织测试用例更利于管理；最后讨论如何维护测试用例，让测试用例可以历久弥新，真正成为测试最可贵的资产。

5.3.1　测试用例模板

接下来为大家介绍的是测试用例的模板。相信大家对测试用例模板并不陌生，本节我们以研发模式发展为主线，为大家介绍适合传统瀑布开发模式的经典测试模板和适合敏捷开发模式的快速测试用例。

1. 经典测试用例模板

一个测试用例一般由“测试用例编号”“测试用例标题”“预置条件”“测试数据”“测试步骤”和“预期结果”构成，这是测试用例最基本的构成元素。

除此之外，我们还希望能够建立测试用例和需求的关联关系、建立和自动测试用例的对应关系，能够分级管理、有版本区别，能够标示适用的产品版本，以及和缺陷的关联情况、历史执行情况等。

表 5-12 所示为满足上述需求的测试用例模板。

表 5-12 测试用例模板

构成元素	说　明
测试用例编号	测试用例的唯一标记
测试用例标题	概述测试用例的主要内容，明确该测试用例的意图
预置条件	测试用例顺利执行的前提条件，如一些基本的配置
测试数据	测试时使用的数据
测试步骤	如何执行这个测试用例，每步的操作是什么
预期结果	按照测试步骤执行输入后，希望系统返回的结果
需求关联	测试用例和需求的对应关系
自动化脚本关联	测试用例和自动化脚本的关联关系
测试用例级别	用于区分测试用例重要性、执行次数、优先级等
测试用例版本	测试用例自身的版本、更新情况等
测试用例适用的产品版本	该测试用例适合哪些产品版本
缺陷关联	测试用例发现过的缺陷情况
历史执行情况	测试用例被执行了几次，执行情况如何

由于这个模板中需要填写和关联的内容比较多，故比较适合用于传统经典瀑布开发模式下的测试用例设计和管理。

实际项目中，我们可以直接通过 Excel 或者 Word 等文档工具，参照上述模板来编写和管理测试用例，也可以使用一些测试用例管理工具，配置相应的字段来编写和管理测试用例。

2. 快速测试用例表达法

在敏捷开发模式下，越来越多的测试者发现已经很难按照表 5-12 所示模板来完整描述一个测试用例了，持续测试变得越来越重要，快速分析、输出测试用例成为新研发模式下的基本要求。

在 4.9.4 节中我们介绍了在 MM 中使用车轮图来进行分析的方法，我们也同样可以在 MM 图中，利用图 5-5 所示风格来快速表达测试用例。

由于图 5-5 所示句式已经包含了测试条件、测试对象、测试动作和预期，所以其已经可以指导测试了。对于测试数据复杂的情况，可以添加一个“测试数据”项，来记录数据的组合和覆盖情况。如果还有其他需要注意的地方，还可以添加一个备注。我们还可以利用思维导图中的图标，来标示优先级和测试用例执行情况，如图 5-8 所示。

图 5-8 所示的这种格式依然适合用于测试用例管理。我们可以按照经典测试用例模板来配置测试用例字段，然后在实际编写的时候，根据需要重点使用“测试用例编号”“测试用

例标题”和“测试数据”几个字段就好。

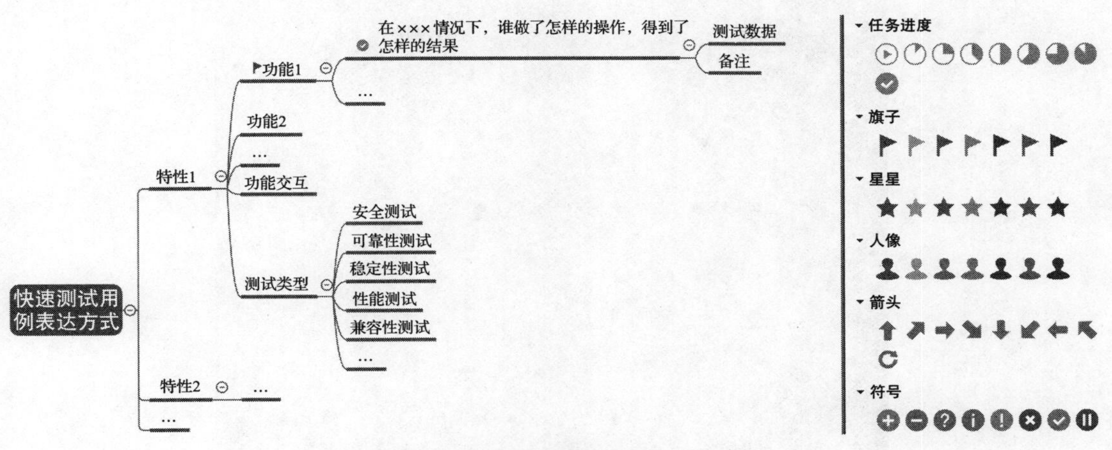

图 5-8　快速测试用例表达方式

5.3.2　基于特性树组织测试用例

建议大家从“特性”的角度去组织测试用例。

什么是特性、特性集和特性树?

特性（feature）是用户可见的价值点。特性和功能相比，特性更强调价值，特性可以简单地理解为从用户价值的角度描述的功能。

图 5-9 所示是某云安全网关的特性比较表。图中浅灰色的项都是“特性”，例如统一平台下的单点登录（Unified console with platform SSO)、云原生支持（Cloud native solution)、统一策略（Uniform policies for web, data, cloud, and email on a converged single endpoint）等。这些特性都有如下重要特点。

- 从用户价值的角度和用户可以理解的角度去描述，而非从技术、实现角度去描述。
- 高度概括，简洁明了。
- 可比较、可竞争（例如本例本身就是一个不同厂家的特性满足度比较表)。
- 可验收、可测试。

通常一个产品会有很多特性，我们对特性进行归类就会**形成特性集**（feature set)，例如图中的深灰色部分：一体化云安全即服务（Converged Cloud Security as a Service)、Web 安全网关（Secure Web Gateway)、云应用安全（Cloud Application Security)。

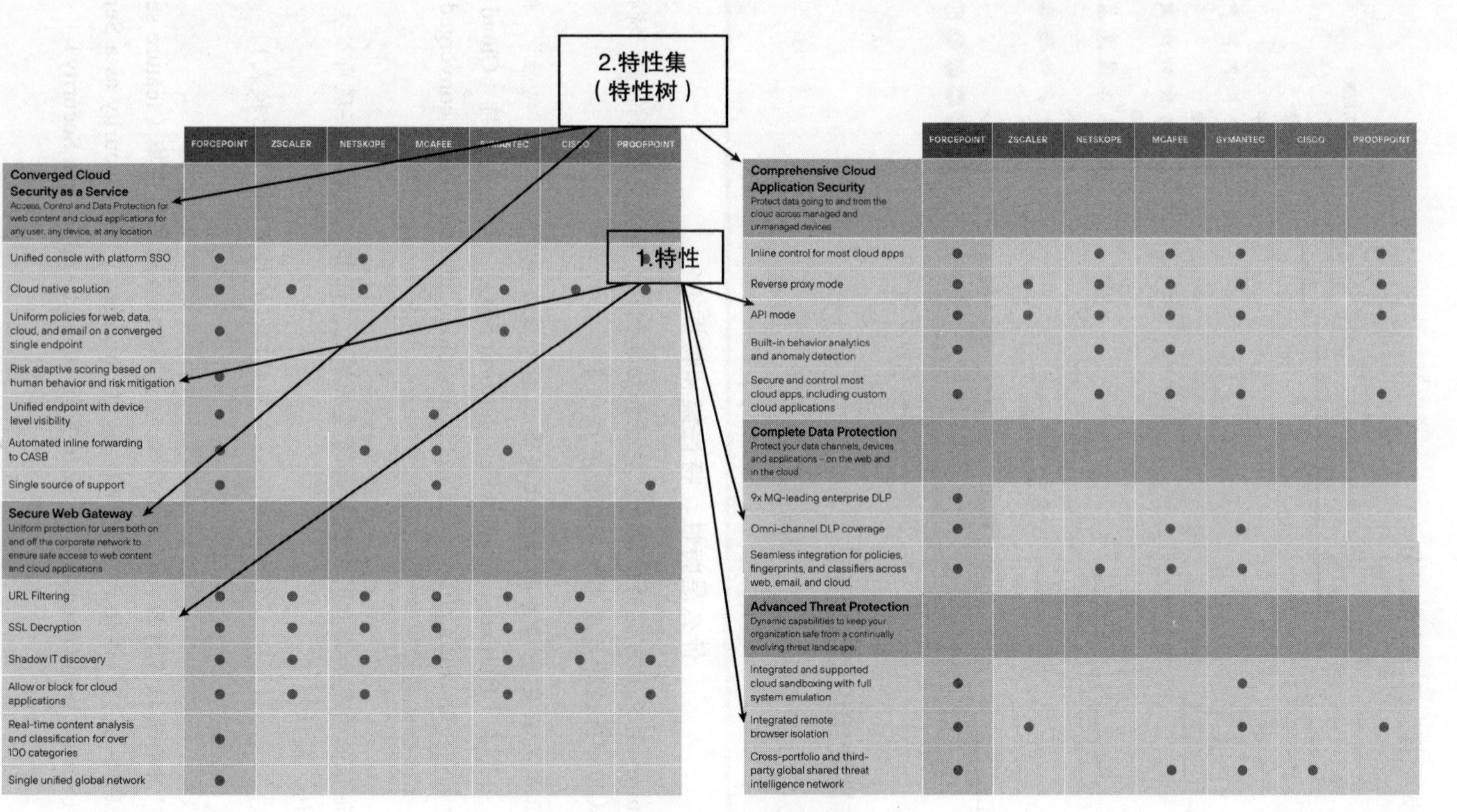

	FORCEPOINT	ZSCALER	NETSKOPE	MCAFEE	SYMANTEC	CISCO	PROOFPOINT
Converged Cloud Security as a Service Access, Control and Data Protection for web content and cloud applications for any user, any device, at any location							
Unified console with platform SSO	●		●				
Cloud native solution	●	●	●		●	●	●
Uniform policies for web, data, cloud, and email on a converged single endpoint	●				●		
Risk adaptive scoring based on human behavior and risk mitigation	●						
Unified endpoint with device level visibility	●			●			
Automated inline forwarding to CASB	●		●	●	●		
Single source of support	●			●			●
Secure Web Gateway Uniform protection for users both on and off the corporate network to ensure safe access to web content and cloud applications							
URL Filtering	●	●	●	●	●	●	
SSL Decryption	●	●	●	●	●	●	
Shadow IT discovery	●	●	●	●	●	●	●
Allow or block for cloud applications	●	●	●		●		●
Real-time content analysis and classification for over 100 categories	●						
Single unified global network	●						

	FORCEPOINT	ZSCALER	NETSKOPE	MCAFEE	SYMANTEC	CISCO	PROOFPOINT
Comprehensive Cloud Application Security Protect data going to and from the cloud across managed and unmanaged devices							
Inline control for most cloud apps	●		●	●	●		●
Reverse proxy mode	●	●	●	●	●		●
API mode	●	●	●	●	●		●
Built-in behavior analytics and anomaly detection	●		●	●	●		
Secure and control most cloud apps, including custom cloud applications	●		●	●	●		●
Complete Data Protection Protect your data channels, devices and applications – on the web and in the cloud							
9x MQ-leading enterprise DLP	●						
Omni-channel DLP coverage	●			●	●		
Seamless integration for policies, fingerprints, and classifiers across web, email, and cloud	●		●	●	●		
Advanced Threat Protection Dynamic capabilities to keep your organization safe from a continually evolving threat landscape							
Integrated and supported cloud sandboxing with full system emulation	●				●		
Integrated remote browser isolation	●	●			●		●
Cross-portfolio and third-party global shared threat intelligence network	●			●	●	●	

图 5-9 某云安全网关特性比较表

上述这些特性集和特性可形成一个树形结构，如图 5-10 所示，我们形象地称之为**特性树**（feature tree）。

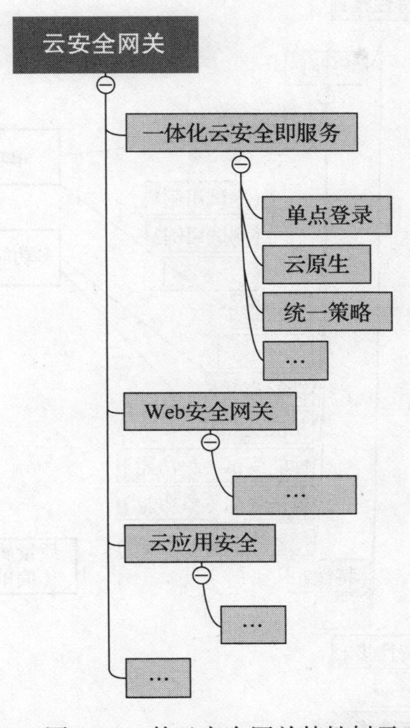

图 5-10　某云安全网关特性树示意

为什么我们建议用“特性”的方式来组织测试用例呢？这和特性的特点密不可分。

首先，特性是站在用户价值角度去分解和描述的，包含完整的用户使用场景，这利于测试者从更高层面理解测试目标；其次，特性本身是可验收、可测试的，可方便测试者代表用户进行测试；最后，特性的命名一般都具有高度概括、简洁明了的特点，其本身也很适合作为目录结构分类的标签。

一般来说，测试人员不用负责特性的设计和提取，这部分工作是由产品人员和系统架构师根据市场和用户需求来完成的，测试人员奉行“拿来主义”即可。有些团队也有可能因为种种原因没有特性列表和特性集，测试者可以尝试自己来建立特性树，用户手册、用户操作界面、产品营销宣传手册等和贴近用户的地方，都可以作为自建特性树的灵感来源。从测试用例组织的角度来说，根据这里来源形成的特性树，效果是一样的。

图 5-11 总结了基于特性树的测试用例组织结构。

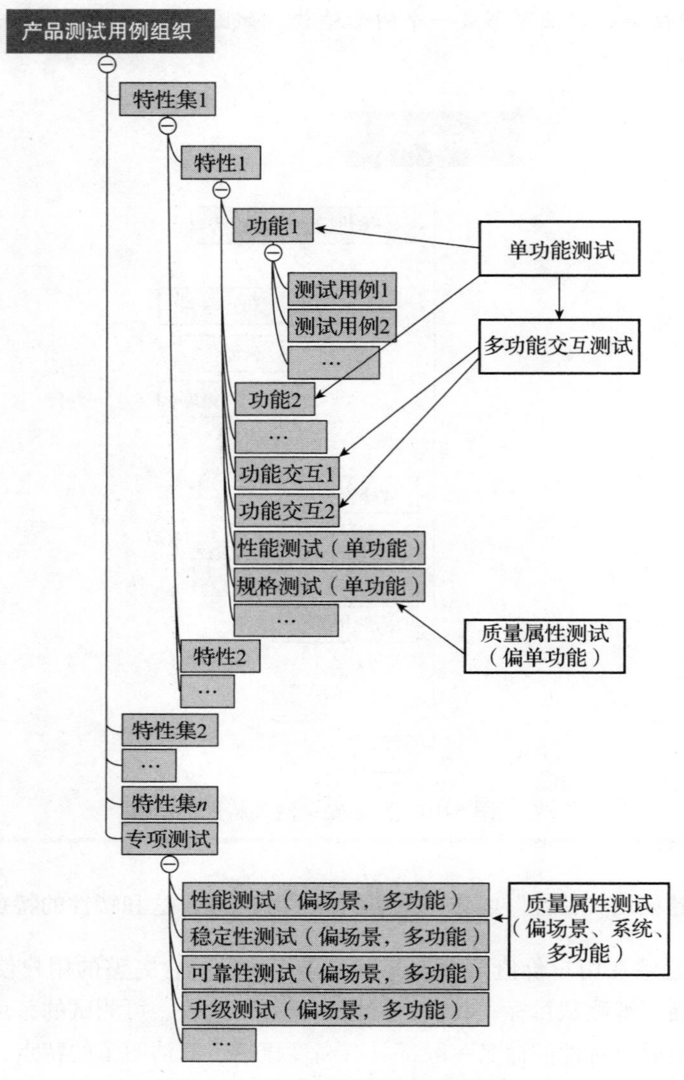

图 5-11 产品测试用例组织结构

我们将特性树作为测试用例的目录结构。每个特性内部又以"单功能""多功能交互""质量属性测试"的结构来进行组织。与特性集平行的目录结构上，还有一个"专项测试"标签，这里主要放偏场景、系统方面的测试用例，或者那些专门针对内部实现的测试用例，如内存泄漏专项测试、多核互斥 / 加解锁专项测试、系统资源回收专项测试等。

5.3.3 维护测试用例

软件开发行业有一句名言："不要重复造轮子。"这句话也适用于测试——我们应该停止不断重复编写相似的测试用例，**转而采用统一测试用例的编写风格，对测试用例进行有效组织和管理，建设产品测试用例基线库，让测试用例能够不断积累传承下去，成为测试团队最宝贵的经验和知识财富**。

我们建议至少在图 5-12 所示的几种情况下，进行测试用例的更新维护活动。

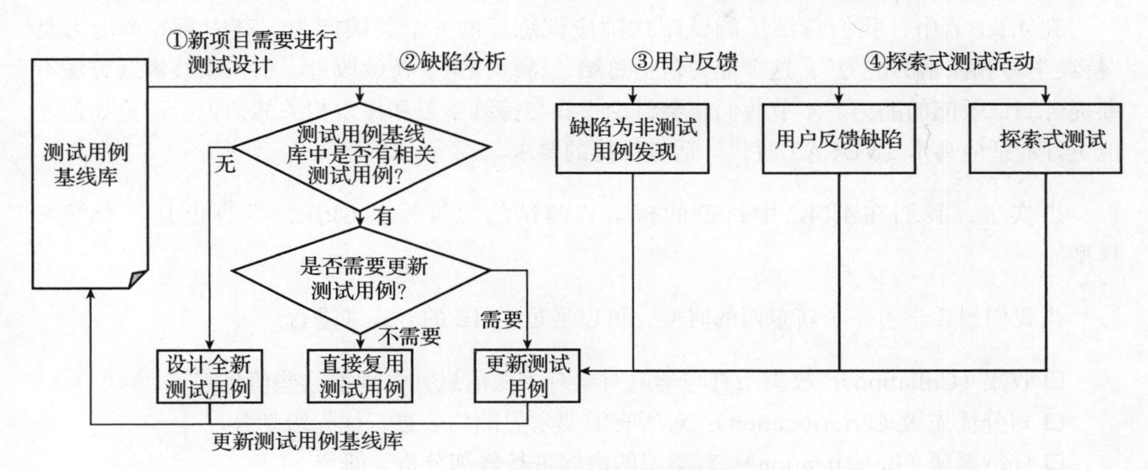

图 5-12　测试用例更新维护活动

对图 5-12 所示几种情况说明如下。

1）**新项目需要进行测试用例设计**。进行测试用例设计的时候，如果团队已经建立了测试用例基线库，首先应该确认测试用例基线库中是否已有相关测试用例，而不是一开始就设计全新测试用例。只有测试用例基线库中没有相关测试用例的时候，才需要设计全新测试用例。

如果测试用例基线库中已经有了相关测试用例，需要进一步分析是直接复用这些测试用例，还是需要更新部分内容。

最后无论是更新，还是全新设计了测试用例，都需要将新测试用例更新到基线库中。

2）**缺陷分析**。对产品缺陷进行根本原因分析时，会发现一些缺陷可能是一时灵感突发发现的，或是运气好碰到的，并不是通过测试设计发现的。通过测试设计未发现部分缺陷的情况称为测试设计遗漏。我们可以将界定为“测试设计遗漏”的内容更新到测试用例，并添加到测试用例基线库中。

3）**用户反馈**。和产品缺陷一样，我们也需要对用户反馈的缺陷进行根本原因分析，将测试设计遗漏部分更新到测试用例基线库中。

4）**探索式测试活动**。可以将探索式测试活动中那些有效的测试方法添加到测试用例基线库中。

5.4 持续学习和探索

在 4.1.1 节中，我们总结了测试架构师应该练好的 6 个关键能力，其中第 6 个能力是“持续学习和探索的能力”，这个能力包括总结、持续探索、持续改进、引入新技术新方法不断提升测试效能的能力。本节我们将会讨论一些与持续学习和探索相关的知识，讨论如何才能更好地适应乌卡（VUCA）时代、适应敏捷的要求。

事实上，我们在 4.14.2 中讨论的探索式测试的思维模型 CPIE，本身也是一个学习模型。

当我们想要学习一个新东西的时候，可以通过 CPIE 的方式来进行。

- 收集（Collation）：收集所有与学习对象有关的信息并去理解这些信息。
- 划分优先级（Prioritization）：对所有需要学习的内容进行优先级划分。
- 分析调研（Investigation）：对学习的内容进行仔细分析、研究。
- 实验（Experimentation）：实践，确认和学习预期是否相符，是否需要重新进入“收集”阶段。

我们也可以试着去扩大探索式测试的外延，把进行探索式测试的方法作为一种对外界持续学习和探索的方法，例如：

- 聚焦能力，即能提出有效的问题。
- 系统性思考的能力。
- 观察能力，如观察什么事情正在发生、哪些是预期内的、哪些是预期外的等。
- 批判性思考。
- 分析和推理能力，包括数据分析能力、缺陷分析能力、综合分析能力、类比能力……

我们要将自己定位为学习探索式测试的人，能够以测试的视角，在产品研发的各个环节发挥出测试独特的影响力，如图 5-13 所示。

在需求阶段，学习探索式测试的人能够和需求分析师、系统架构师、产品经理一起来分析、沟通需求，提炼价值。挖掘隐性需求，学习友商，开阔眼界，知道好的产品、好的设计的味道。

在架构设计中，学习探索式测试的人能够快速确认关键设计的正确性，为技术选型、关键算法、配置提供有力支撑。

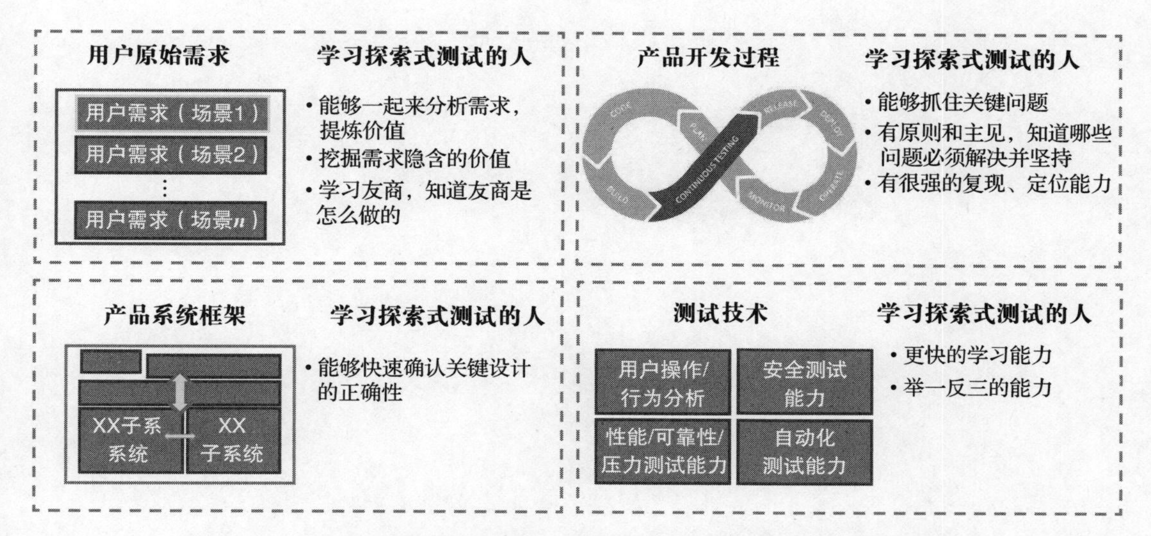

图 5-13　学习探索式测试的人在各个环节发挥测试独特的影响力

在产品开发过程中，学习探索式测试的人能够抓住关键问题，有很强的分析推理能力，可以定位、复现各种疑难问题，有原则和主见，明确哪些问题必须要优先解决，并能坚持自己的原则。

在测试技术方面，学习探索式测试的人能够快速学习，举一反三。

学习探索式测试的人，不会满足于学习团队资产库中已有的知识，而是在团队已有积累的基础上，继续学习、探索系统，不断总结积累对业务最有效的测试方法，并将这些经验和方法提交到团队的资产库中，不断推动团队测试能力的提升，如图 5-14 所示。

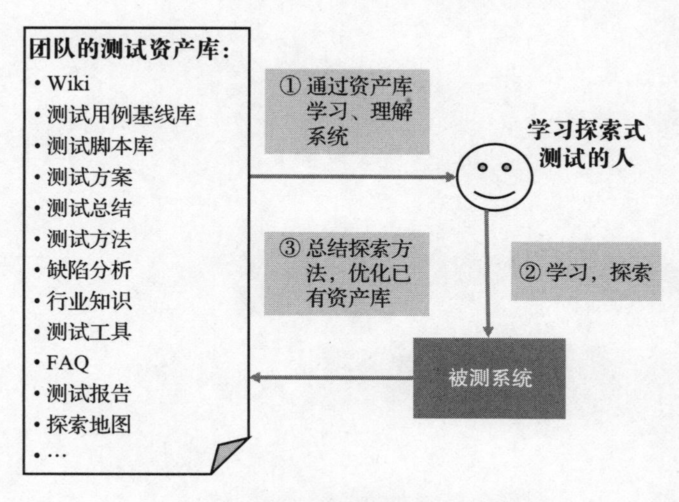

图 5-14　持续学习积累示意图

第三部分 Part 3

修炼：测试架构师的核心技能

- 第 6 章　如何制定测试策略
- 第 7 章　制定基于产品质量的测试策略
- 第 8 章　产品质量评估和测试策略调整
- 第 9 章　基于价值的测试策略

第三部分将讨论如何在产品测试中灵活应用第二部分介绍的测试技术，如何平衡产品的商业目标、成本和技术，如何综合考虑质量、成本和进度，以此来确定最适合当前产品实际情况的测试方法，进行刚刚好的测试。这也是软件测试架构师在修炼途中需要掌握的核心技能。我们将会分4章来讨论如何获得这些技能。

第6章提供两种测试策略——基于产品质量的测试策略和基于产品特性价值的测试策略。这两种测试策略均可以通过四步测试策略制定法和对被测系统的思考，得到测试的目标范围、深度、广度、重点、难点等。接着主要介绍制定测试策略需要的方法和技术，包括产品质量评估模型、组合缺陷分析技术、特性价值分析技术、风险分析技术和分层测试技术等。产品质量评估模型可以帮我们确定特性的质量目标、评估质量；组合缺陷分析技术可以帮我们更有效地评估产品缺陷；缺陷预判技术可以帮我们通过量化分析确定当前测试过程是否符合预期，为测试策略调整提供依据；特性价值分析技术从价值角度给出了产品分类，可以帮助我们找到测试重点，适应变化；风险分析技术通过各种有效风险评估，可以帮我们有效识别风险，确定测试优先级；分层测试技术可以帮我们为不同的研发模式选择合适的测试阶段，确定在什么阶段做怎样的测试，从而使我们可以有条不紊地开展测试。

第7章是对第6章中介绍的基于产品质量的测试策略的实践，介绍在一个实际项目中测试架构师如何从项目投入开始，一步步制定出总体测试策略，并且如何用测试策略指导测试设计。

第8章基于第7章继续讨论在测试执行中，测试架构师如何应对计划和实际的偏差，如何选择测试用例，如何跟踪测试过程，如何确定测试执行顺序和覆盖策略，如何确定缺陷修复的优先级以保证测试顺利执行，如何处理非必现缺陷，如何根据缺陷预判曲线来分析当前测试可能存在的问题，如何调整测试策略，如何进行产品质量评估。

第9章是对第6章中介绍的基于价值的测试策略的实践，讨论与之相关的测试策略，如端到端的质量保证策略、不同产品阶段下的测试策略、持续测试策略等。

第 6 章 Chapter 6

如何制定测试策略

制定测试策略是测试架构师最核心的技能，但是要想做好这项工作并不是一件容易的事情。本章将围绕“理解测试策略”“制定测试策略”和“与测试策略相关的技术、模型和方法”展开叙述，相关知识体系结构如图 6-1 所示。对有志成为测试架构师的读者来说，本章内容将是修炼基础，有助于大家在测试工作中提升明确测试目标、测试重点的能力，提升敏锐的风险识别和有效的风险应对的能力以及提升质量分析评估的能力。

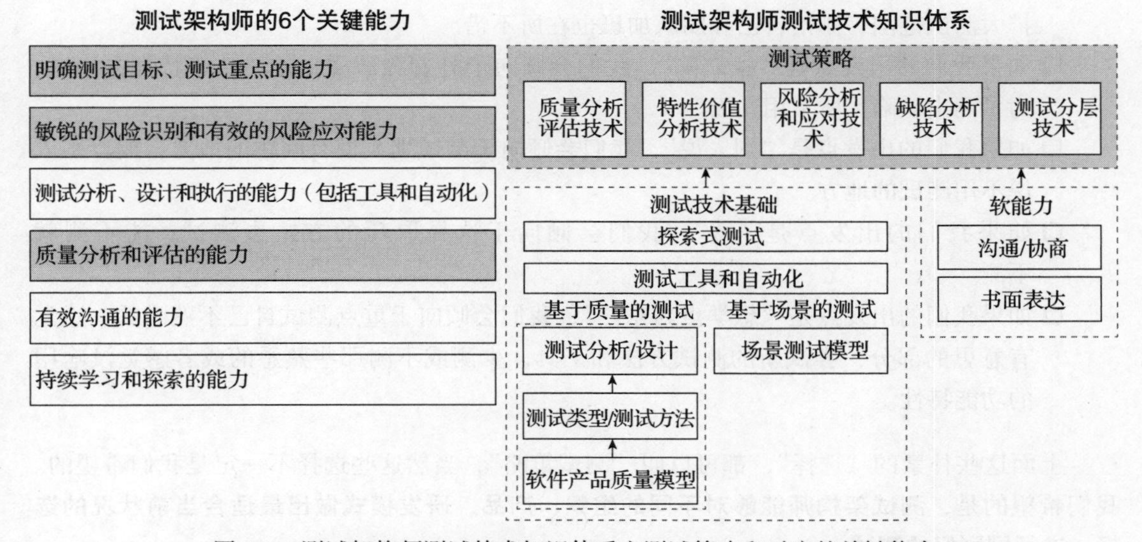

图 6-1　测试架构师测试技术知识体系之测试策略和对应的关键能力

6.1 什么是测试策略

对测试架构师来说，制定测试策略的第一步就是理解它。

6.1.1 测试的核心是什么

测试的核心就是六个字——"测什么"和"怎么测"。再深入讲，就是回答**软件测试相关的6个问题**：

- 测试的目标是什么？
- 被测对象和范围是什么？
- 测试的重点和难点是什么？
- 测试的深度和广度如何确定？
- 如何安排各种测试活动（先测试什么，再测试什么）？
- 如何评价产品的质量？

思考这些问题，最后交出的"答卷"就是测试策略。所以**测试策略就是对上述6个问题的系统思考，最后决定测试团队该如何开展测试活动**。从这个角度来说，**测试策略是一种"选择"**，是一种**在复杂情况下该如何进行测试的选择**，是**测试价值观**的体现。

我们不得不承认，基于不同的出发点来做选择，测试结果会大相径庭。

- 如果我们的出发点是"担心遗漏""不放心"，我们会倾向于尽量多测、多覆盖一些，扩大测试范围，哪怕自己和团队加班也在所不惜。
- 如果我们的出发点是"找缺陷"，我们会倾向于盯着测试质量差的功能特性去测试，为了测出缺陷无所不用其极。
- 如果我们的出发点是"别人说"，我们会倾向于测试别人说有问题的地方，放弃别人说不用测试的地方。
- 如果我们的出发点是"懒"，我们会倾向于选择取巧的方式去测试，能不测就不测。
- 如果我们的出发点是"想学点新东西"，我们会倾向于重点测试自己不熟悉的、感觉有意思的部分，尝试新的测试方法和工具，少测或不测那些熟悉的或者感觉没啥用的功能特性。

上面这些朴素的"选择"，都可以叫"测试策略"，当然这些选择不一定是我们希望的。我们希望的是，**测试架构师能够对不同的组织、产品、研发模式做出最适合当前状况的选择，进行刚刚好的测试**。

6.1.2　测试策略与测试方针

通过前面的叙述，我们了解到测试策略会由测试架构师来负责制定，用于指导团队开展测试活动，这让我们想到了另一个概念——“测试方针”。测试方针也可以指导团队进行测试，那么测试方针和测试策略之间的关系如何？有怎样的区别和联系呢？

定义　**测试方针**

测试方针是产品测试中的通用要求、原则或底线。

测试方针可以是公司层面制定的针对测试的统一要求，可适用于公司的所有产品，并且在较长的一段时间内都是适用的，可以理解为“公司目前的测试真理”。

测试策略是针对当前项目来制定的，考虑的是组织、产品和研发模式的现状，会随着当前测试状况的变化而调整。

图 6-2 所示将测试方针和测试策略进行了对比。通过这张图，我们可以直观地理解两者的区别和联系。图中测试策略相关的内容，我们将在第 7 章为大家详细介绍。

6.1.3　测试策略与测试计划

尽管我们在测试策略中会考虑安排测试活动的执行顺序（先测试什么，再测试什么），但是测试策略并不是测试计划。

图 6-3 对比了测试计划和测试策略中关于测试执行顺序安排的内容。可以看到，测试计划主要安排的是测试人员在什么时候做什么，执行主体是人；而测试策略安排的对象是某个特性，即先测什么（比如对特性 1，先测试配置），再测什么（再测试功能）。关于测试策略中测试执行顺序相关的内容，我们在第 8 章会为大家详细介绍。

6.1.4　测试策略与测试方案

测试策略和测试方案是一对容易混淆的概念。图 6-4 所示总结了测试策略、测试方案、测试分析和测试设计之间的关系，并给出这些测试活动的输入、方法和输出。

从图 6-4 中我们可以看到，测试方案属于测试分析和设计活动，测试策略的层级比测试方案高，测试分析和测试设计活动需要接受测试策略的指导。

我们再将眼光聚焦到测试分析、设计活动中。第 4 章已经讲了很多测试分析和测试设计的方法，尽管在实际项目中，最终的目标是得到测试用例，但是我们是如何一步步分析得到测试用例的？思路是怎样的？用了哪些方法？是否遵循了测试策略的指导？这些都需要用一个文档来记录，这个文档就是测试方案。

××公司测试方针

根据公司战略目标和已有问题，编写、优化测试与验证相关流程、规范、指南，让全公司测试同事更高效工作，提升整体产品测试质量，减少遗留缺陷。

主要过程如下：

- 基于公司战略目标，明确测试与验证需要关注的核心和亟待解决的问题，并在流程中进行梳理。
- 在收集过程中改进需求，明确优先级，分批次改进。
- 改善现有流程（测试方案、测试报告、测试计划、评审单等）中存在的问题。
- 聚拢公司优秀案例，进行知识传承，以实现效率最大化。

××产品总体测试策略

特性	质量目标（期望值）	目标分解（期望值）	计划的质量保证活动	分类	优先级	测试深度	测试广度
特性1	完全商用	测试覆盖度 测试过程 缺陷	需要在更新之前进行测试设计	老特性变化	高	需要使用功能、性能、可靠性和易用性中所有的测试方法	全面测试
特性2	完全商用	测试覆盖度 测试过程 缺陷	加强对需求的审查加强对系统设计的审查	全新特性	高	需要使用功能、性能、可靠性和易用性中所有的测试方法	全面测试
特性3	受限商用	测试覆盖度 测试过程 缺陷		老特性加强	中	使用功能性测试中的所有测试方法，可靠性测试中的故障植入法和稳定性测试法	部分测试
特性4	测试、演示或小范围试用	测试覆盖度 测试过程 缺陷		全新特性	中	只需要使用功能测试方法	全面测试
…	…						

图 6-2 测试方针与测试策略

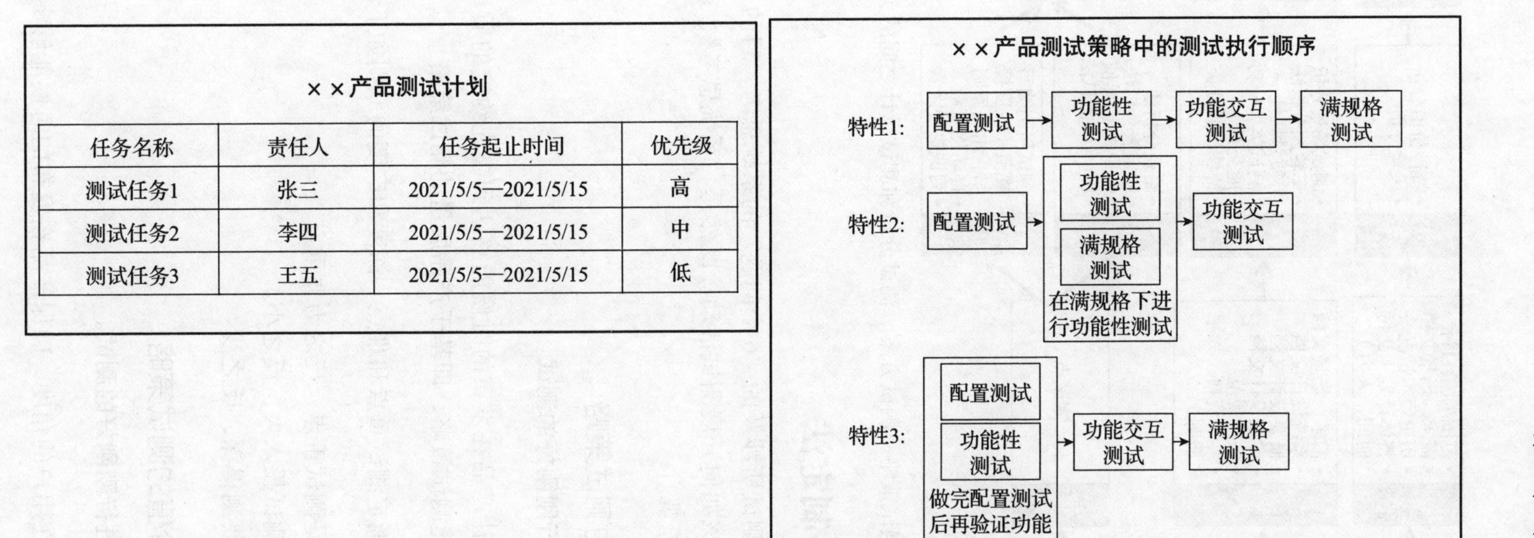

××产品测试计划

任务名称	责任人	任务起止时间	优先级
测试任务1	张三	2021/5/5—2021/5/15	高
测试任务2	李四	2021/5/5—2021/5/15	中
测试任务3	王五	2021/5/5—2021/5/15	低

图 6-3　测试计划与测试策略中关于测试执行顺序的安排

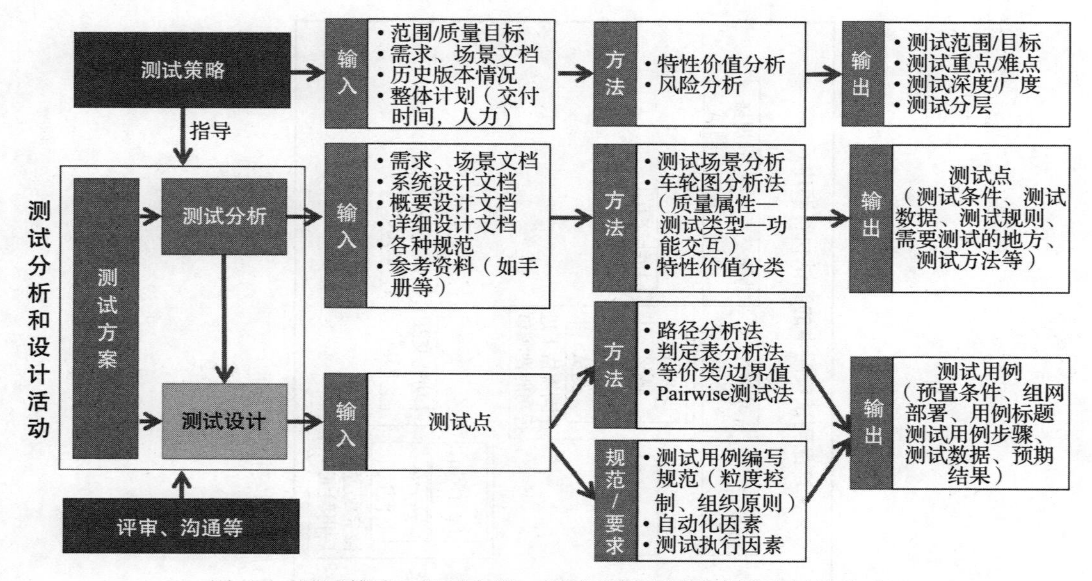

图 6-4 测试策略、测试方案、测试分析和测试设计之间的关系

6.2 四步测试策略制定法

测试策略就是对本次测试所涉及的“6 个问题”的系统思考，目的是做出最适合当前状况的选择，决定测试团队该如何开展测试活动。既然是“系统思考”，就有相应的方法和模型。本节提供两种测试价值观。

6.2.1 基于产品质量的测试策略

围绕产品质量目标进行刚刚好的测试。

我们的测试目标就是让产品在发布的时候能够达到事先约定的质量目标，所以我们可以基于产品质量目标来构建测试策略，即**基于产品质量的测试策略**。

在这个观念下，我们确定测试重点和难点、深度和广度的原则如下。

❑ 产品质量要求高的是测试重点，反之为非重点。
❑ 产品质量要求高的测试投入大，反之小。
❑ 产品质量要求高的要测得深，反之浅。

6.2.2 基于产品特性价值的测试策略

围绕产品特性价值来进行刚刚好的测试。

我们的测试目标是站在用户的角度，确保产品在发布的时候能够满足用户的价值需求，所以我们可以基于产品特性价值来构建测试策略，即**基于产品特性价值的测试策略**。

在这个观念下，我们确定测试重点和难点、深度和广度的原则如下。

- 产品特性价值高的是测试重点，反之为非重点。
- 产品特性价值高的测试投入大，反之小。
- 产品特性价值高的要测得深，反之浅。

6.2.1 节和本节介绍的这两种测试策略从本质上来说并不矛盾。质量高就代表满足需求度高，基于产品质量的测试策略本质上是希望把有限的测试资源用在用户需求多、要求高的地方。但是**需求多、要求高不能完全和价值高画等号**，基于产品特性价值的测试策略就是从产品价值入手，把测试视野扩展到商业和产品，提供和商业目标更加吻合的测试策略。

6.2.3　四步测试策略制定法

无论是基于产品质量的测试策略，还是基于产品特性价值的测试策略，都可以通过四步测试策略制定法来进行制定。四步测试策略制定法如图 6-5 所示。

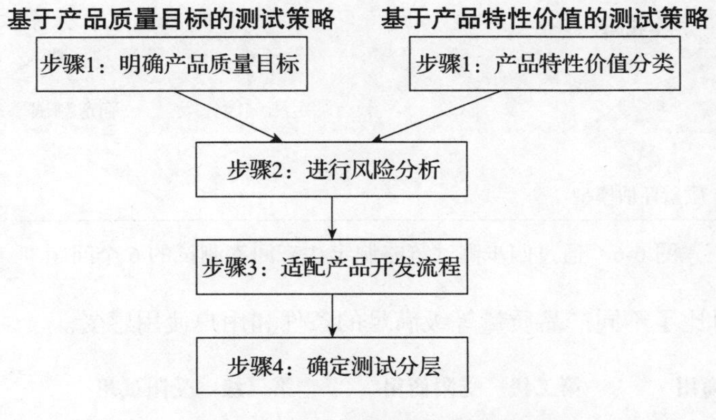

图 6-5　四步测试策略制定法

我们总结了通过“四步测试策略制定法”来系统思考、分析和回答测试 6 个问题的整个过程，如图 6-6 所示。

1. 明确产品质量目标

我们从用户使用的角度，将产品质量分为 4 个等级。

第 1 级　完全商用：完全满足用户的需求（主要场景和次要场景下的需求均满足），没有或存在少量遗留问题（遗留问题有规避措施），用户使用无限制。

第 2 级　受限商用：无法满足用户某些需求（主要场景下的需求满足，次要场景下的需求有部分满足），有遗留问题（但有规避措施），用户基本可以无限制使用。

第 3 级　受限试用：只能满足用户部分需求（主要场景下的需求有一部分不满足），用户需要在一定限制条件下才能正常使用，只能用于测试（例如 Beta）、演示或者小范围试用。

第 4 级　不能使用：在主要场景和次要场景下均不能正常使用。

	步骤1：明确产品质量目标（基于产品质量目标的测试策略）	步骤2：产品特性价值分类（基于产品特性价值的测试策略）	步骤2：进行风险分析	步骤3：适配产品开发流程	步骤4：确定测试分层
测试的目标是什么?	✓ 质量刚刚好	✓ 价值刚刚好			
被测对象和范围是什么?	✓ 质量目标分类	✓ 特性价值分类			
测试的重点和难点是什么?		✓ 核心特性	✓ 高风险区域		
测试的深度和广度如何确定	✓ 车轮图				
如何安排各种测试活动?			✓ 确定测试优先级	✓ 确定测试模式	✓ 确定测试阶段
如何评价产品的质量?	✓ 质量评估模型				

图 6-6　通过四步测试策略制定法来回答测试的 6 个问题

图 6-7 所示对比了不同产品质量等级满足的条件和用户使用感受。

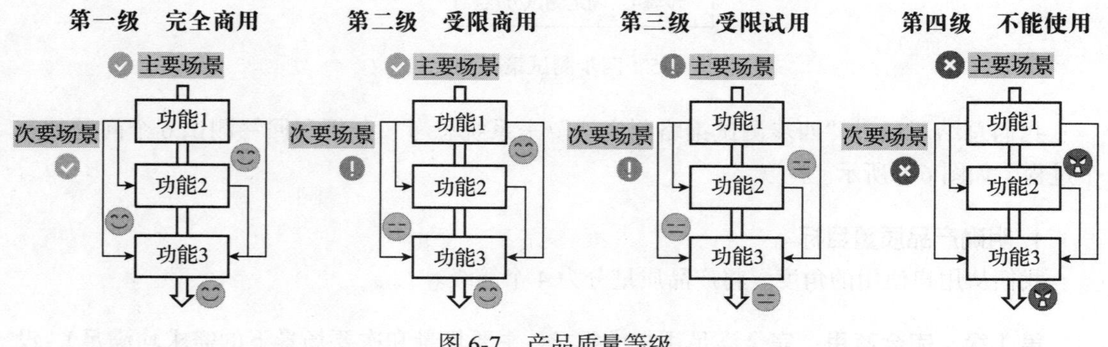

图 6-7　产品质量等级

如果直接将质量等级作为产品质量目标，会比较难于衡量和评估。这时可以借助“产品质量评估模型”来确定产品质量目标。产品质量评估模型如图 6-8 所示。

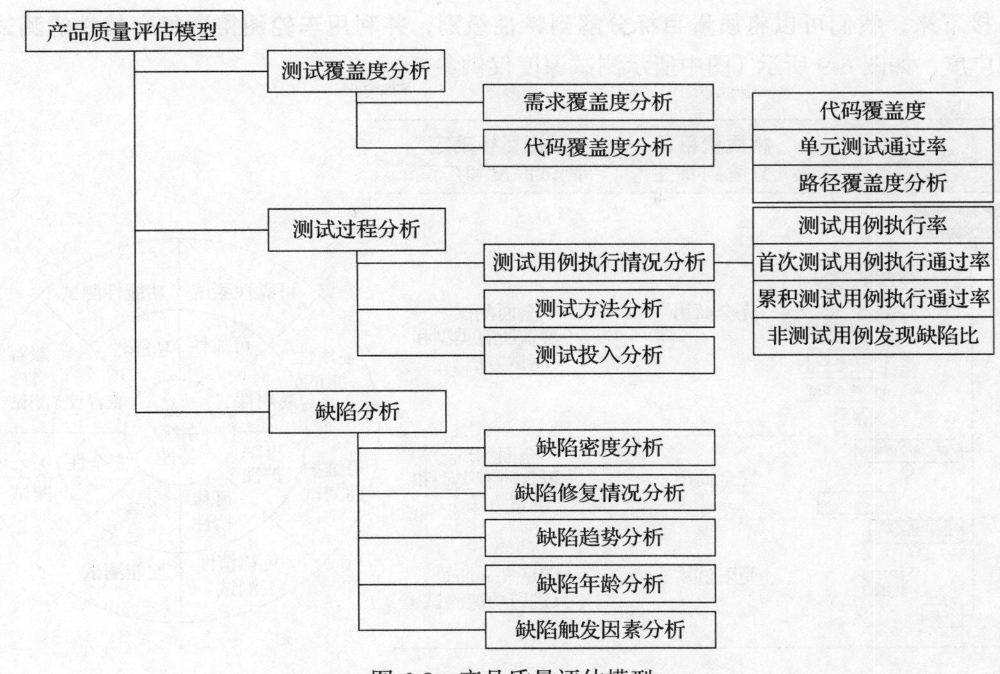

图 6-8　产品质量评估模型

产品质量评估模型由 3 部分组成，测试覆盖度分析主要从广度上进行评估，测试过程分析主要从广度和深度上进行评估，缺陷分析从结果和效果上进行分析。这个模型包含了定量的度量指标，也包含了定性的数据和趋势分析。

我们可以集合公司产品的质量要求，针对不同的质量等级制定分级分层的质量目标，其中的定量指标如表 6-1 所示（表中质量目标数据仅供参考）。

表 6-1　不同质量等级下的质量目标

质量评估维度	质量评估项目	完全商用	受限商用	受限试用
测试覆盖度	需求覆盖度	100%	100%	85%
	代码覆盖度	100%	100%	85%
	单元测试通过率	100%	100%	75%
测试过程	测试用例执行率	100%	100%	不涉及
	测试用例首次执行通过率	≥ 75%	≥ 70%	不涉及
	测试用例累积执行通过率	≥ 95%	≥ 85%	不涉及
	测试用例和非测试用例发现缺陷比	4∶1	4∶1	不涉及
缺陷分析	缺陷密度	每千行代码 15 个缺陷	每千行代码 15 个缺陷	每千行代码 15 个缺陷
	缺陷修复率	≥ 90%	≥ 75%	不涉及

接下来，我们可以**将质量目标分解到特性级别，并利用车轮图得到每个特性的测试深度和广度**，如图 6-9 所示（图中所示测试深度仅供参考）。

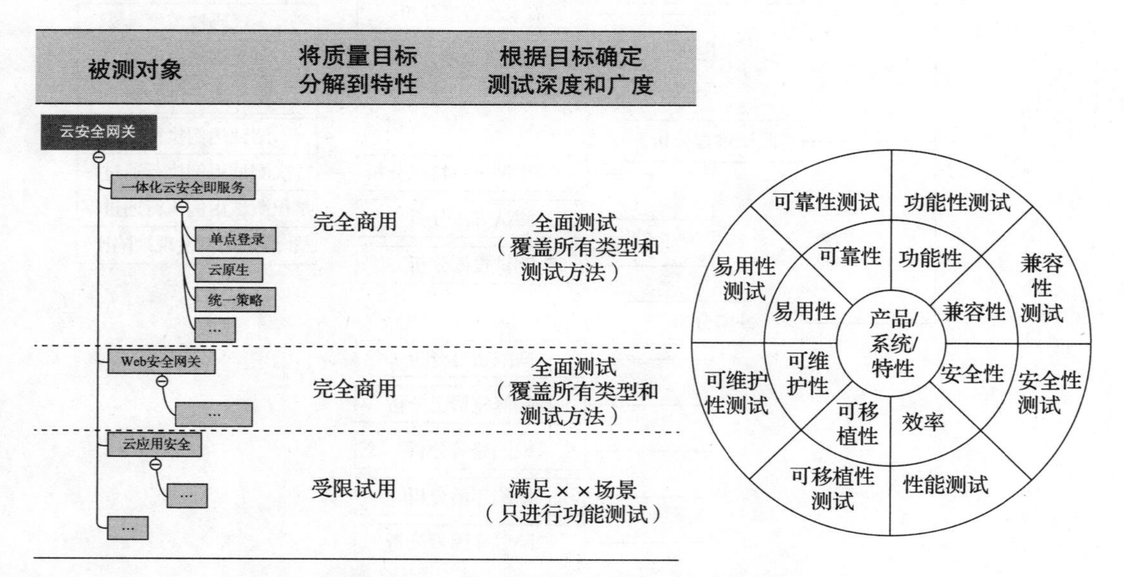

图 6-9 分解质量目标到每个特性并确定测试深度和广度

2. 产品特性价值分类

我们可以使用“产品特性价值分类模型”来对被测对象进行特性分类，如图 6-10 所示。

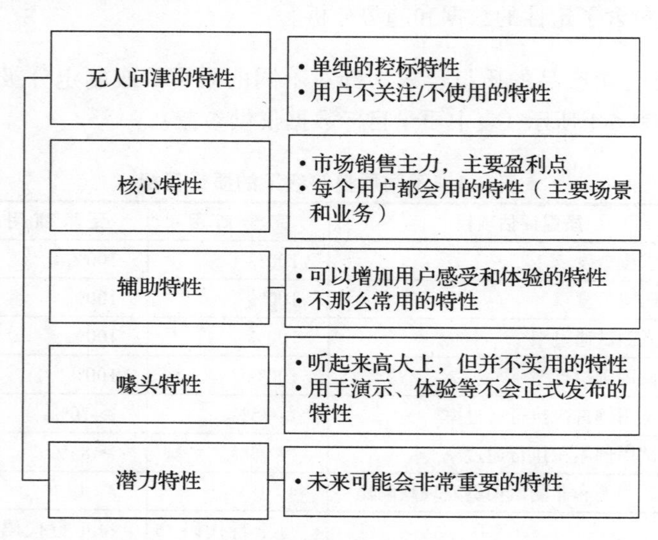

图 6-10 产品特性价值分类模型

图 6-10 所示模型从用户价值的角度将产品特性分为了 5 类，我们可以**针对不同的特性**

确定测试重点。

3. 进行风险分析

风险分析是测试策略中非常重要的分析项。这是因为无论技术如何发展，开发模式如何变化，风险是永远存在的。这就需要测试架构师在思考测试策略时，充分考虑和识别可能的风险，并学习如何有效应对风险。很多时候，对风险应对方式的选择，不仅会影响一个团队的工作量，还会影响最终的测试结果。对风险的处理能力绝对是测试架构师水平的体现。

实际项目过中，很多研发团队都不会开发一个全新产品，而是会进行很多继承和重构，测试也应该根据版本代码的构成情况对特性进行分类，如“老特性”“平台 / 继承 / 维护特性”“新特性”等，然后对这些不同的特性进行风险分析，最后根据风险分析的结果**确定测试重点和测试优先级**，如图 6-11 所示。

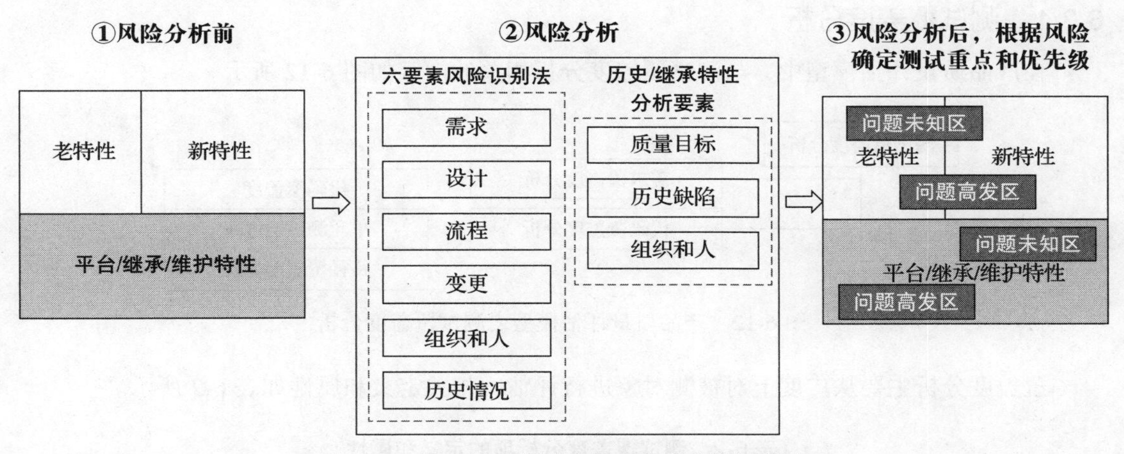

图 6-11　通过风险识别来制定和调整测试策略

基于风险分析的技术，我们提供了“六要素风险识别法”，还特别针对历史特性提供了“历史特性分析要素”，以帮助大家提升风险分析的质量。

4. 适配产品开发流程

目前常见的开发流程（或开发模式）有瀑布和敏捷两类，每类都有很多分支和变种。我们在测试策略中考虑适配产品开发流程（或开发模式），是为了**确定测试模式**。

- **理解开发过程中关键节点和运作方式**。如测试版本在何时提交，版本如何提交给用户，开发和测试的配合方式是什么，不同团队合作有哪些约束和要求，关键测试活动预留的时间是多少等。
- **有哪些关键的测试活动，需要如何运作**。如自动化测试，是覆盖整个研发过程全流水线，还是只针对测试进行。

5. 确定测试分层

所谓测试分层，**就是指将有共同测试目标的测试活动放在一起，并将不同测试活动作为测试阶段或里程碑操作。**最常见的测试分层当属“V模型”，其中“单元测试”“集成测试”“系统测试”和“验收测试”就是一种测试分层。

测试分层可以帮我们把复杂的测试目标分解得足够简洁，让测试团队可以一步一个脚印有序达到测试目标。

6.3 产品质量评估模型

本节我们将为大家详细介绍产品质量评估模型。

6.3.1 测试覆盖度分析

在产品质量评估模型中，与测试覆盖度分析相关的内容如图6-12所示。

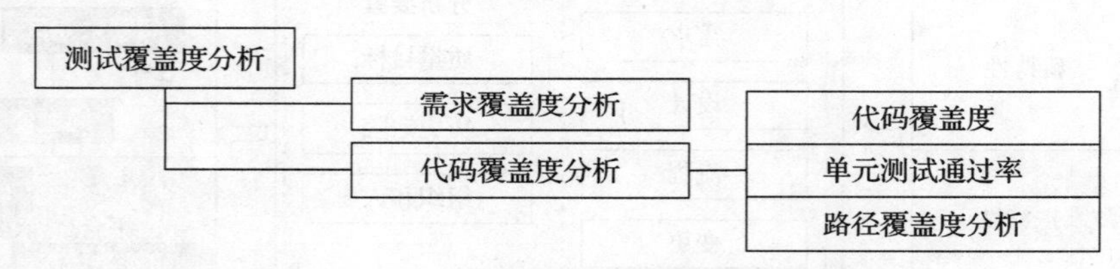

图6-12 产品质量评估模型之测试覆盖度分析

覆盖度分析主要从**广度**上对被测对象进行评估，相关定义和属性如表6-2所示。

表6-2 测试覆盖度分析项的定义和属性

产品质量评估维度	产品质量评估项目	定义	属性
测试覆盖度	需求覆盖度	已经验证了的产品需求规格数和产品需求规格总数的比值	定量指标
	代码覆盖度	分析测试对代码、函数、路径的执行覆盖情况	定量指标＋定性分析

其中代码覆盖度又包含了3个子属性，相关定义和属性如表6-3所示。

表6-3 代码覆盖度子属性

产品质量评估项目	子评估项目	定义	属性
代码覆盖度	代码覆盖度	测试能够覆盖的代码情况和总代码的比值	定量指标
	单元测试通过率	测试已通过的单元测试用例和总单元测试用例的比值	定量指标
	路径覆盖度分析	对能够覆盖流程的各种路径进行分析，以确定实际测试时对路径的覆盖程度	定量指标

1. 需求覆盖度评估的要求和方法

任何产品在任何情况下，对需求覆盖度的要求**必须为 100%，即测试人员要保证那些承诺实现的需求都完成了开发，且通过了测试**。

如果测试人员发现有需求遗漏，或者有些需求无法按照预期完成，切记不能以测试人员和开发人员内部达成一致就算通过，而是要发起"需求变更流程"。

有两种确认需求覆盖度的方法。

方法 1：直接在需求表中增加确认项，如表 6-4 灰色部分所示。

表 6-4　在需求表中确认需求的实现情况

需求编号	需求描述	是否实现	测试结果	测试责任人
需求 1	×××××	是 ( ) 否 ( )	PASS ( ) FAILED ( ) BLOCK ( )	张小明
需求 2	×××××	是 ( ) 否 ( )	PASS ( ) FAILED ( ) BLOCK ( )	王大成
…	…	…	…	…

方法 2：把测试用例和需求直接关联起来，如表 6-5 所示。

表 6-5　需求和测试用例的对应关系

需求编号	需求描述	测试用例编号	测试用例	测试责任人
需求 1	×××××	用例 1	××××	张小明
需求 2	×××××	用例 2	××××	王大成
…	…	…	…	…

不过在实际项目中，测试用例和需求很难都是"一对一"或"一对多"的关系，有些是"多对多"的关系，类似" full-mesh"这种比较混乱的情况，手工建立对应关系难度很大。好在目前大多数开源或者商用的测试用例管理工具都提供了"测试用例和需求可对应"的功能，可以相对容易地建立测试用例和需求的关联，并在需求或测试用例发生变化时动态维护关联，还可以通过测试用例执行情况动态统计出需求覆盖度。

2. 代码覆盖度评估的要求和方法

提到代码覆盖，大家首先想到的应该就是单元测试。事实上，目前已经有非常多的单元测试工具，而且大多数工具都提供了测试代码覆盖度统计功能。表 6-6 收集了一些常用的单元测试工具及其官方网站，供大家参考。

表 6-6 单元测试工具

工 具 名	适 用 范 围	官 方 网 站
AUnit	Ada	http://www.libre.act-europe.fr
CppUnit	C++	http://cppunit.sourceforge.net
ComUnit	VB，COM	http://comunit.sourceforge.net
DUnit	Delphi	http://dunit.sourceforge.net
DotUnit	.NET	http://dotunit.sourceforge.net
HttpUnit	Web	http://c2.com/cgi/wiki?HttpUnit
HtmlUnit	Web	http://htmlunit.sourceforge.net
JUnit	Jave	http://www.junit.org
JsUnit（Hieatt）	JavaScript 1.4 以上	http://www.jsunit.net
PHPUnit	PHP	http://phpunit.sourceforge.net
PerlUnit	Perl	http://perlunit.sourceforge.net
XMLUnit	XML	http://xmlunit.sourceforge.net

理想情况下，我们希望单元测试对代码的覆盖度能够达到 100%，但不同的覆盖策略（如语句覆盖、分支覆盖等）、团队成熟度（团队没有做单元测试的经验或者习惯）、继承代码等都会影响单元测试的开展，可根据当前团队的实际情况来确定单元测试目标。但无论单元测试要求代码覆盖度如何，我们都希望单元测试发现的问题可以 100% 被修改。只有单元测试 100% 通过，才能进行代码集成。

除了代码层面的测试，我们也可以从更高的层面去间接测试代码覆盖度，即进行路径覆盖度分析。例如，为系统核心功能绘制流程图（可根据设计实现，也可根据用户业务交互层面实现），然后使用路径分析法（如最小线性无关覆盖方式，可参考 4.10.4 节）来设计测试用例。统计这些测试用例的执行情况，就可以得到当前的路径覆盖度情况。

如果被测系统某些功能或流程特别重要，强烈建议专门跟踪对这部分使用路径覆盖法得到的测试用例，以保证这些测试用例执行的效果（如避免测试用例在测试中被阻塞、跟踪缺陷修复等），确保这些测试用例在产品发布之前均能够正常通过。

6.3.2 测试过程分析

在产品质量评估模型中，与测试过程分析相关的内容如图 6-13 所示。

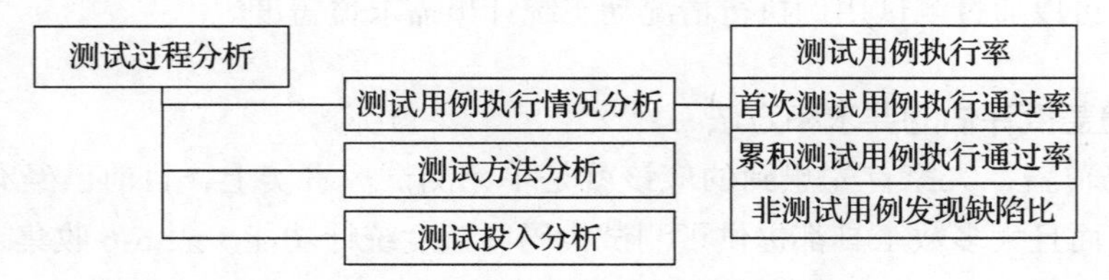

图 6-13 产品质量评估模型之测试过程分析

测试过程分析会从**广度和深度**上对被测对象进行评估，相关定义和属性如表6-7所示。

表6-7　测试过程分析项的定义和属性

产品质量评估维度	产品质量评估项目	定　义	属　性
测试过程	测试用例执行情况分析	分析测试用例执行情况，确保测试用例的执行效果	定量指标＋定性分析
	测试方法分析	分析确认测试过程中使用的测试方法是否符合测试策略（如是否足够深入、有效）	定性分析
	测试投入分析	分析确认测试过程中资源投入情况是否符合测试策略	定性分析

其中测试用例执行情况分析又包含4个子属性，相关定义和属性如表6-8所示。

表6-8　代码覆盖度子属性

产品质量评估项目	子评估项目	定　义	属　性
测试用例执行情况分析	测试用例执行率	已经执行的测试用例数和测试用例总数的比值	定量指标
	首次测试用例执行通过率	测试用例第一次执行，结果为通过的测试用例数和执行的测试用例数的比值	定量指标
	累积测试用例执行通过率	测试用例最终执行结果为通过的测试用例数和执行的测试用例数的比值	定量指标
	非测试用例发现缺陷比	不是通过测试用例发现的缺陷数和发现的总缺陷数的比值	定量指标

1. 为什么质量评估要分析过程

我们在做质量评估的时候，不仅要看结果指标，还要看管控过程——尽管规范有序的测试过程并不代表最终会收获高质量的产品，但混乱的测试过程一定会给后端遗留更多的问题，以致影响最终的产品质量。

我们希望可以在过程中监控测试方法，以保证对重要的特性使用了足够多的测试方法（测试的深度），并且这些方法都发现了问题（测试效率）。

我们希望可以在过程中监控测试用例的执行，识别测试用例阻塞的风险，为开发人员提供缺陷修改优先级，保证测试的顺利进行。

我们希望可以将优质的测试资源投入到重点特性上，并保证投入时间和投入效果。

上述这些都是测试架构师在测试过程中需要主动做的事情，从而保证测试策略可以有效落地。

2. 测试用例执行情况分析

测试用例执行率可以帮助我们分析并确认测试的**全面性**，因此我们希望这个指标可达到 100%，为了达到这个目标，我们需要特别注意避免“测试阻塞”。

定义 **测试阻塞**

测试阻塞指测试用例因为产品质量问题或测试条件无法具备等，出现无法执行的情况。

我们可以从如下几个方面来尝试避免测试阻塞：

- 提前做好测试准备，而不是测试执行已经启动了才开始准备。
- 提前识别可能会阻塞的测试用例，建议开发人员做好相关自测，并将其中影响面比较大的关键测试用例作为接收测试用例。
- 为开发人员提供缺陷修改优先级，确保那些可能会造成测试阻塞的缺陷先被修复。

首次测试用例执行通过率可以帮助我们**评估新开发的产品功能的质量**。背后的逻辑为：对一个新开发的功能，如果需要反复修改测试用例才能执行通过，则说明这个功能的质量可能不高，同时根据“缺陷聚集性原理”可知，系统可能还隐藏着缺陷。

累积测试用例执行通过率可以帮助我们**评估当前产品整体的质量**。测试执行通过率足够高也是版本发布的前提，即只有达到公司要求的测试执行通过率，才可以考虑发布。

一般来说，在测试执行的时候，我们并不希望测试者完全机械地执行测试用例，而是希望在测试中可以基于测试用例做一些探索，所以我们希望“非测试用例发现缺陷比”可以在一个合理的范围内。如果非测试用例发现缺陷比过高，那么说明先前的测试设计可能存在问题，如测试设计投入不足、不够深入等；如果非测试用例缺陷发现比过低，那么说明测试团队可能比较沉闷且缺乏探索性精神，或者测试思路还不够开阔等。无论出现哪种情况，都需要测试架构师及时分析、总结、改进。

3. 测试方法分析

测试方法分析的目的是确保团队使用的测试方法和测试策略保持一致，这包括：

- 可以通过**用例评审**的方式来确认测试设计是否符合测试策略中测试深度和测试广度的要求。
- 可以通过**缺陷分析**的方式（主要是触发因素分析）来确认测试方法是否有效，是否需要调整测试策略来保证测试效果。

4. 测试投入分析

测试投入分析的目的是确保优质资源能够投入在核心、重要的特性中。

进行测试投入分析的前提是，对测试团队的人员能力进行盘点。表 6-9 就是一个测试团队能力盘点表，表中详细列出了团队成员的职级、工作年限和擅长领域。在进行测试任务安排时，可以参考盘点表，安排合适的人去做合适的事情。

表6-9　测试团队人员能力盘点表

测试组人员	职　级	工作年限	擅长领域
张三	初级测试工程师	1年	自动化测试
赵五	中级测试工程师	3年	对外测试
王二	高级测试工程师	6年	性能测试，缺陷复现，掌握大部分功能特性
…	…	…	…

很多时候，团队中经验丰富的测试人员都会“身兼数职”，因此除了能力匹配之外，资源投入也需要保证，只有这样才能保证测试效果足够好。

6.3.3　缺陷分析

在产品质量评估模型中，与缺陷分析相关的内容如图6-14所示。

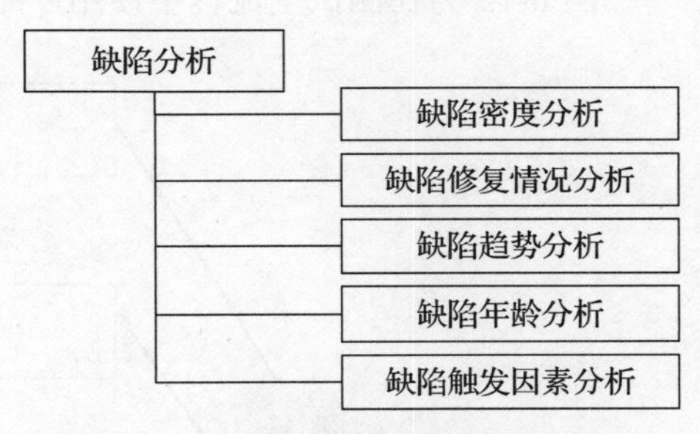

图6-14　产品质量评估模型之缺陷分析

测试过程分析是从**测试结果和效果**上对被测对象进行评估，相关定义和属性如表6-10所示。

表6-10　测试过程分析项的定义和属性

产品质量评估维度	产品质量评估项目	定　义	属　性
缺陷分析	缺陷密度分析	每千行代码发现的缺陷数	定量指标
	缺陷修复情况分析	已经修复的缺陷总数和已经发现的缺陷总数的比值	定量指标
	缺陷趋势分析	随着测试时间的推进，测试发现的缺陷和开发解决的缺陷的变化规律	定性分析
	缺陷年龄分析	软件（系统）产生或引入缺陷的时间	定性分析
	缺陷触发因素分析	测试者发现缺陷的测试方法	定性分析

在测试项目开始的时候，我们可以根据组织基线或历史项目的缺陷密度来估计系统可能的缺陷数；根据测试阶段（测试分层）和理想的测试趋势，预估项目理想的缺陷趋势曲线；根据项目的代码继承情况预估缺陷年龄分布情况；根据项目测试质量目标、时间周期来预估缺陷触发因素分布。这样在项目一开始，我们就建立了项目中缺陷的预判模型。

在项目中，我们可以将实际缺陷情况和预判模型进行对比，分析偏差的原因，主动调整测试策略。

在项目完成时，我们可以根据缺陷情况来评估产品质量。

我们将在 6.6 节（组合缺陷分析技术）中，详细介绍这套缺陷预判和分析评估方法。

6.3.4 在测试全流程中使用产品质量评估模型

大概由于“产品质量评估模型”中有“评估”两字，容易让人以为我们是在产品测试得差不多了的时候，再利用模型进行质量评估。事实上，产品质量评估模型不仅可以用于“事后”的分析评估，还能用于“事前”的目标确定和“事中”的过程跟踪。

图 6-15 为在测试全流程中使用产品质量评估模型的示意图。

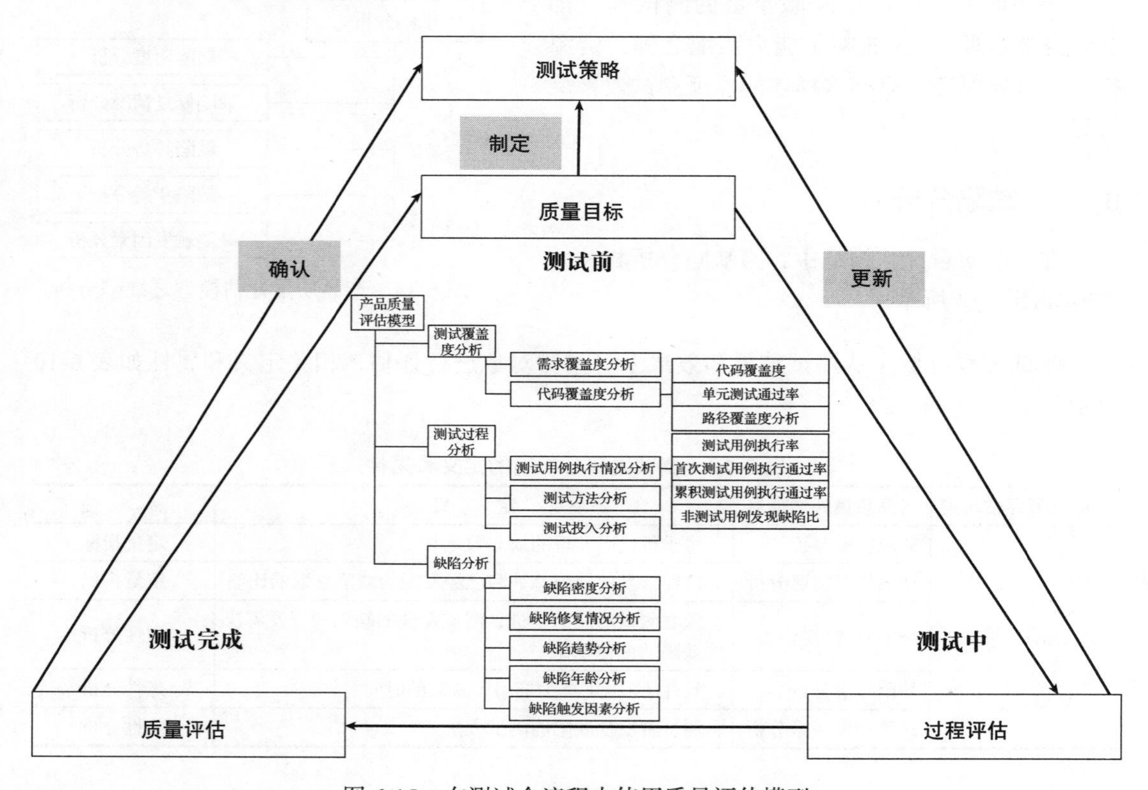

图 6-15 在测试全流程中使用质量评估模型

测试前，我们可以将产品质量评估模型中的内容作为测试目标，并基于测试目标进行各种测试活动。

我们可以在测试过程中不断确认质量目标的完成情况，以此来更新、调整测试策略。

测试完成后，可以使用产品质量评估模型来确认质量目标的达成情况，并根据所得结果确定产品是否可以交付。

6.4　组合缺陷分析技术

从软件开发的角度来说，引入缺陷在所难免。尽管测试无法从根本上提升质量，但测试就像产品的“镜子”，可反映出产品当前的质量情况，而缺陷也是其中的一个部分。从这个角度来说，缺陷是测试非常重要的输出。

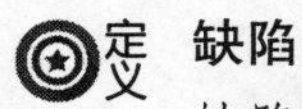

缺陷

缺陷（bug）是在产品测试中发现的产品不符合需求和设计的地方。

事实上，缺陷对测试的意义还不仅限于此，缺陷背后还隐藏了大量对测试有价值的信息：

- 当前版本质量如何，是否可以发布？
- 针对某个特性的测试方法是否足够充分？
- 哪些测试方法对这个功能更有效？
- 为什么说某个测试人员测试技术比较厉害？

这就需要我们对缺陷数据有一定的分析和挖掘能力。

6.4.1　组合缺陷分析模型

我们在讨论产品质量评估模型时，已经介绍了缺陷指标的定义（详见表 6-10），这些缺陷指标本身并不复杂，稍加思考，我们就会发现它们是在从**不同维度向**我们表达产品质量的情况，如表 6-11 所示

表 6-11　不同缺陷分析项可评估的产品质量维度

缺陷分析项	可评估的产品质量维度
缺陷密度	预测产品可能会有多少缺陷 评估当前发现的缺陷是否足够多
缺陷修复率	发现的缺陷是否已经被有效修复
缺陷趋势分析	是否还能继续发现系统中的缺陷
缺陷年龄分析	有很多可能引入缺陷的环节，这些环节引入的缺陷是否都已经被有效修复
缺陷触发因素分析	测试是否足够深入全面

如果我们仅对其中某一项或几项指标进行分析评估，是无法获得产品质量全貌的——这大概也是一些测试者觉得缺陷分析没有效果，意义不大的原因。这就需要我们将这些评估项

组合起来进行分析，这就要用到**组合缺陷分析模型**了，如图 6-16 所示。

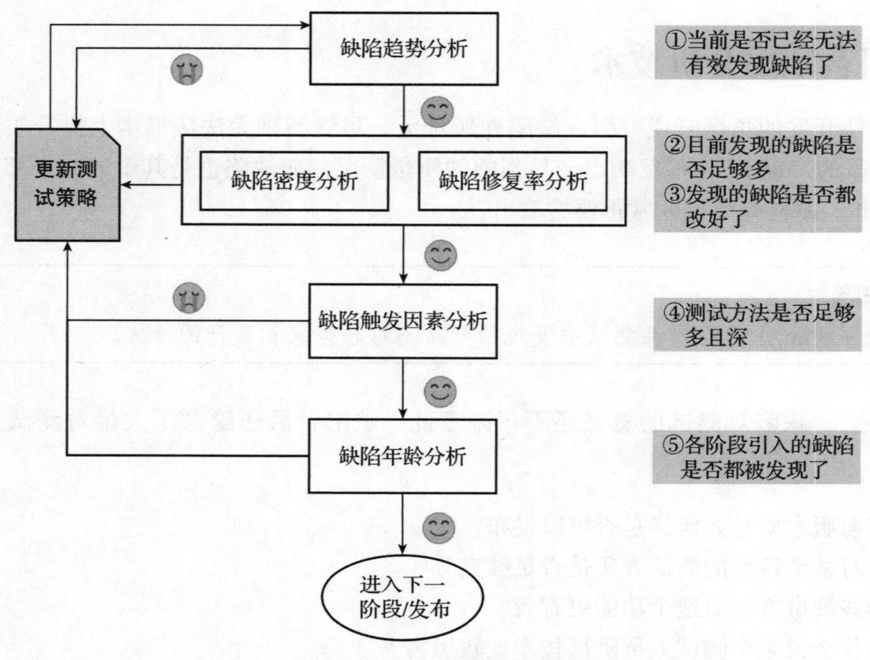

图 6-16　组合缺陷分析模型

步骤 1：进行缺陷趋势分析，判断当前缺陷数量是否已经收敛，是否已经无法有效发现缺陷了。

如果缺陷数量没有收敛，需要对比实际缺陷趋势曲线和缺陷趋势预判曲线，分析是否存在异常，是否需要调整测试策略。图 6-17 所示为缺陷数量收敛、缺陷预判曲线和实际缺陷趋势曲线的参考示意。

步骤 2：进行缺陷密度分析和缺陷修复率分析，判断当前发现的缺陷是否足够多，并且发现的缺陷是否都被妥善解决了。

步骤 3：进行缺陷触发因素分析，分析确认当前发现缺陷的方法是否已经足够多。

步骤 4：进行缺陷年龄分析，确认各阶段引入的缺陷是否都被妥善解决了。

上述分析过程中，无论哪个步骤出现异常，都应该有针对性更新测试策略。只有当缺陷组合分析符合预期的时候，才能进入下一阶段的测试或发布（结束测试）。

接下来我们将为大家详细介绍组合缺陷分析中各种缺陷分析技术、方法和要领。

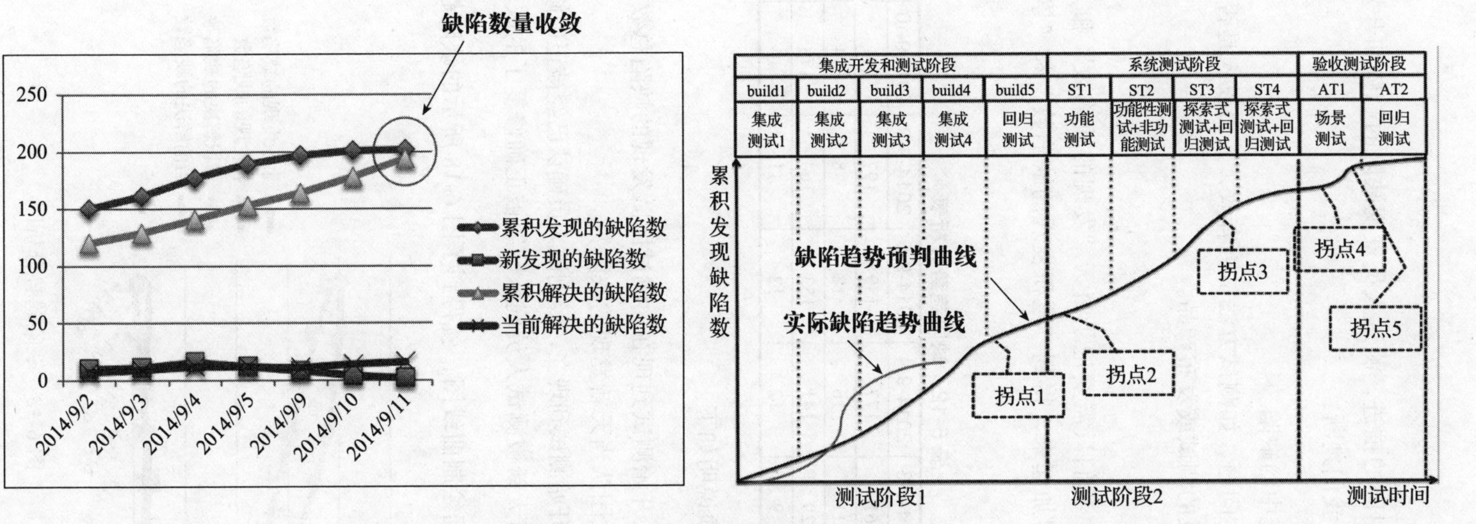

图 6-17 缺陷数量收敛和缺陷预判曲线

6.4.2 缺陷趋势分析

缺陷趋势是指随着测试时间的推进，测试人员发现缺陷的趋势和开发人员解决缺陷的趋势。缺陷趋势分析能够帮助我们判断：

- 是否还能继续发现系统中的缺陷。
- 当前测试过程是否存在问题，如测试方法是否有效，人力投入是否充足。
- 是否可以进入下一阶段的测试或发布产品。

1. 绘制缺陷趋势图

绘制缺陷趋势图很简单，我们只需要记录每天“发现的缺陷数”和“解决的缺陷数”，将每天发现和解决的缺陷数累加起来，得到“累积发现的缺陷数”和“累积解决的缺陷数”即可，如表 6-12 所示。

表 6-12 缺陷趋势分析表

测试时间	2014-9-2	2014-9-3	2014-9-4	2014-9-5	2014-9-9	2014-9-10	2014-9-11	…
累积发现的缺陷数	150	161	177	189	197	201	202	…
新发现的缺陷数	10	11	16	12	8	4	2	…
累积解决的缺陷数	120	129	141	153	164	178	194	…
当前解决的缺陷数	7	9	12	12	11	14	16	…

对表 6-12 中所示的统计项说明如下。

- 累积发现的缺陷数：从开始测试到现在，测试团队发现的缺陷总数。
- 新发现的缺陷数：测试团队当天新发现的缺陷数。
- 累积解决的缺陷数：从开始测试到现在，经测试人员确认已经被正确修复了的缺陷总数。
- 当前解决的缺陷数：当天新被测试人员确认已经被正确修复了的缺陷总数。

我们对表 6-12 中所示数据绘制曲线图，就得到了图 6-18 所示的缺陷趋势分析图。

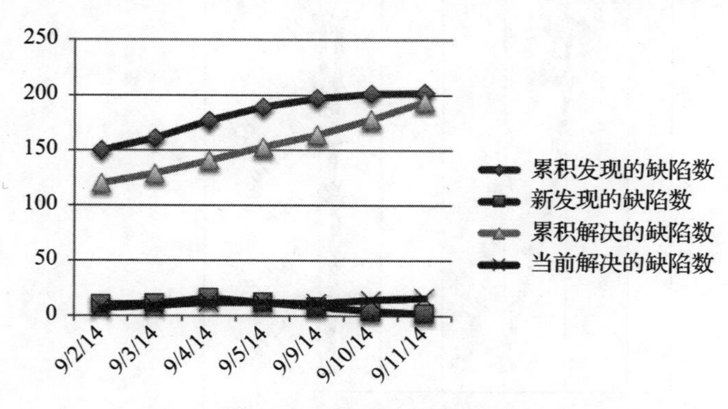

图 6-18 缺陷趋势分析图

需要特别说明的是，在绘制缺陷趋势分析图时，需要去掉节假日、公休日等没有测试投入的日子。例如，在本例中我们就去掉了周末（2014-9-6 和 2014-9-7）和中秋节（2014-9-8）。

2. 理想的累积发现缺陷的趋势曲线

为了更好地说明曲线的变化趋势，我们将借用数学中的“凹凸性”和“拐点”的概念。

函数的凹凸性和拐点

数学中对函数曲线进行趋势分析时，会用到曲线的凹凸性和拐点的概念。简单来说，拥有凹函数特性的曲线会呈现出递增的变化趋势；拥有凸函数特性的曲线会呈现出递减的变化趋势；变化趋势出现转变的点被称为拐点，如图 6-19 所示。

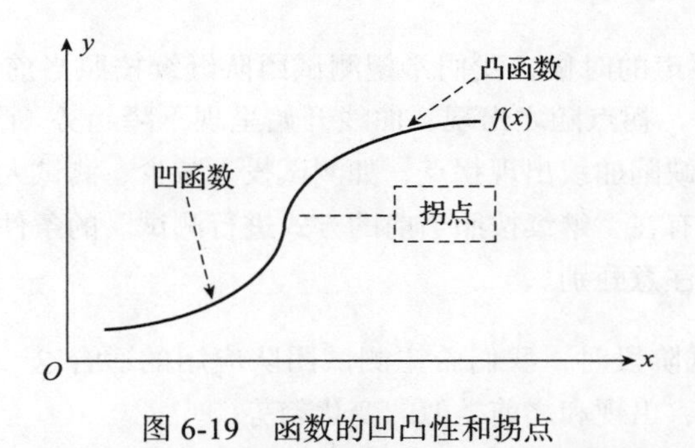

图 6-19　函数的凹凸性和拐点

理想情况下，我们希望累积发现的缺陷趋势曲线随测试时间的推移，**以每个测试阶段（如功能集成测试、系统测试、场景验收测试等）为周期，按凹函数—拐点—凸函数—拐点的规律交替变化**，即呈现出图 6-20 所示的变化趋势。

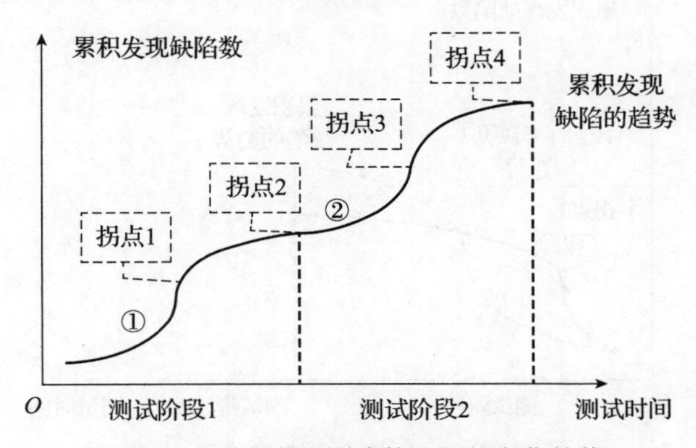

图 6-20　累积发现缺陷数理想的变化趋势

也就是说，我们希望出现如下情况。

- 在一个新的测试阶段开始的时候，累积发现缺陷的趋势为凹函数（如图 6-20 中①所示）。
- 在测试策略不变的情况下，测试一段时间后，出现拐点（如图 6-20 中所示拐点 1）。
- 进入下一阶段的测试后，累积发现缺陷的趋势又变为凹函数（如图 6-20 中②所示）。

为什么我们希望理想的累积发现缺陷曲线遵循这样的变化规律呢？

首先我们希望测试是可以分层展开的（如功能集成测试、系统测试、场景验收测试等），每个测试层次都有自己的测试目标和测试方法。

进入一个新的测试阶段时，我们希望团队能够快速且高效地发现当前的缺陷，因此曲线呈现上升的趋势（凹函数）。

当这个阶段接近尾声的时候，我们希望测试团队继续按照当前的方式进行测试，不会那么容易发现新缺陷了，拐点随之出现，曲线开始呈现下降趋势（凸函数）。需要特别说明的是，很多情况都会让缺陷曲线出现拐点，如测试投入减少、测试人员发生变化或是按照计划进入了回归测试。只有在"继续按照当前的方式进行测试"的条件下出现的拐点才是我们这里说的拐点，这需要注意甄别。

当进入下一个测试阶段时，我们希望测试团队应用的适合这一阶段的新的测试方法，可继续高效发现新缺陷，出现和之前类似的变化趋势。

3. 累积发现缺陷的趋势中拐点出现得过早

有时我们会发现累积发现缺陷的趋势中，拐点出现得比预期早，如图 6-21 所示（图中以虚线表示理想情况，实线表示实际情况）。

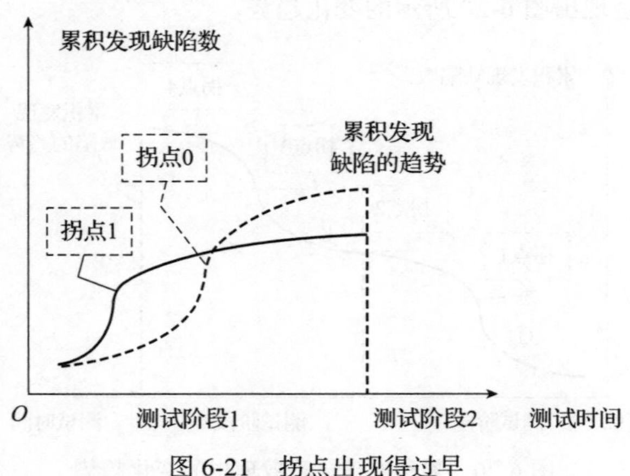

图 6-21 拐点出现得过早

一般来说，在累积发现缺陷的趋势中，拐点出现就意味着"测试团队目前已经无法有效发现产品的缺陷了”。过早出现拐点，说明如果继续按照当前计划进行下去，测试效率会变低，此时需要调整测试策略，提高团队测试产出。

下面这些情况可能会导致拐点提前出现：

- 测试投入变少，或者人员发生了变化。
- 测试执行受阻，无法有效开展测试活动。
- 当前团队使用的测试方法无法有效发现产品的缺陷。

我们可以根据实际情况及时调整测试策略。

判断测试策略调整是否有效，也十分简单直接：如果策略调整生效了，累积发现缺陷的趋势曲线会出现新的拐点，如图 6-22 中所示拐点 2。

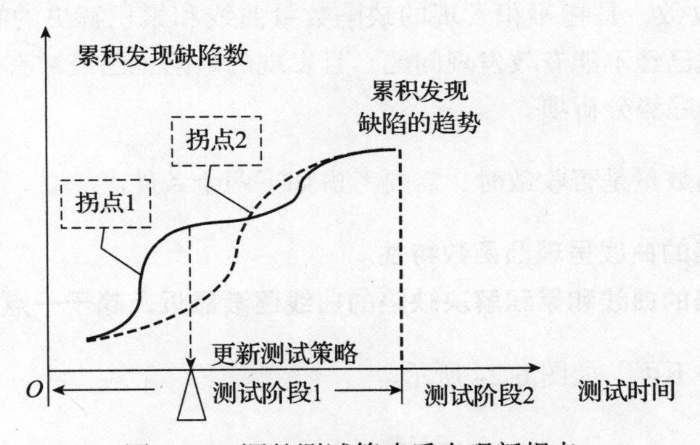

图 6-22　调整测试策略后出现新拐点

4. 累积发现缺陷的趋势中拐点未出现

在实际项目中，有时还会出现累积发现缺陷的趋势中拐点一直未出现的情况，如图 6-23 所示（图中以虚线表示理想情况，实线表示实际情况）。

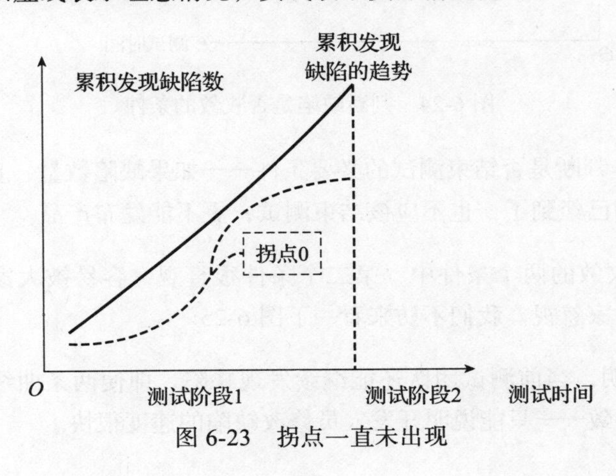

图 6-23　拐点一直未出现

拐点一直没有出现，说明目前测试团队依然可以大量发现产品的问题，出现这种情况可能的原因如下。

- ❑ 产品质量太差，缺陷数量高于预期。
- ❑ 团队投入增加，或有经验的同事加入。
- ❑ 团队可能使用了更多、更复杂的方法来发现产品缺陷。

出现第三种情况会比较尴尬。这说明团队成员愿意探索系统，比较有激情，测试技术应该也不错，但是我们的测试目标并不仅是发现缺陷。这就需要测试架构师做好分析和引导，保证测试者围绕产品质量目标和核心价值特性进行测试。

5. 如何判断缺陷数量是否收敛

所谓缺陷数量收敛，是指累积发现的缺陷数量曲线和累积解决的缺陷数量曲线趋于一点，这表明当前测试已经不能有效发现问题，且发现的缺陷也已经被有效修复。缺陷数量收敛是非常重要的缺陷趋势分析项。

我们在判断缺陷数量是否收敛时，需要考虑如下两个条件。

- **❑ 累积发现缺陷的曲线呈现凸函数特性。**
- **❑ 累积发现缺陷的曲线和累积解决缺陷的曲线逐渐靠近，趋于一点。**

这两个条件缺一不可，如图 6-24 所示。

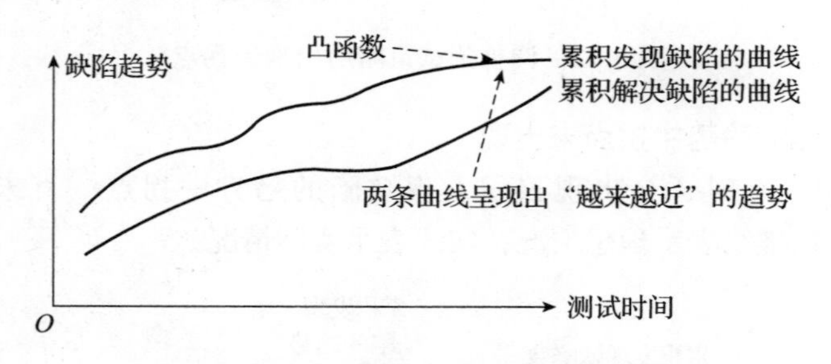

图 6-24　判断缺陷是否收敛的条件

缺陷数量收敛是判断是否结束测试的必要条件——如果缺陷数量一直不收敛，那么即便计划的测试结束时间已经到了，也不应该结束测试，更不能发布产品。

判断缺陷数量收敛的两个条件中，第二个条件很直观，容易被大家理解和接受，第一个条件却很容易被大家忽视。我们不妨来看一下图 6-25。

图 6-25 所示说明，当前测试团队还能继续发现缺陷，即便两条曲线呈现出越来越近的趋势，也不算缺陷收敛——只能说明开发人员修改缺陷的速度很快。

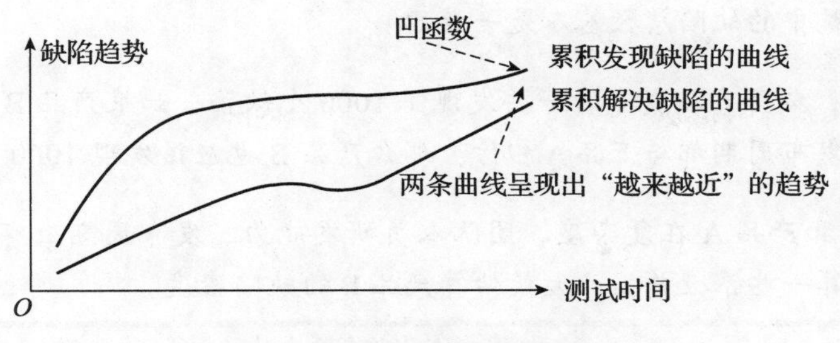

图 6-25 累积发现缺陷为凹函数

6. 越临近发布越要控制代码的改动

为了保证在发布的时候缺陷数量可以收敛，**越临近发布的时候越要控制代码的改动量**，如图 6-26 所示，理想的整个测试过程对代码变动量的控制要像漏斗一样。

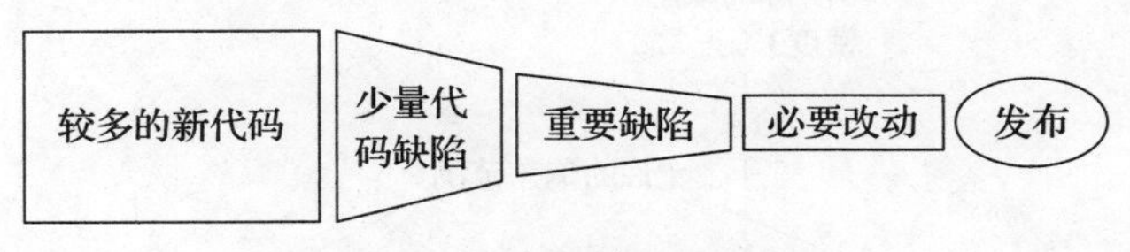

图 6-26 代码修改量漏斗

临近发布必须对代码进行改动时，应注意如下 3 点。

- 严格控制代码改动量，非必要不改动。
- 做好代码的静态检查。
- 做好和修改相关的回归，避免因为缺陷修改而引入新的问题。

6.4.3 缺陷密度

缺陷密度是指每千行代码发现的缺陷数，缺陷总数是指被测代码中所有缺陷的数量。若被测对象恰好是千行代码，那么缺陷密度等同于缺陷总数。这两个指标本质上是一致的。

缺陷密度可以帮我们分析预估：

- 产品可能会有多少缺陷。
- 当前已经发现的缺陷是否足够多。

很多公司会收集自身产品团队的缺陷密度，并将其作为组织基线。如果我们团队现在没有这样的基线数据，则应自行估算。

缺陷密度的自行估算方法

自行估算缺陷密度时应基于这个假设：在系统复杂度、研发能力一定的情况下，由各个环节引入系统中的缺陷总数基本是一致的。

例如产品A，截至产品发布时一共发现了1000个缺陷。如果产品B的复杂度、团队人员研发能力、发布周期都与产品A相仿，那么产品B也应该发现1000个左右的缺陷。

如果产品B和产品A在复杂度、团队人员研发能力、发布周期上有一些差异，我们可以根据差异估算一些系数并据此大致估算产品B的缺陷密度。

无论缺陷密度的来源是组织基线还是自行估算，其都是经验值，并不是一个精准的指标，所以我们在使用缺陷密度的时候，通常会有个偏差范围（如允许正负偏差5%），允许的范围大小可以根据自身产品特点和公司质量要求来决定，如图6-27所示。

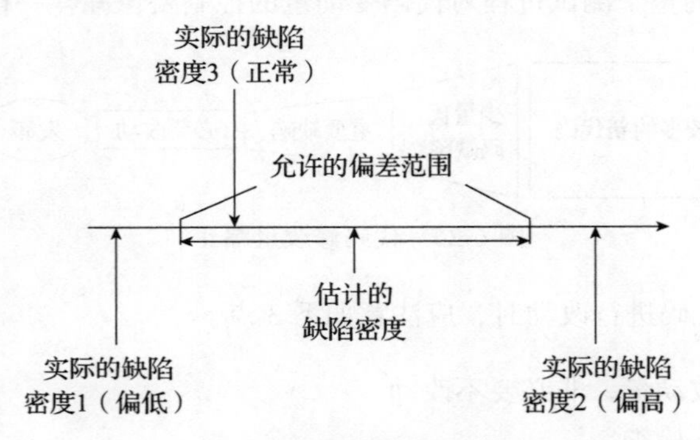

图6-27 缺陷密度的范围

如果产品发布时发现缺陷密度和预估偏差较大，应该先分析原因，再确定是否可以结束测试，是否可以发布产品。一般来说如下因素可能会造成缺陷密度出现较大偏差，测试架构师可以根据实际情况来调整测试策略。

- 产品整体质量很好或很差。
- 测试投入或测试人员能力不足，未能充分暴露产品缺陷。
- 测试人员掌握了新的缺陷发现手段。
- 测试投入增加较多。

6.4.4 缺陷修复率

缺陷修复率是指已经修复的缺陷总数和已经发现的缺陷总数的比值。例如已经发现的缺陷数目为1000个，已经修复的缺陷数目为900个，缺陷修复率就是90%。

缺陷修复率能够帮助我们确定当前发现的产品缺陷是否被有效修复，如果最终的缺陷修复率不能达到预期，原则上不应该结束测试。

为了保证重要缺陷被优先修复，我们可以从缺陷对用户的影响角度，对缺陷严重程度进行划分、开发人员应优先解决影响严重的缺陷。表 6-13 给出了缺陷严重程度的定义和示例。

表 6-13　缺陷严重程度的定义和示例

缺陷的严重程度	定　义	举　例
致命	缺陷发生后，产品的主要功能会失效，业务会陷入瘫痪状态，关键数据损坏或丢失，且故障无法自行恢复（如无法自动重启恢复）	1）产品主要功能失效或和用户期望不符，用户无法正常使用 2）由程序引起的死机、反复重启等，并且故障无法自动恢复 3）死循环、死锁、内存泄漏、内存重释放等 4）系统存在严重的安全漏洞 5）会引发用户关键数据毁坏或丢失且不可恢复
严重	缺陷发生后，主要功能无法使用、失效，存在可靠性、安全、性能方面的重要问题，但在出现问题后一般可以自行恢复（如可以通过自动重启恢复）	1）产品重要功能不稳定 2）由程序引起的非法退出、重启等，但是故障可以自行恢复 3）文档与产品严重不符、文档缺失，或存在关键性错误 4）产品难于理解和操作 5）产品无法进行正常维护 6）产品升级后功能出现丢失，性能下降 7）性能达不到系统规格 8）产品不符合标准规范，存在严重的兼容性问题
一般	缺陷发生后，系统在功能、性能、可靠性、易用性、可维护性、可安装性等方面出现一般性问题	1）产品一般性的功能失效或不稳定 2）产品未进行输入限制（如未对正确值和错误值进行界定） 3）一般性的文档错误 4）一般性的规范和兼容问题 5）系统报表、日志、统计信息在显示时出现错误 6）系统调试信息难于理解或存在错误
提示	缺陷发生后，对用户只会造成轻微的影响，这些影响一般在用户可以忍受的范围内	1）产品的输出正确，但是不够规范 2）产品的提示信息不够清晰准确，难于理解 3）文档中存在错别字、语句不通等问题 4）需要较长时间的操作未给用户提供进度提示功能

我们也可以按照缺陷的严重程度来定义缺陷修复率，例如一般以上的缺陷修复率、严重以上的缺陷修复率、致命缺陷修复率，不同的严重程度有不同的缺陷修复率要求，从而形成“阶梯式”的缺陷修复率策略，如图 6-28 所示。

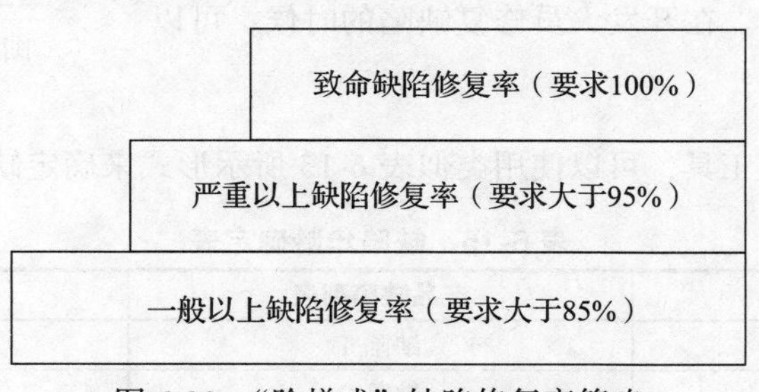

图 6-28　“阶梯式”缺陷修复率策略

6.4.5 缺陷年龄分析

缺陷年龄是指软件（系统）产生或引入缺陷的时间。不同阶段引入的缺陷，其年龄定义也不同，如表 6-14 所示。

表 6-14 缺陷年龄定义

缺陷年龄	描述
继承或历史遗留	属于历史版本、继承版本或是移植代码中的问题，非新开发的问题
需求阶段引入	缺陷是在产品需求设计阶段引入的，主要包括如下情况： 1）需求不清的问题 2）需求错误的问题 3）系统整体设计的问题
设计阶段引入	缺陷是在产品设计阶段引入的，主要包括如下情况： 1）功能和功能之间接口的问题 2）功能交互的问题 3）边界值设计方面的问题 4）流程、逻辑设计相关的问题 5）算法设计方面的问题
编码阶段引入	缺陷是在编码阶段引入的，主要包括如下情况： 1）流程、逻辑实现相关的问题 2）算法实现相关的问题 3）编程规范相关的问题 4）模块和模块之间接口的问题
新需求或变更引入	缺陷是因为新需求加入、需求变更或设计变更引入的
缺陷修改引入	缺陷是因为修改缺陷引入的。如开发人员虽然成功修复了一个缺陷，但修改又引入了新的缺陷

实际项目中，有很多可能引入缺陷的环节，缺陷年龄分析可帮忙确定这些在不同环节引入的缺陷是否都已经被有效去除了，具体分析方法如图 6-29 所示。

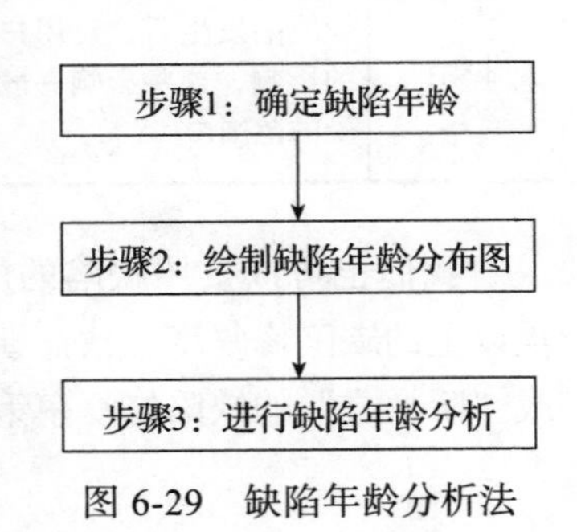

图 6-29 缺陷年龄分析法

第一步：确定缺陷年龄。

如果你的项目中有缺陷管理工具（如 bugzilla），可以增加“缺陷年龄”的选项。在开发人员修复缺陷的时候，可以直接填写缺陷年龄。

如果没有缺陷管理工具，可以使用类似表 6-15 所示形式来确定缺陷年龄。

表 6-15 缺陷年龄确定表

缺陷 ID	产品缺陷列表	缺陷年龄
1	缺陷 1	继承或历史遗留
2	缺陷 2	设计阶段引入

（续）

缺陷 ID	产品缺陷列表	缺陷年龄
3	缺陷 3	设计阶段引入
4	缺陷 4	缺陷修改引入
5	缺陷 5	新需求或变更引入
…	…	…

第二步：绘制缺陷年龄分析图。

接下来我们需要统计出各类缺陷年龄的数量，如表 6-16 所示。

表 6-16 不同类型缺陷年龄的数量

缺陷年龄	缺陷数	缺陷年龄	缺陷数
继承或历史遗留	15	编码阶段引入	30
需求阶段引入	20	缺陷修改引入	20
设计阶段引入	40	新需求或变更引入	10

然后对表 6-16 所示数据制图，即可得到缺陷年龄分析图，如图 6-30 所示。

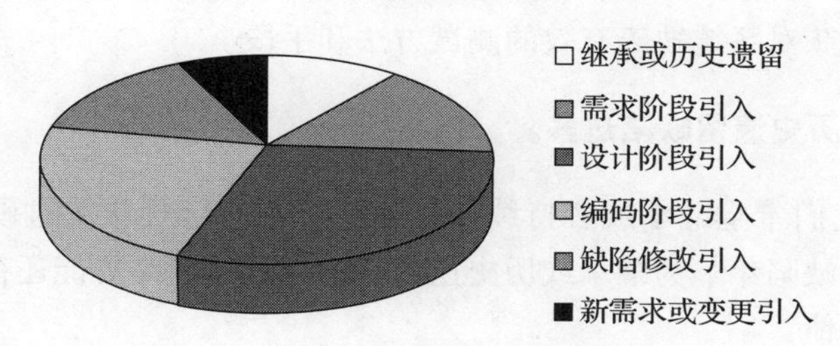

图 6-30 缺陷年龄分析图

第三步：进行缺陷年龄分析。

接下来就可以着手对缺陷年龄进行分析了。在进行缺陷年龄分析之前，需要先了解理想的缺陷年龄应该具有怎样的特点。

理想的缺陷年龄分析图的特点

我们希望缺陷年龄分析图具有如下特点。

- 特点 1：在特定的测试阶段发现应该发现的问题，而缺陷不会逃逸到下个阶段才被发现。
- 特点 2：继承或历史缺陷较少。
- 特点 3：几乎没有因为缺陷修改引入的缺陷。

下面是进行缺陷年龄分析时常见的一些问题。

问题 1：没有在特性测试阶段发现应该发现的问题。

以 V 模型为例，我们希望在每个测试阶段都能发现应该发现的问题，如图 6-31 所示。

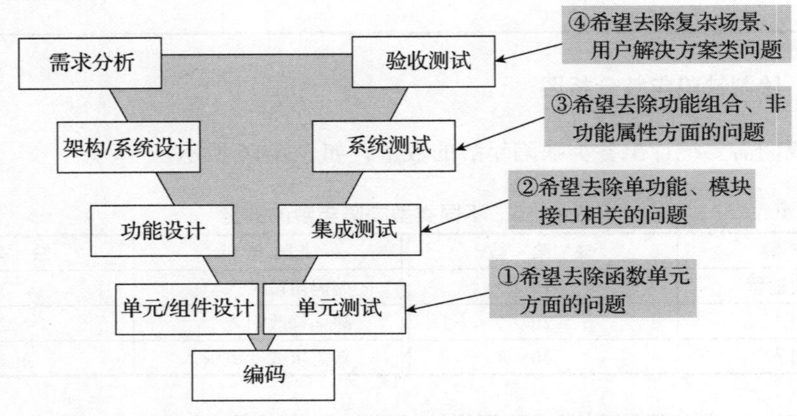

图 6-31 V 模型下各个测试阶段应该发现的问题

如果我们在系统测试阶段发现了很多单功能细节问题，这就说明集成测试阶段的测试效果不佳或者当前团队对系统缺乏有效的测试方法和手段。

问题 2：继承或历史遗留缺陷过多。

理想情况下，我们希望继承或者持续迭代的系统是稳定且质量过硬的，当我们通过缺陷年龄分析发现不少缺陷年龄为继承或历史遗留，这就说明产品可能还存在一些“旧账”尚未清理，例如“技术债”。

出现这种情况，我们建议测试架构师进行如下处理。

- 重新执行历史特性分析，更新测试策略。
- 针对发现的缺陷进行分析，启动与之相关的专项探索式测试，扫除缺陷。
- 将相关缺陷同步回原先继承的产品（或版本），和原团队讨论应对策略。

问题 3：缺陷修改引入的缺陷过多。

如果在缺陷年龄分析时发现很多因为缺陷修改引入的缺陷，这就说明开发人员在缺陷修复方面存在问题。这种情况严重时甚至会导致缺陷无法收敛，对产品进度和质量都非常不利。

出现这种情况，我们建议测试架构师进行如下处理。

- 围绕缺陷修改展开探索式测试。
- 加大对基本功能的回归测试力度。
- 测试人员加强和开发人员在缺陷修改方案方面的沟通，尤其是那些修改较大的缺陷。
- 建议开发人员加强针对缺陷修改的代码评审、自验等。

有时我们会发现，缺陷修改引入新缺陷的问题集中在个别开发人员身上，这时可以考虑适当加强对这位开发人员负责的功能部分的测试。

6.4.6　缺陷触发因素分析

缺陷的触发因素分析就是分析测试者是通过哪些测试方法来发现缺陷的。一般来说，缺陷触发因素越全面，说明测试团队的测试技术能力越强，可以有效发现产品缺陷；反之即便已经发现了大量的缺陷，产品也可能还存在一些未被发现的缺陷。

和缺陷年龄的分析方法相似，我们也可以通过下面 3 个步骤来进行缺陷触发因素分析，如图 6-32 所示。

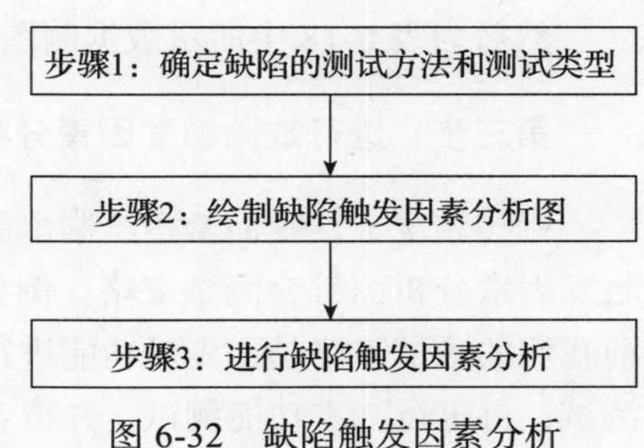

图 6-32　缺陷触发因素分析

第一步：确定缺陷的测试方法和测试类型。

如果你的项目中有缺陷的管理工具（如 bugzilla），可以增加“测试方法”和“测试类型”的选项，以便在发现缺陷的时候记录相关的信息。

如果没有缺陷管理工具，可以使用类似表 6-17 所示的形式来确定测试方法和测试类型。

表 6-17　缺陷测试方法和测试类型确定表

缺陷 ID	产品缺陷列表	测试方法	测试类型
1	缺陷 1	单运行正常输入	功能性测试
2	缺陷 2	多运行相互作用	
3	缺陷 3	多运行顺序执行	
4	缺陷 4	多运行顺序执行	
5	缺陷 5	单运行边界值输入	
6	缺陷 6	稳定性测试法	可靠性测试
7	缺陷 7	压力测试法	
8	缺陷 8	可用性测试法	易用性测试
…	…	…	…

第二步：绘制缺陷触发因素分析图。

接下来我们需要统计各个测试类型下不同测试方法发现的缺陷数量，如表 6-18 所示。

表 6-18 各测试类型下不同测试方法的缺陷数量统计

测试类型	测试方法	缺陷数目
功能性测试	单运行正常输入	20
	多运行相互作用	15
	多运行顺序执行	8
	单运行边界值输入	7
可靠性测试	稳定性测试法	10
	压力测试法	5
易用性测试	可用性测试法	4
…	…	…

然后为表 6-18 中所示数据制图，即可得到缺陷触发因素分析图，如图 6-33 所示。

第三步：进行缺陷触发因素分析。

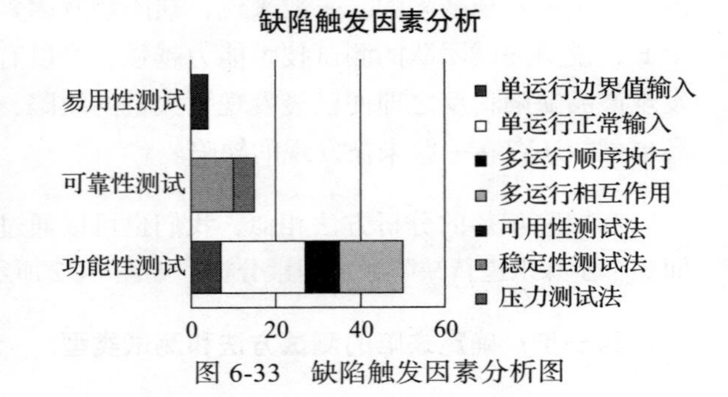

图 6-33 缺陷触发因素分析图

理想情况下，我们希望绘制出的缺陷触发因素分析图符合测试策略。例如，当前我们的测试策略是：先对功能进行配置测试；再进行基本功能测试，并覆盖业务流程的基本路径；最后进行满规格测试。那么与之相关的缺陷触发因素分析图，应该大致如下。

- ❑ 通过“功能性测试－单运行正常输入”发现“业务流程的基本路径”方面的问题。
- ❑ 通过“功能性测试－单运行边界值输入”，发现“配置”方面的问题。
- ❑ 通过“性能性测试”“压力测试”和“可靠性测试”，发现“满规格”方面的问题。

缺陷触发因素分析中常见的问题主要有如下几类。

问题 1：某些测试方法没能发现缺陷或者发现的缺陷很少。

出现这种情况的常见原因有：

- ❑ 存在测试阻塞，无法使用该方法进行测试。
- ❑ 测试投入（如人力、时间）不足，来不及使用该方法进行测试。
- ❑ 测试人员没有掌握该测试方法。
- ❑ 该测试方法不适合运用在该阶段去除缺陷。
- ❑ 产品质量不错，这类缺陷少。

问题 2：某些测试方法发现的缺陷特别多。

出现这种情况的常见原因如下。

- 这种测试方法可以有效发现产品缺陷。
- 产品质量不高。
- 团队成员对其他测试方法掌握不够，只会这一种。
- 测试投入增加。

无论是什么问题，是哪种原因，测试架构师都应该对症下药，采取相应措施，更新测试策略。

6.4.7 产品缺陷趋势预判技术

使用组合缺陷分析技术，不仅可以对产品测试产生的缺陷进行分析评估，还能在测试前对产品缺陷情况进行预判。

图6-34是一个V模型下典型产品研发测试活动全景图。下面介绍如何通过组合缺陷分析技术来预判这个系统中缺陷分布和趋势。

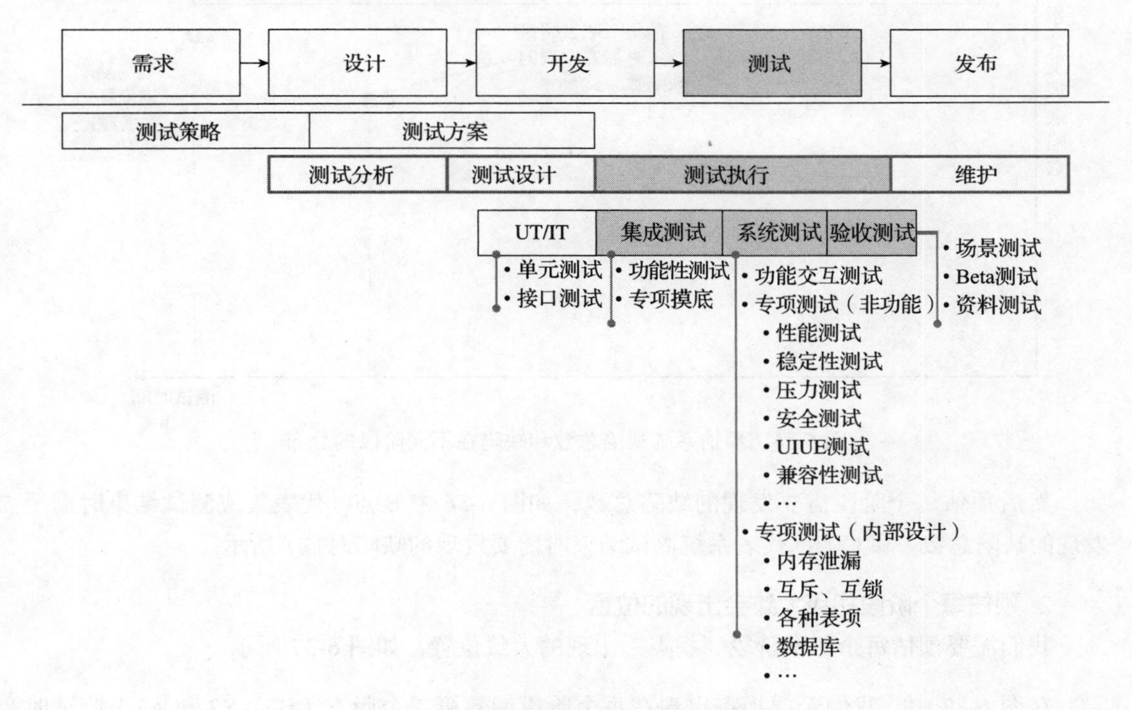

图6-34 产品研发测试活动全景图

我们将视线集中到图6-34所示的“测试执行”阶段，目前测试执行已经划分为3个测试阶段：集成测试阶段、系统测试阶段和验收测试阶段。每个阶段需要进行的测试活动也有了安排。接下来，我们先根据开发计划和测试周期，确定每个阶段的版本测试计划和主要测试安排，如图 6-35 所示。

集成测试阶段				系统测试阶段			验收测试	
B1	B2	B3	B4	S1	S2	S3	A1	A2
功能性测试	功能性测试	功能性测试+专项摸底	功能回归	功能交互+专项测试	专项测试	系统回归	场景+Beta+资料	系统回归

图 6-35 每个阶段的版本测试计划和测试安排

1. 预估系统缺陷总数和各个测试阶段的缺陷数量分布

接下来我们可以根据缺陷密度，来预估系统在发布时的缺陷总数，如图 6-36 中 A 点所示。

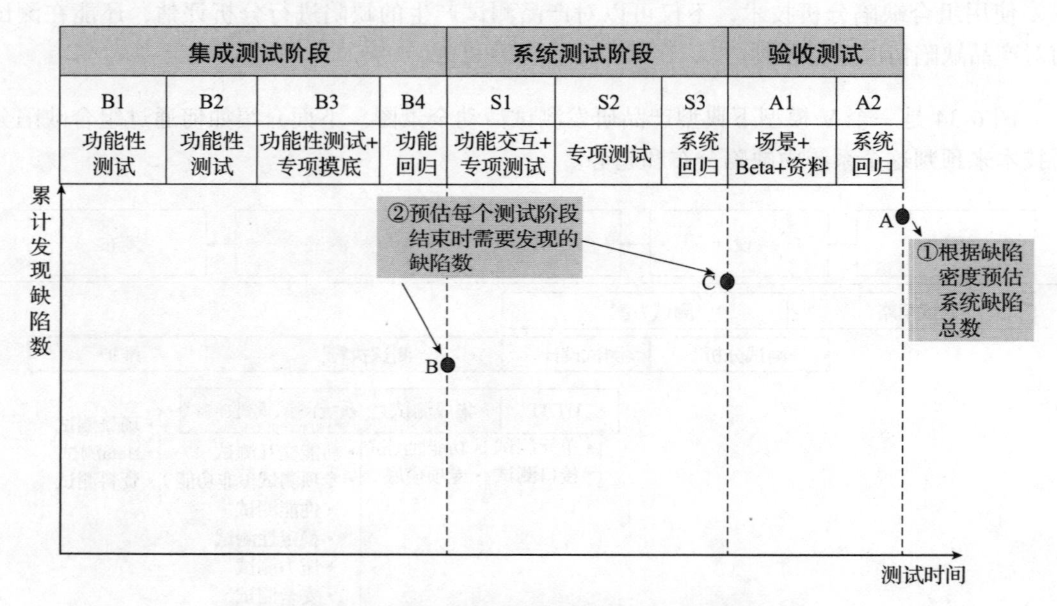

图 6-36 预估系统缺陷总数和缺陷在不同阶段的分布

然后预估每个阶段需要发现的缺陷总数，如图 6-36 中 B 点（代表集成测试结束时需要发现的缺陷总数）和 C 点（代表系统测试结束时需要发现的缺陷总数）所示。

2. 预估每个阶段拐点大致会出现的位置

我们需要预估每个测试阶段“拐点”出现的大致位置，如图 6-37 所示。

在图 6-37 中，我们希望拐点出现在每个阶段倒数第二个版本（B3、S2 和 A1）测试时间靠后的时间点上，如图 6-37 所示的拐点 1、拐点 2 和拐点 3。

3. 绘制缺陷趋势预判曲线

最后我们可以结合缺陷曲线的凹凸性规律、每个测试版本测试执行计划和预期要发现的缺陷目标等，绘制出**缺陷趋势预判曲线**，如图 6-38 所示。

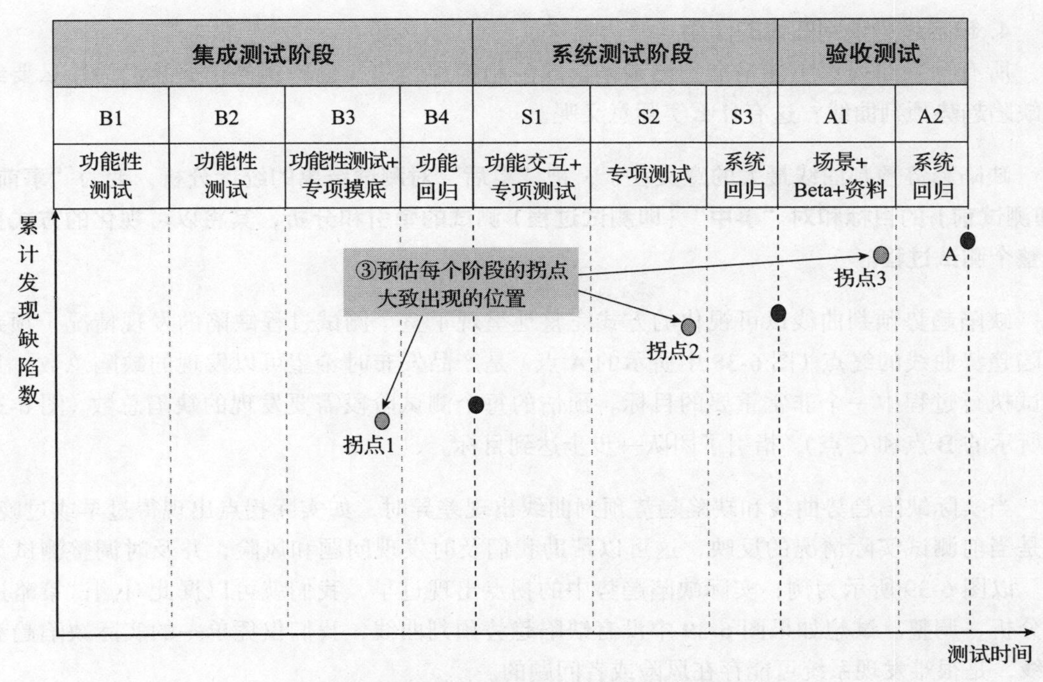

图 6-37　预估每个阶段拐点大致会出现的位置

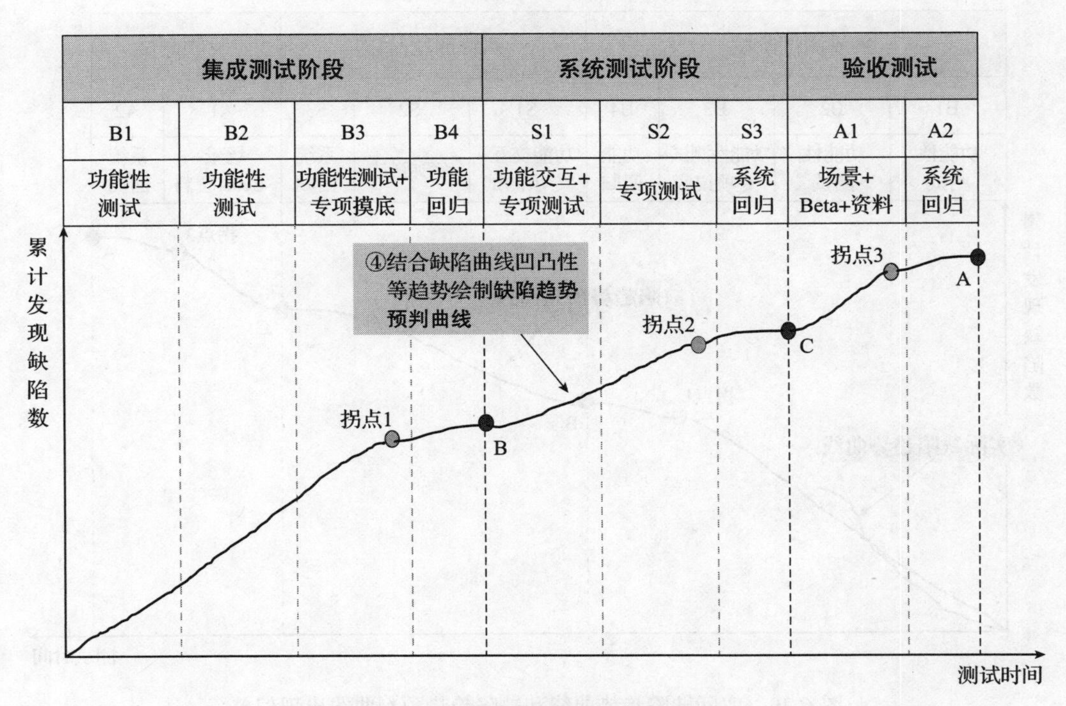

图 6-38　绘制缺陷趋势预判曲线

4. 缺陷趋势预判曲线的作用

所有预判曲线都不能精准预测未来，缺陷趋势预判曲线也不例外，那我们为什么要绘制缺陷趋势预判曲线？这有什么实际意义呢？

缺陷趋势预判曲线最大的意义在于，把**“事后”对测试结果的统计分析，变为“事前”（即测试前）的目标和对“事中”（即测试过程）测试的牵引和分析，其将以可视化的方式贯穿整个测试过程。**

缺陷趋势预判曲线以可视化的方式完整地呈现了整个测试过程缺陷的发现情况，预判缺陷趋势曲线的终点（图 6-38 中所示的 A 点）是产品发布时希望可以发现的缺陷总数，是测试执行过程中一个非常重要的目标。预估的每个测试阶段需要发现的缺陷总数（图 6-38 中所示的 B 点和 C 点），指引了团队一步步达到目标。

当实际缺陷趋势曲线和缺陷趋势预判曲线出现差异时，如实际拐点出现得过早或过晚，都是当前测试实际情况的反映，这可以帮助我们及时发现问题和风险，并及时调整测试策略。以图 6-39 所示为例，实际缺陷趋势中的拐点出现过早，我们就可以据此对测试策略进行分析、调整。试想如果图 6-39 中没有缺陷趋势预判曲线，我们仅凭单一的实际缺陷趋势曲线，是很难发现系统可能存在风险或者问题的。

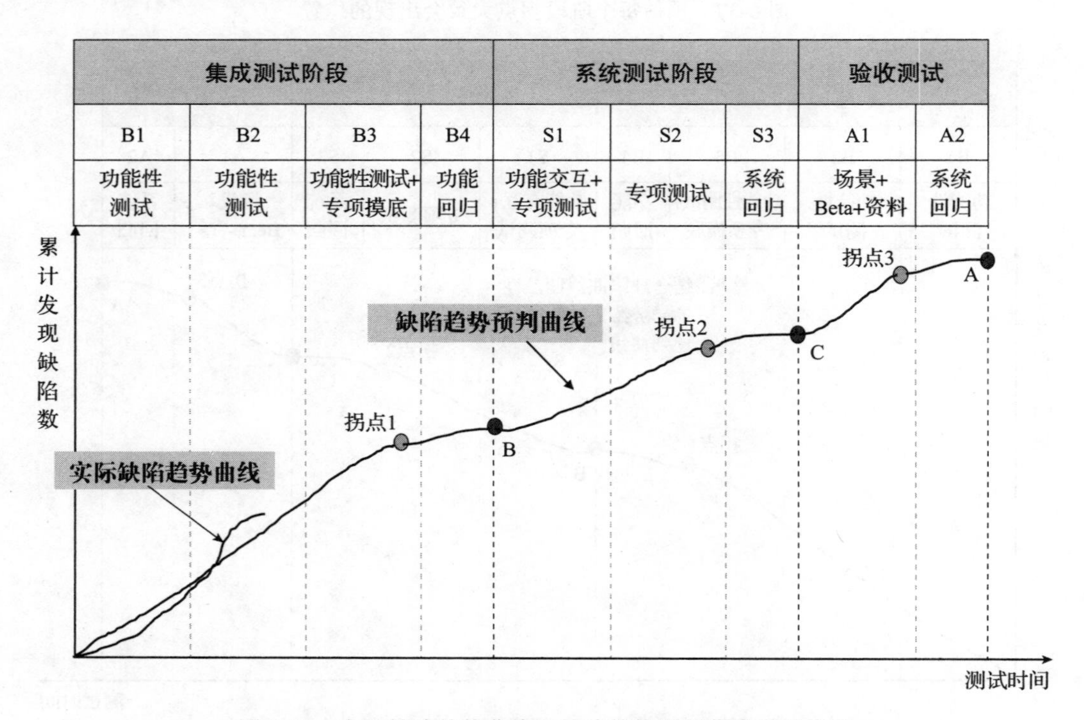

图 6-39 实际缺陷趋势曲线和缺陷趋势预判曲线出现偏差

6.5　特性价值分析技术

基于产品质量的测试策略做得好不好，背后隐含着一个重要条件——团队的质量目标到底建设得怎么样。这是因为产品质量评估模型包含了很多指标，这些指标需要组织或者公司级度量数据作为基础，从而建立基线。如果没有基线或者基线与实际偏差很大，产品质量目标就失去了应有的指导意义，以此为基础做的测试策略也就没有什么作用了。我们遗憾地看到，有些测试团队就是将新开发的功能作为测试重点，按照测试时间把能做的测试安排一遍，快结项的时候凑一下数据，让测试结果可以满足质量要求。

因此，基于产品质量的测试策略更适合规模化的、处于稳定发展期的团队，对于小型的团队，或是需要快速迭代、变化的场景，我们更推荐基于特性价值的测试策略。

基于产品特性价值的测试策略可从产品价值入手，把测试视野扩展到商业和产品，以便测试和商业目标更加吻合。深入理解产品价值是做好基于产品特性价值测试策略的基础。

6.5.1　你知道测试的产品是如何赚钱的吗

你知道测试的产品是如何赚钱的吗？对于这个问题不妨看看图 6-40。

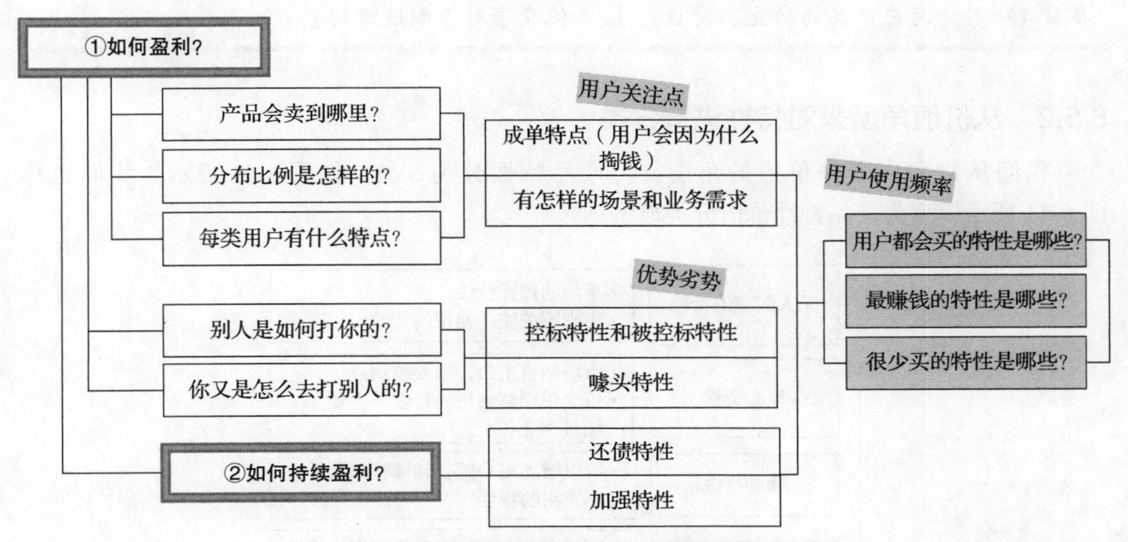

图 6-40　你知道测试的产品是如何赚钱的吗

随着敏捷、精益的流行，“价值”这个词变得时髦起来。“测试前移”让测试人员也开始广泛接触价值。我们希望可以基于价值去开发特性，交付有价值的需求给用户，通过不断强化价值来提升产品的竞争力。但是，问题来了，价值究竟是什么？

价值是什么？

价值就是产品的盈利能力，包括目前的盈利能力和持续的盈利能力。

要想深入理解你测试的产品的价值，就需要深入理解这个产品目前是如何盈利的，以及未来会如何盈利。

我们可以和产品经理去讨论图 6-40 所示这些问题，可以和公司的市场、运维等人员去聊这些话题，如果有机会，可以多接触客户，去一线部门轮岗，最好自己可以参与卖上一两单。这样我们对上述问题的理解会更加深刻。无论怎样，这都需要我们暂时跳出测试的思维，像商人一样思考，理解用户的关注点、用户的使用频率和自身的优劣势，理解我们自身的商业目标。

什么叫控标

控标是指在招标中通过一些手段方法，让招标过程向着对某一方有利的方向发展，最终使得这一方可以中标。

控标手段有很多，这里的控标主要指限制采购参数，在招标文件中只列出其中一些参数（一般会对应产品的功能、特性），给其他竞争对手制造障碍。

6.5.2 从价值角度来对特性进行分类

我们从给用户带来价值的角度，将产品特性分为 5 类，如图 6-41 所示。我们也称图 6-41 所示模型为产品特性价值分类模型。

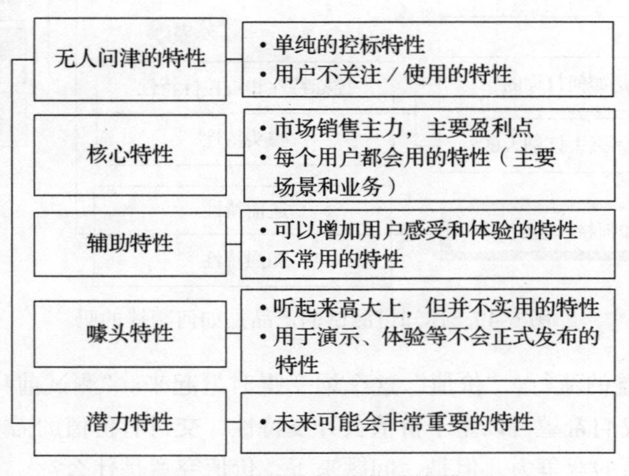

无人问津的特性
• 单纯的控标特性
• 用户不关注 / 使用的特性
核心特性
• 市场销售主力，主要盈利点
• 每个用户都会用的特性（主要场景和业务）
辅助特性
• 可以增加用户感受和体验的特性
• 不常用的特性
噱头特性
• 听起来高大上，但并不实用的特性
• 用于演示、体验等不会正式发布的特性
潜力特性
• 未来可能会非常重要的特性

图 6-41 产品特性价值分类模型

1. 无人问津的特性

无人问津的特性是指那些**用户并不关注，或者很少使用的特性**。我们将一些仅用于控标的特性也归为此类。

人们往往认为无人问津的特性在产品总特性中仅占很小的部分，但各种调研数据却让人大跌眼镜。

Standish Group 的调研结果显示："真正被用户使用的特性大概只有 20%（7% 一直使用，13% 经常使用，16% 有时使用，45% 几乎不用）"。

文章" A Quick Look At The 7 Wastes of Software Development"指出：很多权威统计数据都显示，现有软件中约有 2/3 的特性很少或从未被使用过。

如果我们可以看到用户缺陷数据，分析一下就会发现，有缺陷的特性往往非常聚焦，**很多特性从来没有用户反馈缺陷，这并不是说这些特性质量太好了，而是根本没有用户用**。

也就是说，**现实产品中大量特性其实是"无人问津"的**。

2. 核心特性

核心特性是指那些几乎**每个用户都会使用的特性**，这些特性覆盖产品的主要场景和业务，也是市场销售的发力点和主要盈利点。

我们应该从"特性给用户带来价值"的视角去理解和掌握核心特性。

既然核心特性是用户最常用的特性，那么用户会在什么情况下使用（用户使用场景）该特性？使用频率是什么（触发器）？用户的关注点和使用习惯是什么？用户为什么会选择你的产品（优势和劣势）？

什么叫触发器

"触发器"是指用户会在什么情况下会使用这个功能特性。例如交易网站中的退换货功能，"触发器"就是"交易的商品不符合用户预期"。

对测试人员来说，触发器可以帮助其理解这个场景出现的条件，从而更有效地进行场景测试。除此之外，触发器还决定了用户对这个功能特性的使用频率，这也可以从一定程度上帮助确定优先级，如测试执行优先级、缺陷修复优先级等。

对测试架构师来说，从产品众多功能特性中圈出哪些是核心特性并不算十分困难——可以通过**和产品人员、市场人员、需求分析师、运维人员等沟通来获得这些信息**。真正困难的还是对产品的商业目标、盈利模式、用户价值的理解，这会影响测试架构师对核心特性的理

解，进而影响测试策略的效果。

还有一个确定核心特性的取巧方法，即对那些比较成熟或正在持续演进的产品来说，用户反馈缺陷最聚焦的那几个特性，往往就是核心特性。

3. 辅助特性

辅助特性是指那些**会增加用户感受和体验的特性**。它们往往会和核心特性一起被用户使用，可能并不能常用，但常常是产品的特色和亮点——那些让用户使用起来特别顺手、特别对用户胃口、让用户眼前一亮且念念不忘的特性，大多属于辅助特性。

很多时候我们会认为用户会因为核心特性而选择这个产品，但事实上，**真正影响用户选择的是辅助特性**，这是因为辅助特性解决的是用户“爽点”的问题。

痛点、爽点和痒点

著名产品人梁宁在《产品思维30讲》中是这样解释“痛点”“爽点”和“痒点”的。

痛点：需求得不到满足，用户充其量感觉难受、不爽。这类需求不一定是强需求或痛点；如果要达到痛点，需要有一定内在动机，例如恐惧感。例如得到APP，痛点是对知识获取、社会地位的恐惧。

爽点：一直不能满足的问题，能够得到即时满足感，能让人产生爽的感觉。例如，一开始的百度音乐搜索，能找到并下载音乐。

痒点：满足人的虚拟自我。例如《来自星星的你》，如果只是一个女性对美少年合体的幻想，是无法形成20多集的吸引力的。教授的眼神、表情，女主角的衣服、配饰等痒点也是该剧的支撑点（其实是满足“八卦”需求，证明自我在社会中的价值）。

图6-42总结了核心特性、辅助特性和噱头特性分别解决了用户需求面的哪些问题，以及对产品来说可能存在哪些机会。

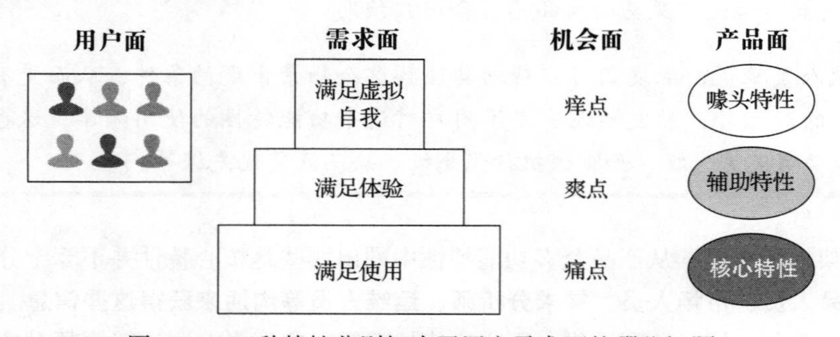

图6-42 三种特性分别解决了用户需求面的哪些问题

核心特性解决的是用户使用需求，对应的是用户的痛点。但是通常来说，可以解决这个痛点的产品比比皆是，要想让用户选择你，就需要让用户用得爽，满足用户的各种体验，这对应的特性就是辅助特性。

4. 噱头特性

噱头特性是那些听起来高大上，却并不实用的特性。很多噱头特性在技术方面都不够成熟，所以大都只能满足一些演示或体验的场景需求。但这并不代表噱头特性没有价值，相反，噱头特性满足的是用户更高层次的需求——虚拟自我方面的需求（见图 6-41）。

从某种程度上来说，噱头特性也是公司愿景的表达，恰如其分的噱头特性会增加用户对公司品牌的认可度。如果说辅助特性可帮助用户选择这个产品，那么噱头特性就能帮助用户选择这个公司的一系列产品。

5. 潜力特性

潜力特性是指那些现在不重要，但是未来可能会非常重要的特性，也可以理解为可以让产品在未来持续盈利的特性。

最常见的潜力特性是那些正在预研的特性，不过它们可能只是用于演示，或是作为产品中的某个功能组件。

技术预研

很多公司会对新的技术点进行技术预研，确保技术可行性和效果后，再走产品研发流程。

有些因为技术原因出现的噱头特性，随着技术发展成熟，会转变为潜力特性，进而成为核心特性或者辅助特性。图 6-43 总结了这两种情况（以潜力特性转化为核心特性为例）。

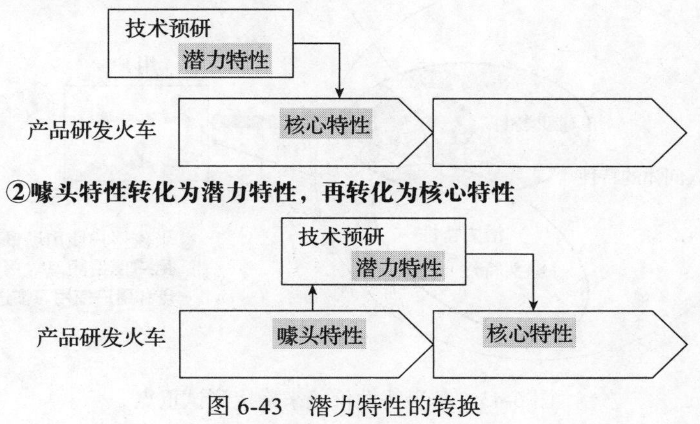

图 6-43　潜力特性的转换

6.5.3 基于特性价值来确定测试重点

上一节我们从用户价值的角度，为大家详细介绍了产品特性价值分类模型。本书对不同价值的特性在产品中的占比以及和用户交互（如用户使用产品、反馈缺陷等）的情况，用一幅图来做一个总结，如图 6-44 所示。图中的箭头越粗表示用户和这个特性的交互越多。

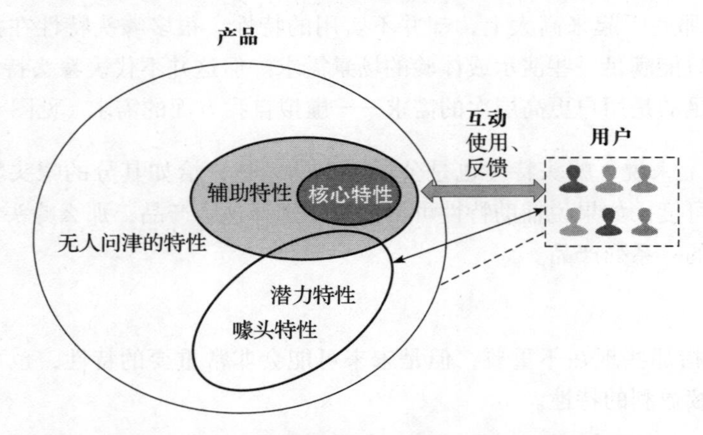

图 6-44 不同价值的特性在产品中的占比以及和用户交互

图 6-44 非常直观地告诉我们，**产品 / 系统真正的核心和重点并不多**，这就形成了基于特性价值制定测试策略的基本方法：

- **将测试重点聚焦到核心特性上。**
- **聚焦用户的使用场景，围绕用户使用频率、用户关注点和用户使用习惯来进行测试。**

图 6-45 总结了这套方法的核心理念。

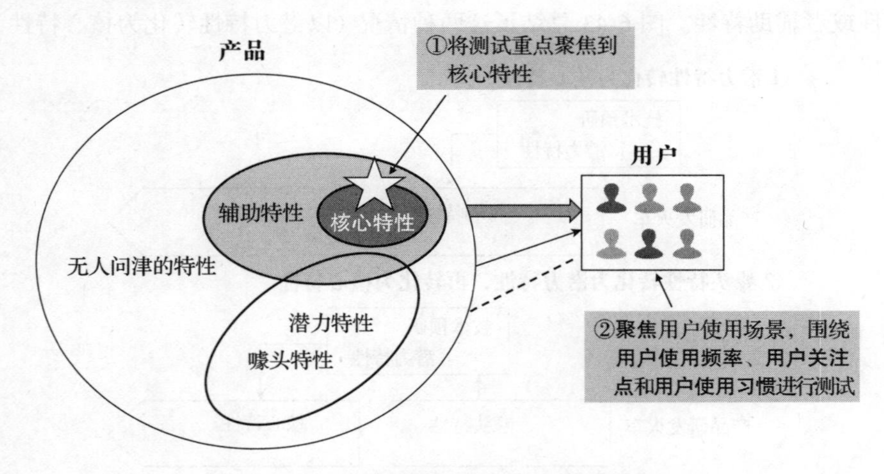

图 6-45 基于特性价值来确定测试重点

和“基于产品质量的测试策略”相比，**“基于特性价值的测试策略”能帮我们更有效地聚焦到测试重点**。来看一个例子，如图 6-46 所示。

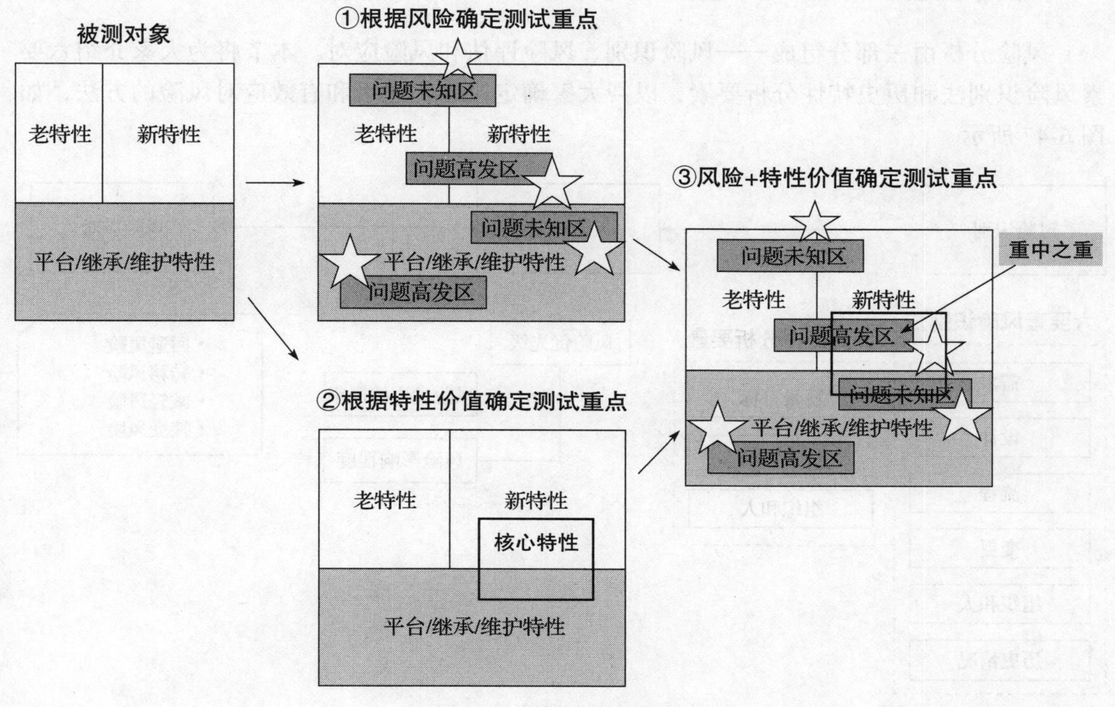

图 6-46　测试重点确定

假设被测对象由新特性、老特性和平台继承特性构成。在没有进行风险分析之前，我们会默认新特性的失效风险高，要重点测试，而老特性和平台继承特性失效风险低，不用重点测试。

对被测对象进行风险分析后，若又识别出一些“问题高发区”和“问题未知区”，此时应将这些区域中的老特性和平台继承特性调整为测试重点，如图 6-46 中的①所示。换句话说，在基于产品质量的测试策略中，无论怎么分析，新特性都是测试重点。

但是在基于特性价值的测试策略中，只有核心特性才是测试重点，这样新特性中非核心特性部分的测试优先级就降低了，如图 6-46 中的②所示。

如果我们再将风险分析和特性价值分析的结果总结到一起，那么新特性、核心特性和问题高发区的交集，就成了“重中之重”，如图 6-46 中的③所示。

从图 6-46 所示这个例子可以看出，基于特性价值的测试策略可以帮我们更有效地识别和确定测试重点。

6.6 风险分析技术

风险分析是测试策略中非常重要的分析技术，也是测试架构师能力水平的体现。

风险分析由三部分组成——风险识别、风险评估和风险应对。本节将为大家介绍六要素风险识别法和历史特性分析要素，以帮大家确定风险优先级和有效应对风险的方法，如图 6-47 所示。

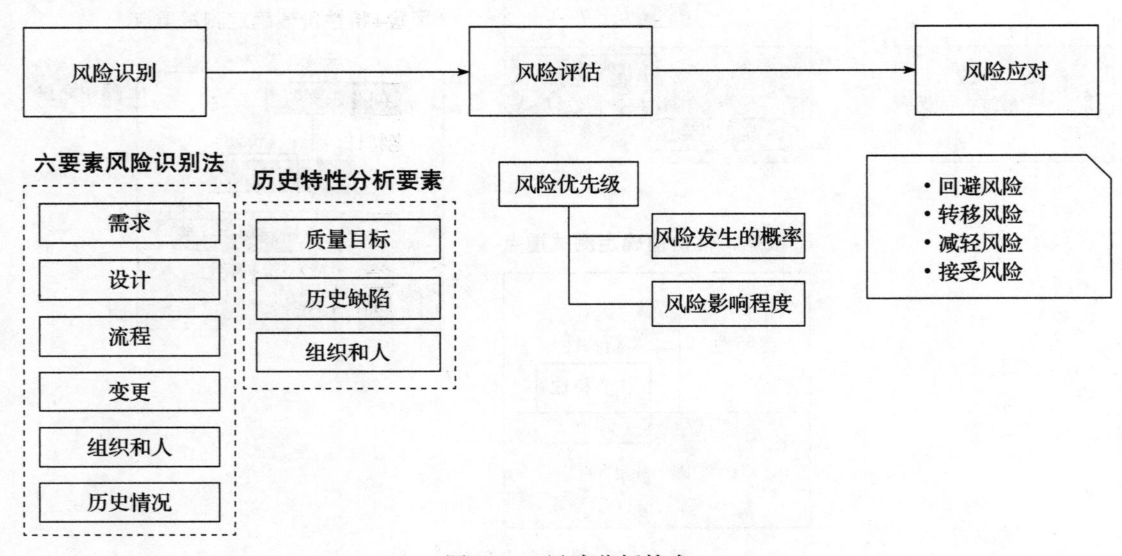

图 6-47 风险分析技术

6.6.1 风险识别

通常可以通过如下步骤来识别产品测试中的风险。

步骤 1：将测试活动分解为可执行的事务。

步骤 2：分析这些事务要想顺利开展，需要哪些条件。

步骤 3：分析哪些条件不能满足，不满足的即为风险。

我们来看一个具体的例子。

举例 对测试设计进行风险识别

步骤 1：本次测试设计计划要做哪些事情？

❑ 要通过路径分析法来对开发设计流程进行全覆盖测试。

❑ 要进行功能交互分析，理清功能之间的相互作用关系。
❑ 要进行压力、稳定性和性能方面的测试。

步骤 2：要想顺利开展测试，需要具备哪些条件？

条件 1：开发人员提供相关的设计文档，并且保证材料的内容是正确、实时的。

条件 2：开发人员和测试人员之间可以有效沟通。

条件 3：测试人员理解产品使用场景，熟悉与之相关的多个功能。

条件 4：测试人员掌握压力、稳定性和性能方面的测试方法和测试工具。

步骤 3：哪些条件不能满足？

风险 1：一些设计文档可能更新不及时，这会对测试设计造成错误引导。

风险 2：测试人员对性能方面的测试方法掌握不足，可能会出现测试设计遗漏。

在实际测试项目中，我们经常看到类似图 6-48 所示的风险。

无论是什么项目，出现风险的原因总被描述为“人不够”或者“时间不够”，风险应对就是“加人”“加时间”或者“开发质量变好”。出现这种情况的根本原因还是人们不知道可以从哪些角度去有效识别风险。这里为大家推荐“六要素风险识别法”，这个方法可有效识别风险。

六要素风险识别法如图 6-49 所示，这需要我们从需求、设计、流程、变更、组织和人、历史情况这六个角度来识别项目中的风险。

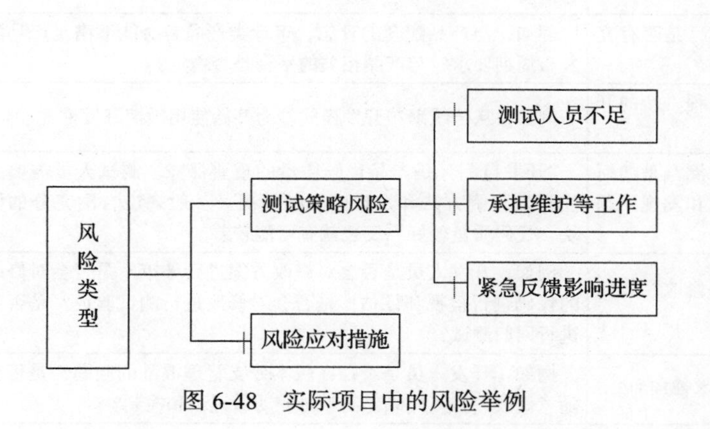

图 6-48　实际项目中的风险举例

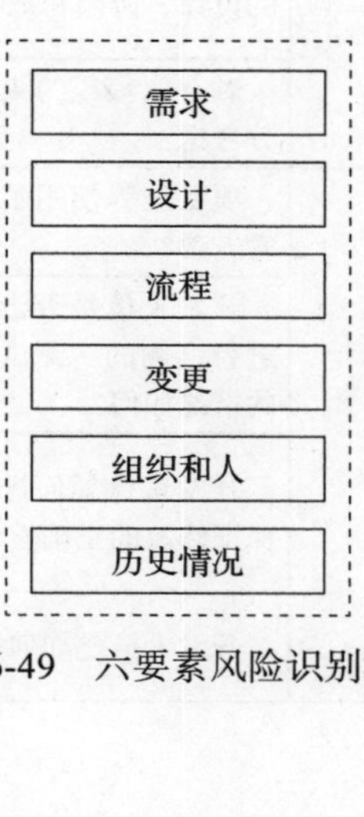

需求
设计
流程
变更
组织和人
历史情况

图 6-49　六要素风险识别法

六要素风险识别法的具体使用非常简单，我们只需要参考表 6-19 进行风险识别即可。

表 6-19 风险识别清单

要素	清单	说明
需求	产品的业务需求、用户需求、功能需求和系统需求是否完整、清晰？	检查需求的质量，确保需求能够有效指导开发和测试
	开发人员在进行产品设计之前是否充分理解了产品的需求？	在实际项目中非常容易出现开发人员没有完全理解产品的需求，就开始设计编码，直到系统测试阶段才发现产品功能和需求不符的问题。一旦出现这样的问题，产品很有可能返工，这对产品来说是致命的
设计	是否使用了新技术？	包括产品之前未使用的新架构、新平台、新算法等
	系统中是否会存在一些设计瓶颈？如果存在，是否有应对措施？	例如，产品的老架构能否满足产品新增特性在性能、可靠性方面的要求？
	产品是否设计得过于复杂难以理解？	在项目中，难以理解的设计，问题往往也是比较多的，我们需要重点对此进行关注
	开发人员是否能够讲清楚产品设计？	一般来说，开发人员是可以讲清楚自己的设计的。如果开发人员无法讲清楚自己的设计，这说明设计本身可能存在一些问题。另外，这部分设计的可维护性、可移植性可能也不会太好
	开发人员对异常、非功能方面的内容是否考虑得足够全面？	例如，如果数据被损坏了，会发生什么？将如何处理？这个功能使用的资源或组件有没有可能被其他功能修改或影响？有没有考虑能够处理的最大负载？
	开发人员在设计中是否存在一些比较担心的地方？	测试人员可以适当多关注一些开发人员的主观感受，而不仅仅是设计文档
	开发人员是否会考虑和设计一些具有高可测试性或者易于定位的功能？	由“不易于验证的设计”可以推测出开发人员在设计编码时进行的自验可能是不充分的，这部分代码的质量可能并不高，相对风险较高
	对一个需要多人（或多组）才能配合完成的功能，是否有人进行了整体的设计、协调和把关？	如果开发人员的设计会依赖于其他设计，则开发人员一般都会假设接口能够满足自己的需求，而忽视彼此的沟通和确认。这会使得产品在集成开发时出现问题，进而影响产品质量和项目进度
	对有依赖或约束的内容，是否有充分考虑？	例如，与产品配套的日志、审计类产品是否能够满足产品的发布周期要求？与产品相关的平台是否稳定？
流程	项目是否使用了新的流程、新的开发方法？	例如，从传统瀑布开发模式转为开始使用敏捷开发模式
	开发人员是否会进行自测？是如何进行自测的？测试的深度和发现问题的情况如何？	“开发自测”是产品代码质量的重要保障。测试人员需要关注开发自测方法和发现问题的情况。一般来说自测充分的模块，代码质量较好，反之就有可能较差
	开发人员如何进行代码修改？如何保证修改的正确性？	例如，开发人员是否会对修改方案进行评审？是否会对修改的代码进行检视和评估？是否会对修改进行测试验证？是否会进行回归测试？
	开发人员是如何进行版本管理的？	例如，开发人员是否存在版本分支管理混乱的问题？是否会随意修改、合入代码，而不对变动做记录和控制？

（续）

要　素	清　单	说　明
变更	新版本在旧功能方面做了哪些修改？修改后的主要影响是什么？	开发人员常常会在新版本中对旧功能进行优化。有时候因为优化的代码量不大（如只改了一行代码），开发人员会忘记告诉其他开发或测试人员，但很多时候，就是这一行代码的修改，却会导致产品的一些功能失效，影响测试执行计划。因此，测试人员需要关注开发人员的修改，做好控制和验证
	在项目进行过程中，需求是否总是在变更？	如果在项目进行过程中，需求总是在频繁变化，会对开发设计和测试执行造成明显影响
组织和人	哪些模块是由其他组织开发的？他们是在哪里开发的？开发流程是什么样的？	例如，产品哪些部分使用的是开源代码？哪些部分是由外包团队提供的？
	产品的研发团队（包括需求人员、开发人员和测试人员）是否在不同的地方工作？成员间分工如何？沟通是否顺畅？	目前很多产品研发都存在异地开发的情况，不能有效沟通是这类开发模式中存在的比较严重的问题
	团队人员能力如何（包括需求人员、开发人员和测试人员）？经验如何？	—
	团队是否稳定（包括需求人员、开发人员和测试人员）？	—
	团队的人手是否充足（包括需求人员、开发人员和测试人员）？	—
	测试环境是否完备（包括必备的工具、硬件设备）？	在大多数公司中，申请测试资源都不是一件容易的事情。而且即使申请成功，资源到位也需要时间。所以对测试中需要的资源，需要提早识别，尽早准备，有备无患
历史情况	哪些特性在之前版本的产品测试中就存在很多缺陷？	根据“缺陷聚集性”理论，历史上的缺陷重灾区，也是当前版本继续需要重点关注的地方
	哪些特性存在较多的客户反馈问题？	客户反馈的问题比较多，说明之前可能存在一些测试不充分的地方，当前版本需要对此重点关注
	历史上哪些情况曾经导致出现阻塞测试活动的问题？	需要对这些问题进行根因分析和总结，防止同样的问题在新的项目中再度发生

需要特别说明的是，表6-19所示的风险识别清单主要是一些经验总结，大家可以根据自己产品的情况，不断更新和维护这份清单。

6.6.2　风险评估

机会成本告诉我们，要想通过有限的资源获得最大的收益，就需要优先处理最可能发生、影响（如损失）最大的事件。

接下来我们要对识别出的风险进行评估，确定各种风险的优先级。

1. 风险优先级正交表

我们可以从两个方面来评估风险：风险发生的频率和风险影响程度，如图6-50所示。

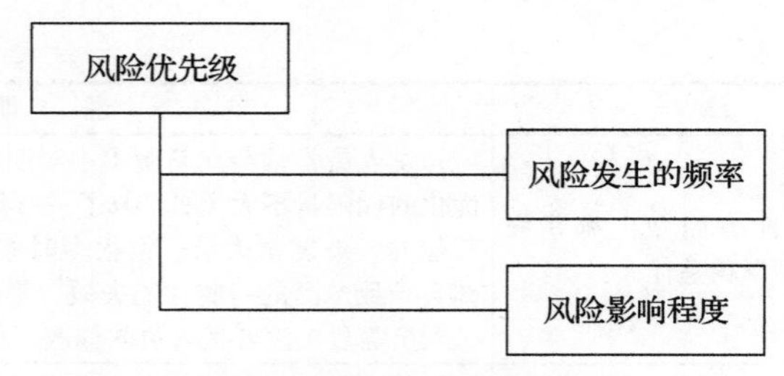

图 6-50 风险评估的两个方面

具体操作时，我们可以使用“风险优先级正交表”来进行风险评估，如表 6-20 所示。

表 6-20 风险优先级正交表

风险优先级		风险发生频率		
		高	中	低
风险影响程度	高	高	中高	中
	中	中高	中	中低
	低	中	中低	低

例如，某风险的发生频率为“中”，影响程度为“高”，根据风险优先级正交表，这个风险的优先级是“中高”。

接下来我们根据六要素风险识别法中的风险分类，对常见风险的发生频率和影响程度进行说明，以帮大家确定风险严重程度。

2. 需求类风险

需求类的风险主要表现在如下方面。

- 需求的质量不高，不足以支撑后续开发和测试。
- 开发人员和测试人员未能正确理解需求。

上述风险一旦引发问题，就可能导致返工（都是需求变更），这对设计、编码和测试的影响都很大，因此，建议将需求类风险的影响程度和发生频率均设为“高”，保证各环节对此重点关注。

3. 设计类风险

设计类的风险主要集中在设计的正确性和全面性上。这些风险一旦成了问题，就是产品缺陷，而且这类风险发生频率很高。

很多时候，一个设计类的风险会向系统引入多个缺陷，这不仅会加大测试工作量，还会影响项目进展和产品质量。

我们可以从如下角度来评估设计类风险的影响程度：

- ❑ 测试人员容易发现这些缺陷吗？
- ❑ 开发人员修复这些缺陷时需要较大改动吗？影响的功能模块多吗？
- ❑ 测试容易验证这个缺陷吗？回归测试的工作量大吗？
- ❑ 如果这个缺陷逃逸了，对用户的影响大吗？

我们可以将那些后期难于发现缺陷的、需要复杂测试环境的、对用户影响大的风险的影响程度设置为“高”。

4. 流程类风险

流程类风险的发生频率往往较高，建议将该类风险的发生频率设置为“中”或以上。

从风险影响程度的角度来说，这类风险主要会影响团队合作、规范性方面的内容，建议将该类风险的影响程度设置为“中”或以上。

5. 历史类风险

历史总是会被一次次地重演，历史类风险也是一样——曾经发生的问题，如果组织没有针对性地进行改进，大概率还会成为问题。因此历史类风险发生的概率要看组织是否有针对性的改进，如果问题已经改进，则没有风险或风险低；如果问题没有改进，风险高。

6.6.3 风险应对

在风险管理中，风险应对主要分为如下4种：

- ❑ **回避风险**：指主动避开损失发生的可能性。
- ❑ **转移风险**：指通过某种安排，将自己面临的风险全部或部分转移给其他方。
- ❑ **减轻风险**：指采取预防措施，以降低损失发生的可能性和影响程度。
- ❑ **接受风险**：指自己理性或非理性地主动承担风险。

我们先来看一个风险应对的例子。

举例 新需求在开发过程中不断被增加

- ❑ 回避风险的做法：置之不理。
- ❑ 转移风险的做法：将新需求外包。
- ❑ 减轻风险的做法：寻求额外资源或裁剪其他优先级低的需求。
- ❑ 接受风险的做法：将新需求加入项目范围，通过加班来完成新需求。

表 6-21 总结了一些项目中常见的风险和风险应对思路。

表 6-21 常见风险和风险应对思路

分类	风险举例	风险应对思路
需求类	产品需求在业务场景上描述不够完整、清晰，不能有效指导开发人员和测试人员进行工作	1）加强对业务场景的评审 2）加强开发、测试和需求工程师在业务场景方面的沟通、讨论，保证开发、测试和需求工程师对场景的验收条件理解一致
	开发人员在进行产品设计之前并没有充分理解产品需求，特别是在易用性和性能需求方面	1）开展开发工程师对需求工程师进行需求确认的活动，确保需求理解的一致性 2）开发工程师需要逐一根据需求编写验收测试用例，确保需求能够被正确实现，无遗漏 3）开发工程师针对易用性进行低保真、高保真设计，并和需求工程师进行评审确认 4）在需求中需要明确产品的性能规格 5）测试工程师尽早展开和产品性能相关的摸底测试
设计	产品使用了新的技术平台	1）对新平台和旧平台进行差异性分析，确定变化点 2）针对变化点进行专项测试
	产品设计得过于复杂，难以理解	1）和需求工程师进行沟通，确认设计没有超过需求要求的范围 2）要求开发工程师对设计进行讲解 3）增加这部分的测试投入
	产品中存在需要多人配合（或多组）才能完成的功能，且缺少这个功能的总体责任人	1）建议增加一位开发总体责任人，负责确认接口、整体协调等 2）建议开发工程师对该功能设计自测用例，并在评审开发自测用例时进行确认 3）将该功能作为接收测试用例，避免该功能造成测试阻塞
流程	开发工程师自测不充分	1）和开发工程师约定，在本轮版本转测试的时候，需要提供详细的自测报告 2）评估开发自测用例的质量，必要时提供测试用例设计指导或直接提供测试用例 3）搭建自动化测试环境，供开发工程师自测使用
变更	在项目过程中，需求是否总在增加	1）和开发、需求工程师进行沟通，进行需求控制 2）裁剪部分低优先级的需求
组织和人	测试团队大部分人员没有测试设计的经验	1）在进行测试设计之前，找写得好的测试用例作为例子 2）增加测试设计的评审检查点，如对测试分析、测试标题和测试内容分别进行评审 3）必要时，测试架构师对测试工程师进行测试设计，一对一的辅导
	不具备 ×× 测试工具，需要购买	1）定期跟踪工具购买进展 2）寻找替代工具
历史	×× 特性在基线版本中就存在很多缺陷	对基线版本该特性的缺陷进行分析，确定哪些测试手段容易发现该特性的问题，据此增加探索式测试
	基线版本中，开发工程师修改缺陷时引入新缺陷，导致缺陷趋势无法收敛，对测试进度和产品发布造成影响，在继承性版本中可能存在相同的风险	对基线版本中开发工程师修改缺陷引入新缺陷的问题进行根因分析，针对根因来制定措施

6.6.4 历史 / 继承特性分析

很多时候，在实际项目过中，研发团队都不会全新开发一个产品，会有很多继承和重构，测试人员也应该根据版本代码的构成情况来安排测试。这就需要我们对历史 / 继承特性的情况进行风险分析。

需要特别说明的是，6.6.1 节～ 6.6.3 节中讨论的技术和方法对本节依然是适用的，但是由于历史 / 继承的情况非常常见又很重要，所以我们专门对其再次进行分析和讨论。

1. 功能特性的代码构成分类

在正式讨论如何对历史 / 继承特性进行风险分析之前，我们先来看看特性的分类。从功能特性**代码构成**的角度，可以将特性分为如下几类。

- 全新开发的特性——全新特性。
- 在老特性基础上继续开发或重构的特性——变化老特性。
- 没有任何修改的老特性——无变化老特性。
- 修改适配的组件或库——变化继承特性。
- 直接使用的组件或库——无变化继承特性。

表 6-22 详细总结了这五种情况，并列出了这些特性当前的开发 / 使用者和原来的开发者。

表 6-22 功能特性代码

序号	特性分类	现开发 / 使用者	原开发者	定义
1	全新特性	本团队		**全新开发**的功能特性
2	变化老特性	本团队	本团队	1）在原有功能特性基础上**继续开发**的新功能特性 2）**重构**，包括底层、功能、性能、规格的优化和提高等
3	无变化老特性	本团队	本团队	老特性在当前版本**没有任何修改**
4	变化继承特性	本团队	其他产品团队、平台团队、开源社区等	**修改适配**原有组件或库以满足当前产品功能需求
5	无变化继承特性	本团队	其他产品团队、平台团队、开源社区等	**直接使用**组件或库就能满足当前产品的功能特性需求

除了第一类外，剩下 4 类都在历史 / 继承特性分析范畴内，是本节讨论的对象。

2. 历史 / 继承特性分析要素

对历史 / 继承类特性，我们可以从如下几个角度来进行风险分析，如图 6-51 所示。

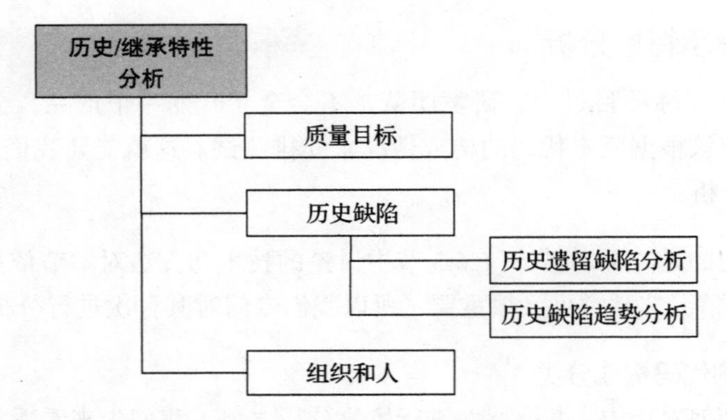

图 6-51 历史 / 继承特性分析要素

3. 质量目标分析

进行历史 / 继承特性分析，首先要确认历史 / 继承特性的质量和当前版本对这个特性的质量的要求是否一致。

例如（见图 6-52），在历史版本中，特性 1 的质量为“受限发布”。在当前火车版本中，特性 A 继承于特性 1，而特性 A 的质量目标是“完全商用”，这时继承特性和当前版本的质量目标不一致。

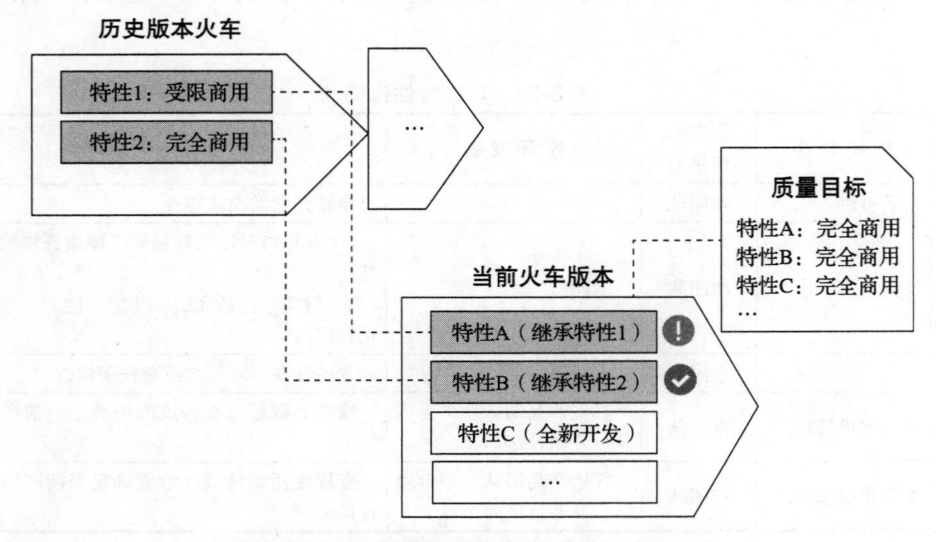

图 6-52 继承特性和当前版本的质量目标比较

再比如（见图 6-52），在历史版本中，特性 2 的质量为“完全商用”。在当前火车版本中，特性 B 继承于特性 2，而特性 B 的质量目标也是“完全商用”，这时继承特性的质量和当前版本的质量目标一致。

如果继承特性的质量比当前版本的质量目标低，需要进一步去分析两者的差距在哪里，例如哪些场景是当前特性不能满足的，还有哪些历史遗留问题等。

4. 历史遗留缺陷分析

我们还需要对继承特性的历史遗留缺陷进行分析，主要的关注点是：

- 这些缺陷被遗留的原因是什么？
- 遗留缺陷的规避方案是否适合当前产品？
- 哪些遗留缺陷必须在当前解决？

5. 历史缺陷趋势分析

很多时候，我们会直接继承一个平台（在平台的基础上开发新的功能）或者继承一个产品（继承这个产品的所有功能特性，在一个产品的基础上再开发新的产品），需要我们自己开发的功能特性反而很少。这种情况下，如果条件允许，最好对历史 / 继承产品（平台）的缺陷进行趋势分析，了解历史 / 继承特性的测试过程和质量情况。

来看下面这个例子。

A 产品历史缺陷趋势分析

A 产品是一款目前依然在持续演进的产品。K 产品准备继承 A 产品，在 A 产品功能的基础上再开发一款新产品。A 产品和 K 产品的版本继承关系如图 6-53 所示。

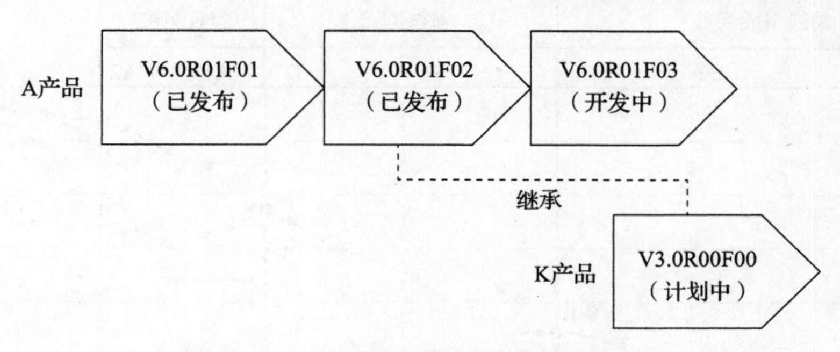

图 6-53 A 产品和 K 产品的版本继承关系

作为 K 产品的测试架构师，任务是对继承 A 的版本 V6.0R01F02 进行缺陷趋势分析，了解 A 产品 V6.0R01F02 的测试过程和版本质量情况，从中分析出对当前测试有用的信息。A 产品 V6.0R01F02 的缺陷趋势如图 6-54 所示。

使用“产品缺陷分析预判技术”（见 6.4.7 节）来对 A 产品 V6.0R01F02 的缺陷趋势图进行分析。

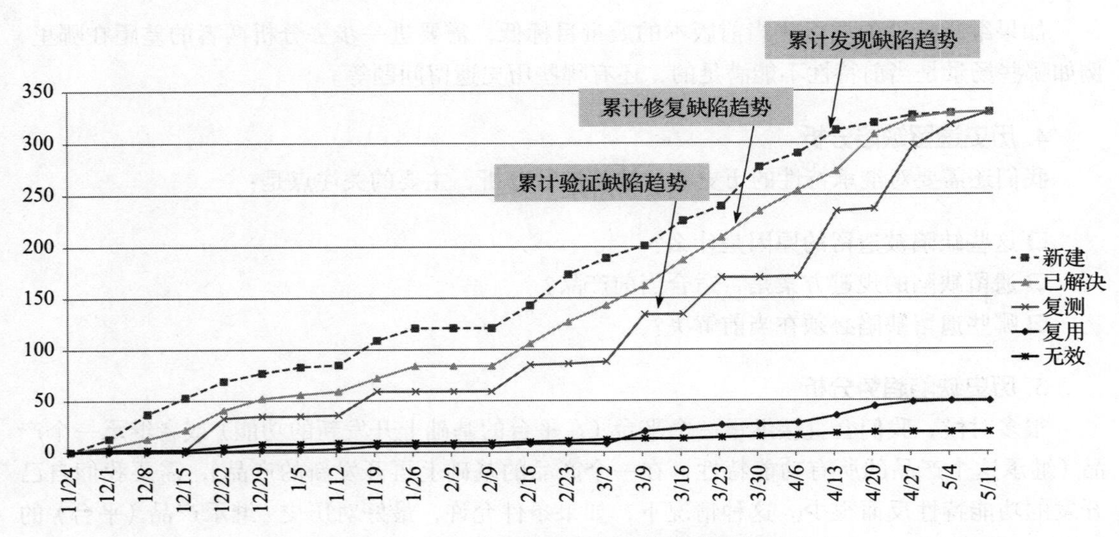

图 6-54 A 产品的历史版本的缺陷趋势图

步骤 1：确定测试结束时和各测试阶段的缺陷情况。

将 V6.0R01F02 各个测试阶段的实际时间点和发布时间点标记到缺陷趋势图上，如图 6-55 所示，其中 A 点为版本实际发布时间，B 为功能集成测试结束时间，C 为系统测试结束时间。

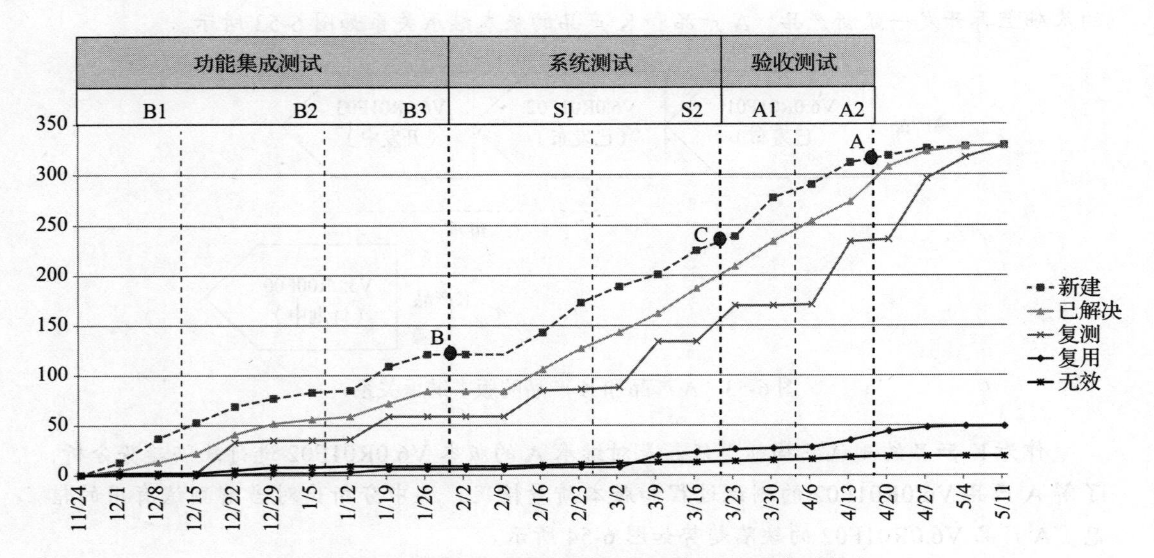

图 6-55 标记各个测试阶段实际的时间点和发布时间点

把这 3 个关键时间点标记出来后，立马就会发现问题。

问题 1：发布时（图 6-55 中的 A 点）缺陷还没有收敛。

问题 2：验收测试阶段发现的缺陷比例偏高。

问题 3：测试人员发现的缺陷，开发人员不能及时解决；开发人员解决了的缺陷，测试人员又不能及时关闭。

第一个问题非常严重，和 A 产品的测试负责人沟通后了解到这个版本迫于某些原因必须在这个时间发布，于是在明知有问题的情况下“带伤发布”了。不过团队开发和测试都没有停止，又继续测试了 3 周（A 点之后），直到缺陷收敛，并针对这期间发现的问题和改动发布了一个 sp 版本（补丁版本）。

这样我们就获得了第一个有用信息：我们仅从 V6.0R01F02 分支进行继承是不够的，还应该包含这个 sp 版本中的修改。

第二个问题也比较严重，这说明 V6.0R01F02 在版本后期还有比较大的改动，违背了代码控制的“漏斗原则”（参见 6.4.2 节）。

这样我们又获得了第二个有用信息：V6.0R01F02 版本可能并不够稳定。我们可以针对验收测试阶段的缺陷再做一下缺陷触发因素和缺陷年龄分析，在 K 版本测试中针对 A 产品的功能再做一些稳定性方面的测试。

第三个问题似乎在暗示团队资源可能存在问题，通过和 A 产品的测试负责人沟通了解到，这个项目一直受到其他项目和一些突然事情的干扰，并行情况严重。这让我们不禁为这个继承版本的整体稳定性又捏了一把汗。

步骤 2：判断拐点出现的时机是否合理。

我们把拐点也标记到图中，如图 6-56 所示。

把拐点标记出来后，我们又发现了几个问题。

问题 4：功能测试阶段的拐点很多。

问题 5：系统测试阶段拐点出现得很早，然后就没有再出现拐点了，直到测试结束。

问题 4 和 A 团队负责人提到的资源受并发影响的情况是符合的。并行突发项目多了，资源紧张了，投入少了，拐点就出现了；投入恢复了，拐点就出现了。和 A 团队负责人进一步沟通还了解到，开始测试的时候并没有做好准备，很多团队测试人员都是边学边测，测试有效性无法保证。

问题5说明系统缺陷一直没有收敛，但是A点之后又快速收敛了，这让人有些费解。和A团队负责人沟通之后了解到，A点后强行要求大家只做回归测试，强行把缺陷趋势收敛了，这就说明系统的缺陷密度也没有达到理想水平，几乎可以断定V6.0R01F02并不是一个稳定版本，以此为继承基线不一定是好的选择。

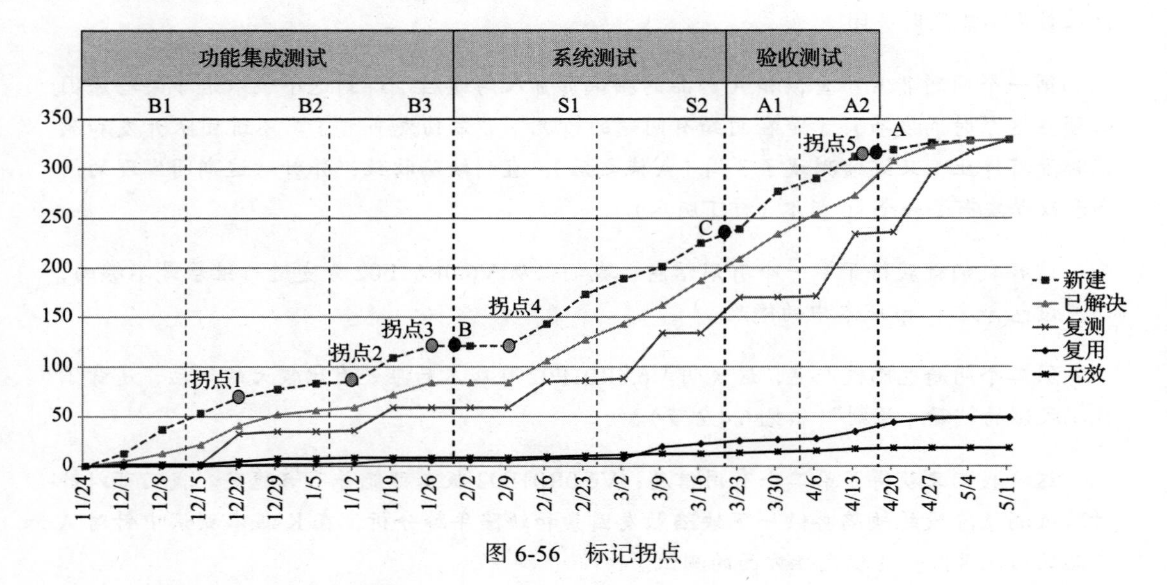

图6-56 标记拐点

接下来可以分析一下V6.0R01F01的功能满足情况，再分析一下V6.0R01F02的缺陷情况，看看是否用V6.0R01F01作为继承基线更为妥当。

6. 组织和人分析

对于继承特性（包含表6-22中所示的第4类和第5类），如果条件允许，我们可以对原开发/测试团队进行分析，分析内容可参考表6-23。

表6-23 组织和人员分析表

序 号	组织和人员分析
1	特性是正式员工，还是外包或者实习员工开发/测试的？
2	人员经验如何？
3	人员是否稳定？例如是否出现过在开发/测试过程中人员变动、责任人更换的情况？
4	是否有总结？如果有，这些总结一定要收集过来，这会是极好的参考材料

7. 沟通访谈

我们还可以对本团队中使用历史/继承特性的开发人员进行访谈，了解他们的修改和适配情况。表6-24所示是一个沟通提纲。

表 6-24　沟通提纲

沟 通 提 纲	记　录
1）和之前相比，产品的底层或一些公共模块是否有修改？ 2）为什么要进行修改？ 3）修改的代码量有多大？ 4）据你所知，这些修改可能会影响哪些功能？	
1）和之前相比，×× 功能是否进行了优化？ 2）为什么要进行优化？修改的代码量有多大？ 3）这些修改会影响其他功能吗？	
和之前相比，与 ×× 功能相关的开源代码是否进行了版本升级？	
1）和之前相比，×× 功能的流程是否有变化？ 2）变化点是哪些？	
1）和之前相比，新版本在资源分配（如内存、CPU 的分配）上有什么不同？ 2）是否会对其他功能造成影响？	
针对修改准备做哪些自测（或已经做了哪些自测）？	
有没有需要测试人员特别关注的地方？	

6.7　不同研发模式下的测试分层技术

当前两个最重要的研发模式为“瀑布”和“敏捷”。本节将讨论这两个研发模式的特点和这两个研发模式下的测试分层技术。

6.7.1　瀑布模式

瀑布模式是最经典的软件开发模式，于 1970 年在 Winston Royce 的论文《管理大型软件系统开发》（“Managing the Development of Larger Software Systems”）中首次被提出，之后瀑布模式成为广泛采用的软件开发模式之一。

瀑布模式的特点是，整个软件开发过程被划分为了几个不同的阶段，只有上一个阶段的内容都确认被满足了，才能进入下一个阶段，所有开发活动都是串行的，犹如一泻千里的瀑布。

图 6-57 所示是一个典型的瀑布模式，由需求、设计、开发、测试和维护几个阶段构成。

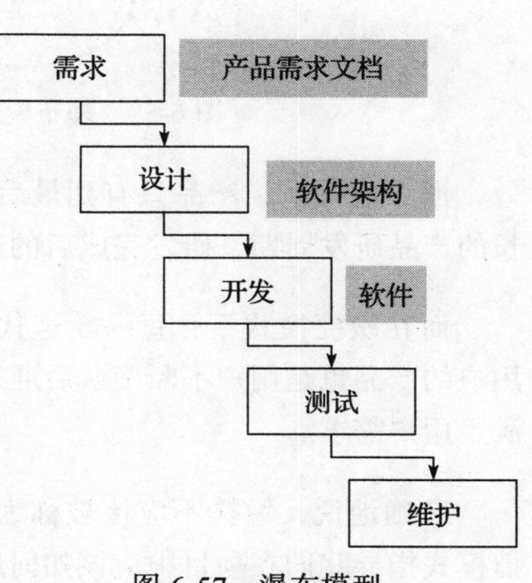

图 6-57　瀑布模型

- 需求：确定产品需求的目标和范围，确定需求规格。
- 设计：确定软件系统的整体框架，划分系统和子系统，确定集成接口，对功能模块进行详细设计。

- ❑ 开发：编码、自验和集成。
- ❑ 测试：验证系统实现的正确性和需求的满足程度。
- ❑ 维护：完整系统的安装、迁移、支持和日常护理。

6.7.2 敏捷模式

和瀑布模式一次性交付所有的内容不同，敏捷模式强调增量迭代开发。受精益思想的影响，敏捷模式专注于在每个迭代中创建最小可行性产品（MVP），通过用户在使用过程中的反馈不断迭代完善产品。

图 6-58 总结了瀑布模式和敏捷模式在研发和价值交付上的差别。

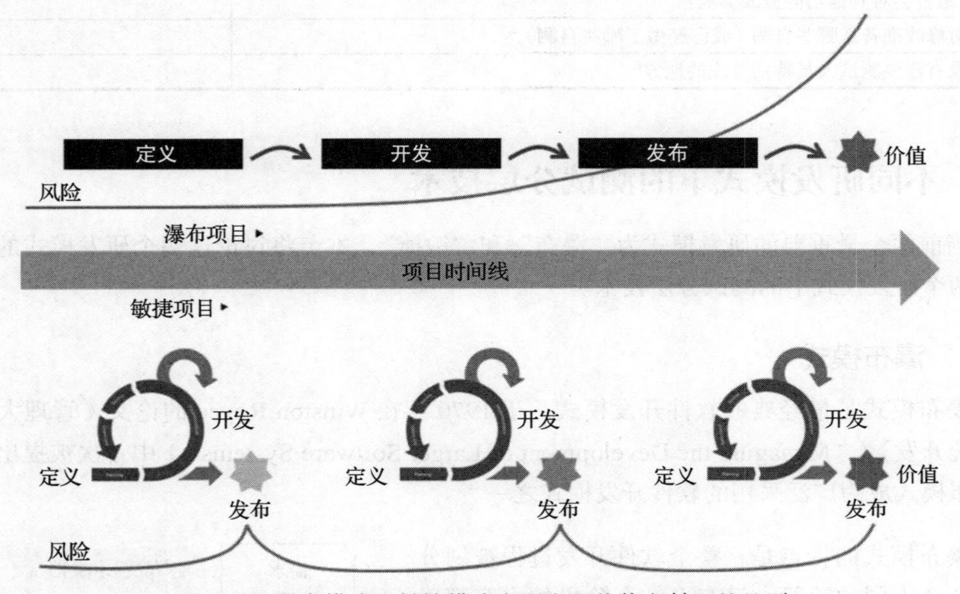

图 6-58 瀑布模式和敏捷模式在研发和价值交付上的差别

瀑布模式下，产品只有到最后发布阶段，才能交付给用户使用，这种模式下会经过漫长的产品研发周期，研发完成后的产品是否真的满足需求不得而知，存在很大的风险。

而在敏捷模式下，每一轮迭代，用户都可以使用并给予反馈，当迭代完成后，交付给用户的产品也是用户不断确认后通过完善得到的产品，所以交付风险很低，最终可以很好地满足用户需求。

准确地说，敏捷不应该被称为研发模式，而应该是一种思想，一套价值观和原则，敏捷模式指导我们在项目中应该如何思考和行动：短周期、使用迭代和增量交付、及时获得反馈、试错、协作和基于价值开发以避免浪费等。敏捷模式不包含任何角色、事件或工件。

例如，Scrum 是敏捷模式下广泛使用的框架之一，敏捷模式下还有许多框架，例如看板、XP、FDD、Crystal 等，如图 6-59 所示。

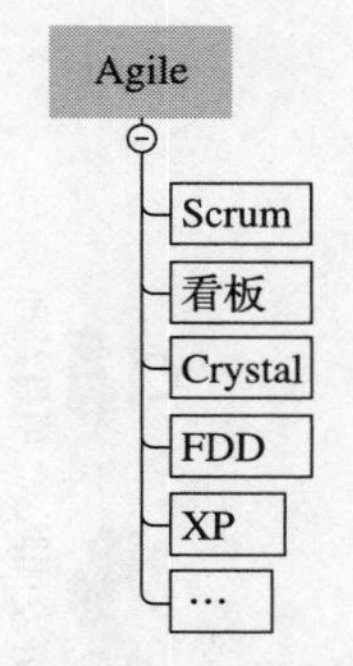

图 6-59 敏捷模式

1. Scrum

Scrum 的特点是由一个跨职能的团队在 1 到 4 周内完成一个冲刺（Sprint）。Scrum 框架由 3 个角色（role）、3 个 artifacts、5 个事件（event）和 5 个价值观构成，即 3355，如图 6-60 所示。

典型的 Scrum 开发过程如下。

1）使用产品待办列表来管理产品的需求，待办列表是一种按价值排序的需求列表。

2）在每次迭代中，Scrum 团队都会从产品待办列表中选择最高优先级的需求进行工作。

3）在冲刺计划活动中讨论、分析和估算选定的需求，以获得相应的迭代目标和交付计划，我们称获得的迭代目标和交付计划列表为 Sprint 待办列表。

4）迭代中有一个常设的每日 Scrum。在每次迭代结束时，Scrum 团队将邀请企业和利益相关者审查潜在的产品交付物。

5）团队进行了审查，并继续改进其工作方式。

Scrum 不仅适用于软件开发，还适用于对复杂或创新的项目的探索和开发。

2. FDD

FDD（Feature Driven Development，特性驱动开发）是 Jeff De Luca 在 1997 年创建的。FDD 也是一个增量迭代的软件开发框架，其从客户重视的特性角度出发，为用户提供有价值的、可运行的软件。

FDD 的基本架构如图 6-61 所示。和 Scrum 不同的是，FDD 开始就有一个全局的设计，即“刚开始就足够设计（JEDI）”，这使得 FDD 可以适应复杂的产品，可以扩展到大型团队。

典型的 FDD 开发过程如下。

1）开发整体模型。

2）建立特性清单。

3）按特性规划。

4）按特性设计。

5）按特性构建。

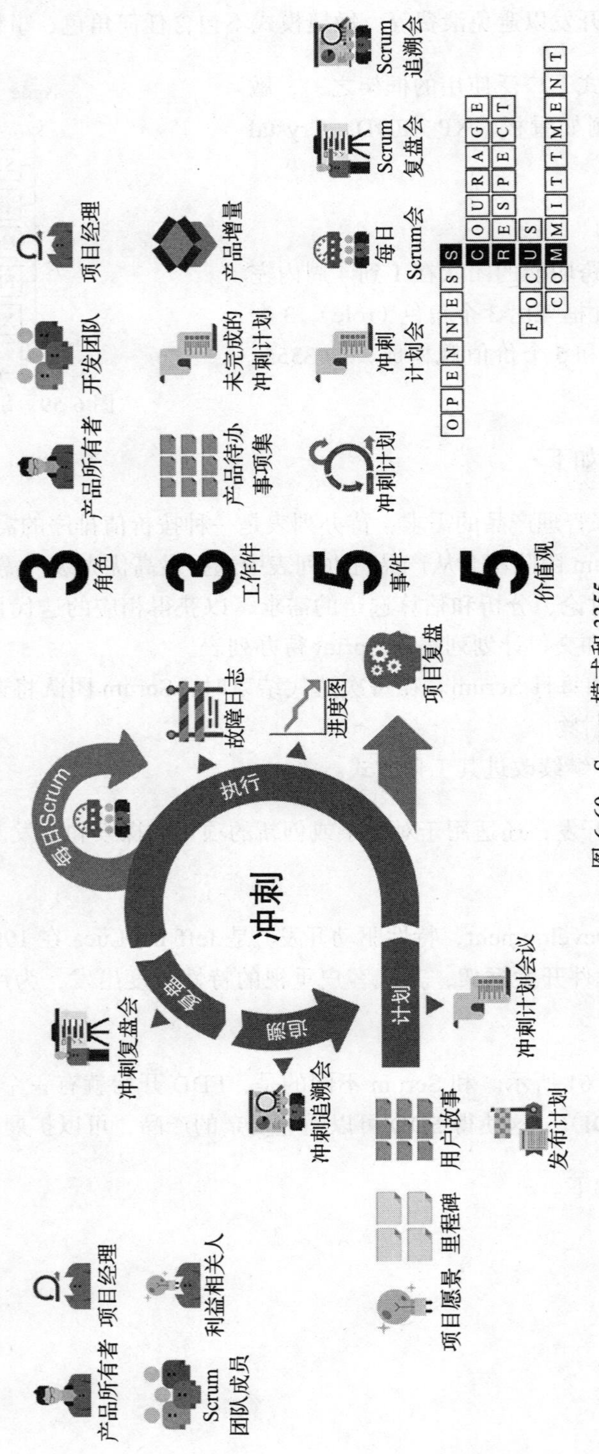

图 6-60 Scrum 模式和 3355

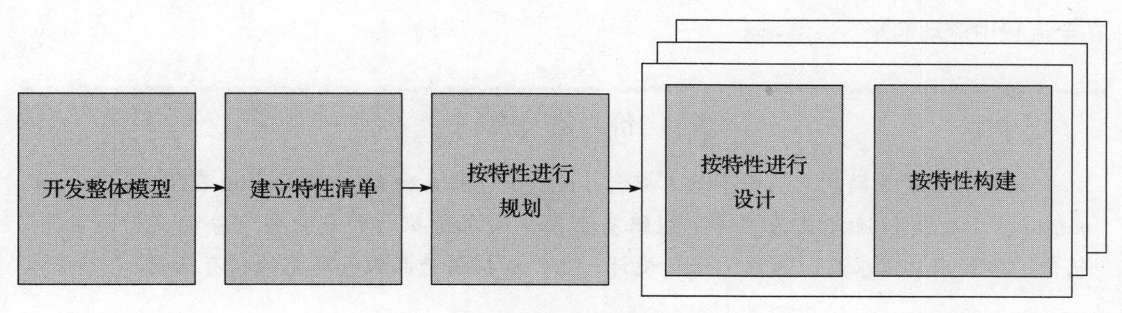

图 6-61 特性驱动开发

3. XP

XP（eXtreme Programming，极限编程）由肯特·贝克（Kent Beck）创建，创建者希望将传统软件工程实践中好的元素发挥到“极致”。例如，代码审查是一个有益的做法，那就将代码审查做到极致，于是“结对编程”就出现了，这成为 XP 的一个重要实践。这也是 XP 是如今最受欢迎也是最具争议的敏捷方法的原因。

XP 的基本架构如图 6-62 所示。XP 同样是一种基于迭代的工作模式，同样强调客户参与、快速的反馈循环、连续的测试、连续的计划以及紧密的团队合作，快速（通常每 1 到 3 周）为用户提供支撑其工作的软件。

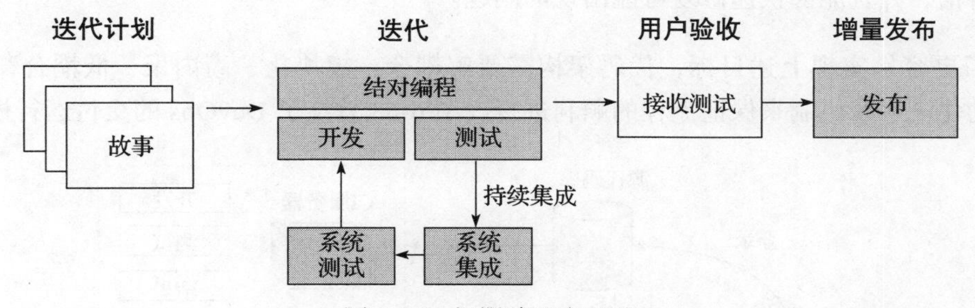

图 6-62 极限编程方法论

XP 提供了 12 项重要实践：规划策略（planning game）、结对编程（pair programming）、测试驱动开发（testing-driven development）、重构（refactoring）、简单设计（simple design）、代码集体所有权（collective code ownership）、持续集成（continuous integration）、客户测试（customer tests）、小型发布（small release）、每周 40 小时工作制（40-hour Week）、编码规范（code standards）和系统隐喻（system metaphor）。这些实践也是敏捷开发模式下的重要实践。

6.7.3 DevOps

如果说敏捷打通了开发和测试，DevOps 则进一步打通了交付和研发部分，让“价值”

在全流程中流动起来。

价 值 流

价值流是精益模式中的一个基本概念。Karen Martin 和 Mike Osterling 在 *Value Stream mapping* 中把价值流定义为“一个组织基于用户需求所执行的一系列有序的交付活动”，包含了拿到用户需求后，为用户进行设计、生产和提供产品服务所需的所有活动。

在制造业中（精益源于制造业），价值流往往从收到用户订单开始，工厂常常会建立一套流程来保证交付的顺畅，如小批量试产、减少返工等。

DevOps 也是基于精益思想衍生的，研发团队通过敏捷迭代模式进行开发后，**交付并不是终点，而是要让应用程序或服务在生产环节中按照预期正常运行，并为用户提供服务，这样所做的工作才有价值。**DevOps 不仅要求快速交付，还要求部署工作不会产生混乱，且可以快速进行。

在 DevOps 的理想下，开发人员能够快速、持续地获得有效反馈，能够快速、独立地开发、集成和验证代码，并能将代码部署到生产环境中，对代码能够在生产环境中正常使用保持高度自信，并且能够快速修复可能出现的问题。

为了更容易实现上述目标，代码架构需要解耦合、模块化、高内聚、低耦合，需要有一套自动化流水线机制来保证流程的顺利进行，图 6-63 总结了 DevOps 的交付运行模式。

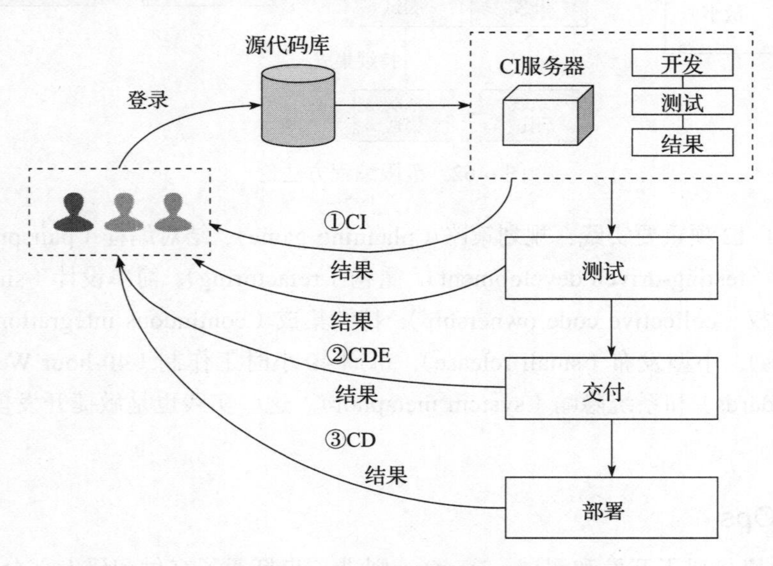

图 6-63 DevOps 思想示意

1. CI（持续集成）

CI（Continuous Integration，持续集成）是指开发人员每次提交代码，都会对整个系统**自动**进行构建，并对其执行全面的**自动化测试**，根据构建和测试结果，来确定新代码和原代码是否正确地集成在一起，如图 6-64 所示。

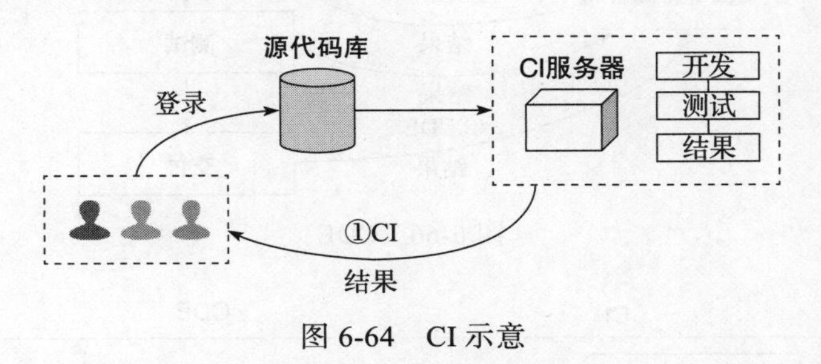

图 6-64　CI 示意

CI 的目的是“**让正在开发的系统始终处于可工作的状态**”，让代码提交成为一种沟通方式，如图 6-65 所示。

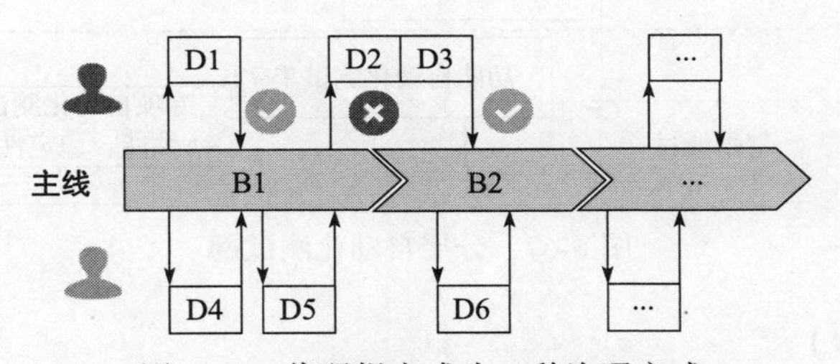

图 6-65　代码提交成为一种沟通方式

自动化是 CI 的基本构成，自动构建、自动化测试均离不开自动化，没有自动化就不足以称为 CI。当然 CI 本身也属于敏捷范畴，也是一种敏捷活动，可以在上一节介绍的任何敏捷框架中使用。

2. CDE（持续交付）

CDE（Continuous Delivery，持续交付）是将集成后的代码部署到类生产环境，确保可以以可持续的方式快速向客户发布新的更改版本，如图 6-66 所示。

尽管 CDE 中测试活动包含手工测试，但自动化测试依然是 CDE 的一个重点。

对 CDE 来说，仅有自动化的“冒烟测试”是远远不够的，我们希望还能够构建一个分层的自动化测试网，如图 6-67 所示。

图 6-67 所示 LLT 指 Low Level Test（低水平测试），一般指通过接口针对组件或者功能模块进行的测试；HLT 指 High Level Test（高水平测试），一般指通过用户接口进行的功能测试。

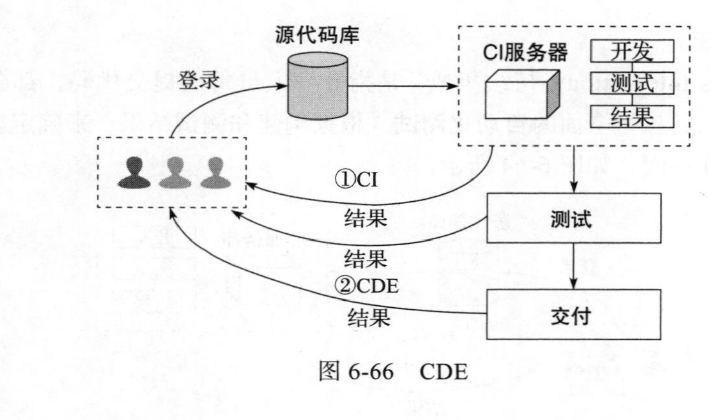

图 6-66 CDE

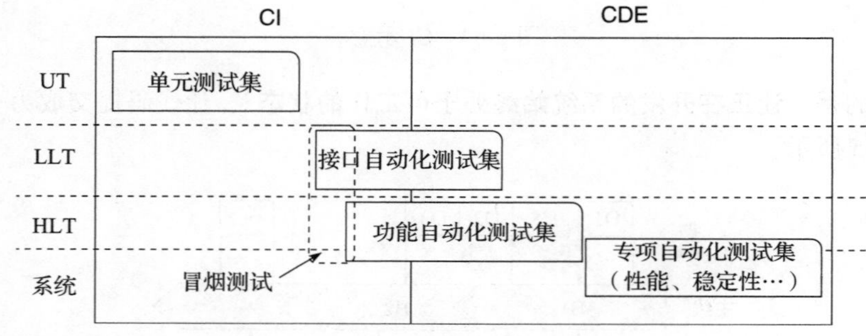

图 6-67 分层自动化测试网

3. CD（持续部署）

CD（Continuous Deployment，持续部署）是指将交付内容自动化部署到生产环境中。

即使使用敏捷迭代开发，也不能保证用户能用上。开发人员花费几周或数月开发的功能，虽然历经多次发布过程，但是却可能从未真正获得用户的有效确认，例如开发人员无从知道用户是否已经用上了、用户是否满意。

持续部署最大的价值在于可以快速将产品更新发布到用户手上，可以快速获得用户反馈并依此不断迭代改进。因此 CD 经常会使用假设驱动开发的策略和 A/B 测试。

假设驱动开发和 A/B 测试

Intuit 的创始人 Scott Cook 提倡在团队中建立创新文化，鼓励团队采用**实验的方法进行产品开发**，而不是靠领导拍板。Scott Cook 强调要获取真实用户在实验中的真实行为，并以此为基础来做开发决策。这就是“假设驱动开发”的思想：在构建一个功能之前，问自己是否应该构建和为什么要构建。然后开展最廉价、最快速的实验，通过用户研究来验证假想的功能是否可以达到预期的效果。

A/B 测试是落地假设驱动开发的方法。

A/B 测试最早用于营销中，称为直效营销，通过做实验来确定哪种营销形式的转化率最高，然后尝试修改和调整报价、文案、设计、包装等来获得最有效的预期。

在软件工程领域，A/B 测试通常按照一定的策略，给不同用户展示同一功能的不同版本，然后收集不同用户的反馈数据，统计分析这些实验组中功能变化和结果（如转换率、订单大小）的关联性，然后用这些结果进一步指导产品的开发策略。

CD 使得 A/B 测试变得可行。CD 使得产品功能修改可以快速轻松地部署在生产环境中，可以通过特性开关将多个版本同时交付给不同的用户群。当然，这也需要软件架构随之做一些调整。目前已有一些开源框架来帮我们实现 A/B 测试，如 Feature API 等。

6.7.4　瀑布下的测试分层

测试分层的概念在 6.2.3 节已经介绍过，这里不再重复。下面看看瀑布模式下最经典的测试分层——V 模型，如图 6-68 所示。

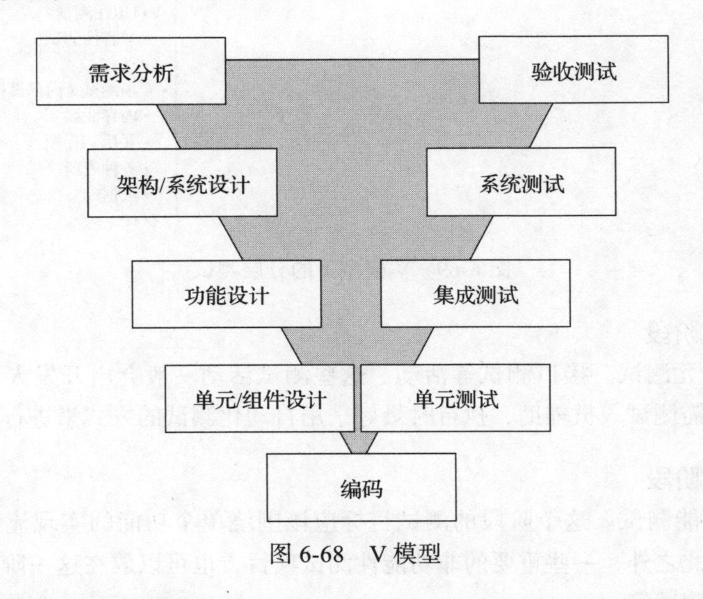

图 6-68　V 模型

对图 6-68 右侧所示模块说明如下。

- **单元测试**：从产品实现的函数单元的角度，验证函数单元是否正确。
- **集成测试**：从产品模块和功能的角度，验证功能模块以及各模块之间的接口是否正确。
- **系统测试**：从系统的角度，验证功能是否正确，以及系统的非功能属性是否能够满足用户的需求。

- 验收测试：从用户的角度，确认产品是否能够满足用户的业务需求。

我们进行测试分层的目的是将有共同测试目标的测试活动放在一起进行，图 6-69 描述了 V 模型下如何安排测试活动。

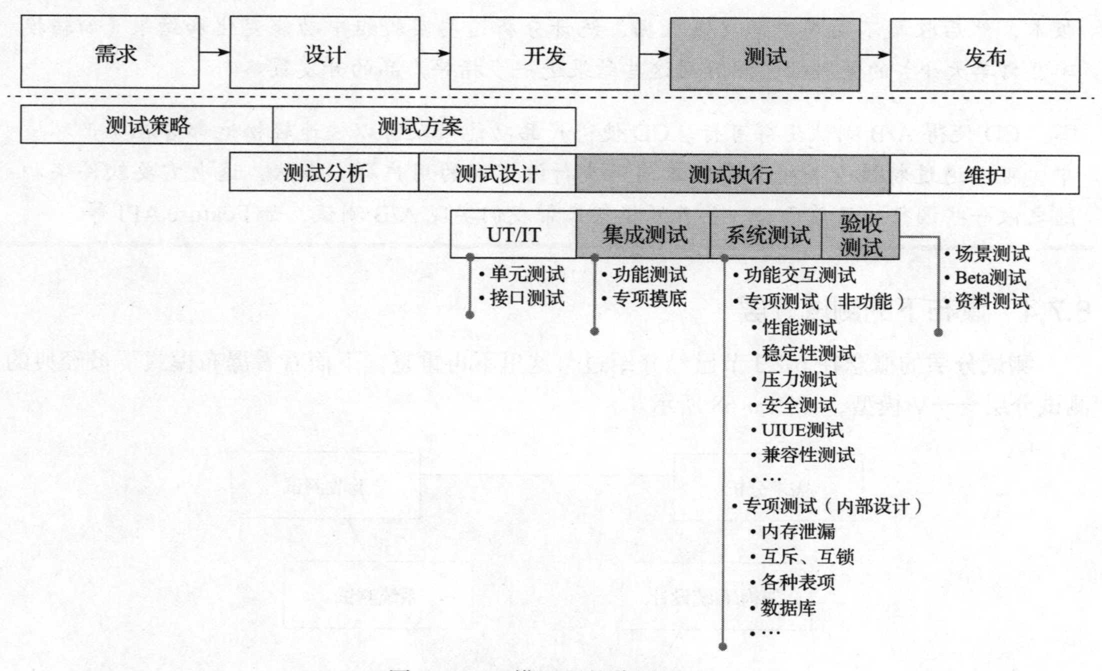

图 6-69 V 模型下的分层测试

1. 单元测试阶段

可以安排单元测试、接口测试等活动。这些测试活动一般会由开发人员来进行，测试时部分内容可能需测试人员辅助，执行时最好采用自动化测试的方式来进行。

2. 集成测试阶段

重点安排功能测试。这个阶段的测试目标应该围绕单个功能的实现流程、逻辑、算法等细节展开。除此之外，一些重要的非功能性测试项目，也可以放在这一阶段展开，如关键性能指标的摸底测试等。

3. 系统测试阶段

重点安排功能交互测试和专项测试。这一阶段我们希望可以通过功能交互测试发现系统多功能相互作用、场景方面的问题，通过专项测试发现系统非功能方面的问题。

除此之外，我们还应该从实现角度，针对产品的一些关键设计展开深入的专项测试，如各种表现的异常操作、资源回收、死锁互斥等测试。

4. 验收测试阶段

重点安排和用户相关的测试，如场景测试、Beta 测试和资料测试等。

6.7.5　敏捷模式下的测试分层

Lisa Crispin 和 Janet Gregory 在《敏捷软件测试：测试人员与敏捷团队的实践指南》中提出了敏捷模式下的测试分层——敏捷测试四象限，如图 6-70 所示。

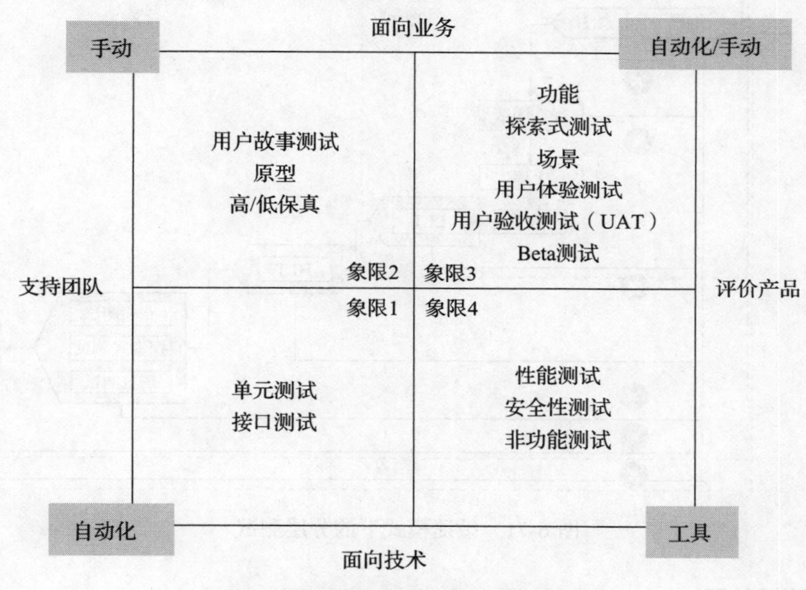

图 6-70　敏捷模式下的测试分层

象限的编号、测试活动的内容与先后没有关系。象限 1 和象限 2 涵盖的测试称为支持团队的测试。与瀑布模式相比，象限 1 的测试目标是确认实现的正确性，象限 2 的目标是确认需求的正确性。这两个象限可支撑产品人员、需求分析师和开发人员的工作。在敏捷项目中，这部分也属于测试的范畴，测试人员也可以参与甚至主导。

象限 3 和象限 4 涵盖的测试称为评价产品的测试，象限 3 主要从功能和场景方面去评价产品，象限 4 主要从非功能方面去评价产品。

和瀑布模式相比，敏捷模式下更注重对需求、场景、用户体验的测试，主要应用自动化测试和探索式测试。我们将图 6-70 所示的这 4 个象限的测试目标总结如下。

- 象限 1：从产品实现的函数单元的角度，验证函数单元是否正确。
- 象限 2：确认需求、原型、高 / 低保真是否满足用户需求。

- 象限 3：确认产品功能、场景是否满足用户需求。
- 象限 4：确认产品在非功能方面是否满足用户需求。

图 6-71 描述了敏捷模式下如何安排测试活动，这也是一个分层测试的实例，这个实例以一个迭代（iteration）为例。该实例也适合 DevOps 下的 CI、CDE、CD。

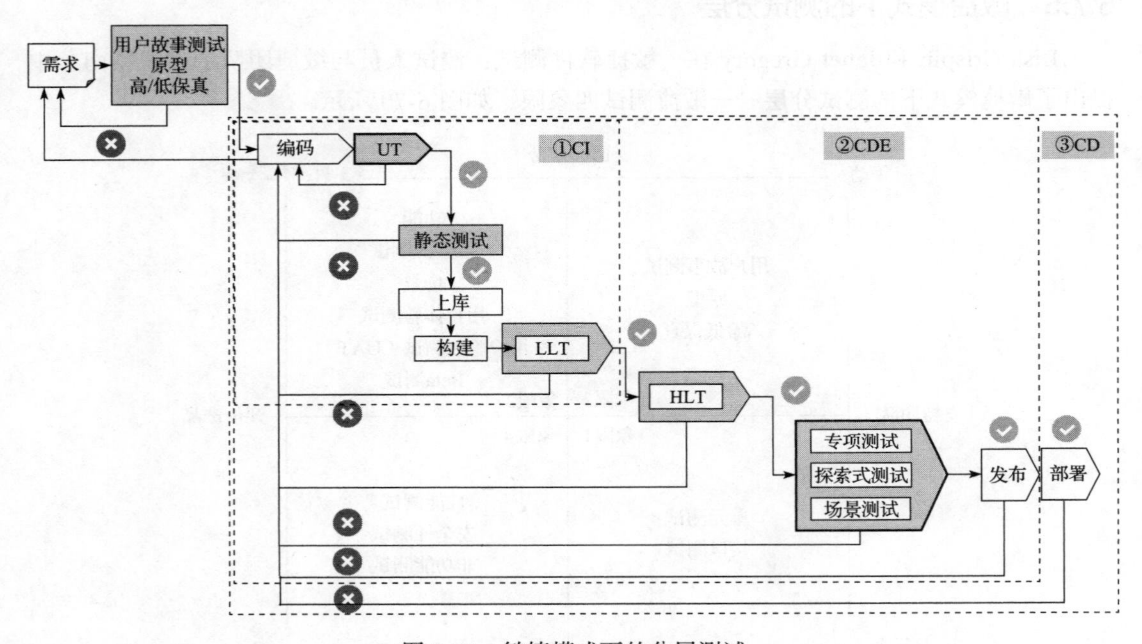

图 6-71 敏捷模式下的分层测试

1. 需求测试阶段

需求测试阶段主要针对需求相关的验证活动展开，如对用户故事的验收标准进行确定，对原型需求覆盖度进行确认，对高 / 低保真在用户使用逻辑上进行测试和确认，对高保真的用户体验进行测试等。

2. 单元测试阶段

单元测试阶段主要从产品实现层面对函数单元进行测试，目的是确认代码实现的正确性。可以在这个阶段安排的测试工作除了单元测试外，还有静态检视、安全性测试等。

3. LLT 阶段

LLT 阶段的主要功能是从实现的角度进行验证和确认，包括接口测试，以及针对单个功能流程、算法、逻辑等进行的比较细致且深入的测试。

测试行业喜欢用白盒、黑盒来划分测试：基于代码实现的测试称为白盒测试；不关注内部实现，只关注系统输入输出的测试称为黑盒测试。如果说单元测试属于白盒测试的范畴，HLT 和场景测试属于黑盒测试的范畴，那么 LLT 就是介于白和黑之间的灰盒测试。对于 LLT 来说，我们既了解系统的内部实现，但又不针对每个函数去测试，而是针对接口或内部功能模块去测试。

可以将接口测试、功能测试安排在这个阶段。对一些可能会严重影响系统性能的内容，也可以放在这个阶段进行测试，以快速确认某个功能 / 组件的性能是否满足系统需求，是否会影响系统的关键性能水平。

4. HLT 阶段

HLT 阶段也是针对功能进行测试，但是主要是从用户角度进行测试和验证。单功能测试、功能交互测试、探索式测试都适合安排在这个阶段进行。

5. 场景测试阶段

场景测试阶段主要站在用户的角度针对系统和场景进行测试。非功能相关的测试、场景测试、探索式测试、用户体验测试、用户验收测试等均适合安排在这个阶段进行。

图 6-72 所示为对敏捷模式下针对测试分层在各个阶段的特点进行的总结，供大家进一步深入理解相关测试分层。

	需求测试阶段	单元测试阶段	LLT	HLT	场景测试
对应敏捷象限	象限2	象限1	象限1+象限3	象限3	象限4
“颜色”	—	白盒测试	灰盒测试	黑盒测试	黑盒测试
测试视角	用户视角	设计实现视角	用户视角+设计实现视角	用户视角	用户视角
测试执行方式	手动	自动化	自动化	手动+自动化	手动
主要测试对象	需求	代码	代码+功能	功能	系统+非功能

图 6-72　敏捷模式下测试分层总结

6.7.6　敏捷转型下的测试分层

很多公司正在实施敏捷转型，研发模式采用的是瀑布 + 敏捷的模式。

华为公司针对敏捷转型，提出“项目级敏捷”“版本级敏捷”和“产品级敏捷”的概念，如图 6-73 所示。

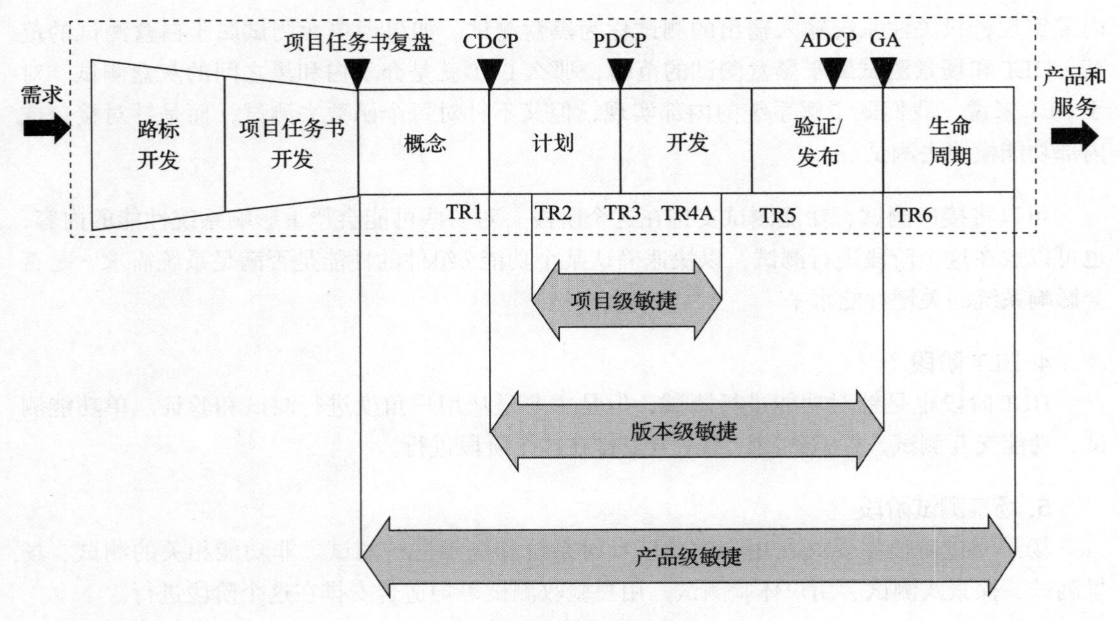

图 6-73 敏捷转型下的研发模式

- 项目级敏捷：在瀑布模式下的计划和开发阶段，使用迭代进行增量开发，后续系统测试、验证和发布阶段保持不变。
- 版本级敏捷：在瀑布模式下的计划、开发和验证阶段使用敏捷迭代的方式来进行，其他不变。
- 产品级敏捷：从瀑布模式下的概念阶段到生命周期阶段均使用敏捷迭代的方式来进行。

从研发模式角度来说，版本级敏捷就已经覆盖了 CI 和 CDE，所以版本级敏捷和产品级敏捷完全可以参考敏捷模式下的测试分层（见 6.7.5 节）进行测试。相对来说，项目级敏捷比较特殊，既有敏捷模式又有瀑布模式，而且项目级敏捷也是很多公司在敏捷转型中选用的重要研发模式。所以接下来将重点介绍项目级敏捷下的研发模式测试分层。

项目级敏捷下的研发模式和测试分层如图 6-74 所示。

在图 6-74 中，我们对敏捷转型和标准瀑布模式进行了对比，可以很直观地看到——在敏捷转型下，开发和测试融合为一个整体，通过迭代开发的模式完成需求的开发。

对测试分层来说，我们可以在迭代开发阶段，使用敏捷模式下的需求测试阶段、UT、LLT 和 HLT 的测试分层方式（见 6.7.5 节）；在系统测试和验收测试阶段，使用瀑布模式下的系统测试阶段和验收测试阶段的测试分层方式（见 6.7.4）。

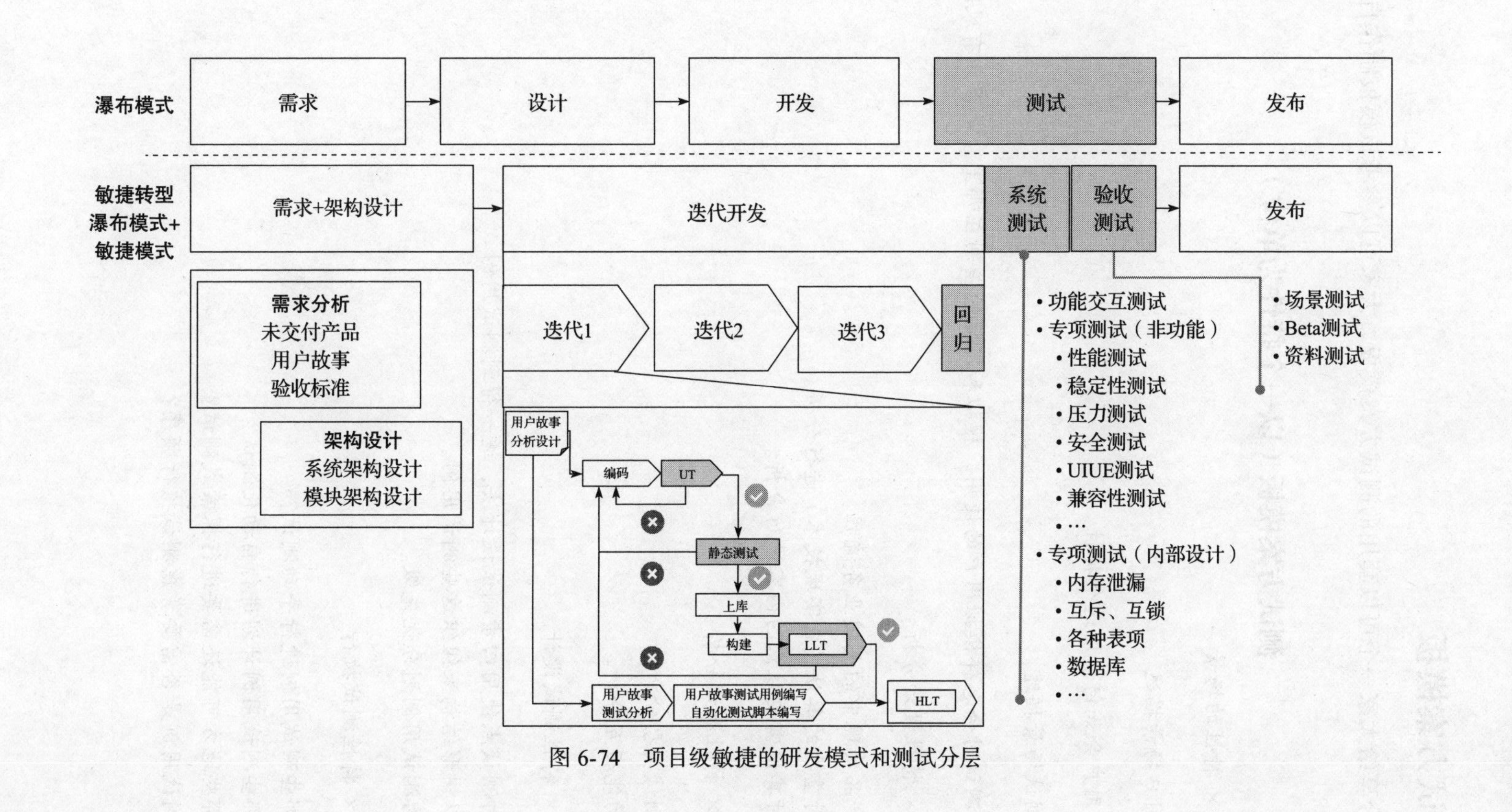

图 6-74　项目级敏捷的研发模式和测试分层

6.8 测试方案模板

本节分享给大家一个可以套用的测试方案模板，大家可以参考该模板制作自己专属的测试方案。

测试方案模板（以一个特性为单位）

1. ×× 特性的场景

1）用户场景描述。

描述用户会如何使用这个特性。

2）测试场景描述。

描述测试时会怎样模拟用户的使用，模拟和实际的差别在哪里，是否会有风险等。

2. ×× 特性设计分析

1）产品实现中的关键业务流程。
2）对重要的算法（或实现技术）进行分析。
3）对其他需要注意的内容进行分析。

3. ×× 特性测试分析

1）测试类型分析。
2）功能交互分析。

4. ×× 特性测试设计

1）对测试点使用四步测试设计法，逐一得到测试用例。
2）以树形结构来组织这些测试用例。
3）为测试用例划分优先级。

5. ×× 特性测试执行

1）哪些测试用例进行手动测试？
2）哪些测试用例计划进行自动化测试？
3）哪些地方可能还需要进行探索式测试？
4）测试用例是否需要考虑测试执行顺序？

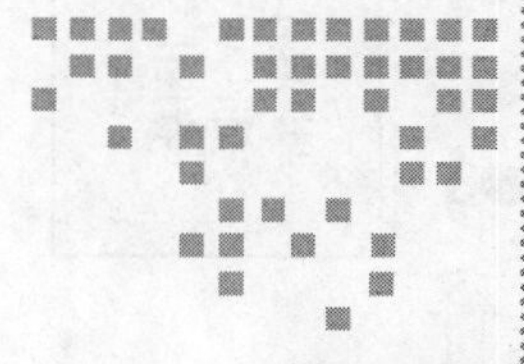

第 7 章 Chapter 7

制定基于产品质量的测试策略

从本章开始，我们将会介绍各种制定测试策略的案例。

第 6 章介绍了两种测试策略（基于产品质量的测试策略和基于产品特性价值的测试策略）的思想、操作步骤、所用模型和所用方法。本章将重点为大家介绍如何制定基于产品质量的测试策略。

质量用于衡量满足需求的程度。基于产品质量的测试策略的思想是希望把有限的测试资源用在用户需求多、要求高的地方，交付的是“质量刚刚好”的系统。

所谓“质量刚刚好”是指，在交付的时候系统中的不同特性可以货真价实地满足对应的质量目标，例如，特性 A 的质量目标是“完全商用”，那么在交付的时候，我们就希望特性 A 的质量目标是“完全商用”，而不是“受限商用”或者“受限试用”。为了达到这一目标，我们就要在测试中以“完全商用”为目标去要求、测试和确认该特性。

那针对“完全商用”这个目标，又有哪些具体要求呢？这就需要根据“产品质量评估模型”中的评估项来提出要求。产品质量评估模型又包含测试覆盖度、测试过程和缺陷 3 个维度，我们可以将之映射到车轮图上，确定这个特性的测试深度和广度，然后用测试深度和广度来指导测试团队的测试设计（如通过“测试设计分析表”的方式）。上述推理过程如图 7-1 所示。

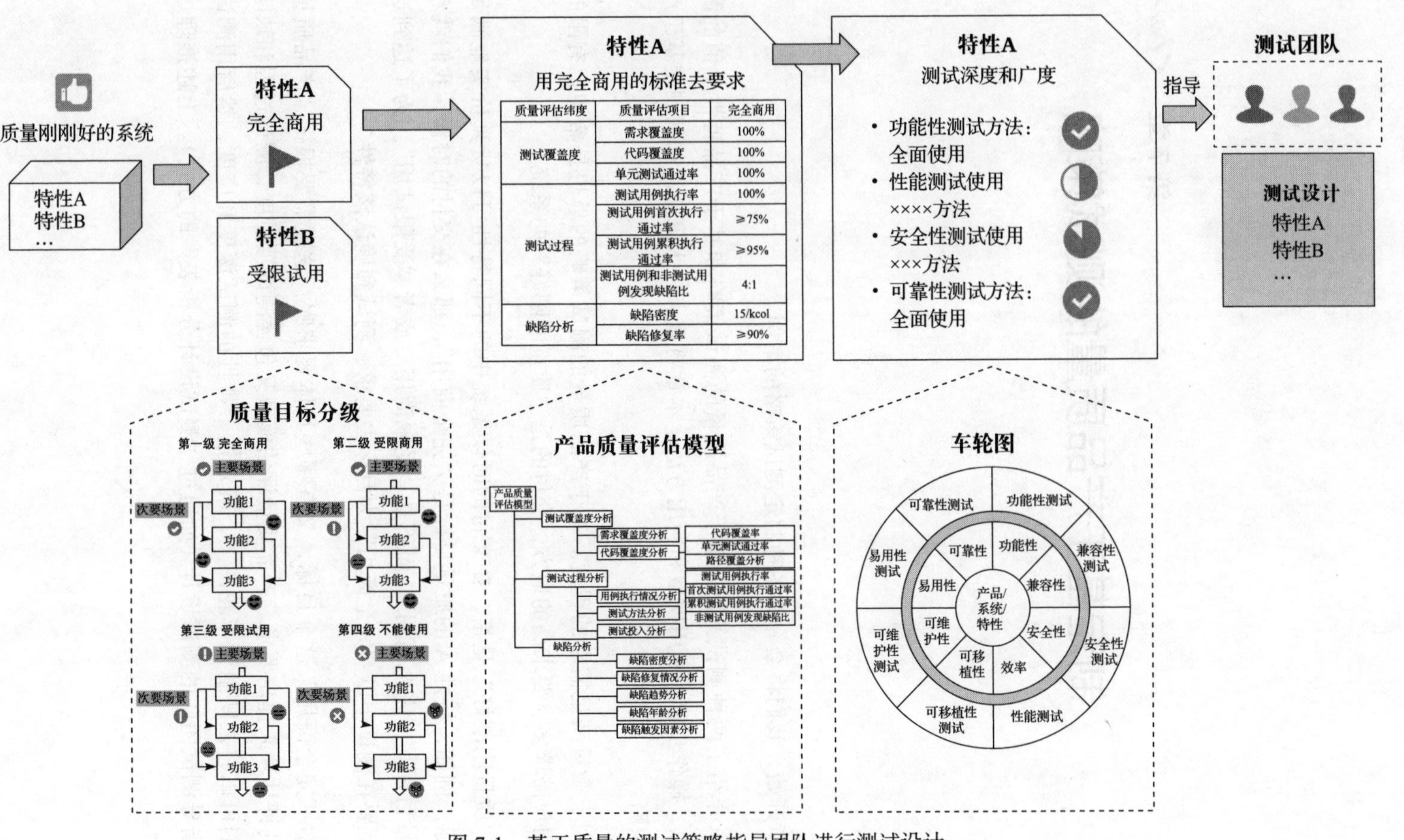

图 7-1 基于质量的测试策略指导团队进行测试设计

当然图 7-1 描绘的是一种理想情况，实际工作中我们还需要考虑风险，通过风险分析来调整测试策略，确定测试优先级，指导团队的测试活动。

接下来我们要考虑的一个问题就是，如何根据研发流程来确定测试分层。基于产品质量的测试策略比较适合处于稳定发展阶段的产品，对处于快速迭代阶段的产品会显得有点笨重；不适合处于探索式阶段的产品，如正在不断寻找市场匹配点、不断探索和试错的产品；对研发模式是“瀑布”还是“敏捷”，或“瀑布 + 敏捷”并不关心的产品，也可以使用这种测试策略。对上述内容的总结如图 7-2 所示。确定好了测试分层之后，我们还要进一步确定每一个测试分层的准入和准出条件。

瀑布模式下的测试分层

需求
设计
开发
测试
发布
测试策略
测试方案
测试分析
测试设计
测试执行
维护
UT/IT
集成测试
系统测试
验收测试
• 单元测试
• 接口测试
• 功能性测试
• 专项摸底
• 功能交互测试
• 专项测试（非功能）
• 性能测试
• 稳定性测试
• 压力测试
• 安全测试
• UIU测试
• 兼容性测试
• ……
• 专项测试（内部设计）
• 内存泄漏
• 互斥、互锁
• 各种表项
• 数据库
• ……
• 场景测试
• Beta测试
• 资料测试

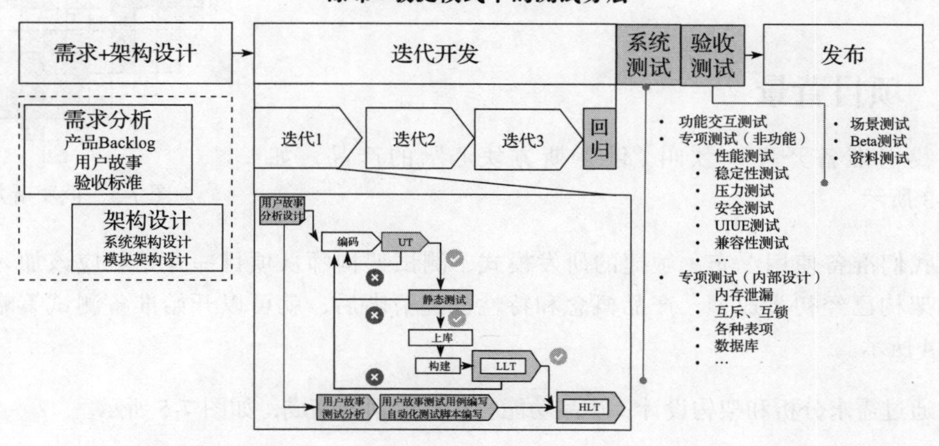

图 7-2 不同的研发模式和测试分层

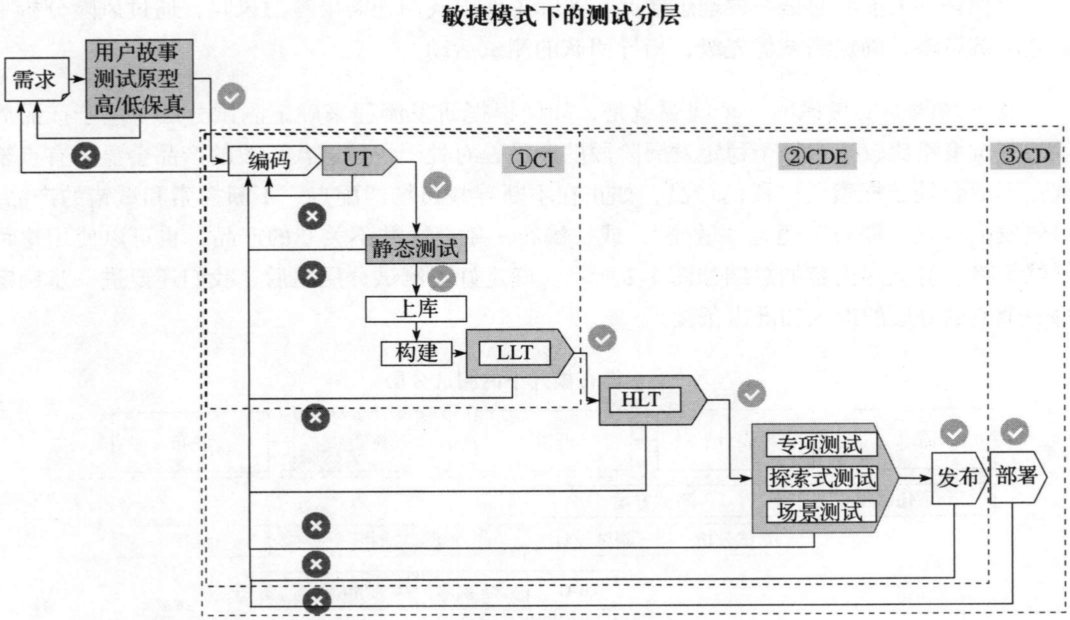

敏捷模式下的测试分层

需求
用户故事
测试原型
高/低保真
编码
UT
①CI
②CDE
③CD
静态测试
上库
构建
LLT
HLT
专项测试
探索式测试
场景测试
发布
部署

图 7-2 （续）

据此，我们完成了对被测系统的总体测试策略的制定。总体测试策略就像一个测试纲领，在项目一开始就可以用于指导整个团队的测试活动，让团队测试活动可以有序开展。

接下来我们将以一个虚拟项目为例来详细介绍如何制定总体测试策略。

7.1 项目背景

我们准备开发一款叫“俄罗斯方块心”的产品，如图 7-3 所示。

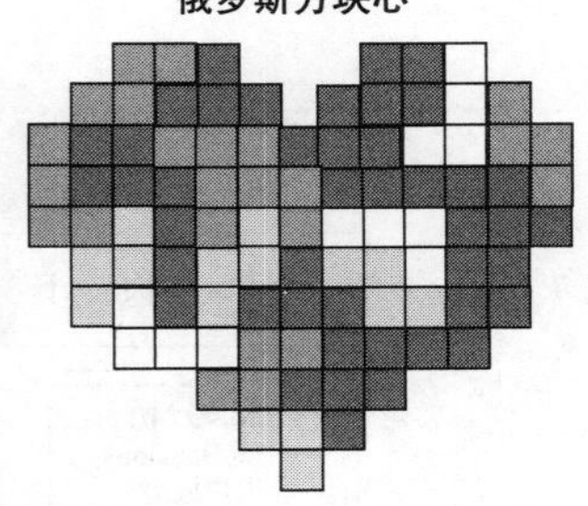

图 7-3 俄罗斯方块心

我们准备使用瀑布 + 敏捷的研发模式，测试架构师从项目一开始就应该加入，在需求和架构已经初步成型，产品概念和特性已经清晰后，就可以开始准备测试策略了，如图 7-4 所示。

通过需求分析和架构设计，产品功能特性已经划分完成，如图 7-5 所示。

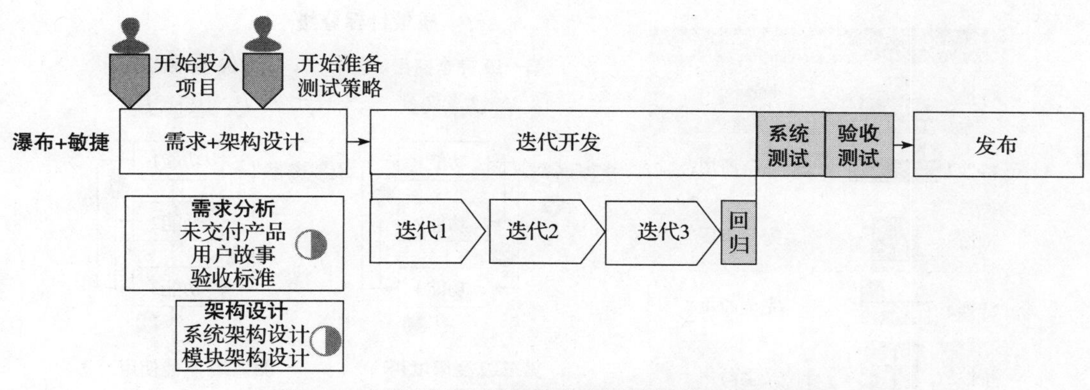

图 7-4　虚拟项目的研发模式和测试架构师投入时间

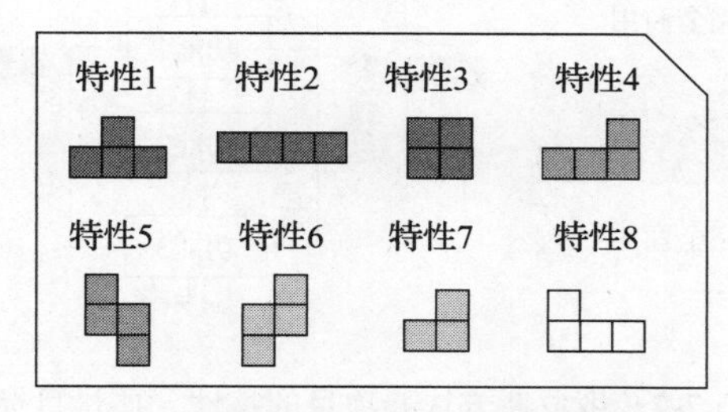

图 7-5　俄罗斯方块心项目的特性列表

7.2　制定总体测试策略

接下来我们使用四步测试策略制定法来为俄罗斯方块心这个项目确定总体测试策略，如图 7-6 所示。

7.2.1　确定特性的质量目标

首先，我们来确定俄罗斯方块心中每个特性的质量目标，如图 7-7 所示。对质量目标分级的描述，可以参考 6.2.3 节，为了便于对比，我们也将其画在了图 7-7 中。

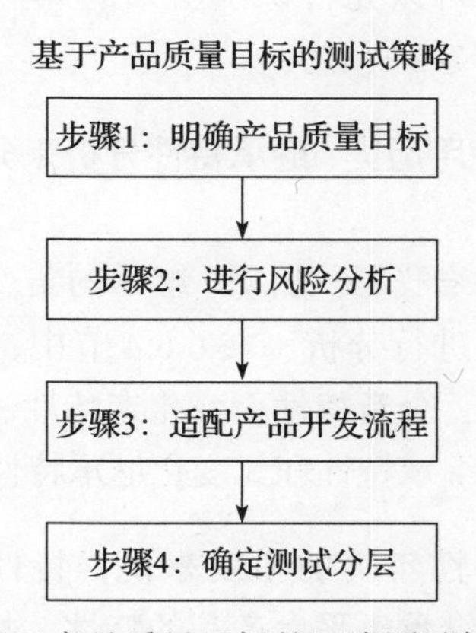

图 7-6　基于产品质量目标的四步测试策略制定法

需要特别说明的是，确定特性的质量目标不应该仅由测试架构师来完成，需要产品、需求、研发等核心团队共同确定，确保大家在不同特性的质量目标上能够达成一致。

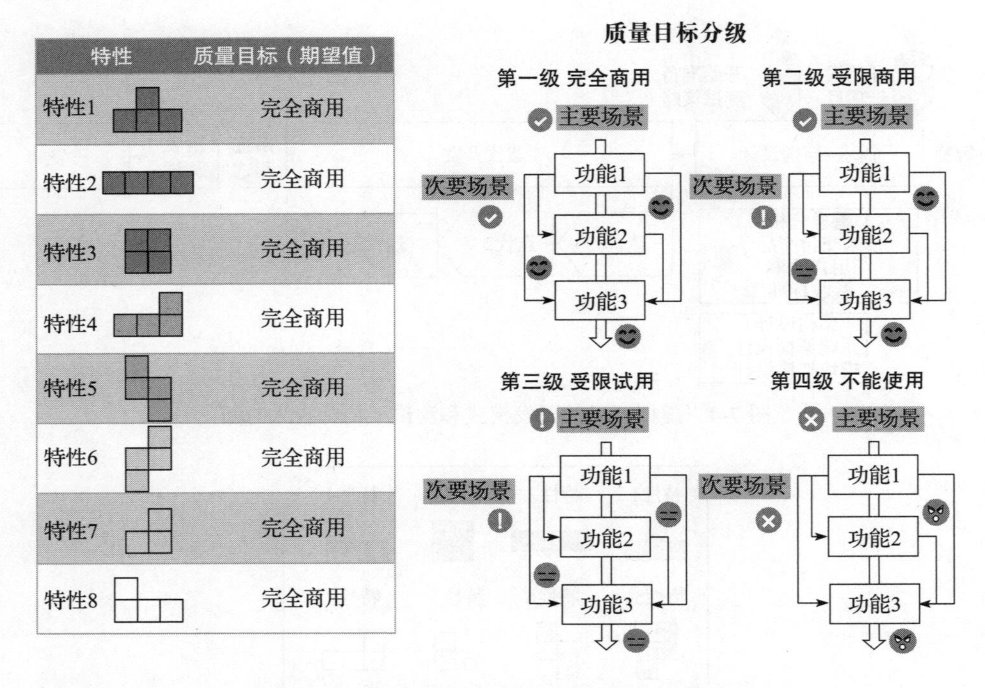

图 7-7 俄罗斯方块心项目的特性 – 质量目标

7.2.2 对项目整体进行风险分析

接下来我们可以使用六要素风险识别法和历史 / 继承特性分析法来对系统整体风险做一次评估，以确定测试的优先级，如图 7-8 所示。

1. 对系统整体进行六要素风险识别

对于“六要素风险识别法”的具体落地可以使用表 6-19 所示的风险识别清单，为了便于跟踪，可以先将识别出来的风险直接记录下来，如图 7-9 所示。

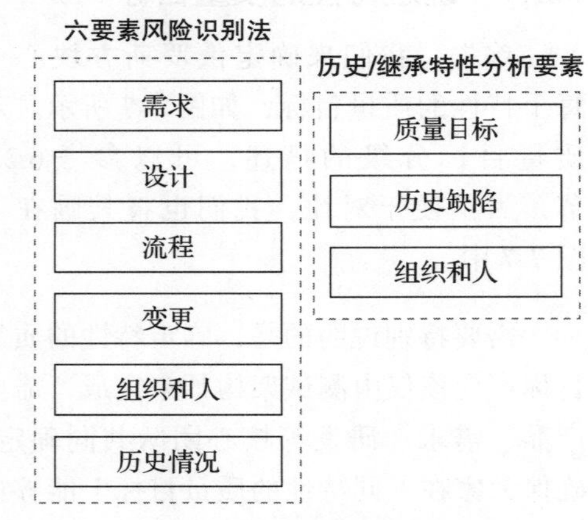

图 7-8 对系统进行风险分析

2. 使用历史 / 继承特性分析来分析系统的代码构成

接下来我们从历史 / 继承的角度来对系统代码的构成进行分析。在 6.6.4 节中，我们将特性分为 5 类：全新特性、变化老特性、无变化老特性、变化继承特性和无变化继承特性。

从特性年龄的角度来说，特性 1、特性 3、特性 7 是继承于平台产品的特性，特性 5 和特性

8 是俄罗斯方块心产品组上一个版本（V1）已经开发完成的特性，属于老特性。所以在当前项目版本（V2）中，我们只用新开发 3 个特性——特性 2、特性 4 和特性 6。其中特性 2 和特性 4 均准备继承上一个版本中的特性 8，特性 6 需要全新开发，如图 7-10 所示。

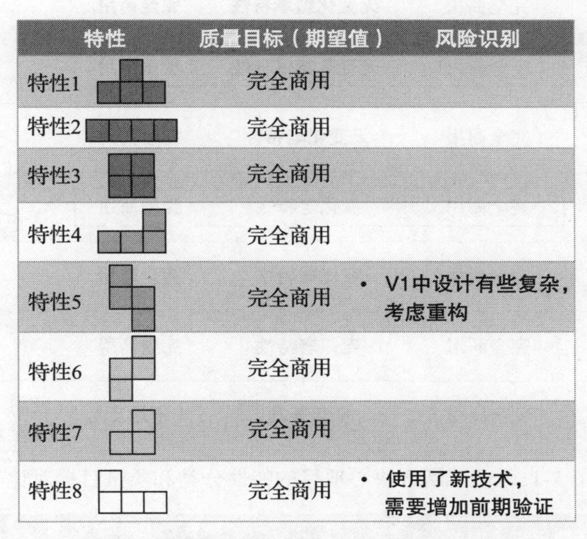

特性	质量目标（期望值）	风险识别
特性1	完全商用	
特性2	完全商用	
特性3	完全商用	
特性4	完全商用	
特性5	完全商用	• V1中设计有些复杂，考虑重构
特性6	完全商用	
特性7	完全商用	
特性8	完全商用	• 使用了新技术，需要增加前期验证

图 7-9　俄罗斯方块心项目的特性—风险识别

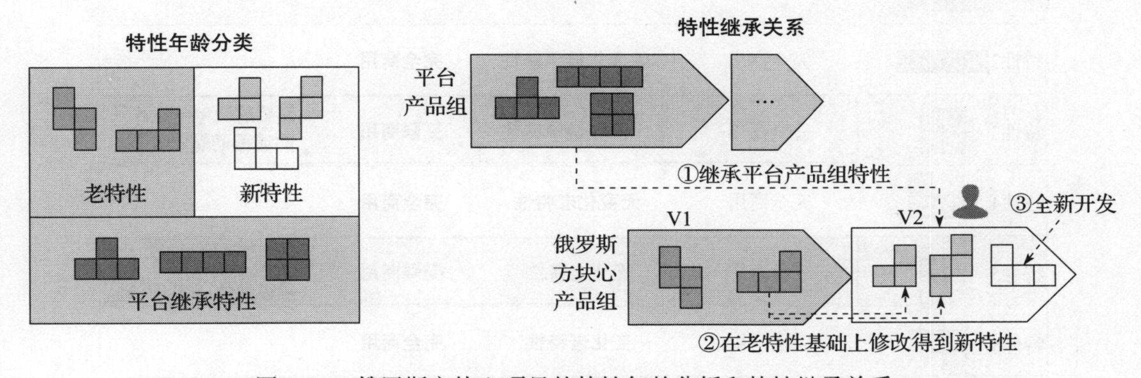

图 7-10　俄罗斯方块心项目的特性年龄分析和特性继承关系

根据图 7-10 所示的特性继承关系，我们来对特性进行分类，并分析确认当前版本的质量目标和这个特性在继承或者老版本中的评估质量是否一致，如图 7-11 所示（假设特性 3 和特性 5 不一致）。

这就需要我们继续对质量目标有差异的部分进行分析，确定哪些场景存在限制或约束，哪些场景或者遗留问题必须要在这个版本中解决，然后把分析结果更新到“风险识别”列中，如图 7-12 所示。

特性	质量目标（期望值）	特性分类	特性在继承/老版本中的质量评估	风险识别
特性1	完全商用	无变化继承特性	完全商用	
特性2	完全商用	无变化继承特性	完全商用	
特性3	完全商用	无变化继承特性	受限商用	
特性4	完全商用	无变化老特性	完全商用	
特性5	完全商用	变化老特性	受限商用	• V1中设计有些复杂，考虑重构
特性6	完全商用	变化老特性	完全商用	
特性7	完全商用	变化老特性	完全商用	
特性8	完全商用	全新开发	（不涉及）	•使用了新技术，需要增加前期验证

图 7-11 俄罗斯方块心项目的特性分类和质量目标对比

特性	质量目标（期望值）	特性分类	特性在继承/老版本中的质量评估	风险识别
特性1	完全商用	无变化继承特性	完全商用	
特性2	完全商用	无变化继承特性	完全商用	
特性3	完全商用	无变化继承特性	受限商用	• 需要解决×××场景下的遗留问题×××
特性4	完全商用	无变化老特性	完全商用	
特性5	完全商用	变化老特性	受限商用	• V1中设计有些复杂，考虑重构 • 需要解决××遗留问题
特性6	完全商用	变化老特性	完全商用	
特性7	完全商用	变化老特性	完全商用	
特性8	完全商用	全新开发	（不涉及）	• 使用了新技术，需要增加前期验证

图 7-12 俄罗斯方块心项目对质量目标不同的特性更新风险

接下来继续进行历史遗留问题分析、历史缺陷趋势分析、历史组织和人分析（可参考 6.6.4 节）。如果有条件还可以对继承特性的开发人员或者团队进行访谈，找出当前可能会对系统造成影响的地方，将这些问题也作为风险点记录下来，如图 7-13 所示。

<table>
<tr><th>特性</th><th>质量目标（期望值）</th><th>特性分类</th><th>特性在继承/老版本中的质量评估</th><th>历史遗留问题分析</th><th>历史缺陷趋势分析</th><th>历史组织和人分析</th><th>风险识别</th></tr>
<tr><td>特性1</td><td>完全商用</td><td>无变化继承特性</td><td>完全商用</td><td rowspan="3">需要解决的遗留问题：
• 缺陷×××
• 缺陷×××
…</td><td rowspan="3">• 稳定性测试不够
• 异常测试方法不足</td><td>有经验正式员工开发</td><td></td></tr>
<tr><td>特性2</td><td>完全商用</td><td>无变化继承特性</td><td>完全商用</td><td>新员工开发</td><td></td></tr>
<tr><td>特性3</td><td>完全商用</td><td>无变化继承特性</td><td>受限商用</td><td>有经验正式员工开发</td><td>• 需要解决×××场景下的遗留问题×××</td></tr>
<tr><td>特性4</td><td>完全商用</td><td>无变化老特性</td><td>完全商用</td><td rowspan="2">需要解决的遗留问题：
• 缺陷×××
• 缺陷×××
…</td><td rowspan="2">缺陷密度偏高</td><td>有经验正式员工开发</td><td></td></tr>
<tr><td>特性5</td><td>完全商用</td><td>变化老特性</td><td>受限商用</td><td>新员工开发</td><td>• V1中设计有些复杂，考虑重构
• 需要解决××遗留问题</td></tr>
<tr><td>特性6</td><td>完全商用</td><td>变化老特性</td><td>完全商用</td><td rowspan="3">（不涉及）</td><td rowspan="3">（不涉及）</td><td rowspan="3">（不涉及）</td><td></td></tr>
<tr><td>特性7</td><td>完全商用</td><td>变化老特性</td><td>完全商用</td><td></td></tr>
<tr><td>特性8</td><td>完全商用</td><td>全新开发</td><td>（不涉及）</td><td>• 使用了新技术，需要增加前期验证</td></tr>
</table>

图 7-13　俄罗斯方块心项目对历史缺陷和组织和人进行分析

对产品版本的历史情况进行分析，主要目的还是识别历史版本中的问题和风险，而历史版本的质量、历史遗留问题、历史缺陷趋势、历史组织和人等的分析并非重点。为了重点突出，可以把这些分析过程隐去，只保留识别到的风险，如图 7-14 所示。

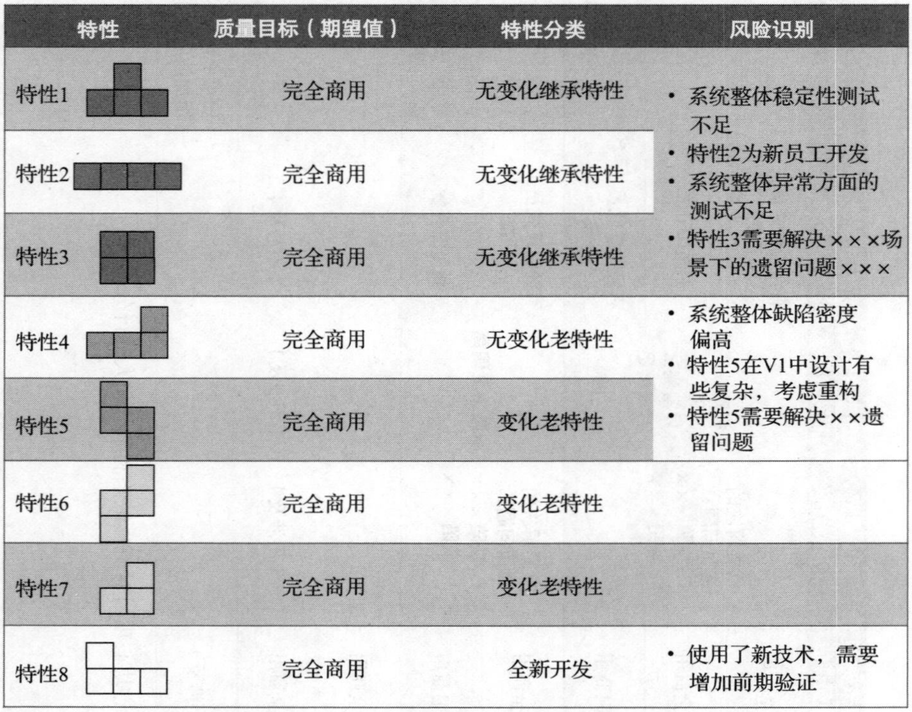

特性	质量目标（期望值）	特性分类	风险识别
特性1	完全商用	无变化继承特性	• 系统整体稳定性测试不足 • 特性2为新员工开发 • 系统整体异常方面的测试不足 • 特性3需要解决×××场景下的遗留问题×××
特性2	完全商用	无变化继承特性	
特性3	完全商用	无变化继承特性	
特性4	完全商用	无变化老特性	• 系统整体缺陷密度偏高 • 特性5在V1中设计有些复杂，考虑重构 • 特性5需要解决××遗留问题
特性5	完全商用	变化老特性	
特性6	完全商用	变化老特性	
特性7	完全商用	变化老特性	
特性8	完全商用	全新开发	• 使用了新技术，需要增加前期验证

图 7-14 俄罗斯方块心项目风险识别

最后对识别出来的风险进行优先级识别，如表 7-1 所示（风险发生概率和影响程度仅供参考，具体项目可根据实际情况调整，风险优先级的确定参见表 6-20）。

表 7-1 俄罗斯方块心项目风险优先级

序 号	风 险 描 述	风险发生概率	风险影响程度	风险优先级
1	系统整体（指特性 1、特性 2 和特性 3）稳定性测试不足	高	中	中高
2	特性 2 为新员工开发	高	中低	中
3	系统整体（指特性 1、特性 2 和特性 3）异常方面的测试不足	高	中低	中
4	特性 3 需要解决 ××× 场景下的遗留问题 ×××	高	高	高
5	系统整体（指特性 4 和特性 5）缺陷密度偏高	中	中	中

（续）

序　号	风 险 描 述	风险发生概率	风险影响程度	风险优先级
6	特性 5 在 V1 中设计有些复杂，考虑重构	中高	中高	中高
7	特性 5 需要解决 ×× 遗留问题	高	高	高
8	特性 8 使用了新技术，需要增加前期验证	中低	中	中低

7.2.3　确定测试优先级

接下来就可以根据风险来确定测试的优先级了，基本原则如下。

- ❑ **质量目标越高，优先级越高。**
- ❑ **在质量目标一样的情况下，全新开发的特性比继承的特性优先级高。**
- ❑ **在特性分类一样的情况下，风险优先级越高的特性，测试优先级越高。**

我们可以根据上述原则直接得到特性的测试优先级，不过很多时候，特性的质量目标和风险优先级的组合会有很多，仅基于原则来做判断不好操作，这时可以使用“打分法”来获得测试优先级，具体方法如下。

第一步：为质量等级、特性分类和风险优先级给出一个基准分，如图 7-15 所示（表中给出的分值仅供参考，具体项目中的分值可根据实际情况调整）。

质量等级	分值
完全商用	30
受限商用	21
受限试用	9

特性分类	分值
全新特性	30
变化继承/老特性	18
无变化继承/老特性	0

风险优先级	分值
高	5
中高	4
中	3
中低	2
低	1

图 7-15　基准分

第二步：对特性的质量目标、特性分类和风险优先级进行打分，如图 7-16 所示，再根据总值得到相应的测试优先级。

特性	质量目标（期望值）	特性分类	风险优先级	总值	测试优先级
特性1	完全商用 30	无变化 继承特性 0	中高+中 4+3	37	中
特性2	完全商用 30	无变化 继承特性 0	中高+中+中 4+3+3	40	中
特性3	完全商用 30	无变化 继承特性 0	中高+中+高 4+3+5	42	中
特性4	完全商用 30	无变化 老特性 0	中 3	51	中高
特性5	完全商用 30	变化老特性 18	中+中高+高 3+4+5	60	高
特性6	完全商用 30	变化老特性 18		48	中高
特性7	完全商用 30	变化老特性 18		48	中高
特性8	完全商用 30	全新开发 30	中低 2	62	高

图 7-16 俄罗斯方块心项目的测试优先级

我们可以根据测试优先级来确定测试资源投入策略，如表 7-2 所示（表中给出的投入策略仅供参考，具体项目中可根据实际情况调整）。

表 7-2 测试资源投入策略

优先级等级	测试投入策略
高 / 中高	❑ 需要安排经验丰富的测试工程师 ❑ 优先保证足够的测试投入 ❑ 不在项目中途更换测试责任人
中 / 中低	❑ 可安排经验一般的测试工程师 ❑ 尽量保证足够的测试投入
低	❑ 可安排新人或实习生 ❑ 资源出现冲突时不排除减少投入的可能

7.2.4 确定测试深度和广度

接下来我们可以根据质量目标和特性分类，使用车轮图来确定测试的深度和广度，以指导测试设计和执行。

我们先来回顾一下产品测试车轮图是如何定义测试深度和测试广度的。4.9.3 节详细介绍了车轮图，在车轮图中，各种**测试类型代表测试广度**，每种测试类型下的**测试方法代表测试深度**，如图 7-17 所示。

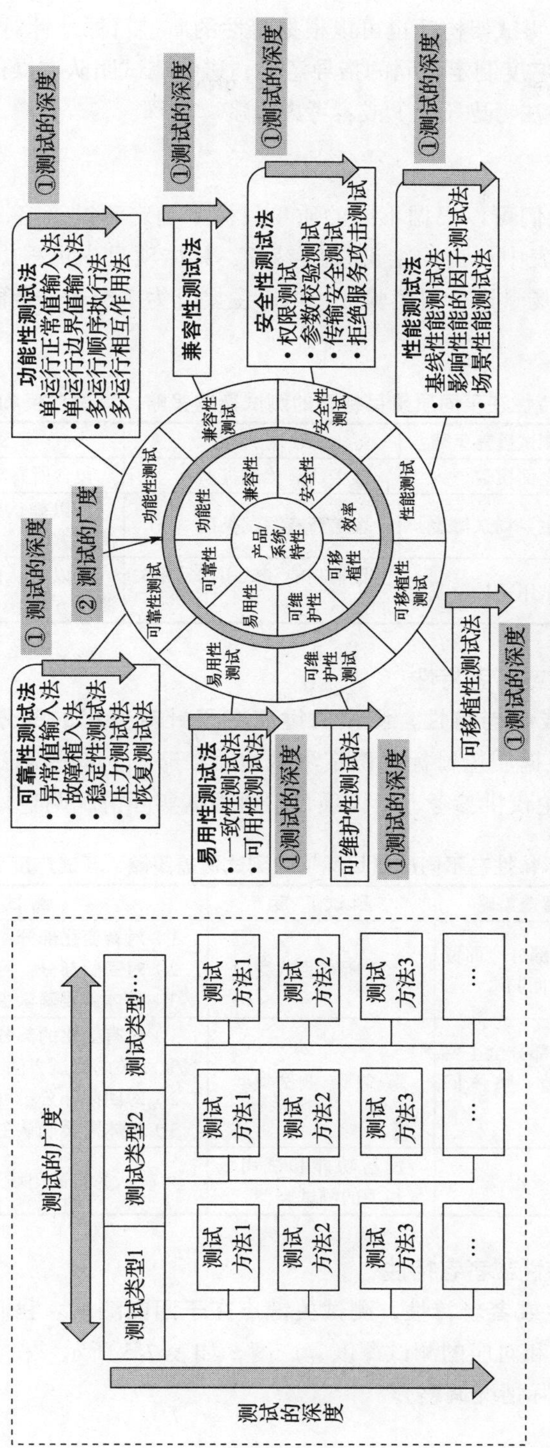

图 7-17　车轮图中的测试深度和测试广度

尽管每个特性不一样，测试架构师也可以根据特性的质量目标，针对不同的特性类别，以及不同的测试深度和测试广度制定不同的指导意见，避免测试团队在操作时出现大的遗漏（例如对测试类型或者测试方法考虑不足）或者考虑过多、过深。

1. 对全新开发的特性

对全新开发的特性，我们可以根据不同的质量目标来确定测试策略，进而确定测试深度和广度，如表 7-3 所示（表中给出的结论仅供参考，具体项目中可根据实际情况调整）。测试覆盖策略的原则是针对场景进行覆盖验证，可以主要分为 3 类——**全面覆盖、主要场景覆盖和试用场景覆盖**。

表 7-3 全新开发的特性在不同质量目标下的测试覆盖策略、测试广度和测试深度

条　件	质量目标	测试覆盖策略	测试广度	测试深度
全新开发的特性	完全商用	全面覆盖	覆盖所有测试类型	包含所有测试方法
	受限商用	主要场景覆盖	覆盖所有测试类型	可以确认的与主要场景相关的测试方法
	受限试用	试用场景覆盖	覆盖功能和试用场景相关的测试类型	可以确认的与试用场景相关的测试方法

2. 对有变化的继承特性或者老特性

对有变化的继承特性或者老特性，测试关键点在于针对变化的部分进行全面测试和回归测试。我们同样可以根据质量目标来确定测试覆盖策略和对应的测试深度、广度，如表 7-4 所示（表中给出的结论仅供参考，具体项目中可根据实际情况调整）。

表 7-4 有变化的继承特性在不同质量目标下的测试覆盖策略 / 测试广度 / 测试深度

条　件	质量目标	测试覆盖策略	测试广度	测试深度
有变化的继承特性	完全商用	有变化部分全面覆盖＋整体回归	覆盖所有测试类型	1）**对有变化部分**：包含所有测试方法 2）**对回归部分**：可选择基础的测试方法 3）**整体需要确认主要场景和次要场景**
	受限商用	有变化部分全主要场景覆盖＋整体回归	覆盖所有测试类型	1）**对有变化的部分**：可以确认的与主要场景相关的测试方法 2）**对回归部分**：可选择基础的测试方法 3）**整体需要确认主要场景**
	受限试用	试用场景覆盖	覆盖功能和试用场景相关的测试类型	可确认的与试用场景相关的测试方法

3. 对没有变化的继承特性或者老特性

对没有变化的继承特性或者老特性，测试关键点在于回归测试。我们同样可以根据质量目标来确定测试覆盖策略和对应的测试深度、广度，如表 7-5 所示（表中给出的结论仅供参考，具体项目中可根据实际情况调整）。

表 7-5　没有变化的继承特性在不同质量目标下的测试覆盖策略、测试广度和测试深度

条　件	质量目标	测试覆盖策略	测试广度	测试深度
没有变化的继承特性	完全商用	整体回归	覆盖所有测试类型	1）对回归部分：可选择基础的测试方法 2）整体需要确认主要场景和次要场景
	受限商用	主要场景回归	覆盖所有测试类型	1）对回归部分：可选择基础的测试方法 2）整体需要确认主要场景
	受限试用	试用场景回归	覆盖功能和试用场景相关的测试类型	可确认的与试用场景相关的测试方法

基于上面的讨论，我们可以确定俄罗斯方块心项目相关的测试覆盖策略，如图 7-18 所示。

特性	质量目标（期望值）	特性分类	测试覆盖策略	测试优先级	风险识别
特性1	完全商用	无变化 继承特性	整体回归	中	• 系统整体稳定性测试不足 • 特性2为新员工开发 • 系统整体异常方面的测试不足 • 特性3需要解决xxx场景下的遗留问题xxx
特性2	完全商用	无变化 继承特性	整体回归	中	
特性3	完全商用	无变化 继承特性	整体回归	中	
特性4	完全商用	无变化 老特性	整体回归	中高	• 系统整体缺陷密度有点偏高 • 特性5在V1中设计有些复杂，考虑重构 • 特性5需要解决xx遗留问题
特性5	完全商用	变化 老特性	有变化部分全面覆盖 +整体回归	高	
特性6	完全商用	变化 老特性	有变化部分全面覆盖 +整体回归	中高	
特性7	完全商用	变化 老特性	有变化部分全面覆盖 +整体回归	中高	
特性8	完全商用	全新开发	全面覆盖	高	• 使用了新技术，需要增加前期验证

图 7-18　俄罗斯方块心项目的测试覆盖策略

7.2.5　确定研发模式和测试分层

俄罗斯方块心项目使用的是“瀑布 + 敏捷”研发模式，即在产品开发阶段使用的是迭代交付的方式，在功能迭代开发完成后，再进行统一的系统测试。

俄罗斯方块心项目的开发迭代计划如图 7-19 所示。

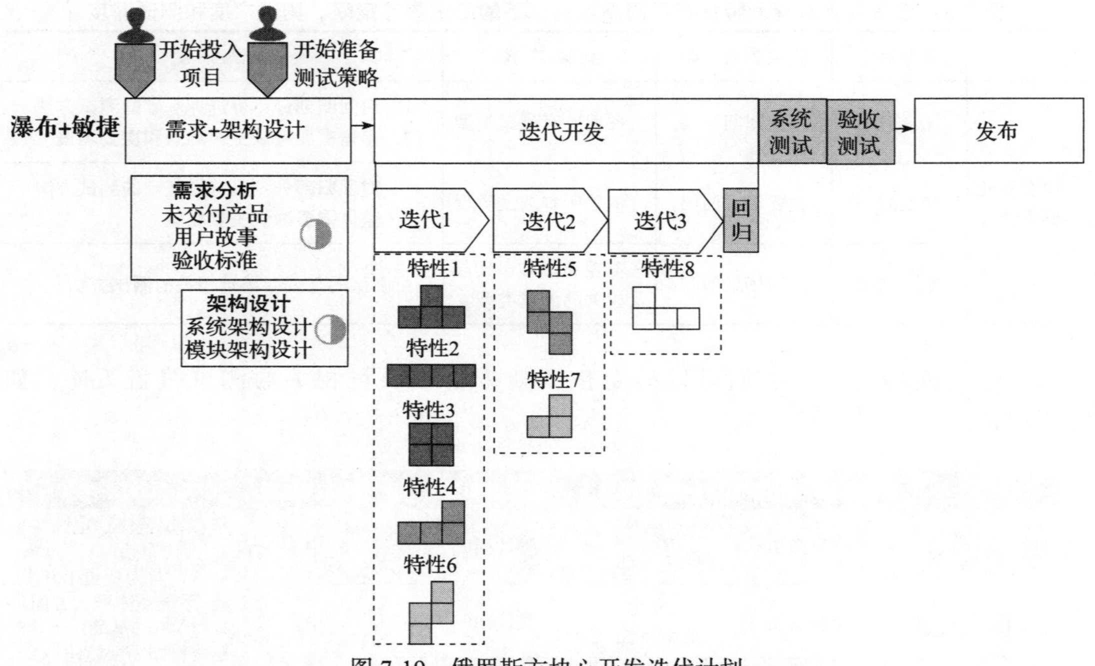

图 7-19 俄罗斯方块心开发迭代计划

每个迭代版本的特性的集成情况如图 7-20 所示。

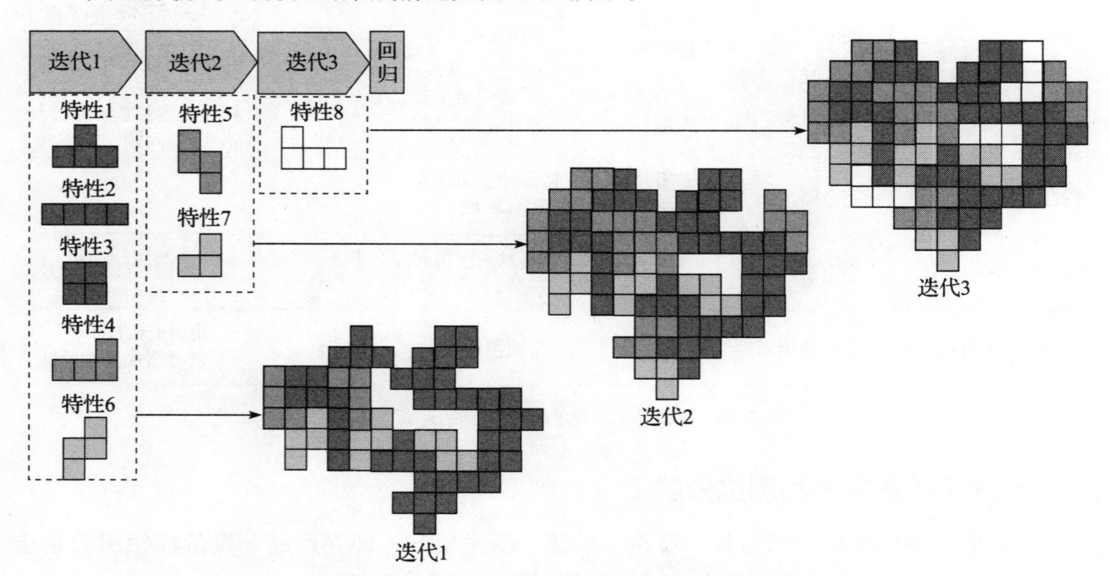

图 7-20 俄罗斯方块心每个迭代版本的特性的集成情况

参考 6.7.6 节，可以将俄罗斯方块心项目的测试分层分为如下几个阶段：需求阶段、迭代开发阶段、系统测试阶段和验收测试阶段。

下面根据俄罗斯方块心项目的特性迭代计划，来安排各个测试阶段的主要测试活动。

1. 需求阶段

在需求阶段，主要针对新特性（特性 6、特性 7 和特性 8）进行需求的评审、验收标准的确认和系统架构设计的评审，如图 7-21 所示。

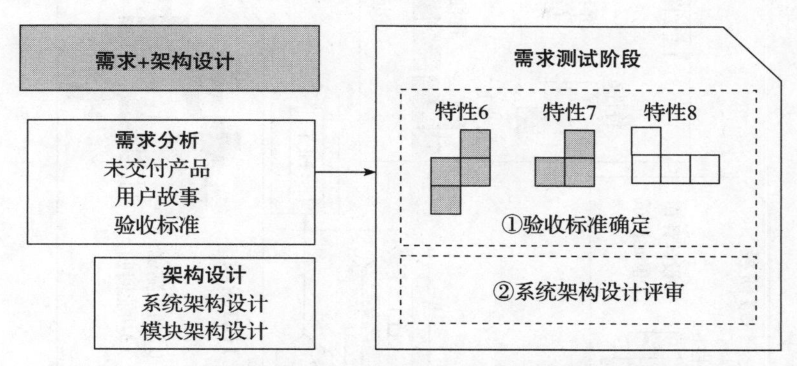

图 7-21 俄罗斯方块心项目在需求测试阶段安排的主要测试活动

2. 迭代开发阶段

我们将整个迭代开发过程划分为 4 个测试阶段和 1 个分析设计阶段。

- ❑ **需求测试阶段**：针对新开发的特性进行原型、低 / 高保真的评审，确认需求的覆盖度；针对高保真的用户体验测试等，测试目标是尽量保证了开发的功能满足用户需求，并保证了不同角色（产品人员、研发人员、测试人员、前场人员、用户）对需求分解的结果达成一致。
- ❑ **测试分析设计 / 自动化**：针对本阶段提交的功能进行测试分析和设计，编写自动化脚本。
- ❑ **UT 阶段**：对开发设计进行评审，进行单元测试，确认单元测试结果。
- ❑ **LLT 阶段**：对新开发功能进行测试，确保可以正确集成，并对系统已经集成的功能进行回归测试。
- ❑ **HLT 阶段**：对当前已经集成的系统进行功能测试和回归测试。

图 7-22 ～图 7-24 详细描述了 3 个迭代下的测试分层和测试活动安排。

需要特别说明的是：

- ❑ 以迭代 1 为例，其中特性 1 ～特性 4 均为继承特性或老特性，在集成时需要进行功能回归（包括在 LLT 中进行的回归测试和在 HLT 中进行的功能回归）。而特性 6 是新开发的特性（准确地说是在特性 4 的基础上修改开发的），所以需要针对特性 6 进行需求确认、测试设计，以及在 UT、LLT、HLT 等阶段进行测试。迭代 2 和迭代 3 依此类推。

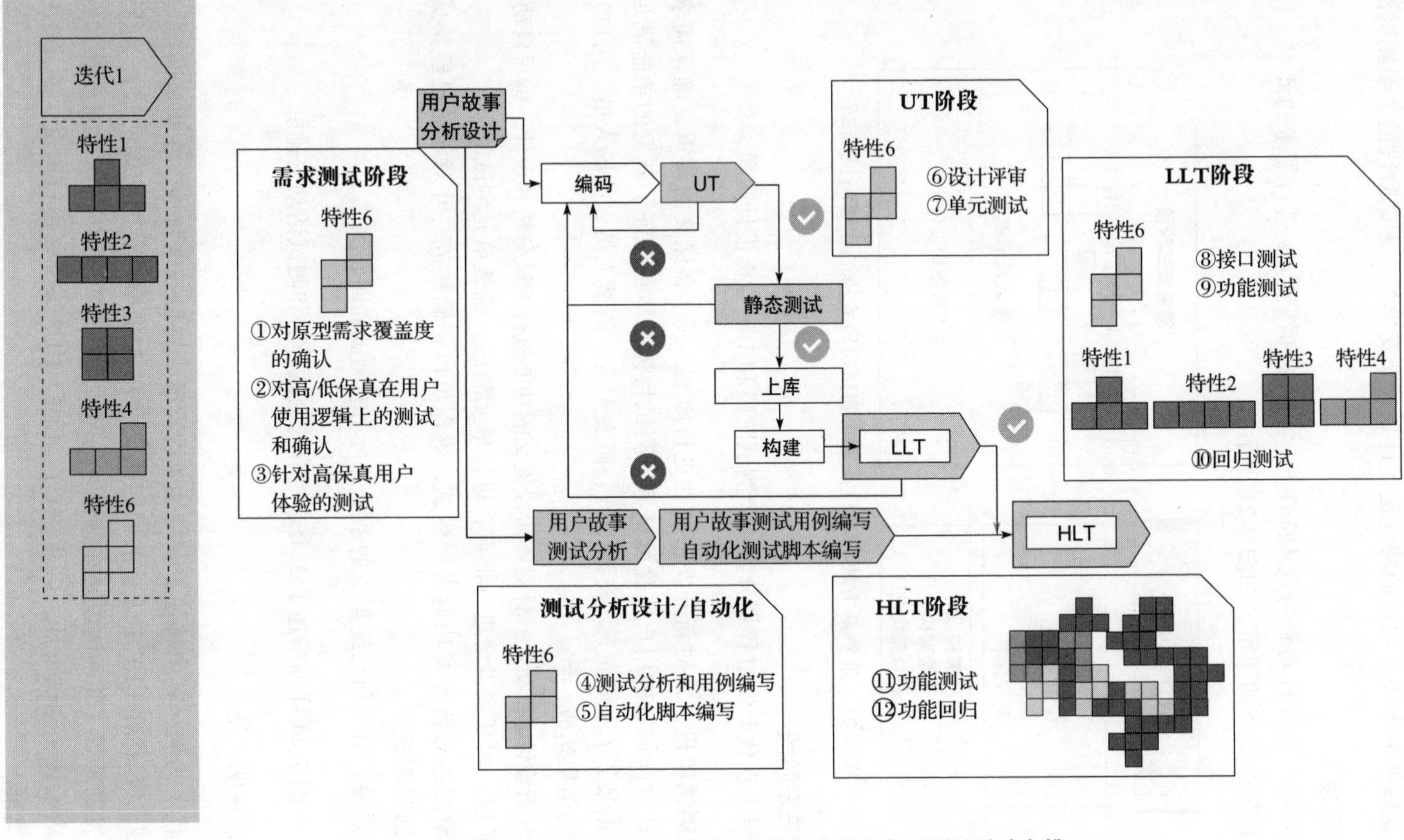

图 7-22 俄罗斯方块心项目在迭代 1 下的测试分层和主要测试活动安排

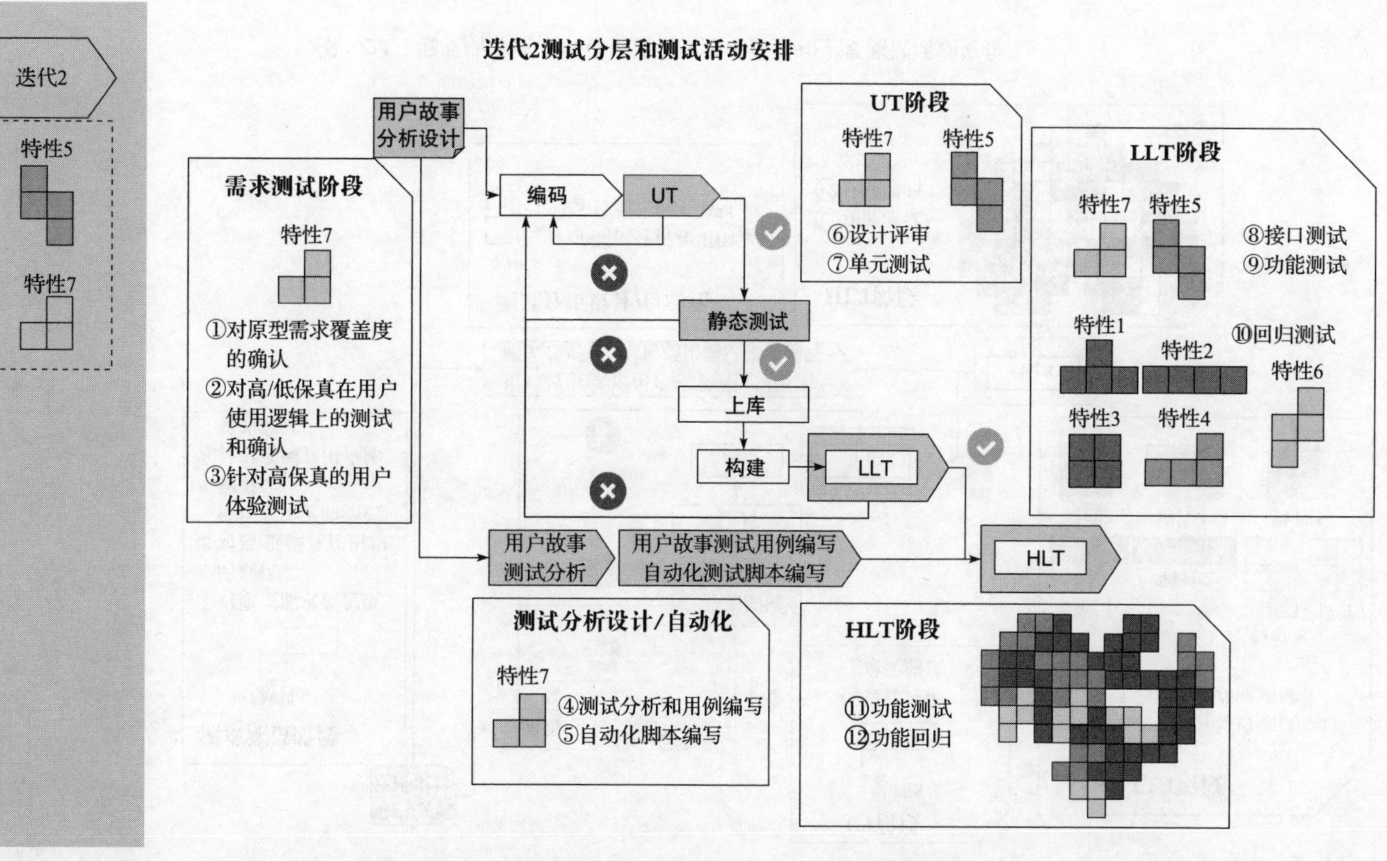

图 7-23　俄罗斯方块心项目在迭代 2 测试分层和主要测试活动安排

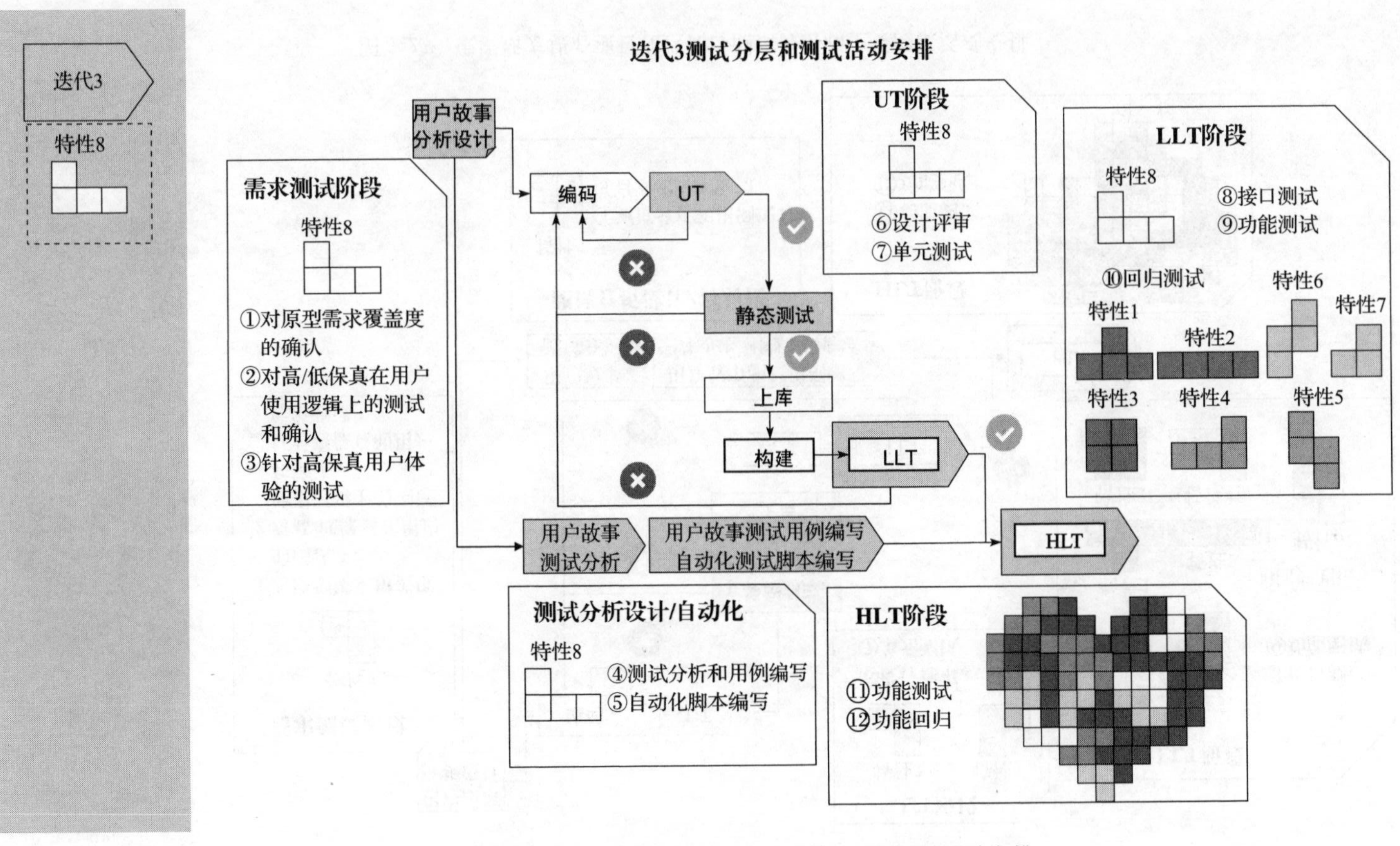

图 7-24 俄罗斯方块心项目在迭代 3 测试分层和主要测试活动安排

- ❑ 迭代 2 中特性 5 虽然也是老特性，但是我们对特性 5 进行了重构，所以需要在 UT 阶段进行测试。因为这里我们假设特性 5 的重构并没有改变外部用户接口，所以没有对特性 5 进行测试设计。实际项目遇到这种情况，可以根据重构的实际情况，对测试设计进行更新。
- ❑ 对迭代增量开发模式来说，回归测试非常重要。**每次迭代，都需要保证新提交的功能是正确的，同时系统已有功能也是正确的，且没有被破坏。**
- ❑ **尽量在 UT、LLT、HLT 阶段使用自动化测试，保证回归测试的快速有效。**

3. 系统测试阶段

进入系统测试阶段，从产品角度来说，我们已经完成了所有功能的集成，呈现给我们的已经是完整的系统了。接下来我们就要从系统整体的角度，来确定系统功能的实现和对用户整体需求的满足情况。

在系统测试阶段，我们主要安排的测试活动有如下两个。

- ❑ **功能交互测试：**从系统的角度，测试多个功能在交互影响下是否存在问题。
- ❑ **专项测试：**测试各种非功能（测试类型），并针对内部重要实现专门集中做一些测试验证，如系统资源占用情况测试、内存泄漏测试、各种内部数据结构测试、表项同步测试、老化测试等。

在俄罗斯方块心项目中，我们将系统测试分为 3 轮，2 轮测试验证和 1 轮回归测试，系统测试阶段的主要活动和在不同版本中的整体安排如图 7-25 所示。

系统测试阶段		
S1	S2	S3
功能交互+专项测试	专项测试	系统回归

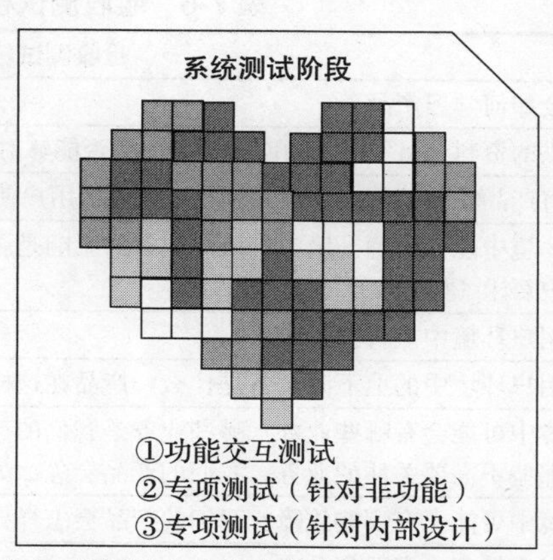

系统测试阶段
①功能交互测试
②专项测试（针对非功能）
③专项测试（针对内部设计）

图 7-25　俄罗斯方块心项目在系统测试阶段安排的主要测试活动

4. 验收测试阶段

验收测试是产品正式交付用户之前的准备测试，主要测试活动包括如下几个。

- ❑ **场景验证：**我们在系统测试阶段也会考虑场景，但在验收测试阶段考虑的场景更偏向于交付用户，这是一种模拟生产或者用户环境的场景验证。

- Beta 测试：用户小范围试用，以便暴露批量发布时可能的问题，为接下来的正式发布做准备。
- 资料测试：对与用户相关的手册、指导文档等进行测试验证。

在俄罗斯方块心项目中，我们将验收测试阶段分为 2 轮——测试验证和回归测试。验收测试阶段的主要活动及其在不同版本中的整体安排如图 7-26 所示。

验收测试	
A1	A2
场景+Beta+资料	回归

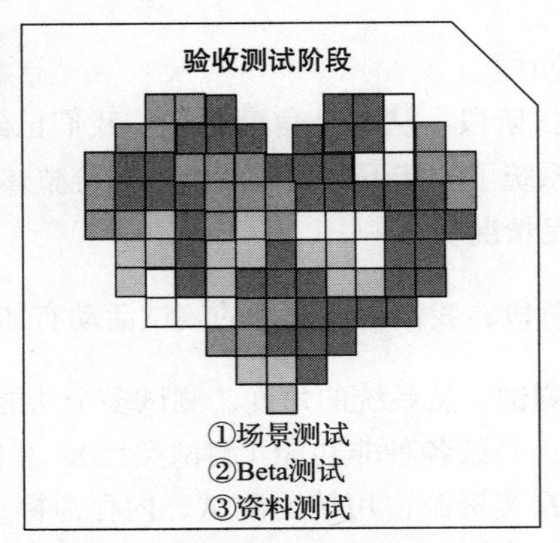

图 7-26 俄罗斯方块心项目在验收测试阶段的主要测试活动

表 7-6 所示清单可以帮助我们更好地进行验收测试。

表 7-6 验收测试检查点

序　号	验收测试检查点
1	用户将会如何学习产品
2	产品提供的资料（如手册、指南、视频）是否能够对用户提供切实的帮助
3	用户会将产品安装部署在怎样的环境中（包括用户使用的硬件、操作系统、数据库、浏览器等）
4	在用户环境中能否正确升级？升级对业务的影响是否在用户容忍的范围内？升级对已有功能的影响是否符合用户要求（如升级后不能丢特性）
5	产品在用户环境中能否被正确移除
6	产品在用户环境中的上下游设备是什么？产品在这样的环境中是否正常
7	用户环境中可能会有哪些业务？哪些业务是我们的产品需要关注的？哪些业务是我们的产品不需要关注的？对那些不需要关注的业务，我们的产品会怎么处理
8	用户环境中可能会有哪些故障？我们的产品会怎样处理这些故障
9	用户会怎么管理、配置产品
10	用户会如何使用产品的日志、告警、审计、报表等和运维相关的功能

7.2.6 确定关键测试活动的出入口准则

在上一节中，我们已经把各种测试活动安排到了不同的测试阶段中。其中一些测试活动可以并行，**但是一些测试活动依然会对后续测试活动造成影响或阻塞**，这就需要我们识别出这些测试活动，确定其出入口准则，以保证各种测试活动可以在测试中按顺序进行下去。

在俄罗斯方块心项目中，单元测试、集成测试（LLT）、系统测试（HLT 和功能交付测试、非功能测试）和验收测试依然是环环相扣的，任何一个测试活动没有执行到位，都会影响后续测试活动的顺利开展，如图 7-27 所示，这些都需要我们识别出入口准则。

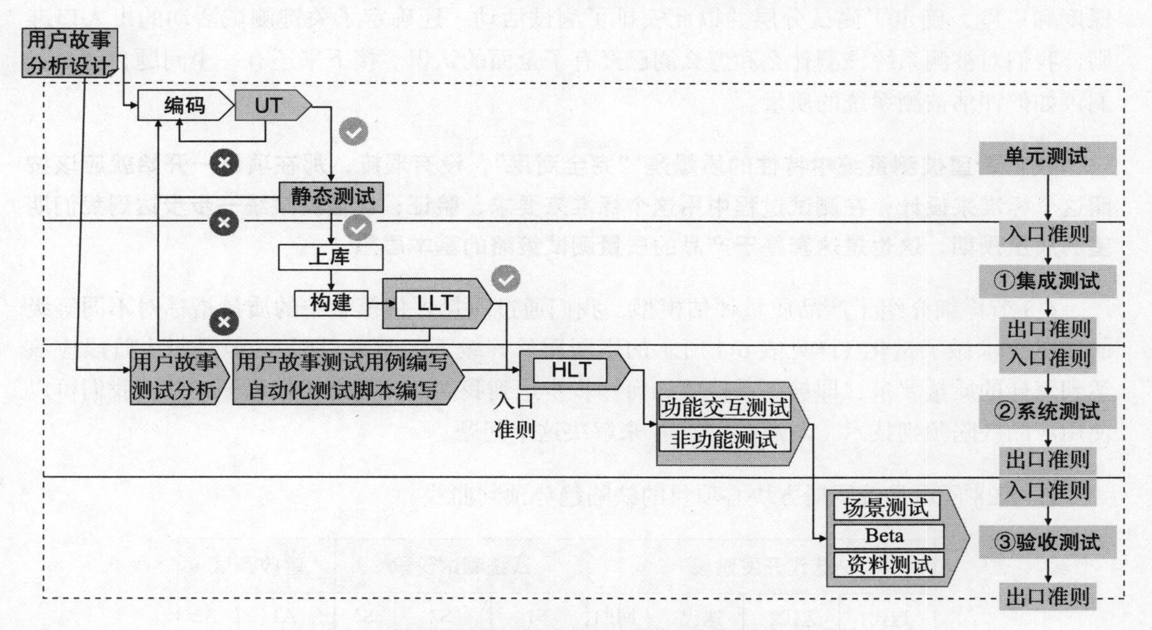

图 7-27　俄罗斯方块心项目各个测试阶段出入口准则

1. 集成测试的出入口准则

集成测试的入口准则：完成了单元测试、各种静态检视，并修复了单元测试发现的缺陷；代码集成构建成功。

集成测试的出口准则：完成了 LLT，并修复了其中发现的缺陷，符合 LLT 质量评估目标，测试结果为“通过”。

2. 系统测试的出入口准则

系统测试的入口准则：完成了集成测试；测试团队已经做好了测试准备，包括测试用例、测试资源和测试环境准备到位。

系统测试的出口准则：完成了系统测试，符合系统测试质量评估目标。

3. 验收测试的出入口准则

验收测试的入口准则：完成了系统测试；Beta 环境已经准备好。

验收测试的出口准则：完成了验收测试，符合验收测试质量评估目标。

7.2.7 预判产品缺陷趋势

在前面几节里，我们已经对被测对象进行了系统且深入的分析，确定了测试的优先级、深度和广度，确定了测试分层并以此安排了测试活动，还确定了关键测试活动的出入口准则，我们对被测系统该测什么和怎么测已经有了全面的认识。接下来还有一个问题，就是我们该如何评估被测系统的质量。

我们希望被测系统中特性的质量是“完全商用”，没有瑕疵，那在项目一开始就应该按照这个标准来设计；在测试过程中用这个标准来要求、验证；让被测系统一步步达到我们期望的质量预期，这也是这套基于产品的质量测试策略的基本思想。

6.3 节详细介绍了产品质量评估模型，我们通过质量评估模型中的质量指标对不同等级的质量要求做了量化（详见表 6-1 所示的不同质量等级下的质量目标）。但是每个阶段应该达到怎样的质量要求，即被测系统要如何一步步达到我们的预期还不清晰——其实我们可以使用产品缺陷预判技术（详见 6.4.7 节）来解决这个问题。

图 7-28 所示是俄罗斯方块心项目的缺陷趋势预判曲线。

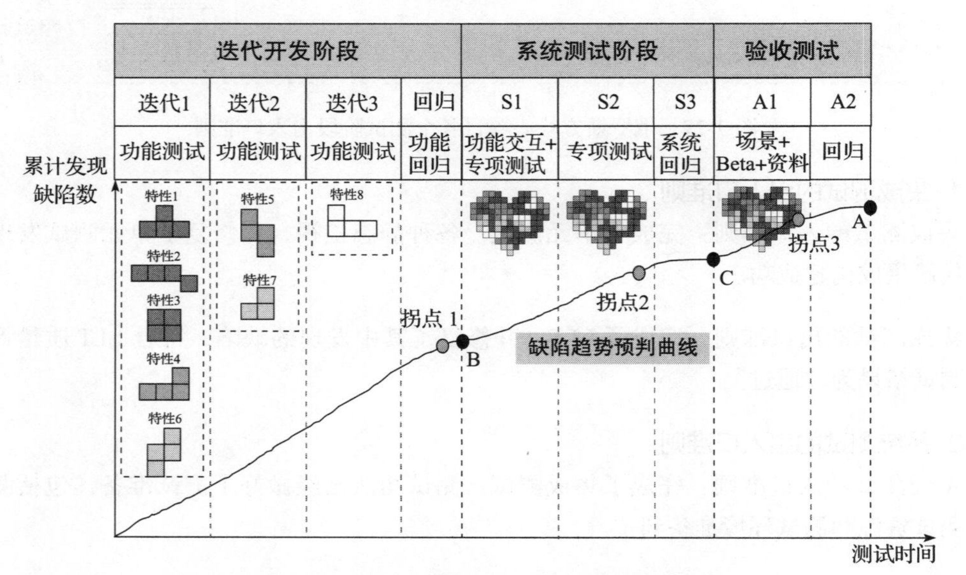

图 7-28 俄罗斯方块心项目缺陷趋势预判曲线

图 7-28 所示的 A 点是根据组织的缺陷密度基线和项目规模，预估的发布时的缺陷总数。

缺陷总数预估方式

业界有很多估计项目规模的方法。常见的有代码行、功能点和故事点 3 种估计方法。无论用哪种方法，估计出来的项目规模都可以乘以相应的缺陷密度，以得到预估的系统缺陷总数。

我们可以根据经验或者组织的基线数据，得到每个阶段结束时预估可以发现的缺陷总数，如图 7-28 所示的 B 点和 C 点。

估计出 B 点和 C 点，意味着我们把质量评估按测试阶段进行了分解——若想在发布时达到 A 点，那么只需要在迭代开发阶段达到 B 点，在系统测试阶段达到 C 点，这让我们在测试过程中有了参考，从而保证被测系统可以一步一步达到我们预期的质量目标。

接下来就要确定每个阶段的拐点了。对迭代开发阶段来说，3 个迭代版本都会有新的功能提交，拐点不应该在任何一个迭代版本内出现，只能出现在迭代开发的回归测试阶段。但是鉴于迭代开发阶段的回归测试所用时间不长，迭代开发阶段的拐点可能会和迭代开发结束的时间点很靠近，且不明显，如图 7-28 中所示的拐点 1。

而系统测试阶段和验收测试阶段，拐点都应该出现在回归测试前那个版本的后期，如图 7-28 中所示的拐点 2 和拐点 3。

根据拐点和缺陷总数点（图 7-28 中所示的 A、B、C），按照缺陷趋势的凹凸性制图，就可以得到俄罗斯方块心项目缺陷趋势预判曲线。该图可以帮助我们在**测试前可视化缺陷目标，在测试过程中进行牵引和分析，一步一步有策略地达到测试目标。**

7.2.8 回顾

至此，我们完成了俄罗斯方块心这个虚拟项目的总体测试策略的制定。下面回顾一下总体测试策略都包含哪些内容。

- **一张特性测试策略总表**：表中包含当前特性的质量目标、分类、覆盖策略，以及测试优先级和识别出来的风险。
- **一张测试活动总体安排表**：表中包含测试分层的划分，如何安排测试活动，关键测试活动的出入口准则。
- **一个缺陷趋势预判图**：对质量目标进行阶段划分和可视化，牵引产品一步一步有策略地达到质量目标。

总体测试策略如图 7-29 所示。

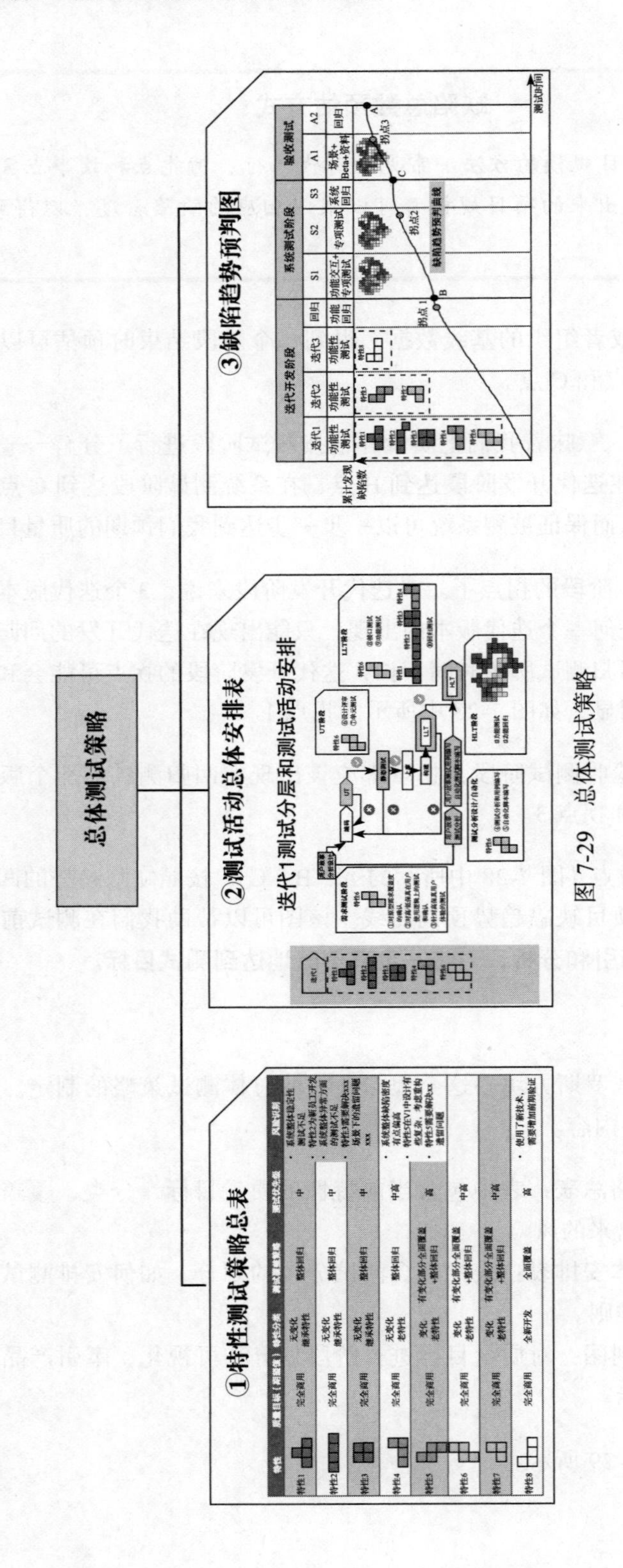

图 7-29 总体测试策略

总体测试策略可指导测试团队进行后续测试设计、测试执行、质量评估等，如图 7-30 所示。

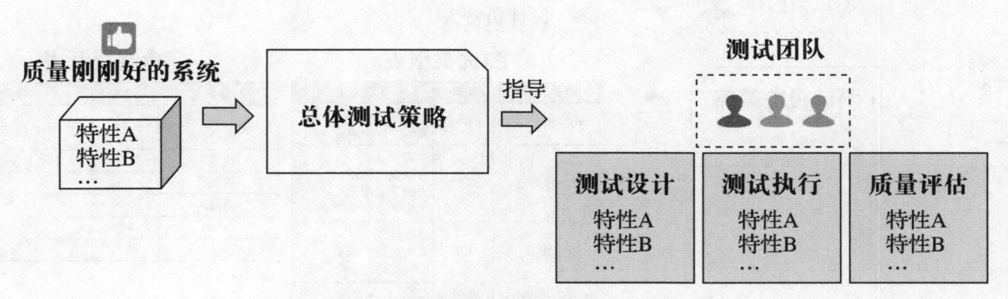

图 7-30　通过总体测试策略来指导测试团队

7.3　制定测试设计策略

在总体测试策略中，我们确定了特性的测试覆盖策略，即明确了测试的深度和广度。如果我们不在测试设计中落地，这个策略就成了一纸空文。本节讨论的就是如何将测试策略中明确的测试深度和广度落地到测试设计中。

7.3.1　在测试设计时考虑测试深度和广度

我们在 4.9 节中讨论了基于车轮图的测试分析方法，可以在 MM 图中直接使用车轮图进行测试设计，也可以使用测试分析设计表来进行。**无论使用哪种方式，测试架构师都可以通过确定、检查其中的测试类型和测试方法，提纲挈领，让测试团队在测试设计时可以充分考虑测试的深度和广度。**

1. 使用测试分析设计表来保证测试深度和广度

我们在 4.9.5 节中讨论了如何使用测试分析设计表来进行测试设计，其实通过测试分析设计表来保证测试深度和广度是很容易的。测试分析设计表有如下两个“锚点”。

- **测试类型**分析表：确定本次测试设计涉及的测试类型。
- **功能交互**分析表：确定本次测试设计中哪些功能之间会互相有影响。

测试架构师只要抓住这两个“锚点”，就很容易在测试团队中针对测试深度和广度的问题达成一致，以确保测试策略有效落地。

我们以虚拟项目俄罗斯方块心全新开发的特性 8 的测试设计为例。

特性 8 的测试覆盖策略是“全面覆盖”，即需要包含所有的测试类型和测试方法。**测试架构师可以根据测试策略，与该特性的测试设计负责人沟通，讨论确定本次测试设计需要考虑的测**

试类型，这些测试类型中需要包含的测试方法，以及需要考虑的功能交互点，如图 7-31 所示。

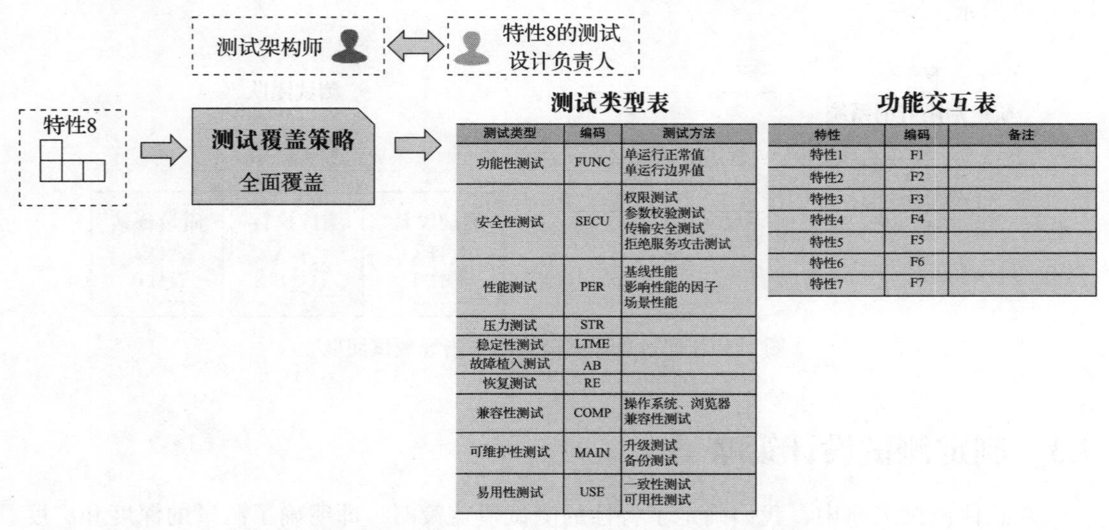

测试类型	编码	测试方法
功能性测试	FUNC	单运行正常值 单运行边界值
安全性测试	SECU	权限测试 参数校验测试 传输安全测试 拒绝服务攻击测试
性能测试	PER	基线性能 影响性能的因子 场景性能
压力测试	STR	
稳定性测试	LTME	
故障植入测试	AB	
恢复测试	RE	
兼容性测试	COMP	操作系统、浏览器 兼容性测试
可维护性测试	MAIN	升级测试 备份测试
易用性测试	USE	一致性测试 可用性测试

特性	编码	备注
特性1	F1	
特性2	F2	
特性3	F3	
特性4	F4	
特性5	F5	
特性6	F6	
特性7	F7	

图 7-31 使用测试设计分析表来明确测试深度和广度

沟通讨论的时间最好选在特性设计者对特性有一定了解之后。

2. 在 MM 图中使用车轮图时考虑测试深度和广度

如果我们在 MM 图中直接用车轮图来进行测试用例设计，测试架构师可以先按照测试策略的覆盖要求，和测试设计负责人讨论并确定这个特性测试设计的大纲，也就是车轮图的“轮轴”。

还是以俄罗斯方块心全新开发的特性 8 的测试设计为例，如图 7-32 所示。

沟通讨论的时间最好也选在特性设计者对特性有一定了解后。

我们为什么建议测试架构师要和测试设计人员通过沟通的方式来确定特性的测试深度和广度呢？测试设计人员自己把控测试设计的深度和广度又有什么问题呢？

测试架构师往往在项目一开始就参与进来了，其对项目的背景、目标和要求都很清楚。总体测试策略中关于测试覆盖度的结论，是综合了质量目标、风险、代码的继承关系，通过全局分析得到的。相比测试架构师，测试设计人员进行测试投入一般会晚一些，关注点主要集中在自己负责的那些特性上，即便是考虑功能交互，也只会关心和自己有关的功能交互。我们还是以俄罗斯方块心项目中的特性 8 测试设计为例，对比说明测试架构师从“全局的视角”和特性设计负责人从“局部任务的视角”来看待同一个被测对象的差异，如图 7-33 所示。

信息不对称、缺少全局视角容易让测试设计者“只见树木不见森林”，站在自己的角度去设计，从而忽视了风险，造成设计过度或遗漏。

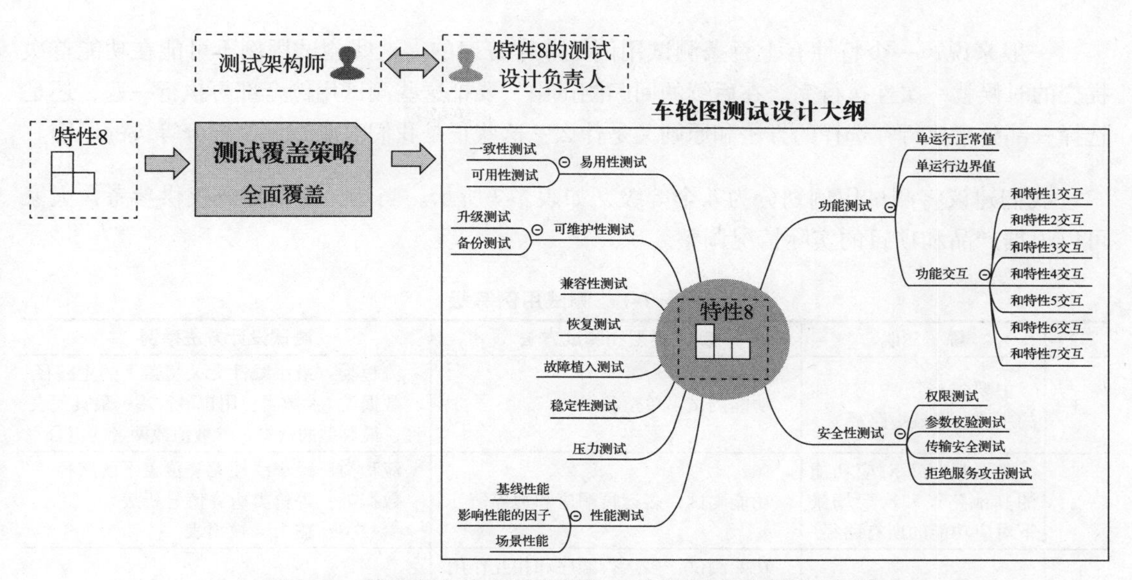

图 7-32　俄罗斯方块心项目特性 8 的车轮图测试设计大纲

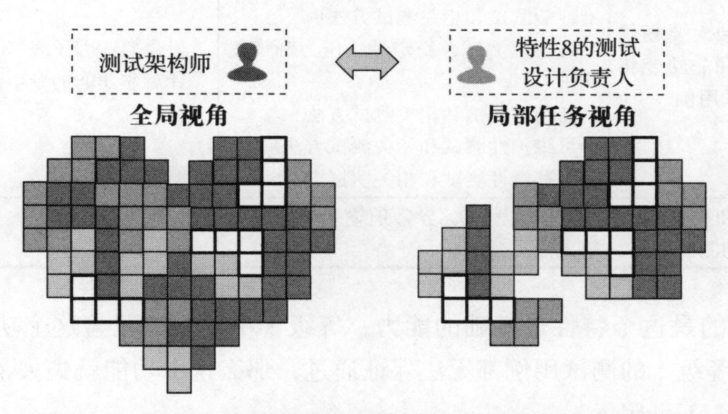

图 7-33　测试架构师的视角和测试设计负责人的视角对比

测试架构师可以直接要求测试设计负责人严格按照测试策略来执行吗？事实上，因为总体测试策略往往是在项目初期制定的，那时开发人员还没有进行详细设计和编码，所以要具体执行的特性的实际情况可能和总体测试策略分析时的情况有一定的差异。如果我们只是严格、机械地执行测试策略，就成“刻舟求剑”了。所以最好的方式是测试架构师和测试设计负责人一起来沟通并确定测试设计大纲，以确保每个特性测试设计的充分性和有效性。

7.3.2　给测试用例划分等级

我们在第 5 章介绍经典测试用例模版（参见 5.3.1 节）的时候提到了“测试用例级别”，当时我们给这个字段下的定义是“用于区分测试用例重要性、执行次数优先级等”，但是并没有展开讨论，本节将具体讨论这个字段。

一般来说，一个特性有上百条测试用例是非常普遍的。这些测试用例不可能在功能首次提交的时候就一次性执行完。在后续的回归测试中，要把这些测试用例全部再执行一遍，还是选择一部分来执行？选择的方法和原则又是什么？这些正是我们对测试用例划分等级的原因。

我们建议将测试用例划分为 4 个等级，如表 7-7 所示。当然，这个划分仅供参考，大家可以根据产品和项目的实际情况调整。

表 7-7 测试用例等级

等级	说　明	测试类型和测试方法	测试设计方法举例
1	主要场景下对应功能的主路径（最短路径）	功能测试，单运行	流程类：最小线性无关覆盖下的主路径 数据类 / 参数类：用户最常用、最具代表性、最典型的数据、参数值或两者的组合
2	主要场景下对应功能的其他路径和次要场景下对应功能的所有路径	功能测试，多运行顺序和边界值	流程类：最小线性无关覆盖下的路径 数据类：等价类边界值分析表 参数类：输入 – 输出表
3	主要场景和次要场景下功能交互和非功能相关的所有测试用例	功能测试，多运行顺序和相互作用 安全性测试和相关测试方法 性能测试和相关测试方法 可靠性测试，稳定性、压力和恢复测试 易用性测试和相关测试方法 可维护性测试和相关测试方法 可移植性测试和相关测试方法	组合类：因子表 针对非功能的专项测试
4	主要场景和次要场景下针对异常的测试用例	可靠性测试，异常值输入法、故障植入法	

等级 1 代表的是这个特性最基础的能力，等级 1 不能完全覆盖这个功能对应的主要场景，但是如果连等级 1 的测试用例都无法保证通过，那么这个功能就失去了在系统中存在的意义，功能会完全不可用。

等级 2 对应的就是功能，针对单个功能设计详细、深入的测试用例。

等级 3 针对的是功能交互和非功能方面的测试，考虑的是系统层面。

等级 4 针对的是异常测试用例。

正因为**等级 1 的测试用例能决定这个功能是否完全不可用，所以我们常说的"冒烟测试用例"至少应该包含等级 1 的测试用例。**

等级 4 中把异常测试用例单独归为一类的主要原因是，异常测试可以增强系统的健壮性，但是大多数异常测试用例都无须反复执行，在一个产品版本中执行一次就可以了（有时候也称这种测试用例为一次性测试用例）。把异常测试用例单独归为一类不仅可以提醒我们这类测试用例的重要性，还有助于我们安排回归和自动化测试策略。

表 7-8 总结了不同的测试用例级别的参考比例，以及不同的测试用例级别在回归测试策略和自动化测试策略方面的建议。

表 7-8　不同测试用例级别的回归测试和自动化测试策略

等　级	参考比例	回归测试策略	自动测试策略
1	约 5%	所有等级 1 的测试用例，每次提交均需要反复回归	建议 100%
2	约 40%	针对主要场景反复回归 针对次要场景可以根据改动、缺陷等选择性回归	尽量 100%（尤其是针对主要场景）
3	约 40%	对系统非常关注的非功能项（例如性能）反复回归	对烦琐部分或者确实需要反复执行的部分实现自动化
4	约 15%	仅针对缺陷回归	无须自动化，或自动化优先级低

7.3.3　有效的测试设计评审

对一个测试架构师来说，为整个测试团队的测试设计质量把关是一项非常重要的工作，“评审”则是最常见的把关方式。

陷入困境的测试设计评审

小李是一位测试架构师，当前团队的测试用例已经设计得差不多了，需要评审。小李原以为大家的测试用例都已经输出了，评审根本不是事，但是真正开始评审后却让他苦不堪言。

问题 1：团队同事对测试用例是否可以进入评审的理解不一致，有些同事没有完成测试用例就提交评审，理由是那些部分不知道该怎么写，想通过评审收集一下大家的意见，之后再设计。遇到困难大家讨论本来很正常，但是这个情况超出了小李的预期，小李根本没有预留那么多评审时间来让大家充分讨论、设计。

问题 2：团队很多同事在测试覆盖度方面考虑有问题，要不就是考虑得不够，要不就是考虑得过细，返工情况比较凸出。

问题 3：一个团队的测试设计铺天盖地压过来，测试用例又写得良莠不齐，小李也不是每个特性都那么熟悉，感到评审不过来，让他心有余而力不足。

眼看版本就要提交了，还有那么多问题，小李陷入焦虑。

小李的困境在实际测试中非常普遍。**事实上，我们根本就不应该对“仅通过最后的一次评审检查，就能满足预期要求”这样的事情抱有幻想**。和我们在 5.1.2 节讨论的“要主动反复沟通”原则一样，**对待评审，我们也要做好多次评审检查的准备，把评审做到过程中去，化整为零，才是真正有效的测试设计评审策略。**

我们建议测试架构师分 3 个检查点去评审团队的测试设计，如图 7-34 所示。

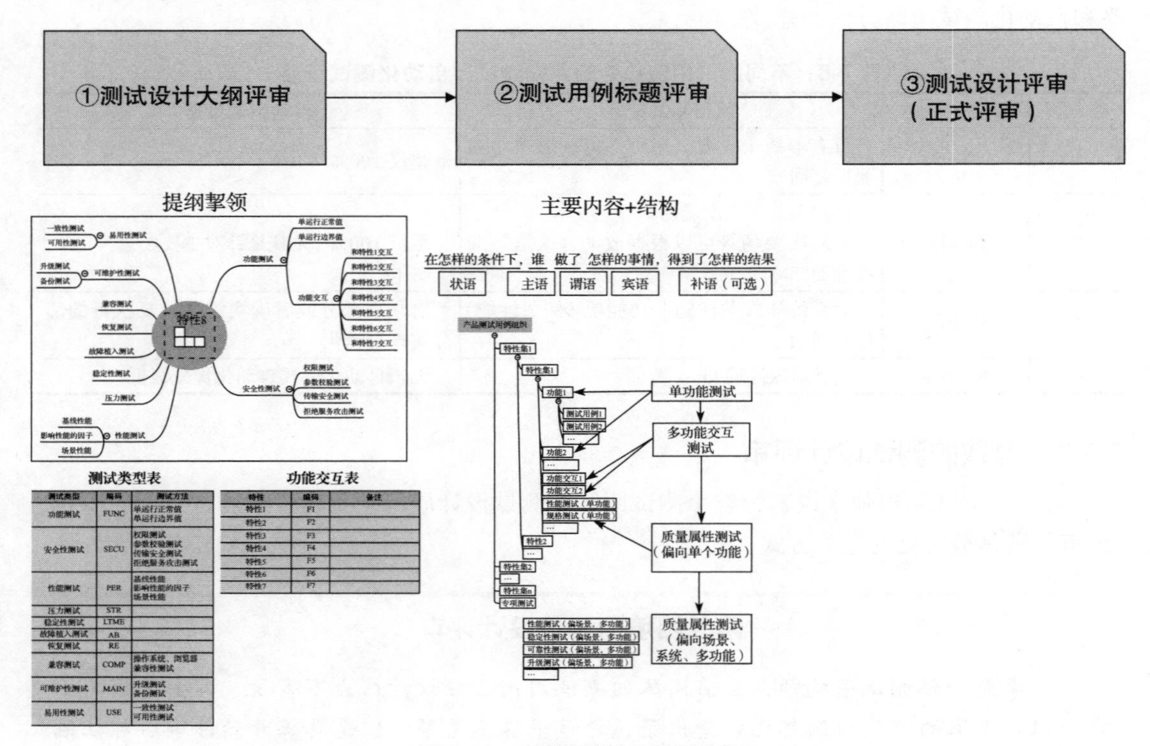

图 7-34 有效的测试设计评审

1. 测试设计大纲评审

在测试设计开始的时候，我们建议测试架构师和测试设计负责人沟通并确认本次测试设计的深度和广度，共同确定测试设计的大纲。测试架构师可以在这个阶段做一次检查，确认双方对测试设计大纲的理解是一致的。做好这个环节，可以有效改善小李的故事中说到的问题 2。

2. 测试用例标题评审

在测试设计过程中，建议测试架构师先对测试用例的标题和组织结构进行评审，确认测试设计的主要内容是否有问题。

进行测试用例标题的评审也是测试团队成员沟通交流的机会。在本节讲述的小李的故事中的问题 1、问题 2 都可以在这个环节澄清、讨论，并最终解决。我们还可以把当前设计得好的特性作为优秀案例提供给团队参考，这样即便团队需要返工、换人，也有较为充足的时间进行操作。

3. 测试设计评审

这是在测试设计后期把控测试设计评审的最后一关。经过前面两轮评审后，本次评审可以把重点放在前面问题较多、风险较大的特性中。对那些在测试用例标题评审中表现良好的模块，可以抽评或者不评。这也解决了小李的故事中的问题 3。

7.3.4　回顾

本节我们讨论了如何通过总体测试策略来指导测试设计，其中的要点是测试架构师和测试团队的测试设计负责人通过沟通一起来确定“测试设计大纲”，提纲挈领，以此来保证测试设计中测试的覆盖度（深度和广度）“刚刚好”，如图 7-35 所示。

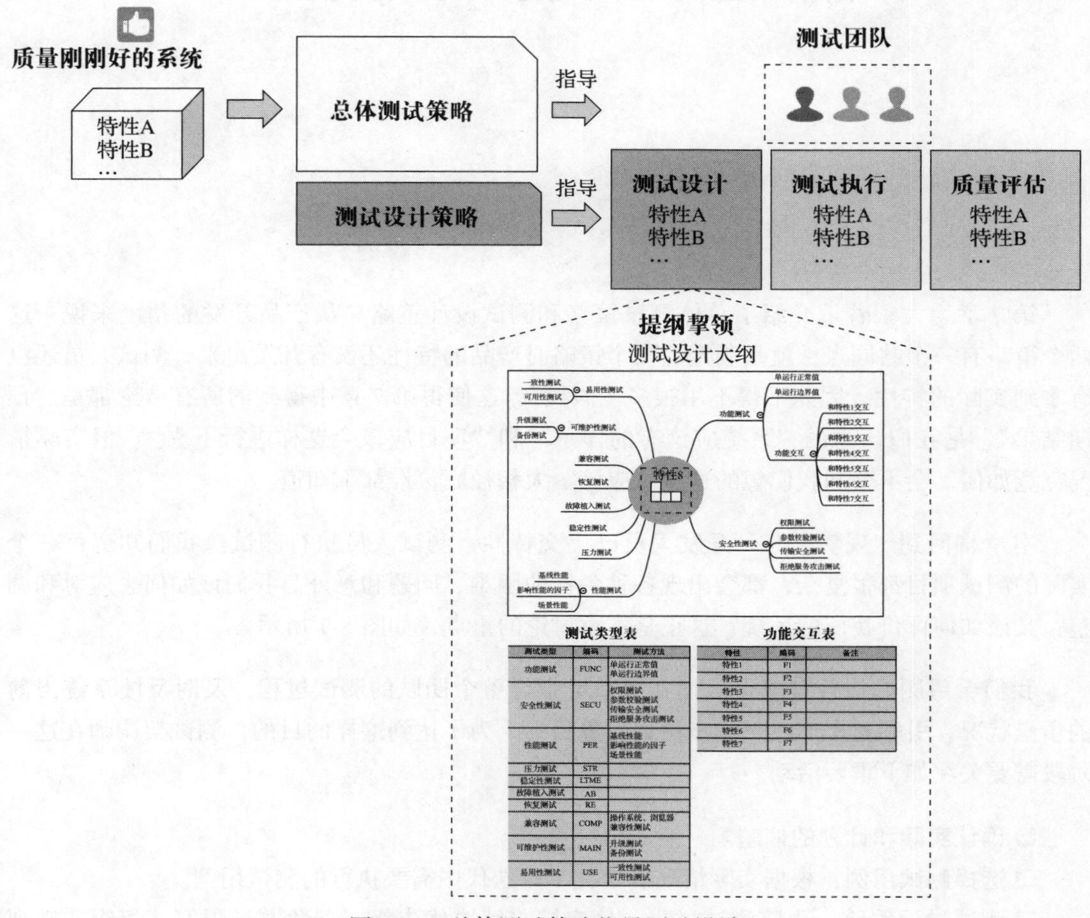

测试类型	编码	测试方法
功能测试	FUNC	单运行正常值 单运行边界值
安全性测试	SECU	权限测试 参数校验测试 传输安全测试 拒绝服务攻击测试
性能测试	PER	基线性能 影响性能的因子 场景性能
压力测试	STR	
稳定性测试	LTME	
故障植入测试	AB	
恢复测试	RE	
兼容测试	COMP	操作系统、浏览器 兼容性测试
可维护性测试	MAIN	升级测试 备份测试
易用性测试	USE	一致性测试 可用性测试

特性	编码	备注
特性1	F1	
特性2	F2	
特性3	F3	
特性4	F4	
特性5	F5	
特性6	F6	
特性7	F7	

图 7-35　总体测试策略指导测试设计

除此之外，我们还讨论了如何给测试用例划分等级和有效进行测试设计评审。测试用例分级和回归测试策略非常重要，第 8 章会对此继续展开讨论。

Chapter 8 第 8 章

产品质量评估和测试策略调整

第 7 章为大家着重介绍了总体测试策略和测试设计策略。从产品开发的角度来说，这两个策略有一个共同点，就是制定这两个策略时产品的特性还没有开发出来，测试人员还没有拿到实际的特性。因此不得不用很多“假设”，这使得第 7 章中得到的所有结论都是“预期结果”，是我们认为的“系统应该有的样子”和“项目应该会这样进行下去”。但实际情况究竟如何，会不会和我们想的这些“应该”大相径庭，谁都不知道。

本章将回到“现实”——开发人员已提交特性，测试人员执行测试。我们知道每一个实际的测试项目都很复杂，都会出现各种各样的困难、问题和意外。我们该如何去应对和调整？又该如何评价我们的系统？这正是本章讨论的重点，如图 8-1 所示。

我们希望测试执行策略可以切实有效地指导整个团队的测试过程，及时反馈系统当前的质量状况，引领整个产品一步步达到质量目标。为了达到这样的目的，测试架构师在这一阶段需要关注如下重要活动。

- **确认实际和计划的偏差。**
- **选择测试用例**：根据实际情况确定在本轮迭代中需要执行的测试用例。
- **测试过程跟踪**：跟踪测试过程，确定缺陷解决优先级，避免测试阻塞，组织非必现缺陷的复现和攻关，进行各种变更管理。

在这个过程中，需要测试架构师不断调整测试策略，一点点引导产品向正确的目标前进。经过一轮一轮的扎实测试，产品质量评估会变成最轻松和最简单的事情。

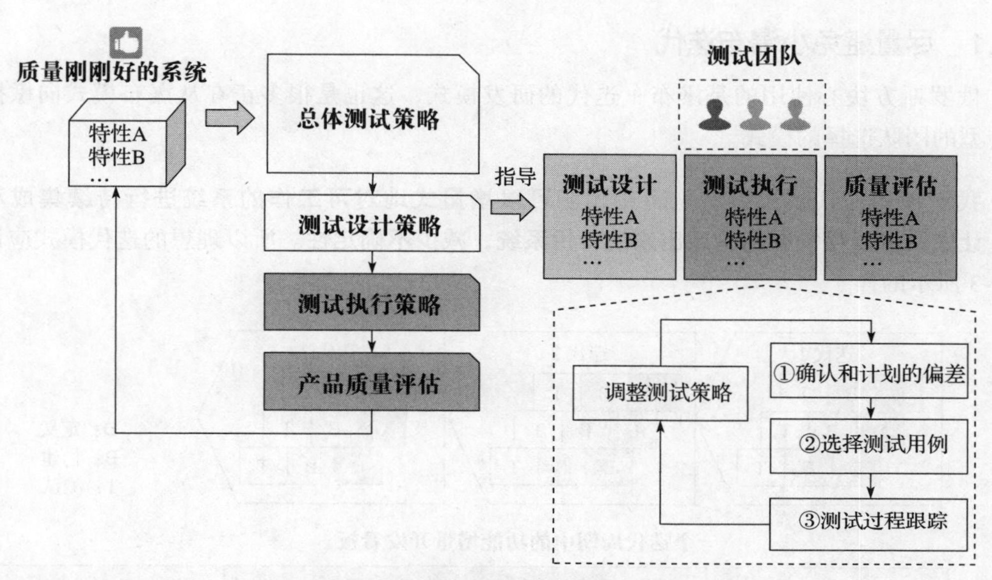

图 8-1 测试执行策略和产品质量评估

8.1 确认和计划的偏差

经过努力，我们的虚拟项目俄罗斯方块心开始进入迭代开发阶段，如图 8-2 所示。

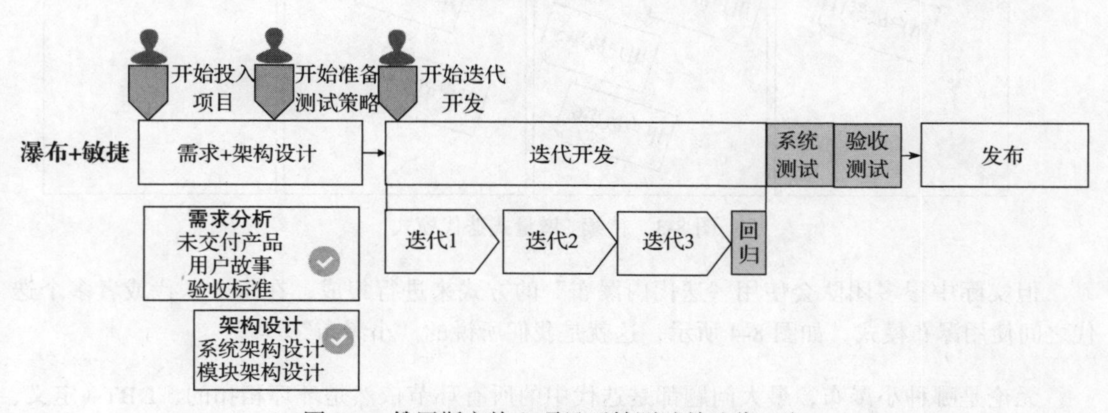

图 8-2 俄罗斯方块心项目开始测试并迭代开发

俄罗斯方块心是一个采用瀑布 + 敏捷模式开发的项目，每一轮迭代中的用户故事，均通过定义—构建—测试的过程来完成。所有迭代开发完成后，我们会进行系统测试和验收测试。

对类似俄罗斯方块心这种使用增量式迭代开发的项目，从计划偏差的角度来说，会有两大类陷阱：变形的迭代研发模式，实际交付范围、实现与计划的差异。

8.1.1 尽量避免小瀑布迭代

俄罗斯方块心使用的是瀑布＋迭代的研发模式，这也是很多正在从瀑布模式向敏捷模式转型的团队选择的模式。

我们使用迭代模式，就是希望团队**可以增量式地对可工作的系统进行持续集成和测试，让团队可以尽快看到构建出来的可用系统，减少不确定性**。所以理想的迭代模式应该像图 8-3 所示的样子。

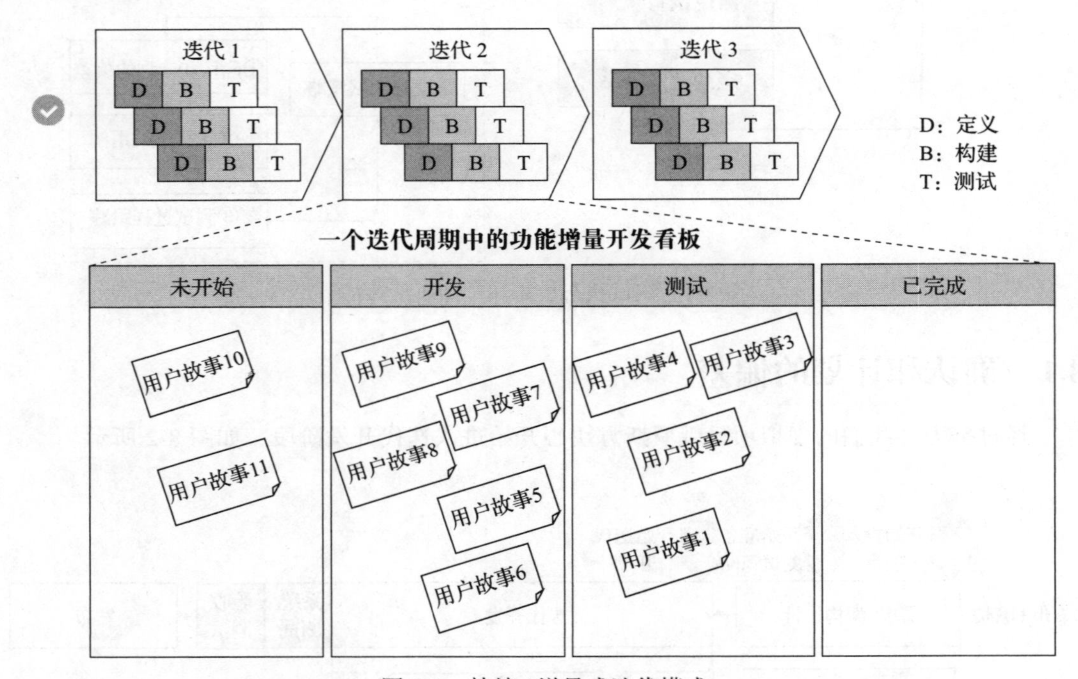

图 8-3 持续 / 增量式迭代模式

但实际中很多团队会使用“迭代内瀑布”的方式来进行集成，在每个迭代或者多个迭代之间使用瀑布模式，如图 8-4 所示，这就是我们所说的“小瀑布”。

无论是哪种小瀑布，最大问题都是迭代中的所有环节依然是环环相扣的，DBT（定义、构建、测试的简称）中任何一个环节出了问题，都会打乱研发节奏。尽管和传统瀑布模式相比，团队成员已经可以提前看到可用的系统，但构建、实现等过程中存在不确定性的风险依然很大。

很多使用小瀑布模式的团队，都会遇到构建的问题，造成构建延期，但是因为迭代周期不能变，所以只能压缩测试时间，如图 8-5 所示（以一个迭代内的小瀑布模式为例）。

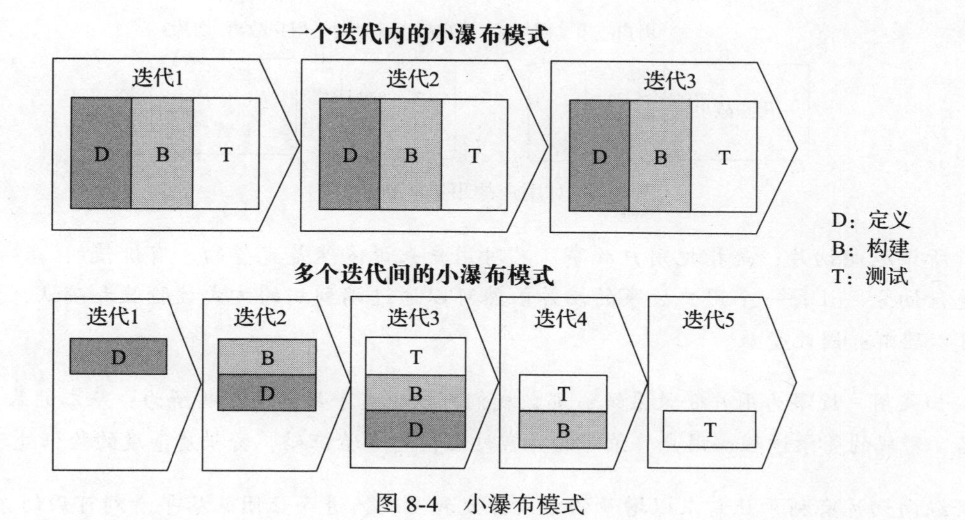

图 8-4　小瀑布模式

在无法有效确认迭代功能正确性的情况下，继续迭代只能让系统愈发不稳定，陷入恶性循环。

很多使用小瀑布模式的团队会或多或少降低设计的要求（因为要快速编码、构建），开发人员也常常会只考虑主流程，忽视次要场景或者异常。在这种情况下，即便按照计划构建成功，测试也很容易被阻塞，甚至会在测试过程中再回过头去讨论需求，造成返工，影响后续迭代，如图 8-6 所示（以一个迭代内的小瀑布模式为例）。

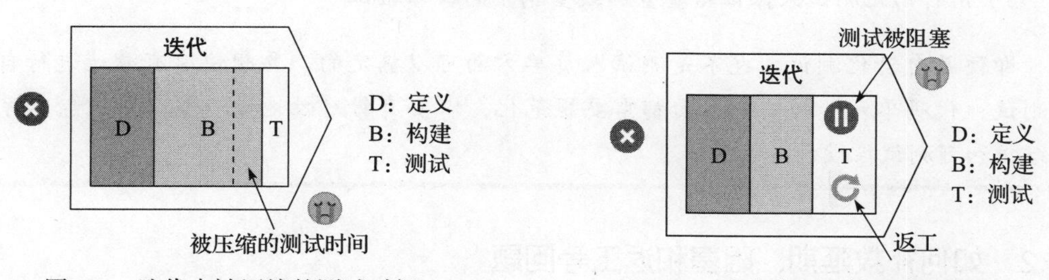

图 8-5　迭代中被压缩的测试时间　　图 8-6　迭代中测试被阻塞或返工

由上可见，我们在项目中应该尽量避免使用小瀑布模式，不要落入变形迭代的陷阱。但是现实情况中，要想从根本上解决这个问题，还是要从需求和架构入手。测试架构师可能没有办法直接改变使用小瀑布模式的情况，但是从整个团队研发效能提升的角度来说，测试架构师也需要了解相关知识，以便从测试角度做好准备，和团队管理者一起逐步改善使用小瀑布模式的情况。

可以有效改善小瀑布模式的方法

1）对用户故事进行“纵向切片”，让用户故事可以增量方式呈现，如图 8-7 所示。

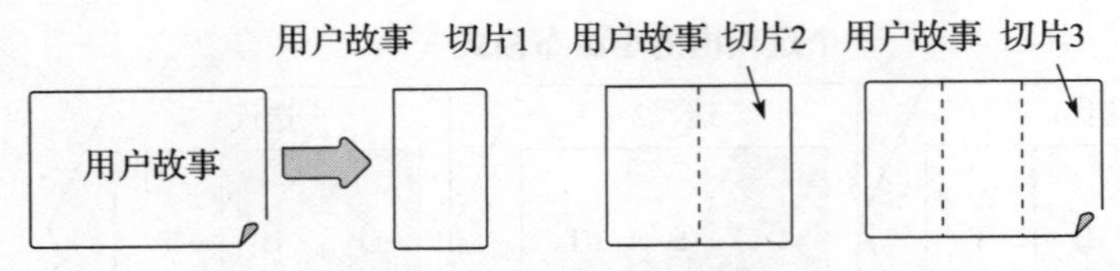

图 8-7 对用户故事进行纵向切片

所谓纵向切片，是指把用户故事从“对用户来说依然是完整的、有价值的”这个角度进行切分，让每一个用户故事的切片依然可以通过端到端的方式被验收和确认，且用户可以理解并因此受益。

如果用户故事为用户登录系统，那么我们可以把这个用户故事拆解为：基本的基于用户名、密码的登录过程；用户登录时的异常处理；增加验证码、密码复杂度的验证处理。

纵向切片有利于让需求以增量的方式开发和呈现，进而让团队尽早看到可用的系统，降低集成风险。

2）架构上需要解耦，为增量开发提供架构基础。

架构解耦、模块化开发是增量式集成的基础。只有这样才能保证系统能以快速增量的方式开发，而不是牵一发动全身。

3）用自动化测试来保证增量叠加或重构下的回归验证。

即便是自动化测试，也不是测试人员单方面可以搞定的。要想快速有效地进行自动化测试，代码单元、接口、界面都需要规范化，需要有针对性地做一些设计，包括系统的维护和可测试性设计。

8.1.2 如何补救延期、阻塞和返工等问题

尽管我们希望采用持续迭代的方式避免小瀑布模式，但是在实际项目中，依然有很多团队受限于产品特点、需求、架构、历史等原因，只能先使用小瀑布模式。因此对测试来说，如何补救已经出现问题的小瀑布模式是非常现实的问题。

如果项目已经出现构建延期、阻塞、返工等情况，测试架构师和测试负责人可以一起尝试通过图 8-8 所示的方法来应对。

对图 8-8 所示内容说明如下。

- 分析延期、阻塞、返工等情况对测试计划的影响。
- 是否可以通过测试人员加班的方式来补救？

- ❑ 如果对测试影响比较大，和项目负责人沟通，看是否可以延长这个迭代周期。
- ❑ 是否可以增加一个迭代用于测试？
- ❑ 是否可以调整项目范围，在后续版本中减少一些内容？

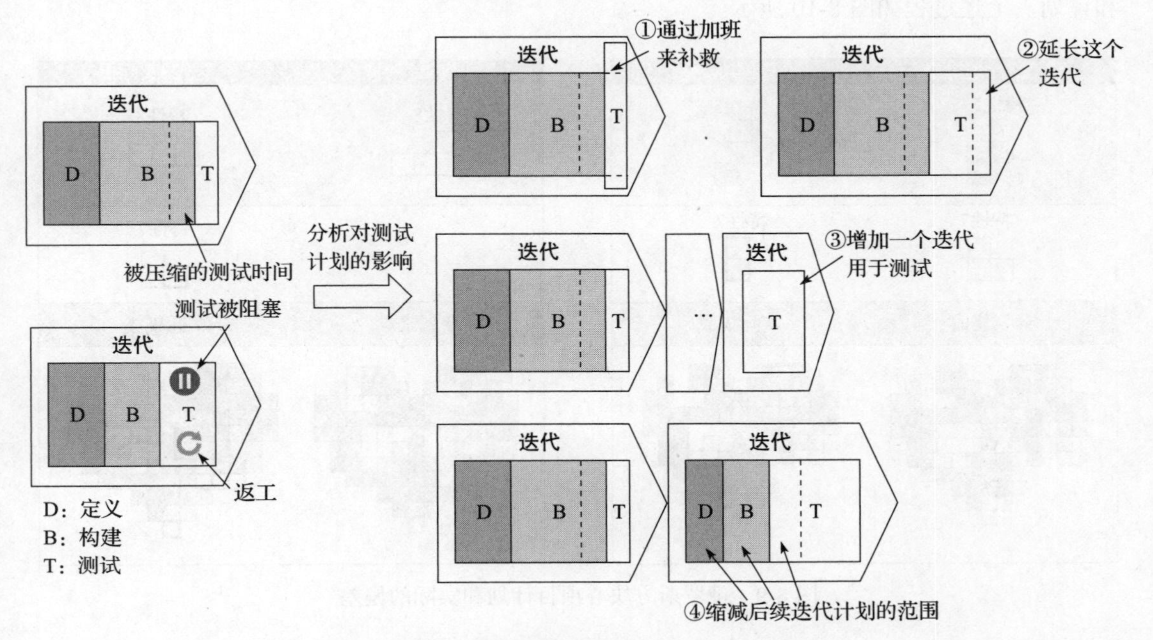

图 8-8 应对测试时间被压缩、阻塞和返工的情况

需要特别说明的是，这些方法不仅适用于小瀑布模式，对持续迭代也有借鉴意义。

8.1.3 如何处理实际交付的内容和计划的偏差

另一种常见的偏差是开发人员实际交付的内容和计划交付的内容存在差异，如和计划交付的内容相比，实际提交的功能缺失或不全。

对测试人员来说，需要关注的不仅是开发人员实际能够提测的内容，还需要关注实际交付的内容是否具备可测试性，是否会对测试造成严重阻塞。

我们以俄罗斯方块心项目为例，假设项目中两个迭代版本的偏差如图 8-9 所示。

在迭代 2 中，我们计划提交的内容为特性 5 和特性 7（迭代计划可参见图 7-19 和图 7-20），但实际提交时，特性 7 出现了偏差（见图 8-9）。这时我们需要站在测试的角度去评估特性 7 的偏差是否会对这个迭代的目标造成影响。

从测试目标来看，我们要验证特性 7 的实现是否正确，还要确认特性 7 是否可以和其他特性正确集成。从功能角度来说，特性 7 的偏差影响的功能有限；从集成的角度来看，特性 7 的偏差相对独立，并不会影响特性 1 和特性 5 的集成。我们在迭代 3 中补齐特性 7 后，除了补充验证特性 7 缺失的功能外，也不会影响已有特性 1 和特性 5 的集成，只需要进行回归测试，所以迭代 2 的偏差对测试的影响可控，是可以接受的偏差，针对此可更改测试策略和计划。上述过程如图 8-10 所示。

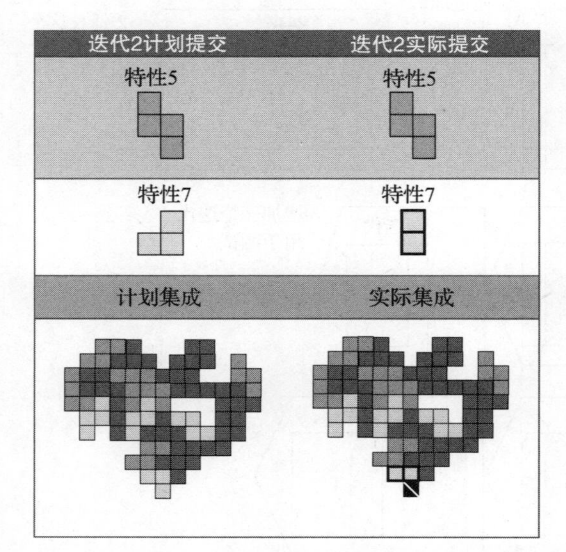

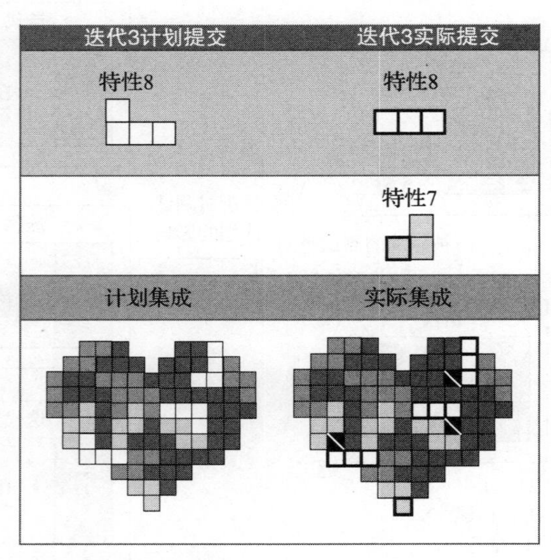

图 8-9 俄罗斯方块心项目计划和实际的偏差

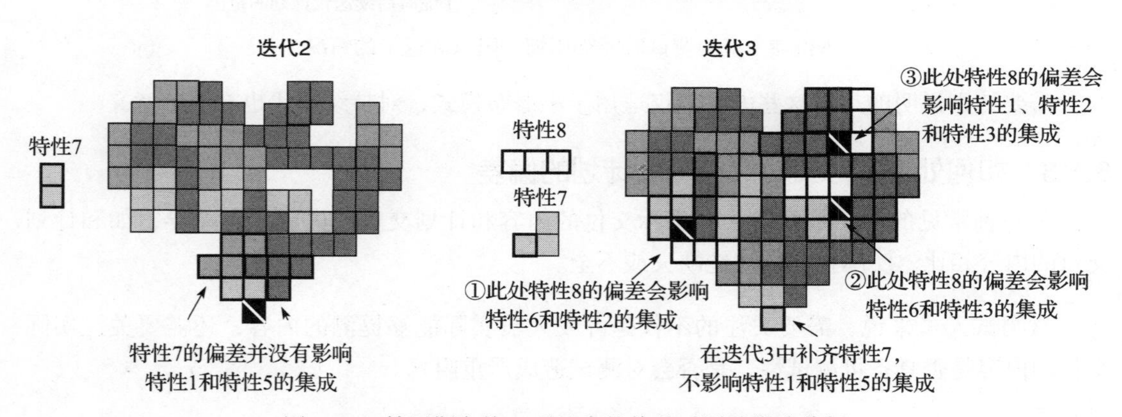

图 8-10 俄罗斯方块心项目中的偏差对测试影响分析

在迭代 3 中，我们补齐了特性 7，但是特性 8 的提交也出现了偏差。特性 8 的偏差会影响特性 1、特性 2、特性 3 和特性 6 的集成，开发人员即便在接下来的版本中补齐了特性 8，但是因为测试人员需要测试和回归的部分比较多，所以影响比较大。对于这种情况，测试人员直接接受偏差不一定是最好的选择，想办法让特性完整提交才是比较好的策略，应对的基本思想如图 8-11 所示。

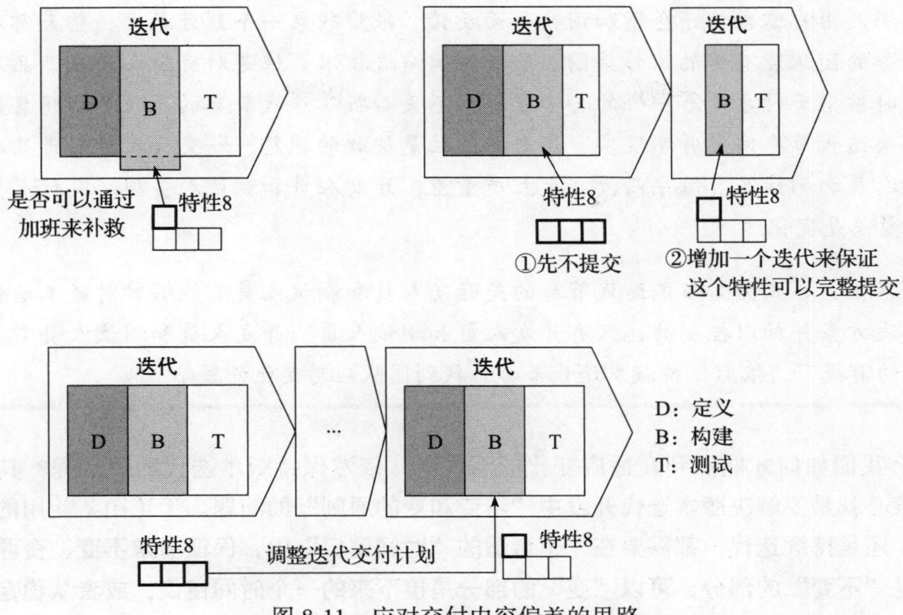

图 8-11　应对交付内容偏差的思路

对图 8-11 所示内容说明如下。

- 和开发人员沟通确认特性完整交付需要的时间，以及是否可以通过加班来补救。
- 可否增加一个迭代，将原计划的迭代拆为两次提交，使得这个特性可以完整提交。
- 可否调整迭代计划，把这个特性放到晚一些的迭代版本中提交。

8.1.4　在适应变化的情况下依然保持版本迭代节奏

前面几个小节讨论的内容都是出现问题后如何补救，接下来讨论如何有效控制版本迭代节奏，让整个团队可以一步步踏实且有序前行。

控制版本迭代节奏的关键在于对“变化”的把控。虽然敏捷迭代希望可以拥抱变化，对变化做出快速调整，但这并不等于我们可以肆意变化——遗憾的是，现实中有些团队会打着“敏捷”“试错”的旗号，频繁变化需求，并且给不出有效的优先级划分（如所有需求的优先级都是高的），看似敏捷，实则无章法，让团队处于一种病态的迭代节奏中。

控制版本迭代节奏并不是交付人员或产品人员的事情

很多测试人员会认为把握版本迭代节奏是交付人员（如项目交付经理）或产品人员的事情，自己只是执行者，只能被动接受，无权干涉。事实并非如此。

混乱的版本迭代节奏会直接影响研发效率和版本质量，粗糙低质量的版本发布后不仅无法满足用户需求，还会增加用户负面反馈。很难想象一个到处救火、整天都在处理紧急事务的团队能有好的工作氛围，能有时间演进技术。但是对交付人员或产品人员来说，按时按需交付才是第一位的。不理解也不关心版本迭代节奏的人很多，想靠他们主动去解决迭代节奏问题并不现实，等来的往往是彼此的抱怨——交付人员或产品人员抱怨开发人员和测试人员做东西慢、交互质量差；开发人员和测试人员抱怨交付人员或者产品人员总是变化。

事实上，真正关心版本迭代节奏的是开发人员和测试人员。能够针对版本迭代节奏提出解决方案并加以控制的也只有开发人员和测试人员。开发人员和测试人员需要在适应变化的前提下，依然保持版本迭代节奏，找到团队应对变化的策略。

那么我们如何才能做到在适应变化的前提下，依然保持版本迭代的节奏呢？其实这个问题的核心就是要解决**版本迭代开发中“不变和变的原则”**的问题。无论团队使用的是小瀑布迭代，还是持续迭代，都需要**在一个合适的“时间窗口”中，保证需求不变、资源投入不变，这是“不变”的部分；可以“变”的部分是接下来的一个时间窗口，或者从稳定主线开辟的分支**。从团队的视角来看，尽管未来做什么是可变的，但是在当下的时间窗口内，内容是固定的，且可以完整交付并满足用户需求，实现小步快跑，如图 8-12 所示。

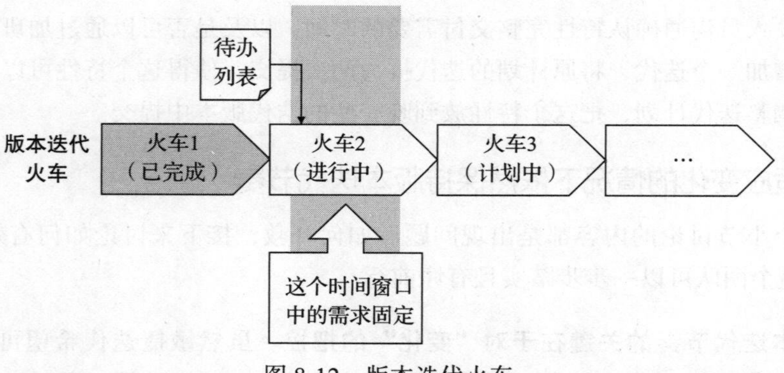

图 8-12 版本迭代火车

我们可以根据团队的特点，如产品形态、需求、架构、人员能力等，来选择合适的时间窗口的大小（如 1 周、2 周、4 周等），选择的原则是：在这个窗口内，可以做到目标功能的完整交付。

如果在窗口期内交付人员或产品人员希望发生变化，该怎么处理呢？例如图 8-12 所示，火车 2 正在进行中，但出现了紧急或突发事件，产品人员希望迭代范围发生变化（如需求改变等），这时开发人员和测试人员不应立即停止当前的工作，转而处理紧急或者突发的事情，而是建议测试架构师和测试负责人、开发负责人一起，和产品或交付的负责人沟通协商，如

图 8-13 所示。协商内容如下。

- 这个需求变化真的这么紧急且重要吗？**能否放到接下来的迭代（如火车 3）中完成**？一个迭代火车周期就是 1 周或者几周的时间，晚一个迭代周期交付可以吗？如图 8-13 中的情况 1 所示。
- 如果这个需求变化真的非常紧急，**我们是否可以从当前稳定版（如火车 1）中开辟一个分支（如火车分支 1），围绕这个紧急的需求进行快速开发、测试后交付给用户**，尽量不影响正在开发的版本？如图 8-13 中的情况 2 所示。
- 如果这个紧急需求比较复杂，无法在不影响当前版本的情况下快速开发、测试，**是否可以把这个紧急需求拆解为更小、更聚焦的几个需求，在多个火车分支版本中迭代实现**？如图 8-13 中的情况 3 所示。
- 无论是情况 2 还是情况 3，最后都要**计划一个归一策略，把这些紧急开发的需求再合并到主线中**，如图 8-13 中的火车 4 所示。

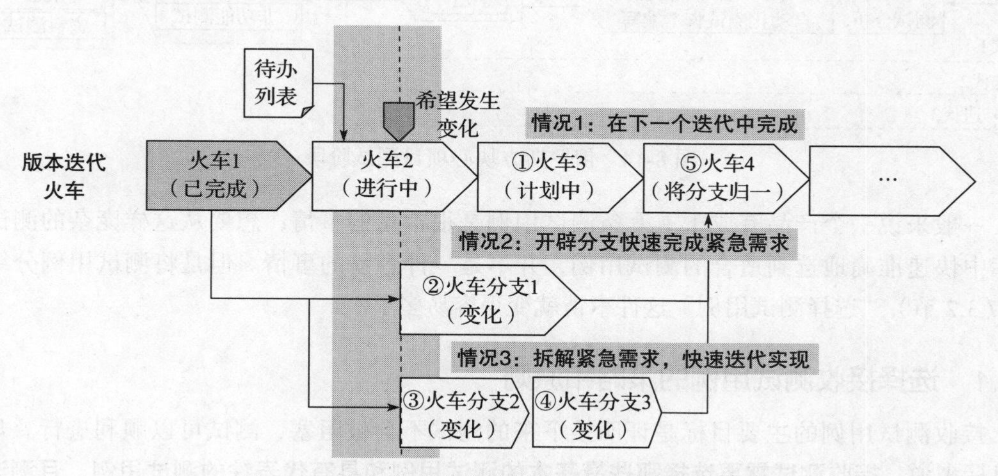

图 8-13　如何在适应变化的情况下保持版本节奏

8.2　选择测试用例

当确定好时机和计划的偏差后，就可以正式准备测试了。对测试架构师来说，主要的工作是在不同的测试阶段，根据不同的测试目标选择合适的测试用例。

图 8-14 总结了俄罗斯方块心项目的各个测试阶段，当然这也是一个典型的瀑布 + 迭代的模式。

选择不同类型的测试用例的目的如下。

- 接收测试用例：证明接下来的测试不会被阻塞，测试可以顺利进行。

- 各阶段测试的测试用例：根据各个阶段分层测试的目标，选择可以验证这些目标的测试用例。
- 回归测试用例：确认当前的变化是否会影响系统已有功能的测试用例。

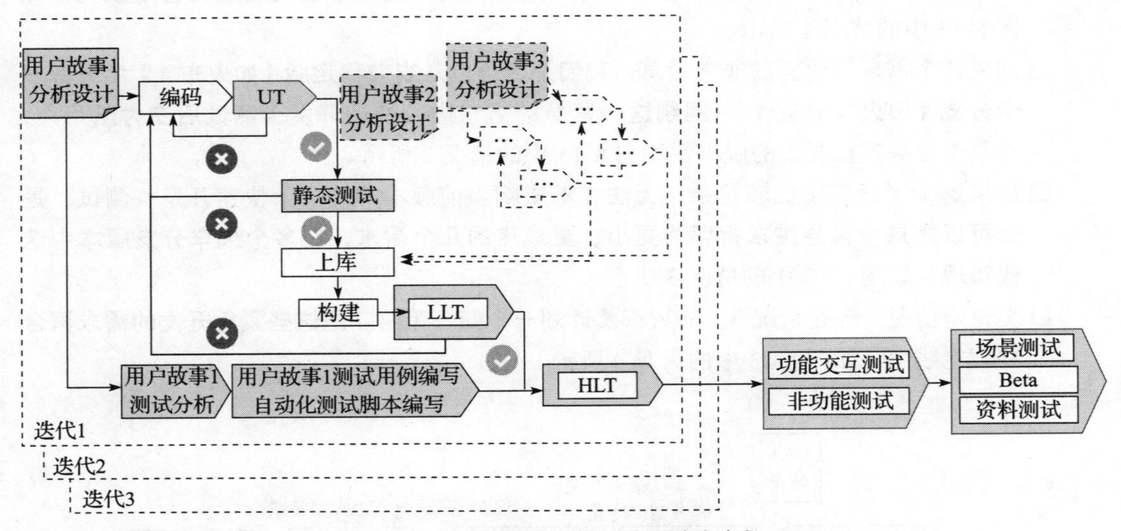

图 8-14 俄罗斯方块心项目测试阶段

一般来说一个产品有成千上万条测试用例是很常见的事情，想要从这样庞杂的测试用例库中快速准确地选到适合的测试用例，并不是一件容易的事情。但是将测试用例分级后（见 7.3.2 节），“选择测试用例”这件事情就变得容易多了。

8.2.1 选择接收测试用例的策略和原则

接收测试用例的主要目标是证明接下来的测试不会被阻塞，测试可以顺利进行。从这个目标来说，**接收测试需要选择那些最基本的测试用例和具有代表性的测试用例，且测试用例的规模可以保证测试团队在很短的时间内（建议最长不要超过一天）完成测试**。

需要特别说明的是，接收测试是测试人员确认开发人员提交的版本是否可以顺利进行的评估性测试，一般来说 UT 阶段的测试和 LLT 阶段的测试属于开发者测试，不在接收测试讨论的范畴内。

表 8-1 总结了不同测试阶段接收测试用例选择的策略和原则。

8.2.2 选择不同阶段的测试用例的策略和原则

接收测试用例通过后，就可以正式开始进行测试了，此时需要**根据不同阶段的测试目标来选择合适的测试用例**，表 8-2 总结了不同测试阶段测试用例选择的策略和原则。

表 8-1　不同测试阶段接收测试用例选择

测试阶段	接收测试用例
HLT 阶段	新提交功能的等级 1 的测试用例（冒烟测试用例）
系统测试阶段	1）系统所有功能的等级 1 的测试用例（冒烟测试用例） 2）少量、典型的等级 3 非功能或功能交互场景测试用例 3）确认那些可能会阻塞测试的重要缺陷是否已经被正常修复
验收测试阶段	1）系统所有功能的等级 1 的测试用例（冒烟测试用例） 2）少量、典型的等级 3 功能交互场景测试用例 3）确认那些可能会阻塞测试的重要缺陷是否已经被正常修复

表 8-2　不同测试阶段测试用例选择

测试阶段	接收测试用例
HLT 阶段	1）新提交功能的等级 2 的测试用例 2）部分等级 4 的测试用例
系统测试阶段	1）等级 3 的测试用例 2）部分等级 4 的测试用例（HLT 未执行的部分）
验收测试阶段	部分等级 3 的测试用例

8.2.3　选择回归测试用例的策略和原则

回归测试的重要目标是确认当前的变化是否会影响系统已有功能。这里的变化既指迭代开发过程中新增加的功能，也包含缺陷修改引入的代码变化（确保缺陷修改不会引入新的问题）。因此对回归测试来说，测试用例的选择应该包含如下两个层面。

- 会直接受代码变化影响的部分。
- 系统基本面。

还是以虚拟项目俄罗斯方块心为例，基于 8.1.3 节中介绍的实际交付偏差，看如何为特性 7 和特性 8 制定回归测试策略。

首先我们来分析特性 7，如图 8-15 所示。

从代码修改变化角度（功能层面）来说，我们除了要对补齐的功能部分进行测试验证外（图 8-15 中所示的 7-1），还要确认图 8-15 所示 7-1 处新增的功能对原有功能（图 8-15 中所示 7-2）的影响，图 8-15 中所示 7-2 部分就是针对特性 7 的回归测试。

从系统层面来说，特性 7 部分功能的缺失并没有对其和特性 1、特性 5 的集成造成直接影响（图 8-15 中所示的 7-3），所以在特性 7 补全后，只要特性层面的回归没有问题，我们就有足够的理由推断其和特性 1、特性 5 的集成大概率没有问题。此时可以对此部分进行少量的抽测。

对特性 8 来说，情况要复杂很多，如图 8-16 所示。

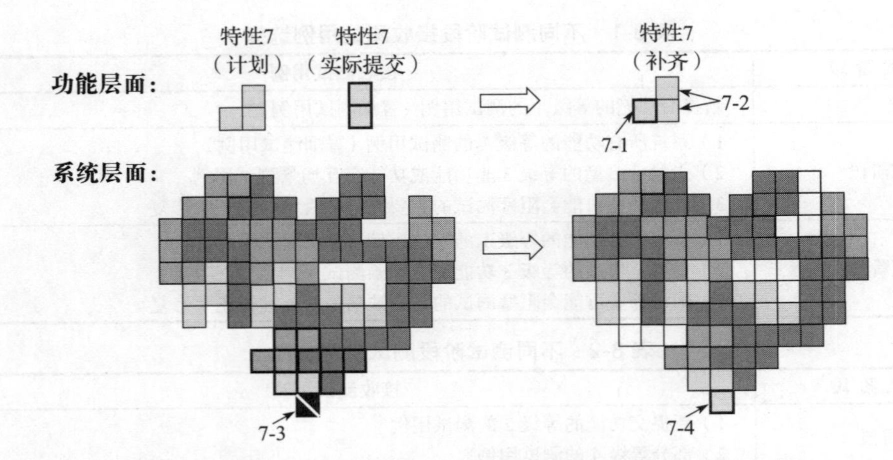

图 8-15 俄罗斯方块心特性 7 针对代码修改变化部分的回归测试

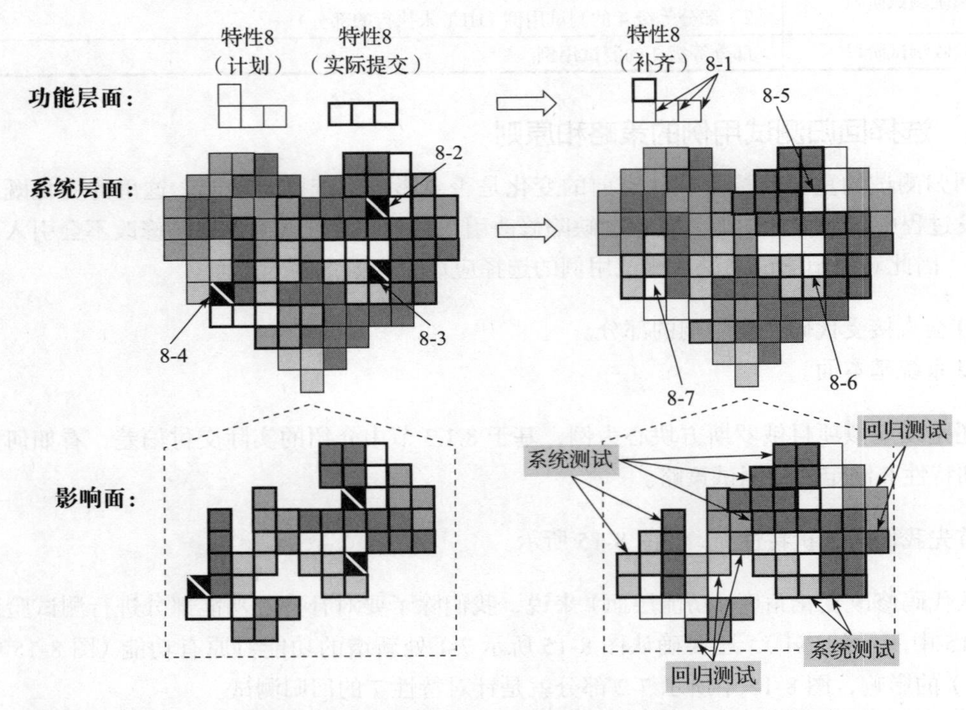

图 8-16 俄罗斯方块心特性 8 针对代码修改变化部分的回归测试

从代码修改的角度（功能层面）来说，特性 8 的回归测试策略和特性 7 的类似，需要确认新增的功能对原有功能的影响，如图 8-16 中所示的8-1。

从系统层面来说，特性 8 功能的缺失，会对其和特性 1、特性 2、特性 3、特性 6 的集成造成直接影响，如图 8-16 中所示的 8-2、8-3 和 8-4。所以在特性 8 功能补全后，我们需要对其和特性 1、特性 2、特性 3、特性 6 的集成做系统测试（如图 8-16 中所示 8-5、8-6 和 8-7 标记系统测试的部分），还需要对原来特性 8 已经集成过的部分再进行回归测试（如图 8-16 中标记回归测试的部分）。可见特性 8 的偏差会带来了较大的回归测试工作量，这也是 8.1.2 节提到希望特性 8 可以完整提交的原因。

从系统基本面的角度来说，无论是特性 7 还是特性 8，即使分析代码没有影响，也需要对基本功能进行反复回归。我们建议对等级 1 的测试用例全部进行自动化，每轮测试都反复回归；对等级 2 的测试用例尽量进行自动化，保证在每个测试阶段反复回归，如图 8-17 所示。

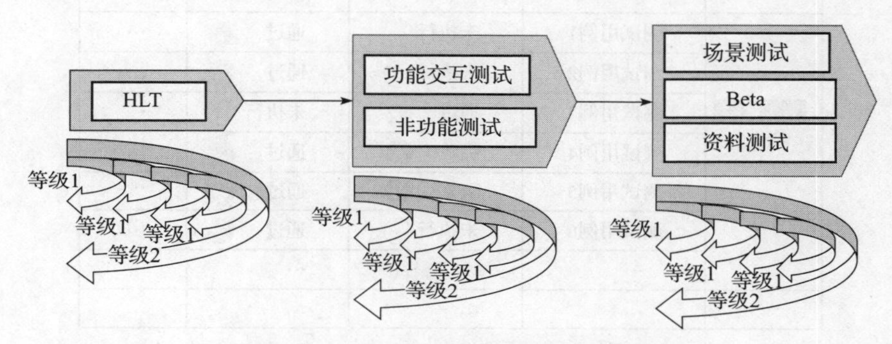

图 8-17　针对系统基本面的回归测试策略

对缺陷修改进行回归时，除了可参考上述策略选择回归测试外，建议再针对开发人员修改的部分进行探索式测试，如有针对性地对缺陷进行“大扫除”活动等。

8.3　测试过程跟踪

通过前面几节的讨论，我们已经做好了充足的测试准备，接下来就要进入测试执行阶段了。在测试执行过程中，测试架构师和测试管理者一样，也需要密切跟踪测试过程，但是关注点有所不同。

提到测试过程跟踪，大家第一时间想到的都是测试用例的进度和状态跟踪，如图 8-18 所示。目前几乎所有的测试过程管理工具都可以实现类似图 8-18 所示的测试过程可视化管理。

测试架构师在测试执行过程中，主要工作是从测试策略和技术的角度来保证测试的顺利进行，具体如下：

- ❑ 让未执行的部分可以被顺利且高效地执行；
- ❑ 让阻塞的部分尽快恢复到可被执行状态；
- ❑ 让失败的部分可以尽快被执行通过；
- ❑ 让已经通过的部分可以不被破坏。

功能	测试用例	build1	build2	…
特性1	测试用例1	通过	未执行	…
	测试用例2	通过	未执行	…
	测试用例3	失败	阻塞	…
	测试用例4	失败	通过	…
	测试用例5	未执行	未执行	…
	测试用例6	未执行	通过	…
	…	…	…	…
特性2	测试用例1	未执行	通过	…
	测试用例2	未执行	通过	…
	测试用例3	通过	未执行	…
	测试用例4	失败	通过	…
	测试用例5	阻塞	通过	…
	测试用例6	未执行	通过	…
	…	…	…	…
…	…	…	…	…

图 8-18 测试用例进度和状态跟踪

8.3.1 测试执行顺序和策略覆盖

在第 4 章～第 7 章中，我们已经讨论很多可以让测试顺利高效执行的方式，如有效的测试设计、风险识别、测试优先级安排等，本节我们将讨论两个在测试执行过程中可以有效提高测试效率的策略：测试执行顺序和策略覆盖。

1. 测试执行顺序

我们有时候会忽视测试执行顺序对测试执行效果的影响。这里以常见的配置测试、功能性测试、功能交互测试和满规格测试为例，如图 8-19 所示。

我们可以就按照配置测试、功能性测试、功能交互测试和满规格测试这样的顺序来进行测试，如图 8-19 中的①所示；也可以先执行配置测试，再在满规格的情况下进行功能性测试，如图 8-19 中的②所示；还可以在满规格的情况下进行配置测试，再在功能交互的情况下进行功能性测试，如图 8-19 中的③所示。

显然，上述 3 种不同的执行顺序，测试的效率和发现问题的概率都是不一样的。一般来说，①发现问题的概率会比较小，但是执行起来会比较简单和顺利；③执行效率是最高的，发现问题的概率也会比较高，但是执行起来会比较复杂，对测试环境、测试条件和测试数据的要求都会比较高。

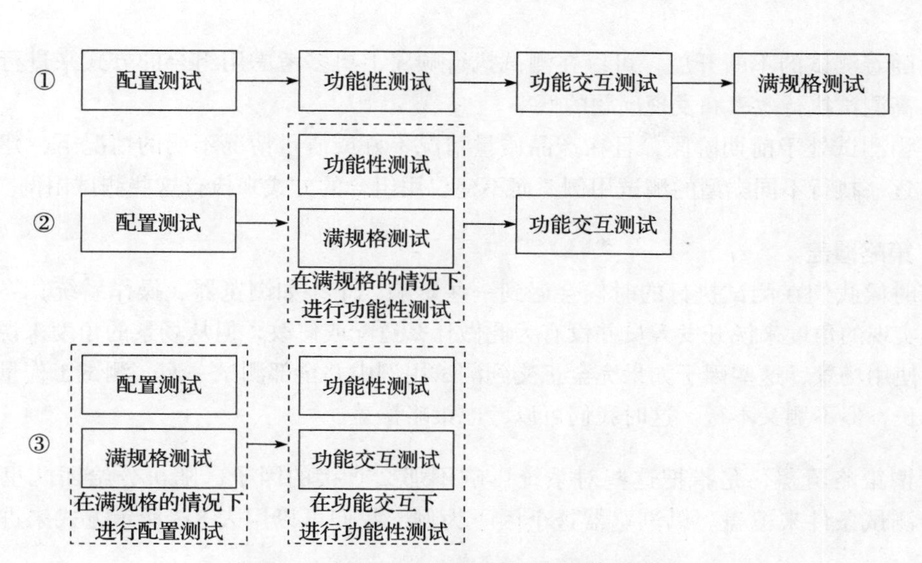

图 8-19　测试执行顺序对测试执行的影响

我们建议测试架构师可以根据版本的执行阶段和质量情况来安排团队的测试执行顺序，如图 8-20 所示。

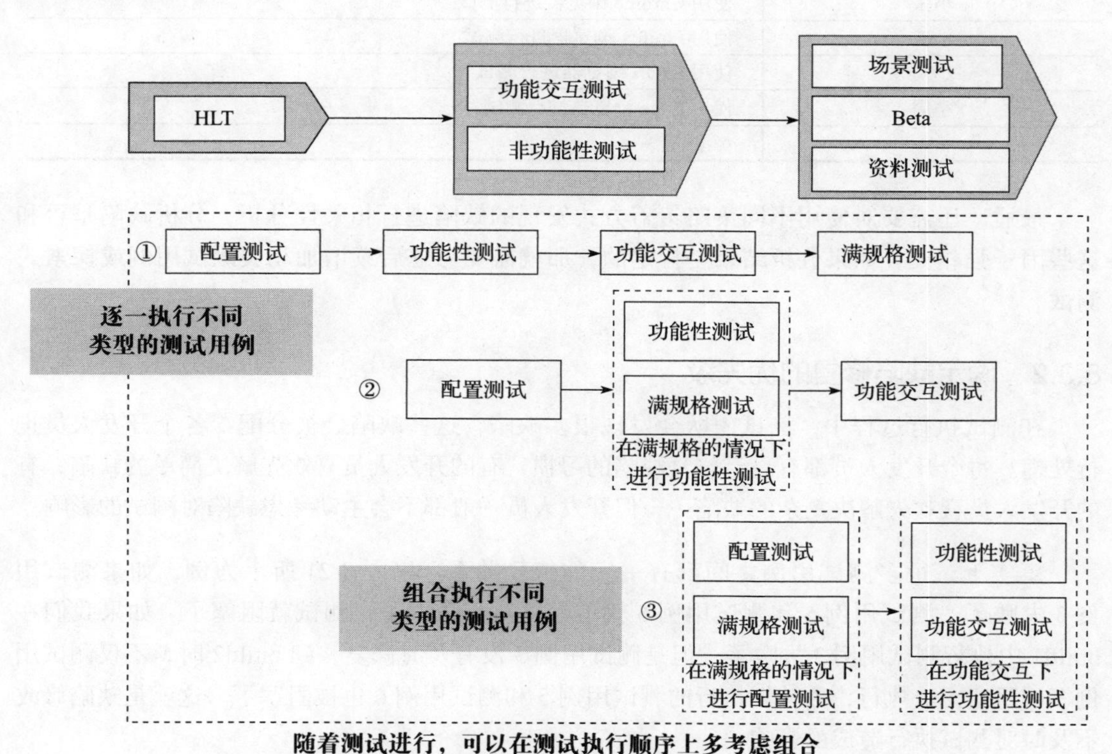

图 8-20　在不同的测试阶段考虑不同的测试执行顺序

- 随着测试的不断开展，可以在测试执行顺序上更多考虑用组合的方式来进行，以提高测试执行效率和发现问题的概率。
- 当测试处于前期阶段，且在产品质量情况不好或质量情况不明的情况下，建议还是逐一执行不同类型的测试用例，而不建议用组合的方式来执行这些测试用例。

2. 策略覆盖

有时候我们在测试执行的时候会遇到一些影响因子，如浏览器、操作系统、终端、云等，从实现的角度来说开发人员并没有为此做什么适配或修改，但从场景的角度来说却都是用户的使用场景，这些因子如果完全正交到测试用例中并全部测试一遍，测试工作量会呈指数级增长，但不测又不行。这时我们可以考虑策略覆盖。

所谓策略覆盖，是指把这些对系统影响不那么直接的因子，随机分给团队里面的同事作为测试条件来覆盖。以浏览器这个因子为例，我们可以用表 8-3 所示方式来进行策略覆盖。

表 8-3　针对浏览器的策略覆盖

责　任　人	针对浏览器的策略覆盖分工
小张	使用 Chrome 浏览器进行测试
小王	使用 Firefox 浏览器进行测试
小刘	使用 Safari 浏览器进行测试
小周	使用 Edge 浏览器进行测试
…	…

最后，还需要对使用不同策略覆盖方式发现的缺陷进行相关性分析，分析缺陷是否和这些因子强相关。如果分析结果是肯定的，那就需要考虑后续增加相关测试用例或探索式测试。

8.3.2 确定缺陷修复的优先级

在测试执行过程中，测试团队会发现很多缺陷，这些缺陷会被分配给各个开发人员进行处理。每个开发人员都有自己修复缺陷的习惯，有的开发人员喜欢先解决简单的缺陷；有的开发人员喜欢先解决复杂的缺陷……但开发人员一般都不会主动考虑缺陷对测试的影响。

事实上，很多测试用例之间都有一定的依赖关系。以图 8-21 所示为例，如果测试用例 3 失败了，测试用例 5 和测试用例 6 就不具备执行条件了，测试就阻塞了。如果我们在 build1 中执行测试用例 3 失败了，但是测试用例 3 没有及时修复，到 build2 时，不仅测试用例 3 因阻塞无法执行，原计划执行的测试用例 5 和测试用例 6 也被阻塞了。这就是缺陷修改不及时对测试执行造成的影响。

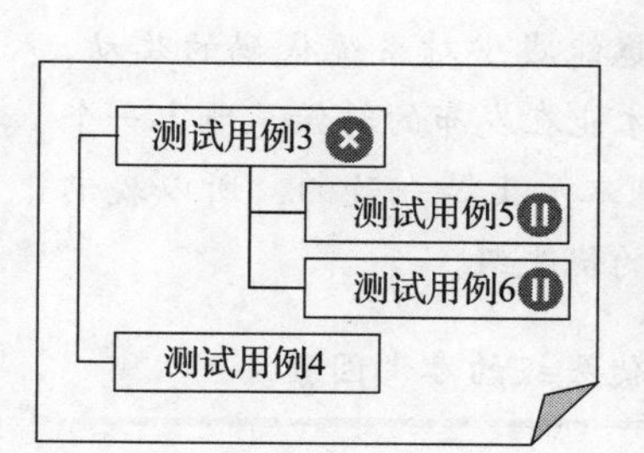

功能	测试用例	build1	build2	…
特性1	测试用例1	通过	未执行	
	测试用例2	通过	未执行	
	测试用例3	失败	阻塞	
	测试用例4	失败	通过	
	测试用例5	未执行	阻塞	
	测试用例6	未执行	阻塞	
	…	…		

图 8-21　缺陷修改不及时造成的测试阻塞

所以**对于测试架构师来说，需要从保证测试顺利进行的角度，确定缺陷解决优先级，让阻塞的部分可尽快被执行，失败的部分可尽快执行通过**。换句话说就是，要从测试团队发现的众多的缺陷中，找到哪些是当前需要解决的缺陷，哪些是需要立即解决的缺陷，如图 8-22 所示。

在质量评估模型中，我们会关注缺陷修复率，即当前系统已经解决的缺陷和系统发现的所有缺陷的比值。更深入一些，我们还会关注严重缺陷的修复率等。但此处我们讨论的**缺陷解决优先级，更多关注的是在测试执行过程中，开发人员修复缺陷的先后顺序**。我们希望：

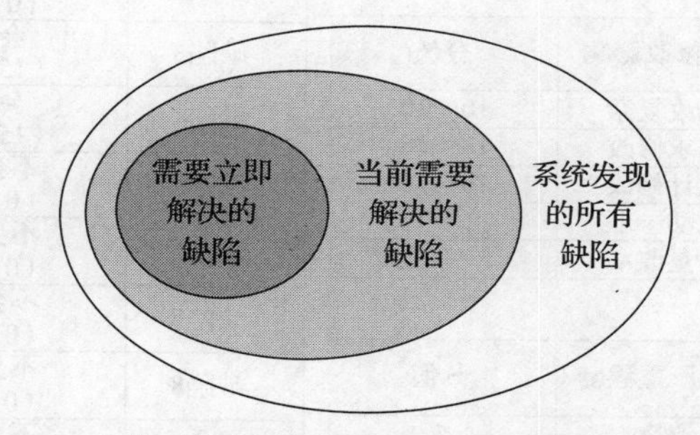

图 8-22　当前需要解决的缺陷和当前立即要解决的缺陷

- ❑ **尽早解决那些会造成阻塞的缺陷。**
- ❑ **尽早解决那些代码改动较大的缺陷。**
- ❑ **尽早解决那些涉及需求、方案、设计的缺陷。**

而缺陷的严重程度，反而不是开发修复策略最主要的考虑因素——当然，很多时候致命缺陷或者严重缺陷也会造成阻塞。

缺陷的严重程度和缺陷修复的优先级

缺陷的严重程度是从缺陷对用户的影响角度进行的划分（参见 6.6.4 节），但对用户的影响并不能和开发代码的改动画等号。我们仔细分析缺陷的修改方案就会发现，很多严重或者致命的缺陷，修复并不复杂，反而是那些一般的缺陷，修复时需要改动量反而很大，例如一些威胁度一般的漏洞、功能重构、性能优化等。

从质量控制的角度来说，我们希望越到测试阶段后期越能减少对系统代码的改动，即满足“代码修改漏斗”（参见 6.6.2 节）的要求，这样系统才能在发布的时候呈现出一个相对稳定的状态。而保证产品顺利发布和保证测试过程顺利本质上是一致的，所以我们应该从对测试计划的阻塞、代码修改的角度去划分缺陷修复的优先级。

不过在实际操作中，缺陷严重程度也可以作为缺陷修复优先级的参考因素。

操作层面上，测试架构师可以从“是否阻塞测试”“缺陷修改影响”和“缺陷严重程度”三个维度对缺陷进行分析并设置分值，再通过分值来确定缺陷修复优先级，如图 8-23 所示。

是否阻塞测试	分值
会	10～20
不会	0

缺陷修改影响	分值
修改复杂	10～20
需求修改	10～20
设计修改	10～20
改动一般	5～10
少量改动	0

缺陷严重程度	分值
致命	5
严重	3
一般	1
提示	0

缺陷列表	是否阻塞测试	缺陷修改影响	严重程度	修复优先级
缺陷1	会（15）	改动一般（5）	一般（1）	高（21）
缺陷2	不会（0）	改动一般（5）	致命（5）	中高（10）
缺陷3	会（15）	改动一般（5）	一般（1）	高（21）
缺陷4	会（15）	修改复杂（15）	严重（3）	最高（33）
缺陷5	不会（0）	改动一般（5）	致命（5）	中高（10）
缺陷6	不会（0）	修改复杂（15）	致命（5）	高（20）
缺陷7	不会（0）	改动一般（1）	严重（3）	中（4）
缺陷8	不会（0）	修改复杂（15）	严重（3）	高（18）
缺陷9	不会（0）	设计修改（20）	严重（3）	高（23）
缺陷10	不会（0）	改动一般（5）	一般（1）	中（6）
…	…	…	…	…

图 8-23 缺陷优先级分析

图 8-23 所示分值仅供参考，大家可以根据实际情况进行调整，但是我们可以通过分值的高低范围来表示相关维度的权重。例如图中，“是否阻塞测试”和“缺陷修改影响”的权重高于“缺陷严重程度”的权重。按照这样的设置，图 8-23 所示缺陷中应该立即解决的缺陷是缺陷 4，接下来是缺陷 1、缺陷 3、缺陷 8 和缺陷 9。测试架构师需要把分析出的缺陷修复优先级及时反馈给开发人员，以确保测试的顺利进行。

8.3.3 非必现缺陷处理

有时候一些缺陷就那样“莫名其妙”地出现了，且找不到缺陷的必现条件。我们不应该漠视这些“幽灵缺陷”。

关于非必现缺陷的预言

对非必现缺陷，有一些很准的预言。

预言 1：凡是实验室出现过的缺陷，即便只是偶然出现，也会在用户处出现。

预言 2：所有的非必现缺陷，都必然会重现。我们要抽丝剥茧，找到它的复现条件。

我们在表 8-4 中总结了缺陷发生的概率。

表 8-4　缺陷发生的概率

缺陷发生概率	定义和描述
有条件必然重现	缺陷在测试环境中每次都必然出现
有条件概率重现	缺陷在测试环境中不会每次都会出现，但在一些特定操作下出现的概率很大
无规律重现	测试人员不知道可以复现这个缺陷的条件，这个缺陷会在测试环境中无规律出现
无法重现	测试人员不知道复现这个缺陷的条件，并且这个缺陷无法出现

几乎所有的开发人员都希望测试提交的缺陷是必现的，因为只有这样开发人员才能分析修改，才能确认自己的修改方案是正确的。一些开发人员甚至不接受不能必现的缺陷反馈，要求测试人员找到必现条件后再提交给他。我们可以理解开发人员的这个要求，但是这个要求会降低测试团队对缺陷的敏锐度——这就需要建立一套对非必现缺陷的处理机制，既能保护测试人员提缺陷的积极性，也能照顾到开发人员的诉求。

非必现缺陷的处理原则

我们希望整个团队，包括测试人员和开发人员，对非必现缺陷的理解能达成一致，遇到非必现缺陷的时候，可以按照如下原则进行处理。

原则 1：测试人员发现的任何非必现缺陷，都需要提交。

原则 2：测试人员负责对非必现缺陷进行复现，但不等于复现非必现缺陷只是测试人员的工作，开发人员也需要从代码层面进行分析，给出复现建议。

原则 3：不能复现的缺陷不应该随便关闭或降低严重等级。

根据上述原则，我们总结了一个非必现缺陷的处理流程，如图 8-24 所示。

首先我们鼓励测试人员保持发现缺陷的激情和敏锐度，无论是能必现还是不能必现的缺陷都记录下来，并想办法去复现那些非必现的缺陷。

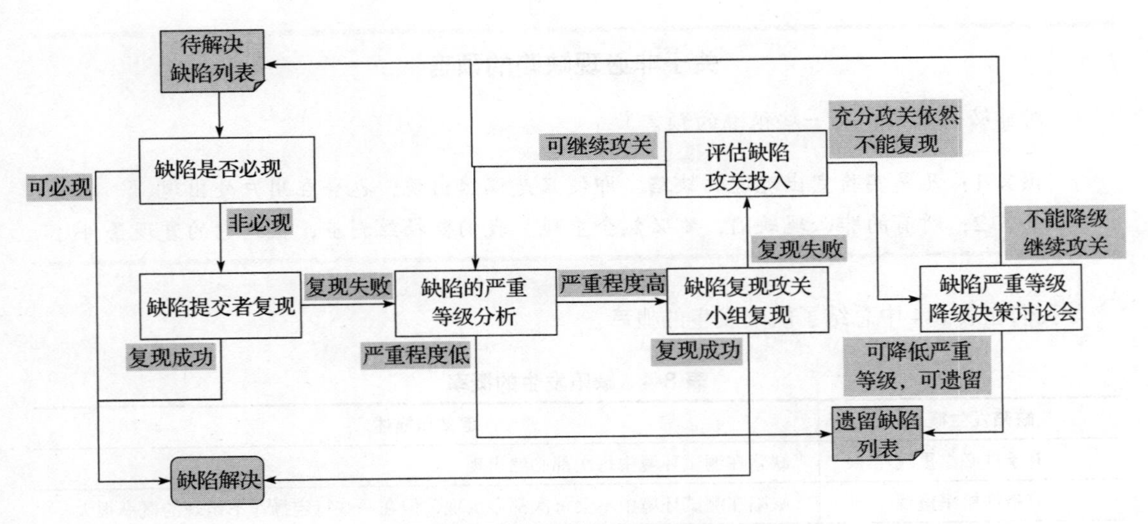

图 8-24 非必现缺陷处理流程

测试架构师可以把那些测试人员复现失败的缺陷收集起来，分析缺陷的严重等级。对那些严重程度很低的缺陷，可以考虑先留下来。对那些严重程度高的缺陷，测试架构师可以牵头组织“缺陷复现攻关小组”来负责复现。

我们建议由团队的测试骨干来担任缺陷复现攻关小组，并且给这个小组的成员很高的荣誉，以便在团队营造“勇于复现疑难缺陷”的文化。

除此之外，缺陷复现攻关小组也应该有开发人员参加——我们希望开发人员可以从代码实现的角度给出复现建议。

如果攻关小组复现多次依然失败，测试架构师可以组织“缺陷严重等级降级决策讨论会”，讨论这个缺陷是否可以降低严重等级并进行遗留处理。如果讨论结论是不能降级，那就继续复现的流程。此时我们可以根据情况选择是由缺陷提交者来继续复现还是由缺陷复现攻关小组来继续复现。

缺陷严重等级降级决策讨论会可以邀请开发、系统、产品和维护的同事一起参加。能否降级由产品或者研发负责人来决定。为了避免整个过程陷入死循环，可以设置一定的出口条件，例如在缺陷严重等级降级决策讨论会上讨论超过 2 次的缺陷，严重程度可以降低一级。

8.3.4 缺陷预判和调整测试策略

在测试执行过程中，测试架构师还应该实时关注产品的缺陷趋势，分析实际缺陷趋势和预判缺陷趋势的差异，从而帮助测试架构师及时调整测试策略，让被测系统一步一步达到期望的质量要求。

1. 通过分析拐点实际出现的位置来调整测试策略

我们还是以俄罗斯方块心这个虚拟项目为例。在 7.2.7 节中，我们已经绘出了该项目的缺陷趋势预判曲线（详见图 7-28），在测试执行过程中，测试架构师需要重点关注的是每个测试阶段中“拐点”实际出现的情况，如图 8-25 所示。

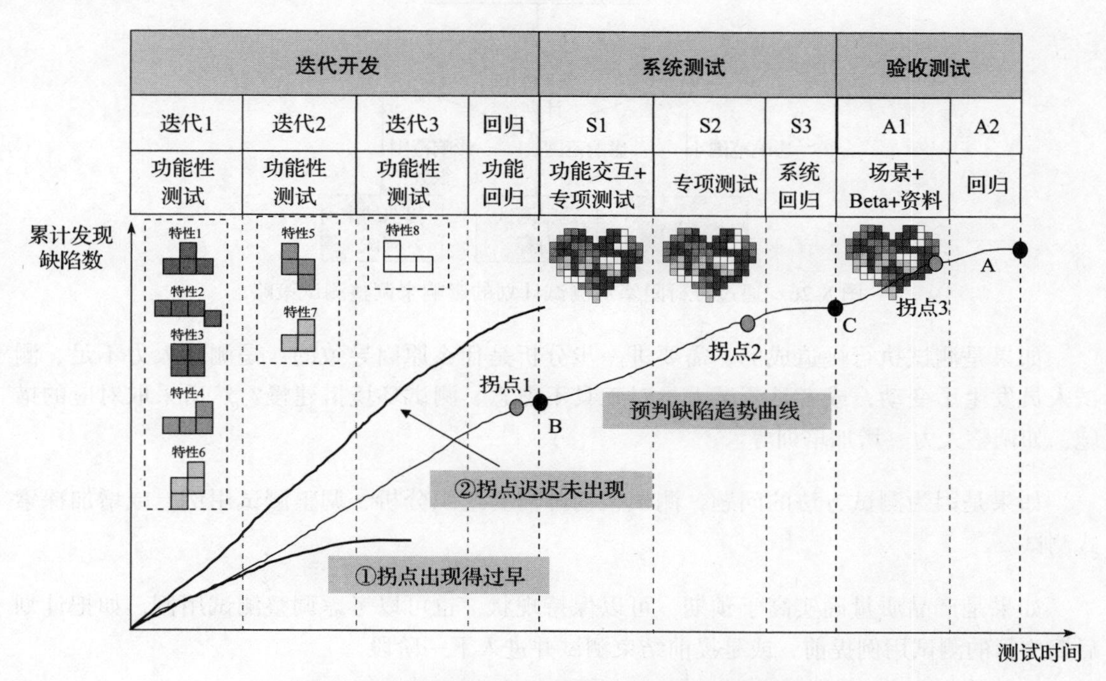

图 8-25　俄罗斯方块心项目实际的拐点出现情况

第一种情况是“拐点出现得过早”，如图 8-25 中①所示。拐点出现得过早，说明测试团队当前已经无法有效发现缺陷，可能的原因有：

- 测试阻塞。
- 测试执行慢。
- 测试方法发现缺陷的效率不高。
- 产品质量确实高于预期。

如果是因为测试阻塞，除了将缺陷优先级反馈给开发人员，让开发人员尽快修复高优先级缺陷，使得阻塞的部分可尽快被执行之外，还需要分析阻塞的影响，更新测试策略，分析思路如下。

被阻塞的测试项目是属于少数几个功能，还是属于很多功能？是否会影响测试计划？

如果被阻塞的功能很多，需要进一步考虑是否需要提前结束测试；或者可以将一些原本没有计划在这个版本中执行的测试用例，调整到本版本中执行，以此来弥补对测试整体进度的影响。整体思想如图 8-26 所示。

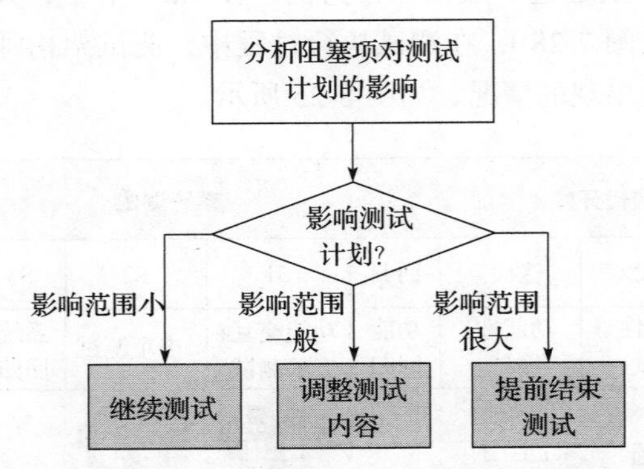

图 8-26 通过分析阻塞对测试计划的影响来调整测试策略

如果是测试执行慢造成的，需要进一步分析是什么原因导致的：是测试人力不足、测试人员发生了变动，或者是测试人员对工具不熟悉、测试环境搭建慢？然后采取对应的措施，如调整人力、增加培训等。

如果是因为测试方法的问题，测试架构师需要组织分析、调整测试用例，或增加探索式测试。

如果是产品质量确实高于预期，可以保持现状，也可以考虑调整测试用例，如把计划后期执行的测试用例提前，或是提前结束测试并进入下一阶段。

另一种情况是“拐点迟迟未出现”，如图 8-25 中的②所示。拐点一直没有出现，说明系统当前缺陷还有很多。

如果这种情况出现在前期的测试阶段，则说明产品的质量可能存在问题，可以邀请开发人员一起来分析问题是出在单功能开发上还是出在系统集成上。当然也可能是修改缺陷时引入了新缺陷，此时应请开发人员有针对性地做出调整。

除此之外，测试架构师还需要特别关注是否存在“过度测试”的情况。如果存在过度测试的情况，测试架构师应该及时叫停。

警惕过度测试

过度测试是指只以发现系统缺陷为目的，使用过多非常规手段或远超系统规格的压力测试等方式进行的测试。

任何系统都会有它的使用场景，我们应根据使用场景来选择技术架构，有时候需要选择高并发、高性能的技术架构，有时候又会选择轻量、灵活的架构，技术架构决定了系统一定会有一些限制和约束，会有短板。如果只是为了发现缺陷而测试，不考虑场景，盯着那些限制和约束来进行测试，虽然会发现很多缺陷，但是也会把开发人员和测试人员的精力过多地浪费在系统主要场景之外，这反而会影响系统的稳定性。

如果第二种情况出现在后期的测试阶段（临近发布时），说明系统可能在发布的时候出现缺陷无法收敛的风险，即系统稳定性还不够，理论上此时应考虑延期发布。这时测试架构师和测试负责人可以以此数据为依据和项目负责人或者开发人员沟通协商。

如果项目有非常明确的发布时间要求，不能延期，使用“受限发布”的策略可能是更好的选择，即只提供给特定用户，并要求其在特定场景下使用。此时测试架构师可以调整测试策略，将注意力集中在确认这些特定场景是否可以满足发布要求上，优先解决相关的问题。而开发人员应同时增加一些有针对性的质量内建活动，如代码复查、梳理、优化等，以提升系统稳定性，如图 8-27 所示。

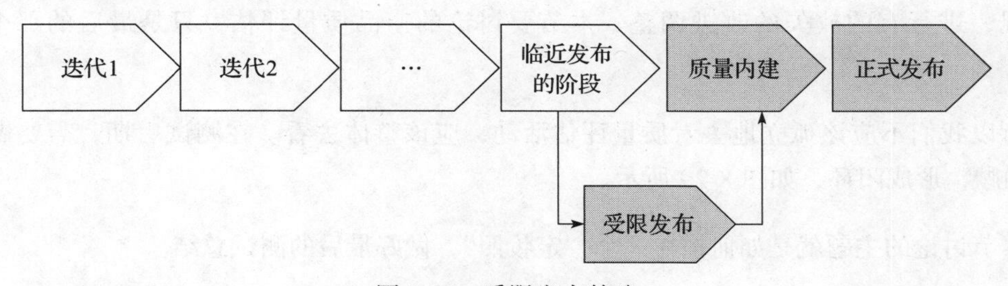

图 8-27 受限发布策略

需要特别说明的是，图 8-27 所示的受限发布、质量内建和正式发布只代表可以进行这样的活动，并不代表这些活动需要图中所示的版本数量和研发时间，实际操作时要根据项目实际情况来调整确定。

2. 临近发布时的测试策略

临近发布的时候，需要特别注意代码的改动——只做重要缺陷的修复或必要的改动，慎重修复代码改动大的缺陷，做好缺陷修改的代码检视和影响面分析工作，避免引入新的缺陷，加强回归工作。

8.4 产品质量评估

经过努力，我们的虚拟项目俄罗斯方块心已经进入尾期，要开始进行产品质量评估活动了，如图 8-28 所示。

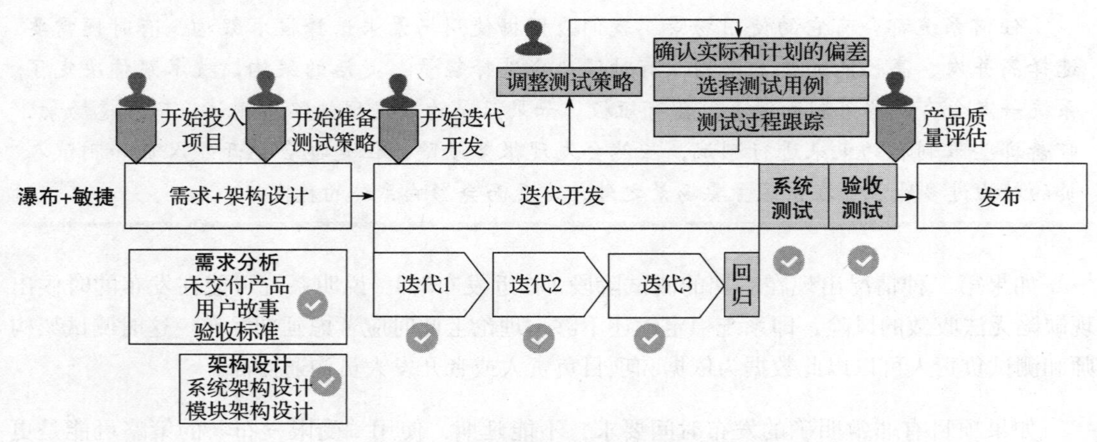

图 8-28 俄罗斯方块心项目质量评估

对测试人员来说，质量评估是非常重要的一项活动，从某种意义上来说，我们做测试，无论是证实还是证伪，是自动化还是手动，最终目的都是评估产品质量——如果说测试是一面镜子，那么我们就在用各种方式去照出产品的样子，帮助研发人员在过程中看清状况，进行有的放矢的改进调整。本节要讨论的产品质量评估，只是最后的那个“定妆照”。

所以我们不应该孤立地去看质量评估活动，应该整体去看。在测试后期，需要做一个总结回顾，形成闭环，如图 8-29 所示。

本节讨论的主题就是如何描述这个“定妆照”，做好最后的测试总结。

8.4.1 质量指标分析

在 6.3.4 节中我们讨论了需要在测试全流程中使用产品质量评估模型：在测试项目一开始的时候用其来确定质量目标，在测试过程中用其进行跟踪调整。如果我们已经做好了这两步，总结阶段的工作就变得轻松了——只需要重点关注质量指标的达成情况，如图 8-30 所示。切记，不要到项目后期才拿产品质量评估目标去分析评估，因为这样即便发现很多问题，也为时已晚。

在第 6 章和第 7 章中，我们是把质量目标（包括各种指标）分解到了特性维度，并据此来制定测试策略，进行测试设计和执行等。但是目前我们的工作是对产品的质量情况进行总结，以特性为单位来总结各项质量指标会很烦琐，所以建议按照不同质量目标，对特性分类后进行统计，然后和不同等级质量目标整体进行对比。

以俄罗斯方块心项目为例。俄罗斯方块心项目中，所有特性的质量目标都是完全商用，所以我们只需要输出一个完全商用的质量评估表即可，如图 8-31 所示。

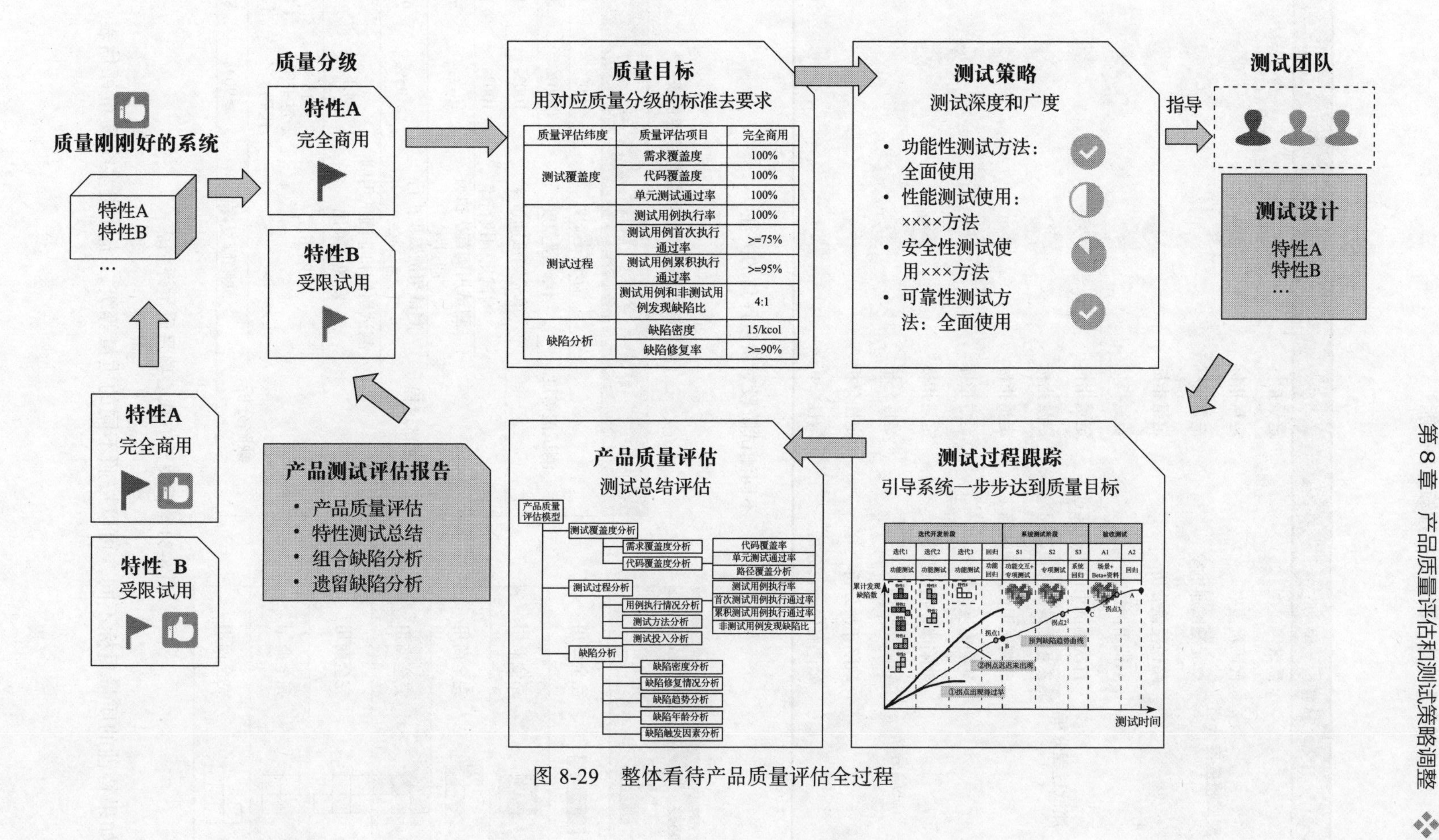

图 8-29 整体看待产品质量评估全过程

大类	评估项	属性	测试过程中关注	测试总结中关注
测试覆盖度分析	需求覆盖度	定量指标	✓	✓
	代码覆盖率	定量指标	✓	✓
	单元测试通过率	定量指标	✓	✓
	路径覆盖分析	定量指标	✓	✓
测试过程分析	测试用例执行率	定量指标	✓	✓
	首次测试用例执行通过率	定量指标	✓	✓
	累积测试用例执行通过率	定量指标	✓	✓
	非测试用例发现缺陷比	定量指标	✓	✓
缺陷分析	缺陷密度分析	定量指标	✓	✓
	缺陷修复情况分析	定量指标	✓	✓
	缺陷趋势分析	定性分析	✓	
	缺陷年龄分析	定性分析	✓	
	缺陷触发因素分析	定性分析	✓	

图 8-30 不同测试阶段对质量评估的关注

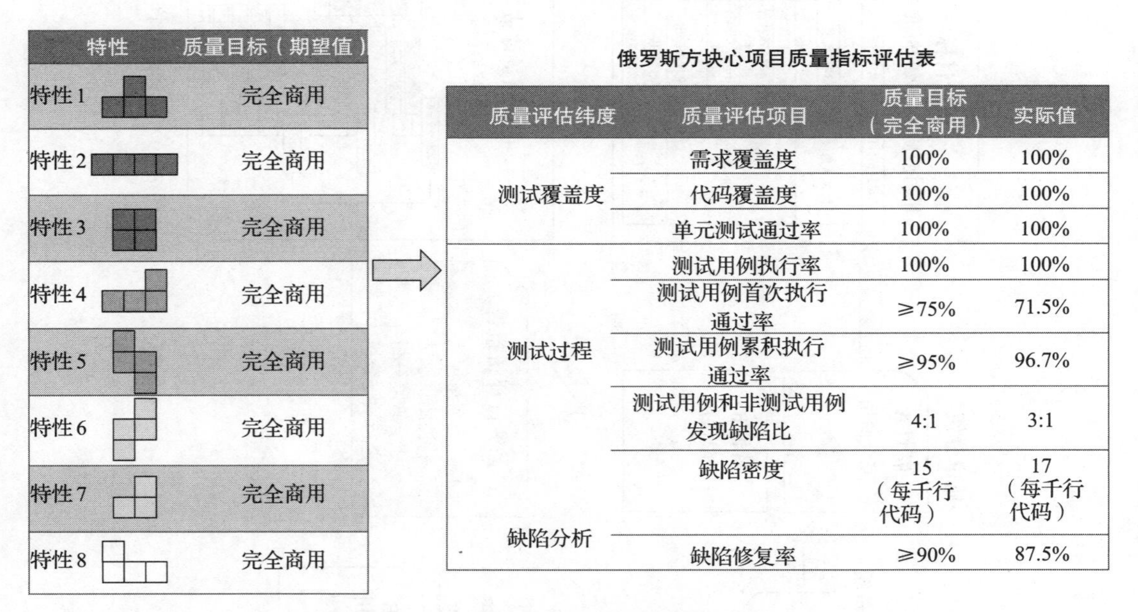

特性	质量目标（期望值）
特性 1	完全商用
特性 2	完全商用
特性 3	完全商用
特性 4	完全商用
特性 5	完全商用
特性 6	完全商用
特性 7	完全商用
特性 8	完全商用

俄罗斯方块心项目质量指标评估表

质量评估纬度	质量评估项目	质量目标（完全商用）	实际值
测试覆盖度	需求覆盖度	100%	100%
	代码覆盖度	100%	100%
	单元测试通过率	100%	100%
测试过程	测试用例执行率	100%	100%
	测试用例首次执行通过率	≥75%	71.5%
	测试用例累积执行通过率	≥95%	96.7%
	测试用例和非测试用例发现缺陷比	4:1	3:1
缺陷分析	缺陷密度	15（每千行代码）	17（每千行代码）
	缺陷修复率	≥90%	87.5%

图 8-31 俄罗斯方块心项目质量评估表

如果特性的质量目标不同，可以按照不同的质量等级，统计出多个质量评估表。

实际进行质量评估时，难免会有和质量目标不相符的情况。例如俄罗斯方块心项目中（见图 8-31），测试用例首次执行通过率、测试用例和非测试用例发现缺陷比、缺陷密度、缺陷修复率这几个指标均和质量目标有偏差。

我们是否需要保证所有的质量指标都符合质量目标才能发布产品呢？实际测试项目都有各自的困难，如果只是一味要求满足所有的质量指标，也不一定就是最合理的。所以我们建议对质量指标划分优先级，将那些最基本的质量指标设为“质量红线”，不达目标不结项。

质量红线的定义

质量红线是指最基础的质量指标要求。一般来说，不满足质量红线的要求，产品不能发布。

实际工作中，我们并不希望将很多质量指标作为质量红线，建议选择“需求覆盖度”“测试用例执行率”“累积测试用例执行通过率”和“缺陷修复率”作为质量红线，如图 8-32 所示。

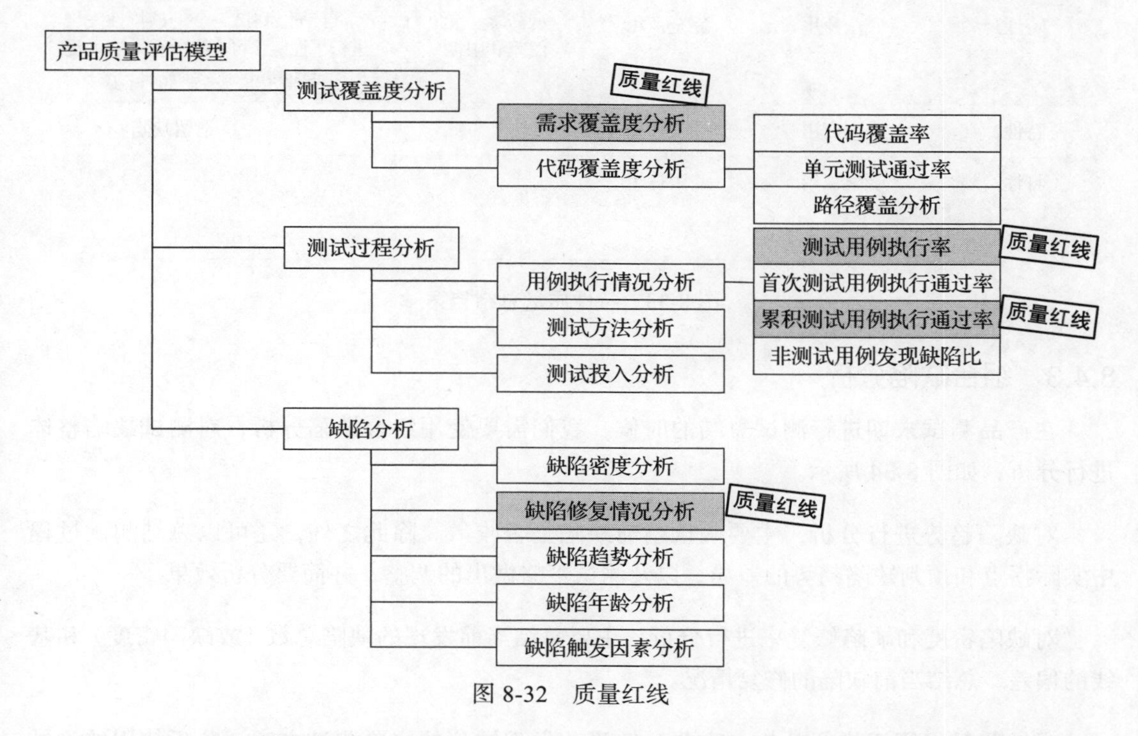

图 8-32　质量红线

以图 8-31 所示俄罗斯方块心项目为例，其中测试用例首次执行通过率虽然没有达标，但是这项指标并非质量红线。如果在测试过程中已经进行了策略调整，那么这项虽然没有达标，也不会影响最终的测试发布。对缺陷密度、测试用例和非测试用例发现缺陷比这两个指标，也是一样的道理。但是缺陷修复率这个是质量红线，目前没有达标，不能发布。

8.4.2 建立特性质量档案

在测试阶段末期，我们建议测试团队中的各个测试责任人都对各自负责的特性进行总结，总结的主要内容包含如下内容。

- 特性需求和实现概述：如实现的偏差、限制等。
- 特性测试过程记录：如测试用例执行情况、探索式测试情况等。
- 特性缺陷分析：缺陷发现情况和修复情况，是否存在遗留缺陷等。
- 特性质量评估：整体评估特性对质量等级的满足情况。

特性质量总结示例如图 8-33 所示。

特性	质量目标	质量评估	需求和实现总结	测试过程总结	缺陷分析
特性1	完全商用	完全商用	需求100%实现，设计符合需求，无偏差和限制	测试××轮，执行××测试用例，探索式测试××，自动化测试××，进行了性能、可靠性和稳定性测试	发现了××个缺陷，其中严重缺陷××个，该特性发现的所有缺陷均已经解决
特性2	完全商用	受限商用	…	…	遗留缺陷×××
特性3	受限试用	受限试用	…	…	…
…					

图 8-33 特性质量总结档案

8.4.3 组合缺陷分析

在产品测试末期进行测试总结的时候，我们需要使用组合缺陷分析，对测试缺陷整体进行分析，如图 8-34 所示。

对缺陷趋势进行分析，主要确认当前缺陷是否收敛。除此之外，还可以总结测试过程中实际拐点和预判缺陷趋势的差异，以及测试策略做出的调整，并简要分析效果。

对缺陷密度和缺陷修复率进行分析，主要总结当前发现的缺陷总数（或缺陷密度）和基线的偏差，总结当前缺陷的修复情况。

对缺陷触发因素进行分析，主要总结当前发现缺陷的主要测试方法，分析使用的测试方法的全面性和有效性。

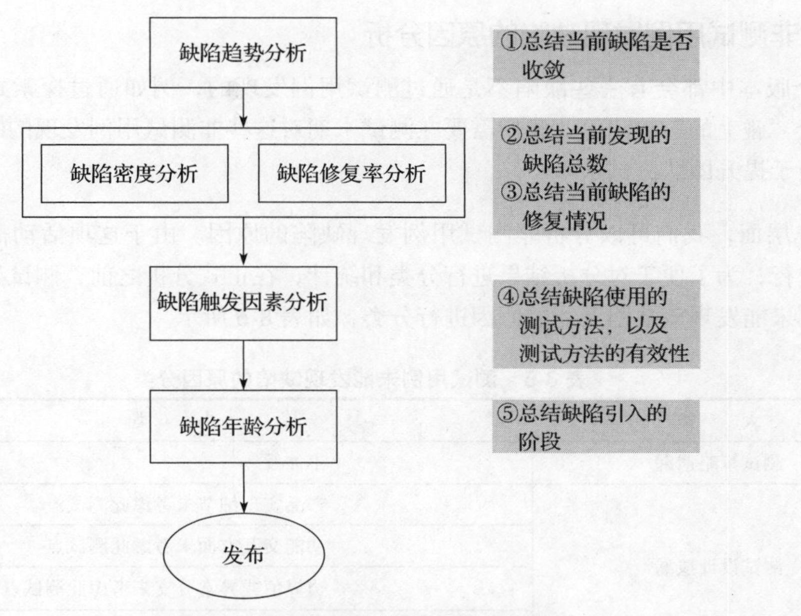

图 8-34　测试总结时使用组合缺陷分析

对缺陷年龄进行分析，主要总结当前缺陷引入的阶段，分析是否有不合理的地方，在测试中对不合理之处做了哪些调整等。

表 8-5 总结了缺陷分析中可能会遇到的不符合预期的情况，这些情况我们在前面的章节中也详细介绍过。

表 8-5　对缺陷分析中不符合预期情况的汇总

缺陷分析项	不符合预期的情况
缺陷密度	缺陷密度过高（参见 6.4.3 节）
	缺陷密度过低（参见 6.4.5 节）
缺陷修复率	缺陷修复率偏低（参见 6.4.4 节）
缺陷趋势分析	缺陷趋势中的拐点出现得过早（参见 6.4.2 节）
	缺陷趋势中的拐点未出现（参见 6.4.2 节）
	两条曲线未出现越靠越近的趋势（参见 6.4.2 节）
	累积发现的缺陷趋势曲线为凹函数（参见 6.4.2 节）
缺陷年龄分析	没有在特性测试阶段发现应该发现的问题（参见 6.4.5 节）
	继承或历史遗留缺陷多（参见 6.4.5 节）
	缺陷修改引入的缺陷过多（参见 6.4.5 节）
缺陷触发因素分析	某些测试方法没能发现缺陷或发现的缺陷很少（参见 6.4.6 节）
	某些测试方法发现的缺陷特别多（参见 6.4.6 节）

8.4.4 非测试用例发现缺陷的原因分析

每个版本中都会有一些缺陷不是通过测试用例发现的，例如通过探索式测试发现的缺陷或完全“碰上的”缺陷等。我们需要在测试末期对这些非测试用例发现的缺陷进行分析总结，以便于提升团队测试水平。

操作层面，我们可以分析非测试用例发现缺陷的原因。由于这项活动需要在整个测试团队中进行，为了便于对分析结果进行分类和统计，在正式分析之前，测试架构师可以先对测试用例未能发现该缺陷可能的原因进行分类，如表 8-6 所示。

表 8-6 测试用例未能发现缺陷的原因分类

大 类	小 类
测试策略遗漏	不涉及
测试设计遗漏	产品实现细节未考虑此测试点
	功能交互方面未考虑此测试点
	边界值或异常分支未考虑此测试点
	测试场景未考虑此测试点
测试设计错误	不涉及

然后让团队成员按照表 8-6 所示原因来对非测试用例发现的缺陷进行分析和归类，如表 8-7 所示，并让测试责任人对具体原因进行分析。

表 8-7 非测试用例发现缺陷分析表

缺陷 ID	缺陷描述	缺陷分析（大类）	缺陷分析（小类）	具体原因分析	责 任 人

然后由测试架构师对非测试用例发现缺陷分析表的结果进行汇总、分析，找到当前最需要改进的地方。

举例 某产品非测试用例发现缺陷的原因分析

某产品有 ×× 个缺陷是非测试用例发现的，我们使用非测试用例发现缺陷分析表对问题原因进行分析、统计，如图 8-35 所示。

我们对测试设计遗漏的原因做进一步的分析、统计，如图 8-36 所示。

从上述分析中可见，该阶段非测试用例发现的缺陷，“产品实现细节”相关的内容占比最高，例如：缺陷 ×××，中文用户名被 PHP 页面转换后，编码中如果有 + 号，VPN

用户就无法接入。造成该问题的原因是，中文名在经过PHP编码后，一些用户名碰巧会出现特殊字符+，而HTTP协议并不认识+。

对于这个问题，除了确认缺陷是否被正确修复外，还需要分析：

- ❑ 其他语言的编码转换是否会存在类似的问题。
- ❑ 其他类型的用户（如系统管理用户、审计用户等）是否会存在类似的问题。

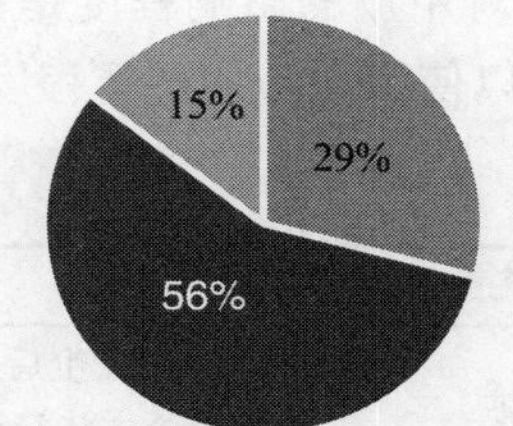

图8-35　非测试用例发现缺陷的原因汇总

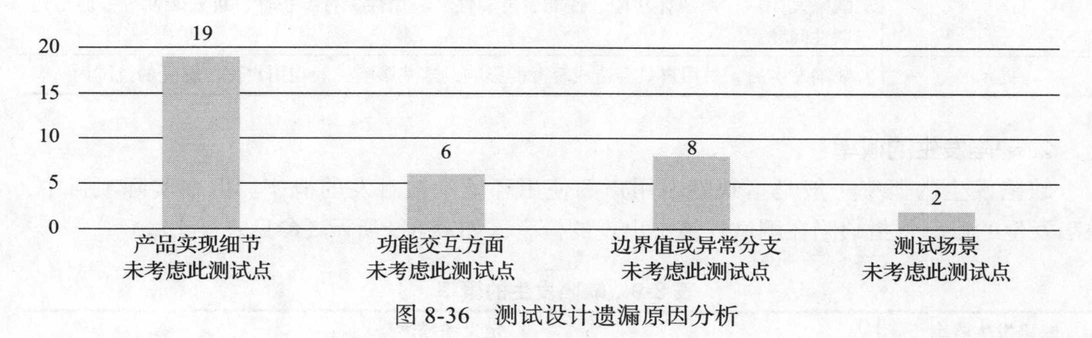

图8-36　测试设计遗漏原因分析

分析责任人需要在给出分析结果后，再进一步确定是否需要在其他功能中对这些问题进行探索式测试。

8.4.5　遗留缺陷分析

遗留缺陷是指那些在版本发布的时候不准备修复的缺陷。

根据“代码修改漏斗”理论（参见图6-26）可知，越临近发布越需要控制代码改动，非必要不改动，因此难免会有一些缺陷在结项的时候不会被修改。除此之外，还有一些不能复现的缺陷，或者别的原因不能修改的缺陷。我们需要在结项的时候，对遗留缺陷进行分析，并组织沟通会，邀请不同角色人员对遗留缺陷进行沟通确认。由于不同角色人员可能会提出不同的意见（如不同意一些缺陷遗留），这就会引起版本计划外的改动，为了避免延期，最好在版本发布前几个版本就开始进行遗留缺陷分析，不要放在最后才进行。

我们如何判定这个缺陷是否可以遗留呢？一般来说，可以从如下几个角度来进行分析。

- ❑ 缺陷对用户的影响程度。
- ❑ 缺陷发生的概率。
- ❑ 缺陷在用户场景中被触发后是否有规避措施。

1. 缺陷对用户的影响程度

缺陷对用户的影响程度是指缺陷一旦触发会对用户造成影响的大小。缺陷对用户的影响程度可以使用缺陷的严重程度来定义，如表 8-8 所示（也可参见表 6-13）。

表 8-8 缺陷对用户的影响程度

缺陷的严重程度	定 义
致命	缺陷发生后，产品的主要功能会失效，业务会陷入瘫痪状态，关键数据损坏或丢失，且故障无法自行恢复（如无法自动重启恢复）
严重	缺陷发生后，主要功能无法使用、失效，存在可靠性、安全、性能方面的重要问题，但在出现问题后一般可以自行恢复（如可以通过自动重启恢复）
一般	缺陷发生后，系统在功能、性能、可靠性、易用性、可维护性、可安装性等方面出现一般性问题
提示	缺陷发生后，对用户只会造成轻微的影响，这些影响一般在用户可以忍受的范围内

2. 缺陷发生的概率

缺陷发生的概率一般是指缺陷在用户的使用环境中被触发的概率。但在实际项目中，缺陷发生的概率常指缺陷在测试环境中出现的概率，如表 8-9 所示（参见表 8-4）。

表 8-9 缺陷发生的概率

缺陷发生概率	定义和描述
有条件必然重现	缺陷在测试环境中每次都能必然出现
有条件概率重现	缺陷在测试环境中不会每次都会出现，但在一些特定操作下出现的概率很大
无规律重现	测试不知道复现这个缺陷的条件，这个缺陷可以在测试环境中无规律的出现
无法重现	测试不知道复现这个缺陷的条件，并且这个缺陷无法出现

3. 遗留缺陷规避措施

缺陷规避措施是指这个缺陷在用户处被触发时对应的处理措施。表 8-10 给出了一些常见的规避措施思路。

表 8-10 遗留缺陷规避措施

序 号	规 避 措 施
1	系统提供了其他可替代的功能
2	系统在配置上给出限制，避免用户触发缺陷
3	系统给出了明确的提示（包括资料手册等）

4. 缺陷遗留风险评估

我们依然可用打分法来评估缺陷遗留的风险，如图 8-37 所示（其中分值仅供参考）。

缺陷的对用户的影响程度	分值
致命	30
严重	20
一般	3
提示	1

缺陷发生概率	分值
有条件必然重现	30
有条件概率重现	20
无规律重现	3
无法重现	1

风险判断表	分值范围
高	>40
中高	30～40
中	20～30
中低	10～20
低	<10

缺陷编号	遗留缺陷列表	缺陷对用户的影响程度	缺陷发生的概率	遗留缺陷风险评估
缺陷1	遗留缺陷1	严重（20）	有条件必然重现（30）	高（50）
缺陷2	遗留缺陷2	一般（3）	有条件概率重现（20）	中（23）
缺陷3	遗留缺陷3	一般（3）	无规律重现（3）	低（6）
…				

图 8-37　遗留缺陷风险分析

原则上，**我们不希望将风险为高或中高的缺陷作为遗留缺陷。**

对风险为中及以下的缺陷，我们希望其作为遗留缺陷时都能有规避措施。如果没有规避措施，则不建议作为遗留缺陷。

5. 遗留缺陷列表

最后，我们用图 8-38 来总结遗留缺陷列表中需要包含的元素。

缺陷编号	遗留缺陷列表	缺陷对用户的影响程度	缺陷发生的概率	遗留缺陷风险评估	复现说明	规避方法
缺陷1	遗留缺陷1	严重	无法重现	中		在配置上做出限制
缺陷2	遗留缺陷2	一般	有条件概率重现	中		提供其他可替代的配置方案
缺陷3	遗留缺陷3	一般	无规律重现	低	使用 ×× 方法进行复现，经过 ××× 时间，×× 次复现，未能有效复现出问题	在资料中给出提示

图 8-38　遗留缺陷列表

Chapter 9 第9章

基于价值的测试策略

基于产品质量的测试策略，希望测试人员可以聚焦需求，可以全面、系统地评估功能特性是否满足用户需求，即功能特性的质量如何。注意，**有需求并不代表对应的产品有价值**，例如那些还处于探索阶段，还在不断寻找市场匹配点，或尚在试错的产品就暂时无法形成价值。如果我们还是按照基于产品的测试策略去测试和评估产品，可能会“拖慢”整个项目的节奏。更好的方式是，**从产品特性的价值面入手，把测试视野扩展到商业上，提供和商业目标更加吻合的测试策略**。这也是本章主要讨论的内容——基于价值的测试策略。

9.1 再谈测试策略

我们在第6章中已经详细介绍了特性价值分析技术（详见6.5节），讨论了如何基于特性价值来确定测试重点（详见6.5.3节）。相信大家都已经窥见了基于特性的测试策略和基于产品质量的测试策略的差异。

产品中难免会存在一些很少被用户使用甚至无人问津的特性，但即便如此，这些特性的质量目标也可能很高（如需要“完全商用”）。对基于产品质量的测试策略来说，依然需要使用车轮图对这些特性进行系统、全面的测试，再使用质量评估模型进行质量评估并调整测试策略。测试人员和开发人员都可能为此投入大量的精力，这就有些得不偿失了。

而基于价值的测试策略在测试中加入了商业的视角，测试不再仅是围绕质量进行工作，而是将测试工作进一步聚焦到高价值的功能特性上，如图9-1所示。

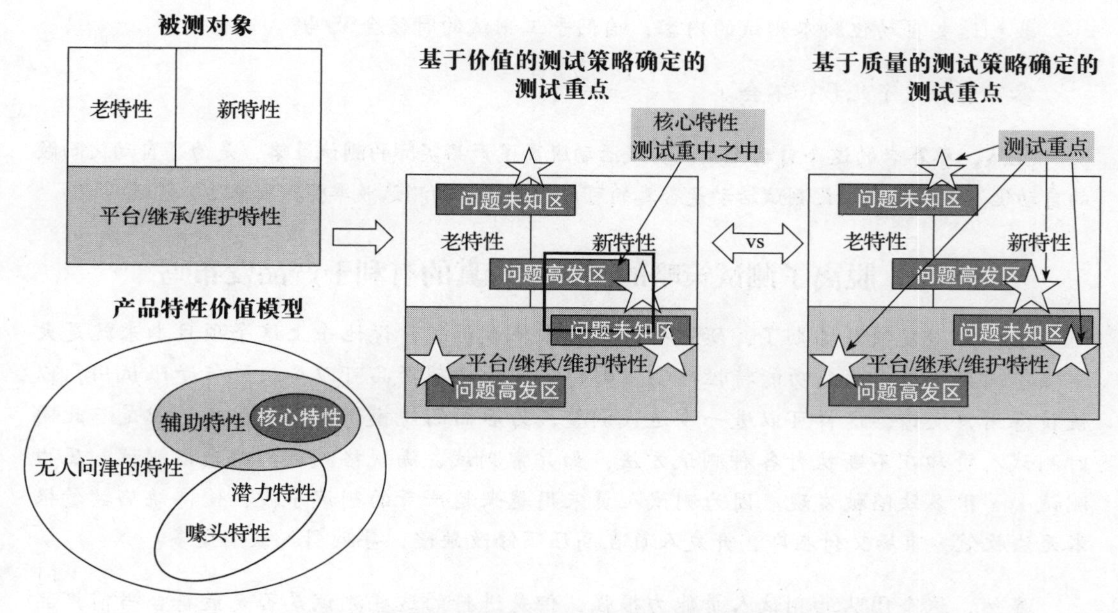

图 9-1　基于价值的测试策略与基于质量的测试策略

由图 9-1 可知，基于价值的测试策略，提供了新的认识被测系统的视角——特性价值，通过特性价值我们可以更有效地确定测试重点。

测试策略究竟是什么？测试策略能帮测试人员确定应该把测试精力投放在哪里才能获得最大的回报。测试策略的本质就是一种选择。优秀的测试人员知道哪里是测试真正的重点，然后围绕重点查找系统的缺陷，从而引导系统快速达到发布的水平。而低水平的测试人员对研发团队最大的伤害并不在于发现不了缺陷，而是抓不住重点，并引导开发团队去解决那些并不重要的缺陷，从而造成巨大浪费。这和研发模式是瀑布、敏捷还是 DevOps 都没有关系。长久以来，我们可能过于强调各种专项测试技术、自动化测试技术，而忽视了测试策略。很多时候，测试策略才是从根本上提升产研效率的核心和关键。

关于测试策略和产研效率的几个小故事

故事 1：脱离测试策略的自动化测试是否真的可以提升测试效率？

我曾作为评委参与了公司的一个测试奖项评选。有一位参赛者介绍了自己的自动化测试成果：做了大概 2000 个脚本，发现了 2 个问题。

我：自动化测试的定位是什么？和当前手工测试的关系是什么？

参赛者略微有些迟疑：自动化测试的定位是提升效率，和手工测试没有关系。

我：这些自动化脚本测试的内容，咱们手工测试的时候会做吗？

参赛者静默了几秒：不会。

显然，参赛者的这个自动化测试实践活动脱离了产品实际的测试策略，是为了自动化而做的自动化。这样的自动化测试活动是否真的可以提升团队的测试效率呢？大家可以深入思考。

故事2：脱离了测试策略的测试执行真的有利于产品发布吗？

某产品研发项目延期了，研发项目负责人找我诉苦，说他手上这个项目本来就是火车版本的第一个迭代，功能特性确实不够稳定。他希望产品可以尽快进行受限试用，以便获得用户反馈，这样可以进一步迭代调整，为后面的规模化使用做准备。但是与此同时测试人员却在不断执行各种测试方法，如异常测试、满规格测试、超规格测试、压力测试……很多缺陷被发现。因为测试人员采用越来越严苛的测试手段，使得缺陷数量根本无法收敛，市场交付在即，开发人员在高压下修改缺陷，导致引入缺陷变多。

显然，这个团队的测试人员能力很强，但是进行的这些测试是否是最符合当前产品的测试？对此大家也可以思考一下。

我们在第4章中曾经讨论过“测试的视角”（详见4.3节），即“测试类型”可以帮助测试者全面深刻地理解质量，是测试独特的视角。我们在第6章中也讨论过“测试架构师的六大关键能力”和“测试架构师测试技术知识体系”。但仅掌握这些知识并不代表就能真正做好测试策略。测试大师Myers之所以把软件测试称为一门艺术，是因为软件测试虽然是一项技术性的工作，但同时也会涉及经济学和心理学，极富创造性和智力挑战性，需要测试人员跳出“测试”的限制，从整个产研全局去理解和思考。测试人员理解和思考产研的层面称为“测试视野”，如图9-2所示。测试视野与制定测试策略直接相关。

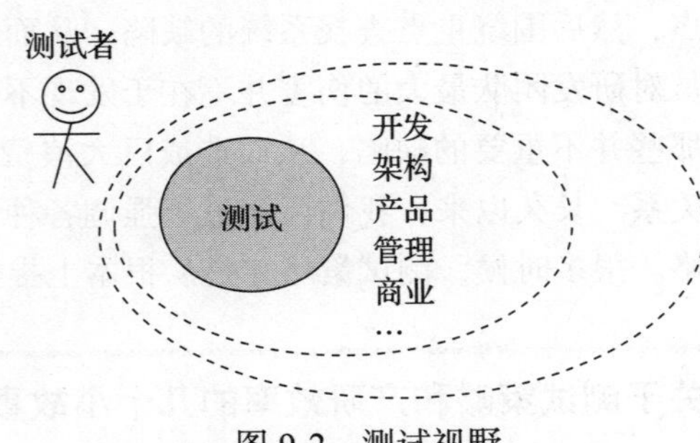

图9-2 测试视野

在本节的最后，想借用畅销书《搞定：无压工作的艺术》的作者David Allen（GTD，即Get Things Done的提出者）的名言来作为结束语：

你可以做任何事，但做不了每一件事。

这句名言蕴含的道理尤为适用于测试人员：**没有任何一位测试人员能穷尽所有的情况，掌握测试技术，拓展测试视野，做出最适当的测试选择，才是测试人员的核心能力所在。**

9.2　不同产品阶段下的测试策略

正如本章开篇中举的那个例子一样，即便是对同一个产品，在不同阶段，商业目标可能都会存在差异。我们在做产品研发的时候，需要根据产品所处的阶段来选择相应的开发策略，以更好地满足当前的商业目标，相应地，也应该选择相应的测试策略来匹配开发策略。为了更好地阐述应该如何选择测试策略，我们先来介绍 Kent Beck 的 3X 模型，如图 9-3 所示。

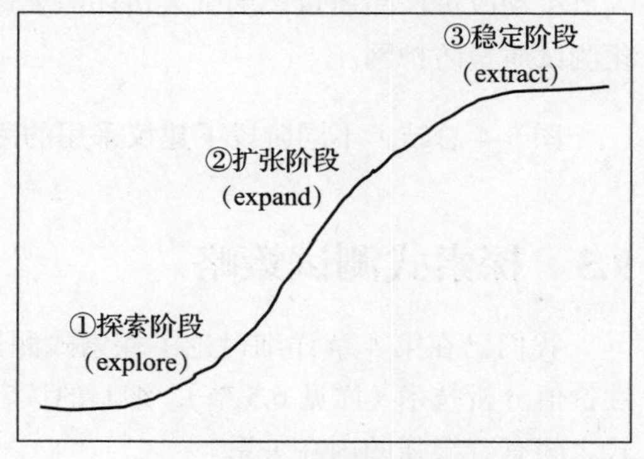

图 9-3　3X 模型

下面详细解读 3X 模型中的 3 个阶段。

1. 探索阶段的测试策略

探索阶段处于产品初期，这是一个不断寻找市场匹配点，不断探索和试错的阶段。在这个阶段，用户的任何反馈（包括好的和不好的）都是非常有价值的，因此快速将产品呈现给用户并获得反馈，以最小的代价来验证商业模式，是最重要的目标。一般来说，处于这一阶段的团队往往规模不大，我们有时候称这时的团队为“比萨团队”，寓意为一个比萨就能把团队喂饱。对团队来说，此时的关键能力是适应快速变化、有效沟通、发掘需求并快速交付。

在这个阶段里，对测试来说，手工探索式测试是比较适合的方式，尤其适合基于价值的测试策略——围绕核心特性和辅助特性来展开探索式测试。

2. 扩张阶段的测试策略

扩张阶段已经确定了商业模式，产品快速发展。在这个阶段，持续迭代、快速交付和解决问题是团队最核心的能力。此时团队规模也会开始扩张，技术架构上可能需要重构以满足日益增长的需求，但也需要平衡重构和交付的投入——毕竟活下去和扩展产品的使用场景是这一阶段的主要目标。

在这个阶段，对测试人员来说，需要将手工探索式测试和自动化测试结合起来。对大多数团队来说，将自动化测试定位于回归测试是比较务实的做法。在这一阶段，我们可以把基于价值的测试策略和基于产品质量的测试策略结合起来，以基于价值的测试策略为主，基于产品质量的测试策略为辅。例如对核心特性和辅助特性，使用车轮图 + 探索式测试（商业区 + 娱乐区 + 历史区）结合的方式来进行测试。

3. 稳定阶段的测试策略

稳定阶段产品的市场进一步清晰明确，产品趋于成熟和稳定。在这个阶段，用户体验、稳定性尤为重要——因为我们需要持续保持竞争力，让用户可以持续选择我们的产品。

对测试人员来说，高水平的专项测试（如性能、可靠性、易用性等），非常有利于开发人员主动改进产品质量。测试人员还需要逐渐调整自动化测试的分层，形成合理有效的自动化测试质量防护网。

图 9-4 总结了不同阶段下建议采用的测试策略和关键模型。

9.3 探索式测试策略

我们已在第 4 章详细讨论了探索式测试技术（详见 4.14 节），在第 6 章又详细讨论了特性价值分析技术（详见 6.5 节），细心的读者可能已经发现特性价值分类模型和探索式测试方式之间有着很强的内在关系。

9.3.1 根据不同的特性选择适合的探索式测试方法

我们可以针对不同的特性类型，选择更合适的探索式测试方法，形成探索式测试策略，如图 9-5 所示。

对图 9-5 所示说明如下。

- 对核心特性，适合的探索式测试方法是商业区测试法。
- 对辅助特性，适合的探索式测试方法是娱乐区测试法。
- 对潜力特性，适合的探索式测试方法是娱乐区测试法和旅游区测试法。
- 对无人问津的特性和噱头特性，适合的探索式测试方法是旅游区测试法。
- 历史区测试法和破旧区测试法适合所有特性。

我们可以按照第 6 章介绍的四步测试策略制定方法来完成风险分析、开发流程适配、测试分层确定，从而得到一个基于价值的测试策略制定过程，如图 9-6 所示。

9.3.2 将基于价值的测试策略和基于产品的测试策略组合起来

很多时候我们希望可以把基于产品质量的测试策略和基于价值的测试策略结合起来，通过前者来保证测试的全面性和深度，通过后者来保证测试的重点和有效性。

我们有如下几种常见的组合思路。

1. 以基于价值的测试策略为主，以基于产品的测试策略为辅

这种策略组合模式下，可以对核心特性和辅助特性使用车轮图进行测试分析和设计，潜力特性、无人问津的特性和噱头特性依然采用探索式测试，如图 9-7 所示。

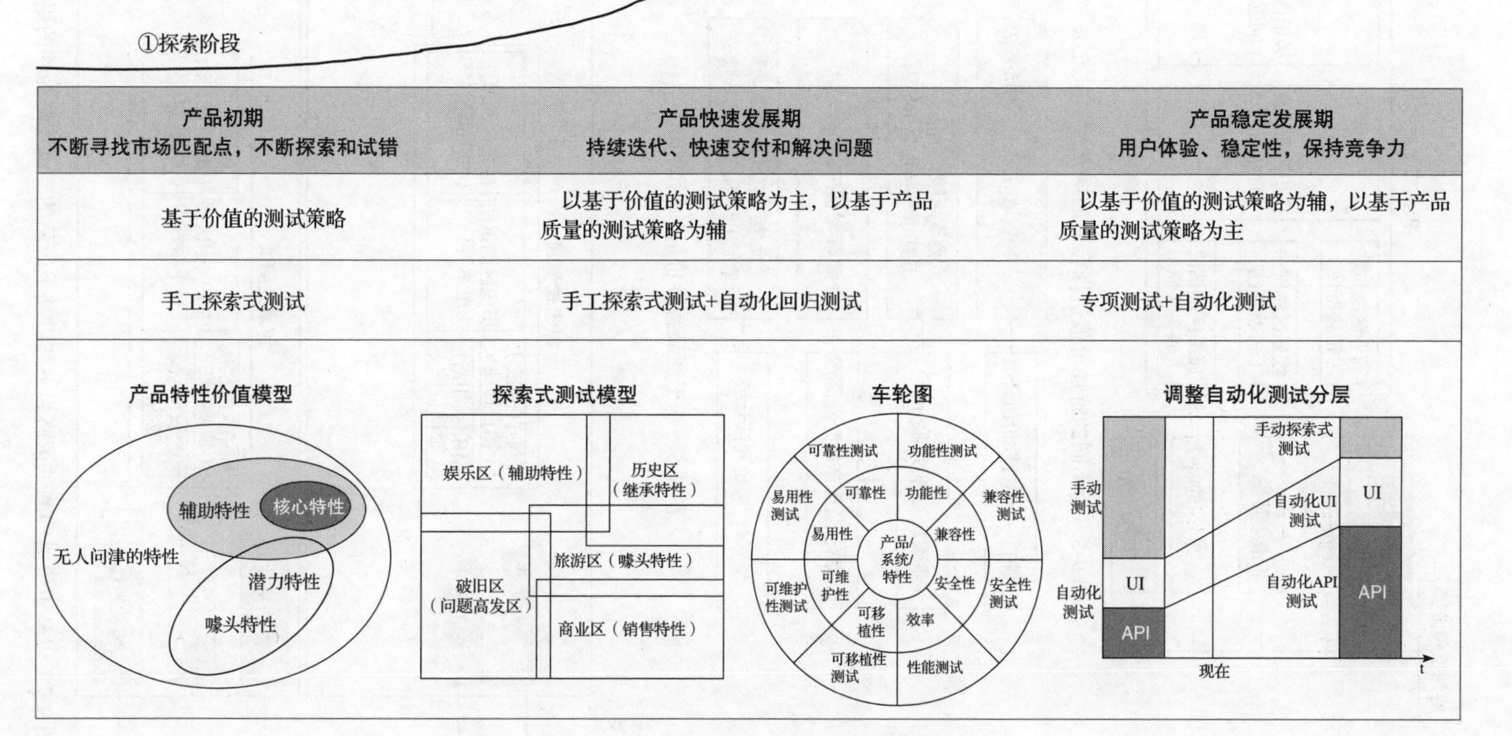

图 9-4　不同产品阶段下的测试策略总结

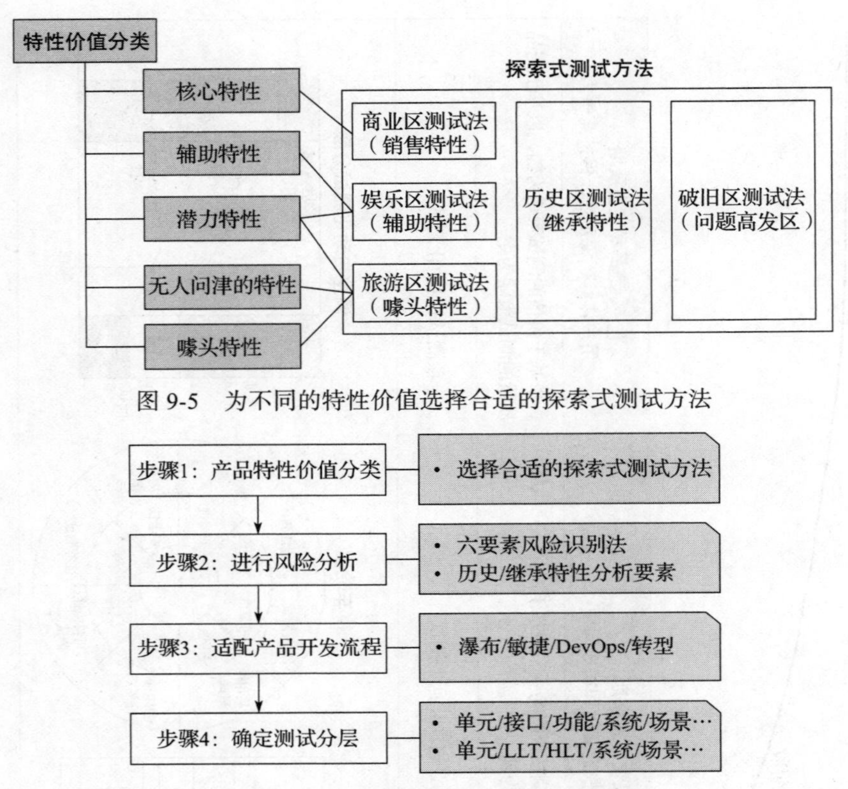

图 9-5 为不同的特性价值选择合适的探索式测试方法

步骤1：产品特性价值分类
- 选择合适的探索式测试方法

步骤2：进行风险分析
- 六要素风险识别法
- 历史/继承特性分析要素

步骤3：适配产品开发流程
- 瀑布/敏捷/DevOps/转型

步骤4：确定测试分层
- 单元/接口/功能/系统/场景…
- 单元/LLT/HLT/系统/场景…

图 9-6 基于产品特性价值的测试策略

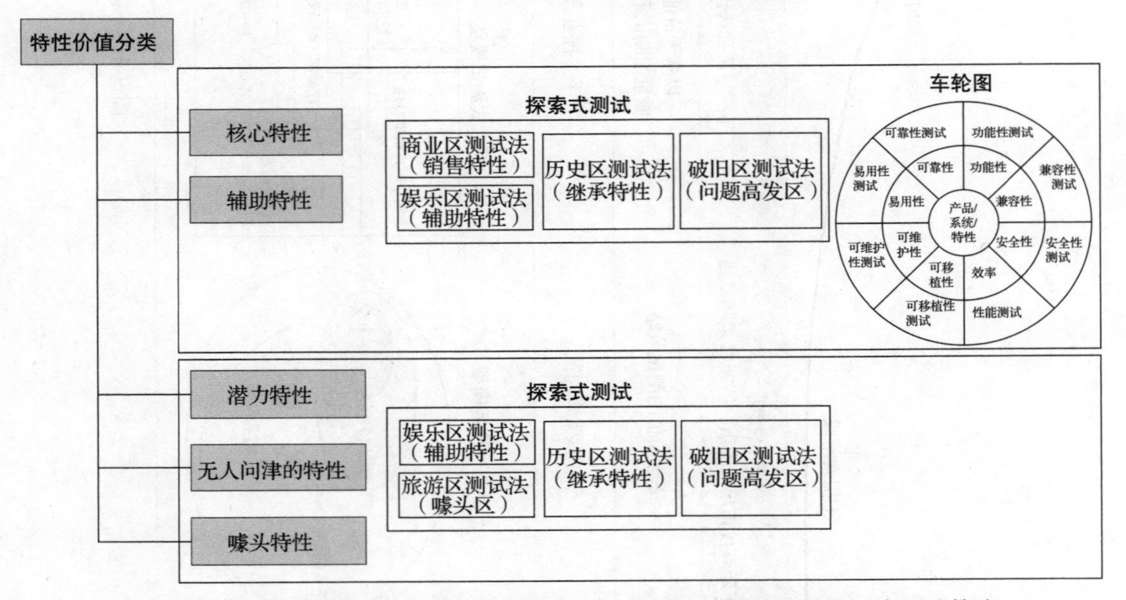

图 9-7 以基于价值的测试策略为主和以基于产品的测试策略为辅的组合测试策略

2. 以基于产品的测试策略为主，以基于价值的测试策略为辅

这种策略组合模式下，可以完全按照第 7 章和第 8 章的介绍来进行测试，然后在测试过程中根据过程质量评估结果来补充探索式测试，如缺陷大扫除、各种专项测试活动等，如图 9-8 所示（可特别关注图中深灰色的部分）。

9.3.3　启发式测试策略模型

测试专家 James Bach 提出的启发式测试策略模型（Heuristic Test Strategy Model，HTSM），由项目环境、产品元素、测试技术和质量标准 4 个维度组成，如图 9-9 所示。

1）项目环境：项目环境是指项目背景、可利用的资源或者各种限制因素，例如使命、项目信息、与开发人员的关系、测试团队、设备和工具、计划、测试项、交付物。

2）产品元素：产品元素是指被测对象，主要包括架构、功能、接口、数据、平台、操作。

3）测试技术：测试技术主要指各种专项测试技术，例如功能测试、需求测试、流程测试、场景测试、压力测试、自动化测试、安全测试、用户测试等。

4）质量标准：质量标准即质量属性相关的内容，4.2 节已经对此进行了详细介绍，这里不再赘述。

启发式测试策略比较适合采用完全自由风格的探索式测试。一般来说我们从项目环境信息中可以得到一定的产品价值层面的信息，而产品元素和质量标准可以提供产品质量方面的信息。基于价值和质量可安排测试活动、评估测试效果、感知产品质量。所以启发式测试策略也是一种基于价值的测试策略和基于产品质量的测试策略的组合策略。

9.4　自动化持续测试策略

随着敏捷、DevOps 的盛行，自动化测试已经变得越来越重要，但是我们遗憾地看到，很多团队的自动化测试还是停留在“冒烟测试”阶段，还在解决开发人员是否可以顺利做测试的问题。但很多时候，并不是团队不想将自动化测试继续建设下去，而是随着自动化实践的深入，设计自动化测试用例的难度开始变大，自动化脚本的可靠性不足问题开始凸显，自动化测试的效率开始降低。是否每次自动化测试脚本都要全量运行？在测试过程中该如何选择合适的自动化脚本来运行？自动化脚本越写越复杂怎么办？这些问题都是本节想解决的问题，即通过“自动化持续测试策略”来保证自动化测试可贴合产品的实际情况，让自动化测试的价值最大化。

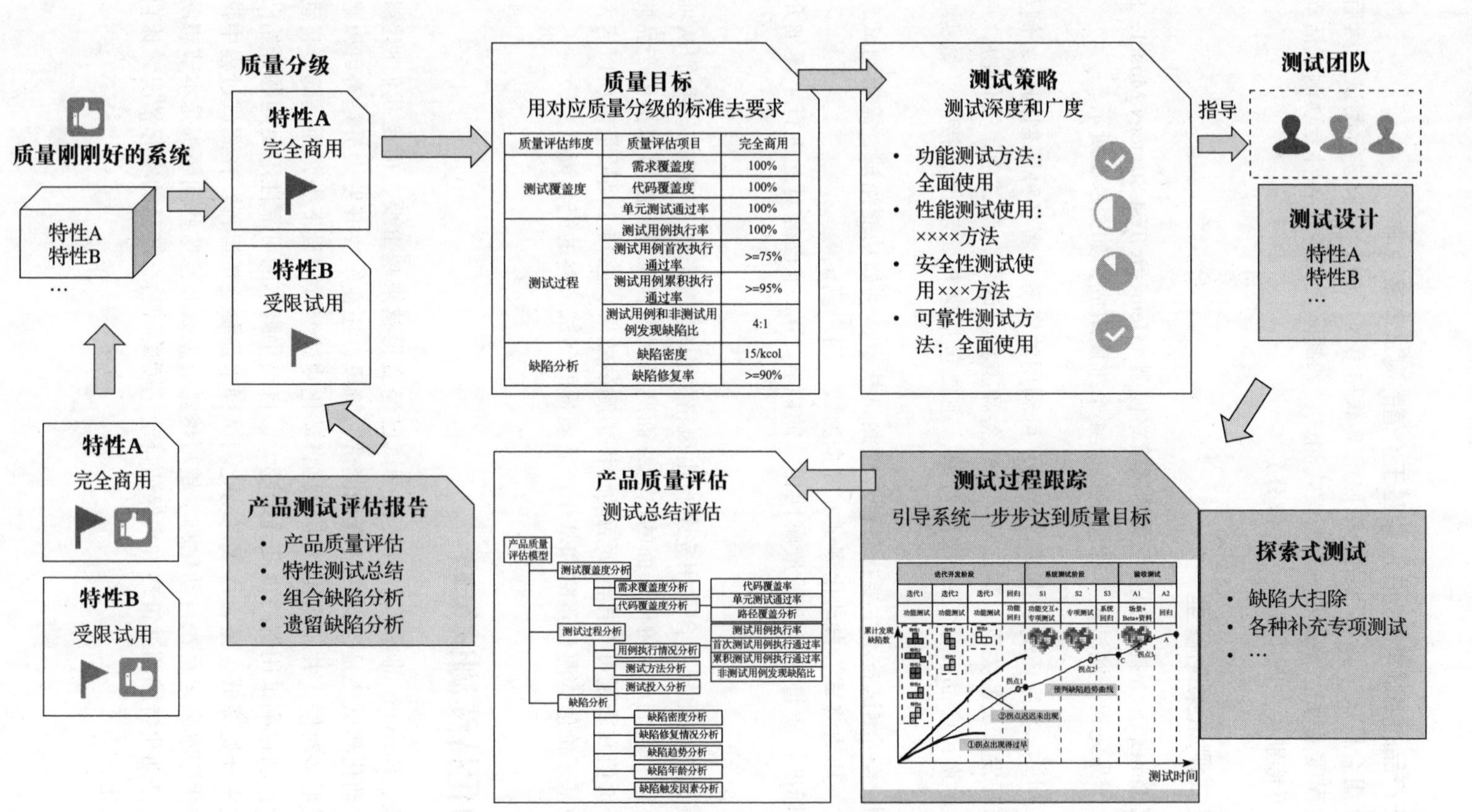

图 9-8 以基于产品的测试策略为主和以基于价值的测试策略为辅的组合测试策略

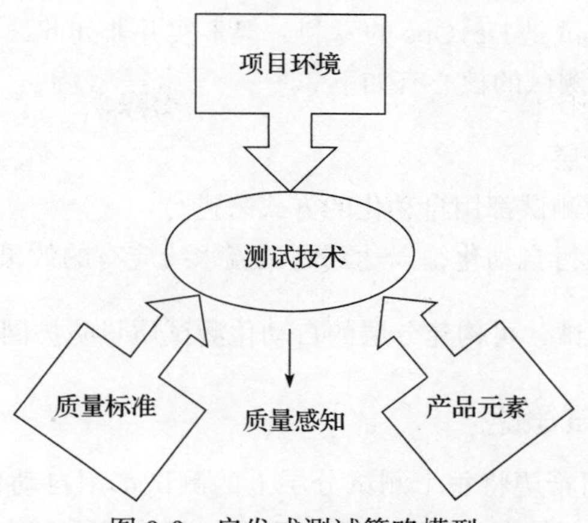

图 9-9　启发式测试策略模型

9.4.1　持续测试和自动化测试

事实上，自动化测试和持续测试是有区别的。自动化测试是指用程序或者代码来进行的测试，与之相对的是手动测试；而持续测试是指在整个项目研发过程中，将原本在各个阶段进行的测试持续运行起来，形成测试流水线，如图 9-10 所示。

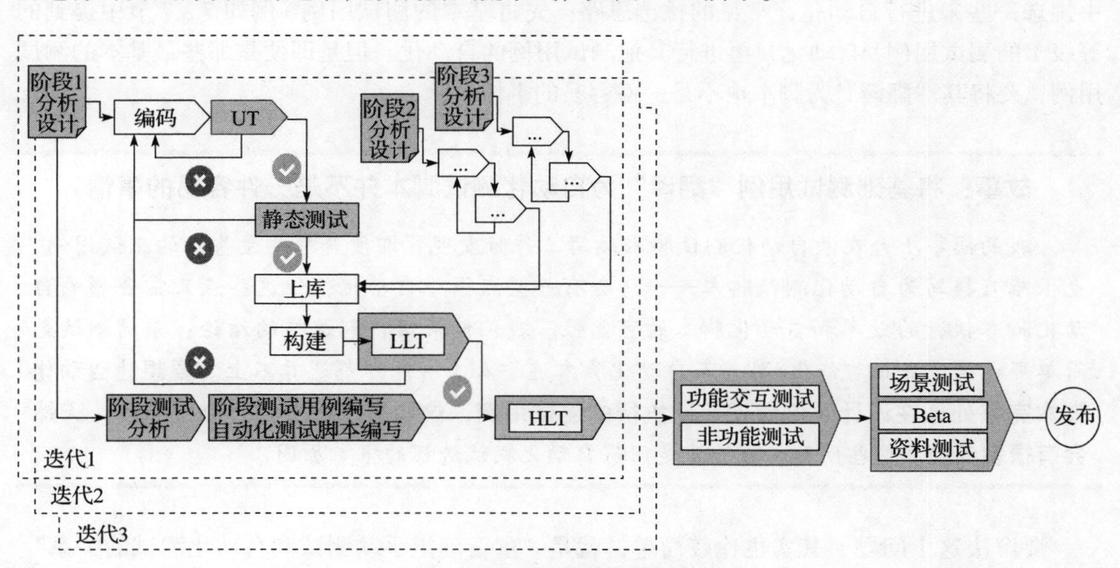

图 9-10　持续测试流水线

为了达到应有的效果，持续测试往往有相对固定的测试分层，并使用自动化测试的方式来进行。例如在图 9-10 所示流程中，测试分层被固定为 UT、静态测试、LLT、HLT、系统测试和场景测试层，而且我们希望这些测试层次上的测试都尽量以自动化的方式来进行，以求达到测试像流水线一样获得持续效果。

有人可能认为持续测试是 DevOps 的专利，但事实并非如此，即便是传统瀑布模式，也可以使用持续测试。持续测试的核心有如下 3 个。

- 相对固定的测试分层。
- 每个测试分层上的测试都用自动化的方式来进行。
- 按照测试分层来运行自动化，以达到测试流水线应有的效果。

通过持续的自动化测试，可构建分层的自动化测试质量防护网。

9.4.2 自动化持续测试策略

在持续测试中，我们希望将每个测试分层上的测试都用自动化的方式来进行，并达到测试流水线应有的效果，但是在实际项目中，很难一次性将所有的测试用例全都自动化。会出现这个困难，除了时间和资源投入的原因之外，还有自动化测试脚本可靠性的原因。因为需要有一套切实可靠的自动化持续测试策略来帮助我们达到目标。

1. 重新确定手动测试和自动化测试的关系

在进行自动化测试建设的过程中，大部分团队习惯的做法是从要手动执行的测试用例中挑选一些来进行自动化，常见的挑选思路：先将基本的测试用例（例如 7.3.2 节中提到的等级 1 的测试用例）自动化，再进行其他测试用例的自动化。但是即便是那些最基本的测试用例，要将其“翻译”为脚本也不是一件容易的事情。

故事：将基础测试用例“翻译”为自动化测试脚本并不是一件容易的事情

我的同事小丹在做自动化测试脚本编写工作时发现，即便是那些最基本的测试用例，也很难直接写为自动化测试脚本——总会有一些点很难自动化，但这些点又常会影响自动化脚本执行的效率和自动化脚本的可靠性。我们俩最后得到这样的结论：手动测试再简单那也是“真正智能化的”，而自动化脚本连“人工智能”都还算不上。**要想让自动化脚本完整处理在设计时仅考虑手动执行的测试用例，这本质是一种“升维”操作，天然会有很多问题。**这些问题，可能才是阻碍自动化测试进程的根本原因。

要解决这个问题，其实也比较简单，就是“重新确定手动测试和自动化测试的关系”。更为合理的方式是，拿到需求分析结果后，先将匹配自动化水平的部分设计为自动化测试用例，再将那些超出当前自动化测试水平的部分设计为手动测试用例并手动完成测试用例的执行。换句话说，**在测试设计的时候，需要充分考虑自动化的能力现状，以保证自动化测试的效率和可靠性。**

2. 充分考虑自动化的可测试性

另外一个需要特别注意的方面就是，在自动化测试中要充分考虑自动化测试的可测试性，通过有效的可测试性手段来提升自动化测试对预期判断的有效性。关于可测试性的内容，可以参考 4.12.2 节，此处不再赘述。

3. 尽量将自动化测试的粒度做细

在特定的测试层次上，对同一测试点来说，如果可以进行自动化测试，应将对应的自动化测试用例的粒度设计得细一些。对于那些复杂的、需要考虑各种功能交互的部分，尽量用手动的方式来执行相应的测试用例。如果需要进行手动测试，可以考虑把这个测试点甚至多个测试点组合起来进行测试。这样不仅可以提升自动化测试的可靠性，而且能提升手动测试的效率，如图 9-11 所示。但这并非意味着系统测试或者专项测试就不能用自动化的方式来进行了，事实上，很多专项测试还是非常适合用自动化方式的，比如安全性测试、性能测试。

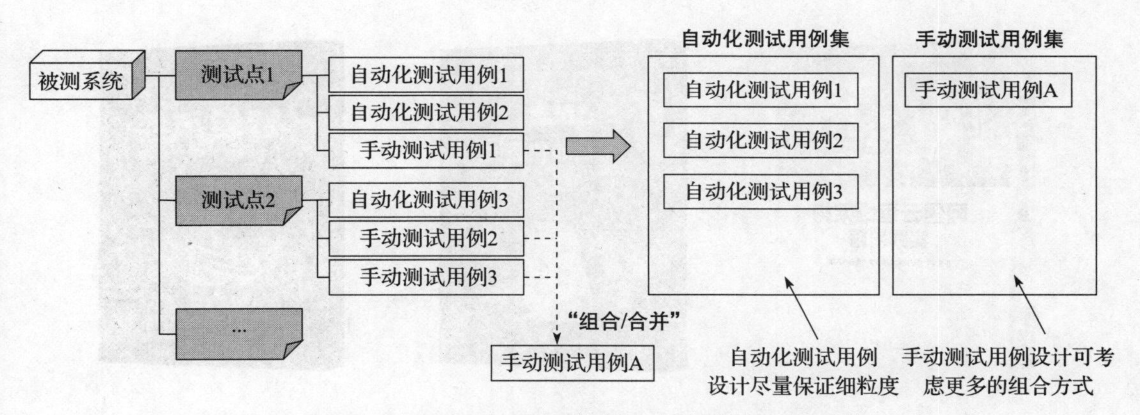

图 9-11　自动化测试用例集和手动测试用例集

9.4.3　将自动化持续测试和产品发展阶段相结合

自动化持续测试也需要和产品发展阶段相结合。我们在图 9-4 中已经总结了不同产品阶段下的测试策略和关键模型。我们依然建议在产品探索阶段以快速的探索式测试为主，而在产品扩张阶段，即持续迭代产品的时候，开始进行自动化持续测试。随着产品的成熟，自动化测试手段也应该逐渐成熟，在此基础上可以不断调整自动化测试分层比例，不断完善自动化持续测试的效果。

推荐阅读

Prometheus
云原生监控
运维与开发实战

Nginx
应用与运维实战

O'REILLY
bash网络安全运维
Cybersecurity Ops with bash:
Attack, Defend, and Analyze from the Command Line
[美] Paul Troncone
Carl Albing, PhD 著
陈晓光 梁焜 石亚彬 何晓娟 译

阿里云运维架构
实践秘籍

AI自动化测试
技术原理、平台搭建与工程实践

INTELLIGENT RISK CONTROL
Python Financial Risk Management and Scorecard Modeling
智能风控
Python金融风险管理与评分卡建模

INTELLIGENT RISK CONTROL
Principles, Algorithms and Practice
智能风控
原理、算法与工程实践

银行数字化
营销与运营

中小
银行运维架构
解密与实战
INSIGHTS AND BEST PRACTICES
OF SMALL AND MEDIUM-SIZED BANK
OPERATIONS ARCHITECTURE

推荐阅读

软件测试：一个软件工艺师的方法（原书第4版）

作者：Paul C. Jorgensen 译者：马琳 等 ISBN：978-7-111-58131-4 定价：79.00元

本书是经典的软件测试教材，综合阐述了软件测试的基础知识和方法，既涉及基于模型的开发，又介绍测试驱动的开发，做到了理论与实践的完美结合，反映了软件标准和开发的新进展和变化。

基于模型的测试：一个软件工艺师的方法

作者：Paul C. Jorgensen 译者：王轶辰 等 ISBN：978-7-111-62898-9 定价：79.00元

本书是知名的“Craftsman”系列软件测试书籍中的新作，主要讨论基于模型的测试（MBT）技术。作为一门手艺而非艺术，其关键在于：对被测软件或系统的理解，选择合适工具的能力，以及使用这些工具的经验。围绕这三个方面，书中不仅综合阐述了MBT的理论知识及工具，而且分享了作者的实战经验。

推荐阅读

研发质量保障与工程效率

这是一部从实践角度探讨企业如何保障研发质量和提升工程效率的著作，它将帮助企业打造一个强战斗力、高效率的研发团队。

本书汇聚了阿里巴巴、腾讯、字节跳动、美团、小米、百度、京东、网易、科大讯飞等30余家中国一线互联网企业和领先科技企业在研发质量保障和工程效率方面的典型实践案例和优秀实践经验。从基础设施到技术架构、从开发到测试、从交付到运维、从工具框架到流程优化、从组织能力到文化塑造，几乎涵盖了研发质量和工程效率的方方面面。

本书“轻理论，重实践”，全部以案例形式展开，每个案例都包含案例综述、案例背景、案例实施和案例总结4个模块。读者可以跟着作者的思路，找到各种问题的解决方案。